洪佩孙 李九虎 编著

输电线路距离保护

SHUDIAN XIANLU JULI BAOHU

中国水利水电出版社
www.waterpub.com.cn

U0683613

内 容 提 要

本书系统地介绍了输电线路距离保护原理。首先分析了以阻抗测量实现距离测量的距离保护中出现的问题及其解决方法，系统地分析了阻抗继电器的构成及其性能，着重分析了交叉极化类方向阻抗继电器的可变特性和分析方法，归纳分析了距离保护装置各主要部分的构成和距离保护在高压线路上应用的问题。

本书从阐述基本原理出发，还介绍了阻抗法故障测距的方法，并分析了故障测距中阻抗测距与距离保护中阻抗测距的不同要求。原理分析最终应落实于应用，书中实例还介绍了新型微机距离保护装置的构成。

本书可供电力系统从事相关工作的设计、制造、运行及科研人员和高等院校师生参考。

图书在版编目（CIP）数据

输电线路距离保护/洪佩孙，李九虎编著．—北京：中国水利水电出版社，2008
ISBN 978 - 7 - 5084 - 5763 - 5

Ⅰ．输…　Ⅱ．①洪…②李…　Ⅲ．①输电线路—继电保护②输电线路—距离保护装置　Ⅳ．TM773

中国版本图书馆 CIP 数据核字（2008）第 108439 号

书　　名	**输电线路距离保护**
作　　者	洪佩孙　李九虎　编著
出版发行	中国水利水电出版社（北京市三里河路 6 号　100044） 网址：www.waterpub.com.cn E - mail：sales@waterpub.com.cn 电话：（010）63202266（总机）、68367658（营销中心）
经　　售	北京科水图书销售中心（零售） 电话：（010）88383994、63202643 全国各地新华书店和相关出版物销售网点
排　　版	中国水利水电出版社微机排版中心
印　　刷	北京市兴怀印刷厂
规　　格	184mm×260mm　16 开本　17 印张　403 千字
版　　次	2008 年 9 月第 1 版　2008 年 9 月第 1 次印刷
印　　数	0001—3000 册
定　　价	**55.00 元**

序

电力系统继电保护是保障电力系统安全运行的关键。从总体上来说，几十年来在我国电力系统建设中，继电保护的理论研究、继电保护装置的生产和应用能满足我国电力系统发展的需要，并形成了一定的特色。

自 20 世纪 70 年代以来，计算机技术引入了继电保护领域，继电保护装置取得快速的发展，在装置上已成功实现了更新换代。

但是，同继电保护装置快速发展相比，继电保护的基本理论研究，发展较慢，甚至有被忽视的现象。

输电线路距离保护是一种理论性较强的保护，实际上目前尚有不少问题尚未得到很好地解决。在不断采用新型数字器件和软件系统制造优良保护装置的同时，亦应不断加强在理论上对距离保护的分析研究，并提高继电保护装置研究人员、应用人员在这方面的能力。因此，提供一本系统介绍分析距离保护的书籍是很有必要的。

本书作者洪佩孙教授早年从事电力系统分析研究，对电力系统行为（Performance）有深入的了解，20 世纪 70 年代后从事电力系统继电保护的研制、开发与教学工作，其主攻方向之一就是电网距离保护。

本书对距离保护原理和应用进行了重点分析，分析了以阻抗测量实现距离测量的距离保护中出现的问题和解决这些问题的措施。书中重点分析了具有交叉极化性质阻抗继电器特性，这是目前一些继电保护基层人员知识上难点之一。书中提出了特性分析方法及用"等效电源阻抗"概念分析这种阻抗继电器动作特性是一个创新。

基于洪佩孙教授多年的教学经验，本书在写法方面亦有特点，提出问题与解决问题能很好地呼应，立论的严谨性和解决问题的工程近似性阐述清楚，可读性强，特别适合作为继电保护工程技术人员阅读和教学参考用书，是一本具有特色的输电线距离保护专业书籍，故为之序。

中国工程院院士

2008 年 5 月

前　言

　　由于距离测量是判断线路故障位置的一种较好的定量测量方式，所以距离保护是线路保护中重要的保护装置。即使在超高压输电线的继电保护系统中，距离保护仍是一种不可替代的后备保护。配备上纵联通道，还可构成超高压线路的主要保护。新型距离保护装置可以集超高压输电线的主保护与后备保护于一体。

　　但是，实际的距离保护是以阻抗测量来实现距离测量，这就使得距离保护装置实现起来出现很大困难；它的工作特性复杂化了，在有些情况下，正确判断线路上是否发生短路故障都有问题；以阻抗测量实现距离测量的方式不能从原理区分线路上发生短路抑或系统发生振荡，也不能精确的区别线路短路阻抗与故障支路的弧光电阻。为了解决这些问题，在距离保护装置中常采用一些复杂措施以保证线路短路时正确的故障距离测量，其中特别是"振荡闭锁"。虽然，经过几代人的努力，目前在距离保护中已有一套可用的措施，但并未从原理上解决问题，但却使距离保护装置的构成复杂化了，同时也降低了动作可靠性。

　　另外，为了改善距离保护的性能，在作为测量元件方向阻抗继电器中（包括正序电压极化、多相补偿、零序电流极化继电器）引入了交叉极化方式，这就使得阻抗继电器的动作行为十分复杂。虽然这种方式使取得较好的自适应性有了可能，但却使继电保护的动作特性同系统运行方式、故障特性有密切关系，为了弄清这些关系，要求继电保护研制、运行人员有较深厚的电力系统分析的理论知识，所以，距离保护是继电保护行业中一个重要的却又难于处理的保护装置。

　　由于电子技术特别是计算机技术的发展带动了继电保护装置的发展，在短短的 30 多年内实现了两个换代，目前国产距离保护装置已能满足超高压输电线的需要。但是同装置的发展相比，对距离保护系统性的理论研究相对重视不多，对继电保护基层技术人员来说有重装置轻分析的现象。

在科学技术发展中，"概念"与"方法"是相辅相成的。方法是解决实际问题，而欲求不断发展，尚需概念，即理论的支持。基于以上考虑，在联系到新型距离保护装置发展现状的基础上，编者为读者提供一本系统性较强的输电线距离保护原理分析书。

第一章在读者已熟悉的故障分析基础上，对系统简单短路故障、断线故障、计及弧光电阻短路的计算方法，以及短路时故障分量的形成进行了介绍，并对系统短路时继电器装设处电流分布作了仔细的考虑。该章内容尽量减少繁琐公式推导，而以表格形式列出分析结果。

第二章较详细地分析了以阻抗测量实现距离测量的距离保护出现的问题，这一章中所提出的问题是距离保护核心问题。距离保护整体设计实际上主要是为解决这些问题而作出的。本章中提出的电力系统三种振荡模式，在分析振荡闭锁回路行为时有参考价值。

第三章较详细地分析了阻抗继电器的构成原理和特性。本章是书中的重点，特别对交叉极化方向阻抗继电器进行了深入分析，提出了等效电源阻抗概念，提供了一种可作为分析这种类型阻抗继电器的规范方法。

第四章系统地介绍了距离保护装置各主要部分功能要求、工作原理、设计原理。

第五章介绍了距离保护在超高压输电线上的应用，分析了在应用中出现的问题。由于距离保护本身不能构成超高压线路的全线快速保护，同信息通道配合工作，才能实现这一要求，本章较详细地分析了距离保护和信息通道配合工作的情况，重点分析了在这种保护方案中距离保护的作用。此外，本章还分析了距离保护在电容串补线路和平行线上工作问题。

第六章专门介绍输电线故障测距。作为距离保护原理分析的一个章节，其目的是为了知识的扩充。本章只系统地介绍阻抗法测距原理，测距装置的实现方法未多作介绍，其他测距方法只作简单介绍。

本书主要对距离保护原理进行系统分析，侧重概念。所以对距离保护实现方法，特别是微机保护装置未多作介绍。为弥补这一不足，专设第七章系统介绍目前计算机距离保护装置的构成，并简要地介绍计算机保护中一些主要算法。

本书是由河海大学洪佩孙教授和南瑞继保李九虎高级工程师合作完成的。洪佩孙教授对其中理论和概念部分作了介绍，而李九虎高级工程师对新型距离保护技术及其实际应用进行了归纳，并为全书的出版作了大量工作。

南瑞继保承担了全书初稿的打印和编排，张哲、夏雨参与了第六章、第七章的部分编写。

本书是在南瑞继保沈国荣院士关心下完成的。

由于时间仓促及编著水平有限，书中如有不当之处，敬请读者批评指正。

编　者

2008 年 5 月

角 注 符 号 说 明

下标	英 语	含 义	下标应用举例
acc	accuracy	精确	$I_{acc.\,min}$ 最小精确工作电流
arc	arc	电弧	R_{arc} 电弧电阻
aux	auxiliary	辅助	$\dot{U}_{aux}$ （送入继电器的）辅助电压
ave	average	平均	U_{ave} 平均电压
com	compare	比较	E_{com} （比较器的）比较电压
comp	compensate	补偿	Z_{comp} 补偿阻抗
cp	cross polarising	交义极化	$\dot{U}_{cp}$ 交义极化电压
eq	equivalent	等效	$Z_{s.\,eq}$ 等效电源阻抗
F	Fault	故障	$\dot{I}_{F}$ 故障点电流
L	Line	线路	Z_{L} 线路阻抗
Lo	Loaol	负荷	$Z_{Lo.\,min}$ 最小负荷阻抗
m	measuring	测量	$\dot{U}_{m}$、$\dot{I}_{m}$ （送入继电器的）测量电压、电流
op	operating	动作	I_{op}、Z_{op} 动作电流，动作阻抗
p	polarising	极化	$\dot{U}_{p}$ 极化电压
r	relaible	可靠	K_{r} 可靠系数
res	reset	返回	K_{res} 返回系数
res	residual	残余	$\dot{U}_{res}$ （继电器感受到的）残余电流
set	setting	整定	Z_{set} 整定阻抗
if	infeed	助增	$\dot{I}_{if}$ （对侧）助增电流

目 录

绪　　论

　　本书主要分析的是输电线距离保护。距离保护是继电保护中的一种，要了解输电线路距离保护，应该对继电保护的共同特点和要求先有充分的了解，知道距离保护是如何提出的，同其他线路保护相比有何优点和不足，所以本章对继电保护的共同问题作了简单的叙述。

第一节　继电保护的任务及对继电保护装置的要求

　　一般把电力系统分成一次系统和二次系统。继电保护是二次系统的主要组成部分。二次系统包含测量和控制两大部分，继电保护属于控制部分。虽然继电保护是二次系统中的自动控制系统，但由于其功能特殊，所以把它称为继电保护系统，实际上此处"继电"（Relay）一词并无明确含义，把它看成是一个专有名词就可以了。

　　为了明确对继电保护的要求，可从任务上对继电保护装置作一个定义："继电保护装置的任务是当电力系统（包括电网及其他元件）发生故障时，能迅速地发现故障，并且通过断路器，有选择性地切除发生故障的部分，完善的继电保护系统，当发生的是瞬间性故障时，还可自动地使发生过故障的部分恢复正常运行，若故障部分不需断开，则应发出信号，反映故障位置和性质"。

一、名词解释

　　根据上述定义，可对继电保护提出技术上的要求，在分析这些要求之前，最好应分析以下几个名词的不同点：

　　1. 继电器（Relay）

　　继电器是继电保护的基本元件，它能单独的完成一种任务，包括测量和逻辑处理功能。

　　测量继电器，它能实现电力系统中某一些量的测量，主要是电气量，如电压、电流、阻抗等，也可实现某些非电气量的测量，如变压器中油的流速，含有的气体、温度等。

　　逻辑继电器，实现继电保护中逻辑操作（LOGIC Operation），如"与"操作（AND Operation）、"或"操作（OR Operation）、"禁止"操作（PROHIBIT Operation）等；模拟式测量继电器中，这些操作是由中间继电器完成的；静态继电器中，是由门电路（Gate circuit）实现的。

　　出口继电器，用于保护动作信号的出口，也属于逻辑继电器。

　　时间继电器，提供时延功能。

2. 继电保护装置（Relay Protection Equipments）

继电保护装置是由多个继电器组合而成的成套装置，它能实现一种或多种保护功能，如本书要重点分析的线路距离保护装置等。

3. 继电保护（Relay Protection）

继电保护一词包含的意义较广泛，它不但包含有硬件设备，如前面所说的继电器、继电保护装置等，而且还包含工作原理、动作特性分析、整定方案等。

二、传统继电保护的要求

传统上，对继电保护的要求用四个"性"来表明，即选择性、快速性、灵敏性和可靠性。下面分析继电保护装置对这四个性的要求。

1. 选择性（Selectivity）

选择性是对继电保护装置的首要要求，是必须满足的。电网故障时，继电保护动作如失去选择性，则必将扩大停电范围。

这里所指的选择性是由继电保护装置的工作原理和整定来保证的，要求继电保护装置能可靠地确定被保护电力系统元件发生故障的性质和位置，以判断是否应发出动作信号。

选择性的关键在于继电保护装置对故障判断的精确程度，它是由保护装置故障测量原理和测量方法决定的。继电保护中要测量的量很多，它包括电流、电压等电量或故障方向等非电量，但对它们的测量方法都可分成两种：定量测量和定性测量。

由于电力系统中某些量如电压、电流、阻抗等受系统运行状态的影响，有一定的变化；再者定量测量总会有误差，所以用定量测量的方法，判断故障不能十分准确，由这种测量方法构成的继电保护选择性较差。

而基于定性测量的故障判别，由于不存在测量误差，所以可以取得更好的精确性，所构成的继电保护装置可取得更好的选择性。

定性测量最典型的是方向测量，方向测量的结果不是正方向就是反方向，不存在数量误差，原理上对故障的判断有完全的选择性。差动保护中差流的测量也是定性测量，因为它只判断差流"有"或"无"。

动作选择性是对继电保护装置最基本的要求。

2. 快速性（Rapidity）

继电保护装置的基本任务是发现故障后要迅速地通过断路器切除故障部分，所以继电保护装置动作快速性也是对它的基本要求之一。

与对选择性的要求不同，快速性要求有一个数量概念，也就是在"需要"和"可能"之间有一个折中，并不是愈快愈好。

首先看"需要"，快速性的需要由电力系统安全条件确定。

最早的要求是发生短路故障后，要快速切除故障，不容许因内部短路发热造成永久性损坏。对这一要求来说，继电保护装置能以 0.5s 速度切除故障也就可以了。

考虑发生故障后电网电压要下降，可能因接在电网上电动机转速下降，以致故障切除后，不能重新启动。对这一要求来说，继电保护装置应以不大于 0.5s 时限切除短路故障。

近代电网应从保证系统暂态稳定性对继电保护装置，主要是装在输电线上的继电保护装置提出快速性要求。根据统计计算，电网上发生最严重的短路故障（三相短路）时，故障应在 100ms 内切除。针对这一要求，计及高压断路器断路时间 1.5～2.0 周波（30～40ms），继电保护装置的动作速度应在 60ms 以内。我国对系统暂态稳定的计标规定，装在 500kV 输电线上的主保护动作时间应在 30～50ms 以内，基本符合这一要求。

上面分析的是电力系统对继电保护装置快速性的需要。下面分析继电保护装置所能达到的快速性。

继电保护装置快速性由故障测量元件固有动作时间确定，这一时间由故障测量原理决定。

反映工频量包括工频电压、电流及由这些量所决定的阻抗量的测量继电器测量的是工频量，所以从原理上最小动作时间应不小于工频半个周期，即 10ms，如已确定被测量只包括工频正弦波，小于这个动作时间也可以进行正确测量，但如不能保证被测量是正弦波，则测量结果就不正确。实际上不管是模拟式继电器或是数字式继电器，测量元件的最小动作时间都是由滤波环节确定的。

这里要指出的是，上述继电保护装置快速性的分析是对故障测量元件提出的，在继电保护装置中还有作为程序启动的启动继电器（元件），它只用来反映系统发生了某些扰动，不需进行精确定量，这些继电器的动作时间可小于上述值，但它们的动作速度并不用来表征继电保护装置的快速性，继电保护装置的快速性由故障测量元件和装置逻辑电路固有动作时间，即整组动作时间确定。

综合电网对继电保护装置的需要和继电保护装置自身的可能，工作于超高压电网的继电保护装置整组动作快速性应在 20～40ms 之间。

3. 灵敏性（Sensitivity）

继电保护装置的灵敏性表明继电保护装置反映所保护的元件（电气设备，线路）上发生故障的能力。

继电保护装置的灵敏性同单个继电器灵敏性不同，它是由继电保护装置故障测量原理，即保护原理决定的。例如：静态电流继电器可以做得很灵敏，但是由它构成的电流保护装置的灵敏性同由不灵敏的电磁式电流继电器构成的电流保护装置灵敏性是一样的。

继电保护装置的灵敏性是由故障测量元件的整定值决定的，而整定的原则是要保证继电保护装置动作的选择性。

4. 可靠性（Reliability）

所谓继电保护装置的可靠性，简而言之就是应该动作可靠动作，不该动作可靠不动作。这里指的"应该"的条件是由继电保护装置所采用的原理决定的，如继电保护装置测量原理和整定正确，但继电保护装置拒动和误动就是可靠性有问题，通过这一例子，可以区分继电保护装置选择性、灵敏性和可靠性之间的区别。

可靠性同选择性、灵敏性不同，它主要是由继电保护装置的硬件设备可靠程度及其维护决定的，与其相反，继电保护装置选择性和灵敏性由保护装置测量原理和整定决定。

抗干扰能力也影响继电保护装置工作可靠性。

继电保护装置可靠性又可分为两个含义：不误动和不拒动。表现在不误动的可靠性称之为安全性（Security），表现在不拒动的可靠性称之为可信赖性（Dependability），继电保护装置应具备这两方面的可靠性才能称为具有完全的可靠性。

对电力系统特别是超高压系统中主要元件的继电保护装置来说，不拒动更为重要，因为主要元件继电保护装置如因可信赖性不好，被保护设备上的故障不能快速切除，必将引起事故的扩大，甚至造成系统稳定的破坏，所以继电保护装置的可信赖性比安全性更重要。但是，在某些情况下，保护装置的安全性也会成为主要矛盾，在20世纪70年代初，静态继电器处在起始发展阶段，那时的电子器件可靠性不很过关，有些继电器出口采用无接点的可控硅器件，误动可能性很大，在此情况下，提高继电保护装置安全性就成了主要问题。

提高继电保护装置可靠性的根本方法在于提高装置的硬件质量，加强维护，提高装置抗干扰能力。在保护系统的构成上完善后备保护功能，采用保护装置双重化是提高继电保护可靠性的重要措施。

由于保护装置的可信赖性和安全性对双重化的配置有不同要求，而且相互制约，为了提高继电保护系统安全性，两套装置的出口应采取相互闭锁的"与"连接，即为"与门"输出；而为了提高可信赖性，则应采取相互备用的"或"连接。如果采用保护出口"或"接法，提高了可信赖性，却降低了可靠性，而采用"与"接法虽然是提高了可靠性，但降低了可信赖性。在对可靠性要求特别高的情况下，要求同时提高继电保护装置（系统）的安全性和可信赖性时，可采用三套保护装置，构成"或"同"与"综合输出接线，这同计算机中"冗余"技术类似，不同的是这一"冗余"措施不是用软件实现，而是通过继电保护装置的硬件组合实现的，所以相当复杂而且费用高。

有时为了提高双重化的有效性，两套保护装置要求采用不同原理构成，甚至要求是不同厂家的产品。

上面讨论的"选择性"、"快速性"、"灵敏性"、"可靠性"是传统总结下来的在继电保护装置设计、制造、安装和维护时必须考虑的要求。

三、继电距离保护装置的新要求

随着电力系统的发展，对继电保护装置又会提出一些新的要求，特别是对本书重点分析的距离保护装置，由于其构成复杂，运行特性受电力系统运行方式影响大，提出以下两条要求供参考。

1. 精简性（Simplicity）

这一性能要求是西屋公司在该公司所编一本书上提出的。随着继电保护技术的发展和电力系统对保护装置要求的提高，继电保护装置功能和结构越来越复杂。从预想来说，自然保护性能会不断提高，但结构过分复杂会给装置调试、维护带来很大困难，反而使实际性能下降。

在这里要指出的是，在计算机保护装置中，保护功能是由软件设计取得的，功能增加不需要增加硬件设备，但是，如果功能过于复杂，顾此失彼，且整定困难，实际应用上不能取得很好的效果。

所以，随着保护技术、电子技术和计算机技术不断发展，继电保护装置的功能和结构应注意其精简性，有些需要依靠精确计算才能整定的功能，引入时要慎重。

2. 自适应性（Adaptability）

继电保护装置服务于电力系统的安全运行，有些保护在原理上使保护的动作特性与电力系统运行方式或故障状态有关。设计人员希望当系统运行方式或故障状态改变时，保护的动作特性向改善保护装置工作特性方向转变，即自适应性。

实际上保护装置自适应性很早就已经被利用了，例如，反时限电流保护就具有一定的自适应性，线路反时限电流保护能自适应故障点位置改善和保护装置动作选择性，电机的反时限保护能自适应被保护电机允许发热情况，而本书所讨论的线路距离保护中阻抗继电器，如采用交叉极化方式，则其动作特性就能在一定程度上自动适应故障状态和运行状态，所以本书内容重点之一是分析交叉极化电压对阻抗继电器动作特性的影响。

第二节 继电保护装置在设计和制造时对特性要求的考虑

继电保护装置在设计、制造和维护时需要以上一节提出的性能要求为依据。

本节以选择性、快速性、灵敏性和可靠性等为基础，分析在继电保护装置设计、制造和维护时对它们的考虑。

可靠性的要求主要是表现在继电保护装置的配置方法、硬件要求和维护上，而选择性、快速性和灵敏性则全面地制约继电保护装置工作原理的选择、整定方法和功能的结构的设计。可以认为，从原理上看，继电保护的设计主要就是如何优化地处理选择性、快速性和灵敏性之间的关系。

任何一种继电保护装置动作选择性是必须具备的，它是对继电保护最根本的要求。选择性不可定量，或者是具备选择性，或者是不具备选择性，必居其一。

快速性与灵敏性与选择性相比，可以说是第二位的要求，它们的确定应以保证动作选择性为前提。特别在以定量测量为原则的继电保护中，它们之间关系更为明显，下面以线路电流保护装置为例说明这一问题。

电流保护是以被保护线路电流为故障判别依据的一种保护。为了实现整体保护功能，电流保护装置由三段式构成：

电流保护Ⅰ段，即电流速断保护。

电流保护Ⅱ段，即电流延时速断保护。

电流保护Ⅲ段，即过电流保护。

三段电流保护都应具备选择性。

电流保护Ⅰ段只依靠电流测量取得选择性，所以它可以快速动作，动作速度为保护装置的固有动作时间。实际中，电流速断保护有时引入一个短的动作延时（例如100ms），但这是为了提高动作可靠性，防止线路上所装的避雷器放电时所产生的干扰。

快速性是电流速断保护的优点，但灵敏性差是它最大的缺点，表现在保护区很短。由于电流保护是以定量测量取得选择性，所以从原理上快速段就不能保护全长。同时，由于自适应差，当电力系统运行方式变化时，保护区变化很大。

电流保护Ⅲ段虽也是以电流大小作为判据而取得动作选择性的，但是这一判据只是判断线路是负荷状态还是短路故障状态，所以动作电流整定值只是避开被保护线路最大负荷电流。

为了线路上短路故障时取得动作选择性，过电流保护动作采取时延配合。这一时延应按电网整体整定，所以，在电网上各线路段所装的过电流保护动作延时都较长，不能保证短路时切除故障的快速性。但当被保护线路短路电流水平较高时，过电流保护灵敏性较高，能保护线路全长，当被保护线路末端短路时，灵敏系数（末端短路时短路电流与整定电流之比值）较大，而且，对相继的下段线路有后备保护作用。

所以，电流保护Ⅲ段特点是在保证动作选择性的前提下，牺牲了快速性换取了灵敏性。

与电流速断保护相比，过电流保护虽然灵敏性好，但动作时间很长，有时不能满足电力系统对继电保护装置的要求，所以就出现一种折中的方案，即延时电流速断保护。

电流保护Ⅱ段延时电流速断保护，被保护线路发生短路时，保护的选择性是与下一段线路电流速断保护相配合，它的动作时限比电流速断保护大一个时限 Δt，但它的动作定值不是按避开被保护线路最大负荷电流整定，而应按避开下段线路上速断保护区末端最小短路电流确定。

所以，电流延时速断保护的特点是：部分依靠电流定值，部分依靠引入动作时限取得选择性，显然，这对快速性和灵敏性来说是一个折中办法。它与电流速断保护相比，牺牲了部分快速性换取了较好的灵敏性；与过电流保护相比，牺牲了部分灵敏性，换取了较好的快速性。

作为一个以定量测量取得动作选择性的电流保护三段配置的例子，可以总结出这类保护在处理选择性、快速性和灵敏性三个要求之间所采用的一种折中方法，那就是选择性是一定要保证的，而快速性和灵敏性之间可以采用不同的配合以取得最佳的保护功能。

第三节　距离保护简介

电力系统电流保护是最早发展的一种保护，它原理简单，反映的电流量是电力系统基本电量。电流保护基本保护方式是电流速断保护，它是依靠电流整定值取得动作选择性的，由于电流保护是依靠电流的定量测量而取得动作选择性的，而被保护线路上电流测量总会出现测量误差，从原理上不能精确地判断被保护线路末端故障情况，所以，不能保护线路全长。

为了线路全长都能得到保护，电流保护需要引入其他判据，那就是引入保护动作的延时（Time Delay），于是就出现电流保护Ⅲ段及Ⅱ段。电流保护的三段式结构是以定量作为故障位置测量保护装置的典型方式，但是以线路电流作为测量性能却很不理想，主要表现在它是以线路短路电流作为反应短路故障位置的量，是一个电气量，与负荷电流一样，受系统运行方式影响很大，所以它的保护性能不稳定，表现在以下几个方面：

第一，电流速断保护的保护区受系统运行方式影响大，在最大运行方式时不误动的条件下，系统最小运行方式时，实际保护区可能很小，甚至为零。

第二，电流保护Ⅲ段，虽然系统发生短路时不是依靠短路电流大小，而是依靠动作时限配合来判断短路位置，但在负荷电流情况下电流继电器不能动作，所以应避开最大负荷电流，因此，受系统运行方式变化的影响，当系统属于最小运行方式时，过电流保护灵敏度很小，甚至为零。

所以要提高线路保护性能，必须采用新的保护原理，用新的量反映线路故障的位置。

距离保护是从根本上解决电力系统运行方式对继电保护中故障点定位与判别影响的一种方法。图 0-1 表明距离保护装置判断故障点是否在保护区内的原理图，图中 D 为装在变电所的距离继电器的保护距离（Distance Protection）；F 表明故障点；D_F 为故障点与

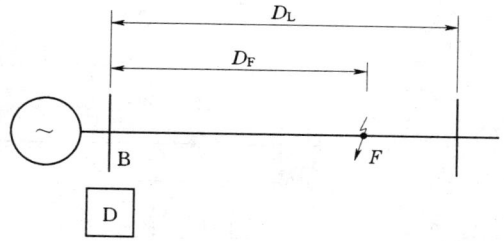

图 0-1 距离保护工作原理图

变电所母线 B 之间的距离，称短路距离；D_L 为被保护线路全长。距离继电器的动作条件为：

$$D_F \leqslant D_L \tag{0-1}$$

或

$$D_F \leqslant D_{set} \quad D_{set} = K_r D_L \tag{0-2}$$

式中：K_r 为可靠系数，应小于 1；D_{set} 为整定值。

由式（0-1）和式（0-2）中可以看出，从实现保护原理上看，距离保护与电流保护并无不同之处，但距离保护中用来判断故障位置的量是非电气量距离，而不是受电力系统运行方式影响很大的电流量，因而它的保护区不受电力系统运行方式的影响。式（0-2）中 K_r 虽不能取为 1，但只需计及距离测量误差，可取较高的值。但是，距离保护仍是一种依靠定量测量判断故障位置的保护，从原理上讲，它仍不能有选择性地判断被保护线路全线故障。因此，与电流保护一样，必经引入附加判据才能构成完整的保护，这个附加判据仍与电流保护一样是动作延时，至于如何引入动作延时，应该结合实际的距离保护——阻抗保护来讨论。

第四节 实际的距离保护——阻抗保护概述

一、实际的距离保护中距离测量的方法

距离保护中故障定位应是通过测量保护装设处与故障点之间的距离实现的。距离是一个非电气量，所以理论上距离的测量虽然不免存在误差，但不会受电力系统运行方式的影响，但是在这种距离保护中，当系统发生故障时，必须实现快速测距。目前，计算机和计算技术已得到相当发展，进行故障测距已有可能，但对继电保护而言，要求测量简单快速，实现起来有困难。所以目前实际的距离保护中距离测量是通过阻抗测量实现的，用阻抗测量实现的距离保护应称之为阻抗保护。但是，本书仍服从习惯，将这种保护仍称为距离保护。

在以阻抗测量实现的距离保护中，对故障实行测量功能的是阻抗继电器，在图 0-2 中以 Z 表示，图 0-3 表明输入电压为 $\dot{U}_m$，输入电流为 $\dot{I}_m$，所测量出的阻抗 Z_m 称之为感受阻抗，如感受阻抗与线路短路阻抗成比例，则阻抗继电器能实现距离测量。

二、以阻抗测量构成的距离保护装置工作原理

图 0-2 表明这种距离保护工作原理，与电流保护装置一样，也由三段式构成。

（1）距离Ⅰ段，图 0-2 中以 Z_I 表示，为瞬时段，与电流速断保护一样，它不带动作

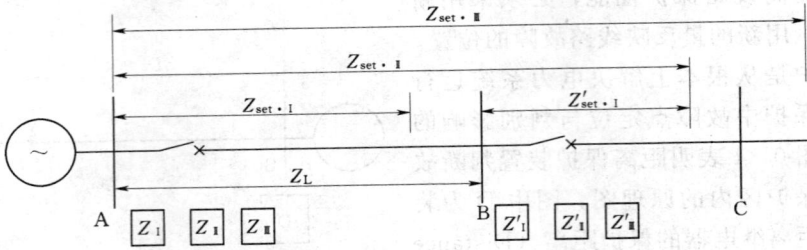

图 0-2 三段式距离保护工作原理图

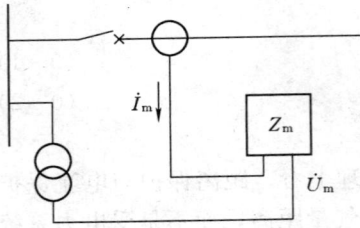

图 0-3 阻抗继电器接线

延时，依靠阻抗测量取得动作选择性。不同的是，其整定阻抗 $Z_{\text{set·I}}$ 按被保护线路全长的阻抗 Z_L 决定：

$$Z_{\text{set·I}}|_{\varphi_L} = K_r Z_L \qquad (0-3)$$

式中：$Z_{\text{set·I}}|_{\varphi_L}$ 为阻抗继电器工作于线路阻抗角时整定阻抗值；K_r 可取 $0.85\sim0.90$。

所以，距离保护 I 段可以保护全线的 $85\%\sim90\%$。与此相比，电流速断保护整定值避开线路末端短路时最大短路电流整定，实际情况下保护区很短，在系统最小运行方式时，保护区甚至为零。

距离保护 I 段保护区较长，且较恒定，这与其他的以定量测量取得动作选择性的保护相比是其最大的优点。

（2）距离保护 II 段，图 0-2 中以 Z_{II} 表示，其工作原理同电流保护 II 段，即电流延时速断保护。

虽然距离保护 I 段能保护被保护线路的大部分（85%）且保护范围稳定，但仍有 15% 范围不被保护，所以距离保护装置仍必须配备后备保护段。

距离保护 II 段与下一段线路瞬时保护配合，下一段线路也采用距离保护，如图 0-2 所示，其保护区为 $Z'_{\text{set·I}}$，则其整定阻抗为：

$$Z_{\text{set·II}}|_{\varphi_L} = K_r(Z_L + Z'_{\text{set·I}}) \qquad (0-4)$$

当与下一段线路速断保护配合时，应带有动作时限 Δt 为 $0.3\sim0.5$s。式（0-4）中 $Z_{\text{set·II}}|_{\varphi_L}$ 为工作于线路阻抗角 φ_L 时整定阻抗值。

距离保护 II 段实际能对被保护线路上距离保护 I 段不能保护的部分起保护作用，自然会带有 Δt 动作延时，对被保护线路而言，配备了距离保护 I 段和 II 段后，对全线已能起可靠的保护作用，但是，在一般的线路距离保护装置中仍配备距离保护 III 段。

（3）距离保护 III 段，图 0-2 中以 Z_{III} 表示。

距离保护 III 段是距离保护中最灵敏的距离测量单元，除了能对下一段线路起远后备保护功能外，也可以启动距离保护装置逻辑程序，实现闭锁、瞬时固定等功能。

距离保护 III 段，相当于电流保护中过电流保护，它对短路位置的选择性是由阶段延时取得的。对同一串线路而言，距离保护 III 段与电流保护动作快速性是相同的，但是灵敏性不同。过电流保护动作定值是按避开最大负荷电流整定，从数值上讲，负荷阻抗与负荷电流是对应的，但对阻抗来说，除阻抗值外还应考虑阻抗角。由于负荷阻抗角与线路短路阻抗角相差很大，前者一般小于 $30°$，后者视线路额定电压不同可自 $60°$ 直到接近 $90°$，只要选用动作阻抗值对相角灵敏的阻抗继电器就可使距离保护Ⅲ段取得较大的动作灵敏性。

距离保护Ⅲ段整定值为:

$$Z_{\text{set}\cdot\text{Ⅲ}}\big|_{\varphi_{\text{LO}}} = K_{\text{r}}K_{\text{res}}Z_{\text{LO}\cdot\text{cal}\cdot\text{min}} \tag{0-5}$$

式中:K_{res} 为返回系数;$Z_{\text{LO}\cdot\text{cal}\cdot\text{min}}$ 为阻抗继电器向负荷看去的最小计算阻抗,它等于最小负荷阻抗 $Z_{\text{LO}\cdot\text{min}}$ 与接入线路阻抗之和,由于线路阻抗角与负荷阻抗角不同,严格来说应是复阻抗之和,但近似计算时,可认为两者阻抗角均为负荷阻抗角 φ_{LO}。

式(0-5)中,$Z_{\text{set}\cdot\text{Ⅲ}}$ 为距离保护Ⅲ段整定阻抗,它有其所定义的阻抗角,一般为线路阻抗角 φ_{L},而式(0-5)中 $Z_{\text{set}\cdot\text{Ⅲ}}\big|_{\varphi_{\text{LO}}}$ 为Ⅲ段阻抗继电器工作于 φ_{LO} 时的动作阻抗值,这一点读者需要注意。

最小负荷阻抗 $Z_{\text{LO}\cdot\text{min}}$ 为最大负荷时负荷阻抗值,由下式决定:

$$Z_{\text{LO}\cdot\text{min}} = \frac{U_{\text{LO}\cdot\text{min}}^2}{S_{\text{LO}\cdot\text{max}}} \tag{0-6}$$

式中:$U_{\text{LO}\cdot\text{min}}$ 为最大负荷 $S_{\text{LO}\cdot\text{max}}$ 出现时负荷端电压下限值。

同电流保护Ⅲ段过电流保护相比,距离保护Ⅲ段保护区较稳定,作为被保护线路近后备(Local Back-up),内部故障时有较高的灵敏度,对下一段线路亦能起较好的远后备(Remote Back-up)保护作用。

距离保护Ⅲ段动作时限,与过电流保护一样,按阶梯原则整定。

三段式距离保护装置同三段电流保护装置一样,是典型的以定量测量来判断故障位置的保护装置,它们有着共同的缺点,依靠定量测量,不能保护线路全长,所以它不能构成被保护线路全线快速保护,实际上也不能作为高压及超高压线路主保护。但是,它们也有一个共同优点:能对相邻线路起远后备保护作用。

三段式距离保护装置多用作高压及超高压线路后备保护装置。

第五节 阻抗继电器的感受阻抗和阻抗
继电器动作特性表示法

一、阻抗继电器的感受阻抗

图 0-4 表明以最简单方法表示的阻抗继电器,输出量为动作状态,动作或不动,输入量为自电力系统引入的电压和电流,$\dot{U}_{\text{m}}$ 称测量电压(Measuring Voltage),$\dot{I}_{\text{m}}$ 称测量电流(Measuring Current),定义测量阻抗为:

$$Z_{\text{m}} = \frac{\dot{U}_{\text{m}}}{\dot{I}_{\text{m}}} \tag{0-7}$$

阻抗继电器测量阻抗是一个定义阻抗,实际上阻抗继电器内部也并不一定要算出它,只是在分析阻抗继电器行为时把它作为一个中间量。

而且这里 $\dot{U}_{\text{m}}$、$\dot{I}_{\text{m}}$ 也只是表明输入阻抗继电器的电压和电流,至于它们在电力系统中的实际意义并未定义,只是阻抗继电器的输入量而已。

图 0-4 阻抗继电器工作原理

对距离保护中阻抗继电器而言,要求 Z_m 能同短路阻抗 Z_F 成正比,只有这样,阻抗继电器才能进行故障位置判断,这就要求取自电力系统的 $\dot{U}_m$、$\dot{I}_m$ 有一定的组合,这是一个较复杂的问题。

二、阻抗继电器特性表示法

式(0-3)、式(0-4)和式(0-5)表明距离保护中各段的阻抗继电器动作阻抗整定原则,但因阻抗量包含电阻和电抗分量,不但有数值而且有阻抗角,因而整定起来比电流保护要麻烦得多。

上述各式中所谓整定阻抗(Setting Impedance)是指在特定条件下阻抗继电器测量阻抗 Z_m 的临界动作阻抗 Z_{OP}(Operating Impedance),它由阻抗继电器动作特性确定。

阻抗继电器动作特性主要有两种表示法。

1. 阻抗复平面动作特性表示法

阻抗复平面动作特性法是用得较多的一种阻抗继电器动作特性表示法,它表明在 $R+jX$ 复平面上 $Z_m = R_m + jX_m$ 临界动作轨迹。

图0-5为一种方向阻抗继电器在复平面上的动作特性,它的轨迹是圆,圆内为动作区,若阻抗继电器感受阻抗轨迹在圆内,如 Z_{m1},则阻抗继电器动作;否则如 Z_{m2},则阻抗继电器不动作。

以复平面轨迹表示的阻抗继电器能直观的表示出阻抗继电器的动作行为、它的临界动作阻抗值和相位特性,是用得最多的一种阻抗继电器动作特性表示法。

2. 电压相量图上阻抗继电器动作特性表示方法

对继电器输入电压电流($\dot{U}_m$,$\dot{I}_m$)为单相量时用感受阻抗概念,用复平面上特性表示法很直观,分析方便,但当继电器不再反映单一电压和电流时,就可能出现困难,特别是阻抗继电器中比较器用相位比较方式工作时,其动作条件由两个或几个比较电压之间的相位关系确定,在此情况下,阻抗继电器动作特性可在电压相量图上比较电压间相位范围确定,能取得直观的效果。电压相量图上

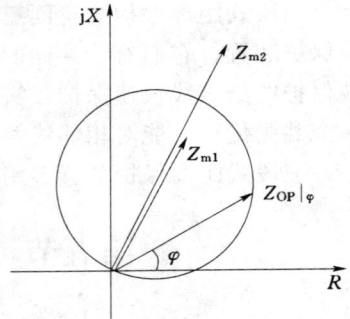

图0-5　复平面上标示的阻抗继电器动作特性

表明阻抗继电器动作特性,可以说是一种动作特性表示法,但实际上是表明一种动作特性分析方法。

本书采用阻抗复平面上动作特性的表示方法。

第六节　阻抗继电器动作特性分析法

一、测量与比较

阻抗继电器的任务是测量出继电器感受到的至故障点的线路阻抗,然后按式(0-3)~式(0-5)所确定的条件,判断故障的位置是在区内还是在区外。所以,从概念上讲,阻抗继电器工作时,要完成测量和比较两个任务。

　　但是，实际上阻抗继电器一般并不是先算出至故障点的线路阻抗再同整定值作比较，而是将输入的电压 $\dot{U}_m$ 和 $\dot{I}_m$ 进行组合，形成比较电压，然后对形成的比较电压 $\dot{E}_{com}$ 进行比较和判断，确定感受阻抗 Z_m 是否位于动作区。

　　图 0-6 表示上述工作方式的阻抗继电器通用性的方框原理图，图中 $\dot{U}_m$、$\dot{I}_m$ 为用于阻抗测量的测量电压和电流，$\dot{U}_{aux}$ 为辅助电压（Auxiliary Voltage）。辅助电压亦取自电力系统，用来改善阻抗继电器性能，不影响测量阻抗 Z_m 的形成，Z_m 仍旧由 $Z_m = \dfrac{\dot{U}_m}{\dot{I}_m}$ 定义。比较电压形成回路产生的比较电压（Comparison Voltage），可以是两个电压，也可以是多个电压，视比较器工作方式而定。

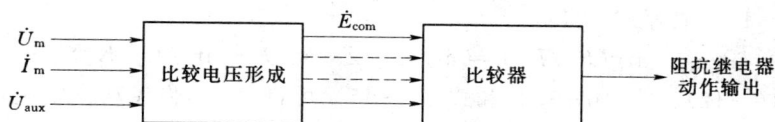

图 0-6　阻抗继电器工作原理分解图

　　图 0-6 中比较器是阻抗继电器关键电路，按给定的动作条件（判据），对照 $\dot{E}_{com}$ 进行比较以确定输出状态。

　　不管是"模拟式"阻抗继电器或"数字式"阻抗继电器，一般都是按图 0-6 方式工作的，虽然，从计算机功能而言，它完全可以先算出 Z_m（大小和阻抗角）然后再按式（0-3）～式（0-5）条件同整定值比较，但实际上实现起来比较困难，因为对阻抗继电器不是要求它判断某一临界点动作状态，而是要求它应在哪一个区域动作；此外，按图0-6所示原理工作，能使阻抗继电器获得自适应特性，这将是本书第三章所要重点分析的问题。

　　所以，实际的数字式阻抗继电器也是按图 0-6 原理工作的。

二、阻抗继电器动作特性分析法

　　本书将在第三章中分析各种阻抗继电器动作特性，本节先介绍它们的分析方法。如前所述，本书介绍的是阻抗复平面表示继电器特性的分析方法。

　　下面介绍最常用的按相位比较方式工作的阻抗继电器。

　　按相位比较方式工作的阻抗继电器中由比较电压形式回路形成的比较电压通用式写成：

$$\dot{E}_x = f_x(K_u\dot{U}_m, \dot{U}_{aux}, \dot{I}_m) \tag{0-8}$$

$$\dot{E}_y = f_y(K_p\dot{U}_m, \dot{U}_{aux}, \dot{I}_m) \tag{0-9}$$

　　它们是测量电压 $\dot{U}_m$，测量电流 $\dot{I}_m$ 和辅助电压 $\dot{U}_{aux}$ 组成的电压量。比较器按下列不等式对 $\dot{E}_x$、$\dot{E}_y$ 之间相角 $\arg(\dot{E}_x/\dot{E}_y)$ 进行相位比较，当满足下式时，阻抗继电器判为动作。

$$\theta_1 \geqslant \arg(\dot{E}_x/\dot{E}_y) \geqslant \theta_2 \tag{0-10}$$

为了得到该阻抗继电器在阻抗平面上的临界动作特性，先将式（0-8）和式（0-9）分别除以 $K_u\dot{I}_m$ 和 $K_p\dot{I}_m$，并将所引入的 $\dot{U}_{aux}$ 以 $\dot{U}_m$ 和 $\dot{I}_m$ 表示：

$$\dot{U}_{aux} = f_{aux}(\dot{U}_m, \dot{I}_m) \tag{0-11}$$

于是，式（0-8）和式（0-9）转换成阻抗表示的函数：

$$Z_x = f_x(Z_m) \tag{0-12}$$

$$Z_y = f_y(Z_m) \tag{0-13}$$

式中：Z_m 即为阻抗继电器感受阻抗；Z_x、Z_y 为由比较器进行比较的比较阻抗。

相应的式（0-10）变为：

$$\theta_1 - \arg(K_p/K_u) \geqslant \arg(Z_x/Z_y) \geqslant \theta_2 - \arg(K_p/K_u) \tag{0-14}$$

式中：$\arg(K_p/K_u)$ 为 K_p 与 K_u 之间复数角，若两者为实数，则 $\arg(K_p/K_u) = 0$。

将式（0-14）取等式，得：

$$\theta_1 - \arg(K_p/K_u) = \arg(Z_x/Z_y) = \theta_2 - \arg(K_p/K_u) \tag{0-15}$$

根据式（0-12）、式（0-13）和式（0-15）可得 Z_m 的临界动作轨迹，即所分析的阻抗继电器在阻抗平面动作轨迹。式（0-11）表示的辅助电压 $\dot{U}_{aux}$ 由系统中某一电压或某些电压构成，式（0-11）中 $\dot{U}_{aux}$ 同 $\dot{U}_m$、$\dot{I}_m$ 之间关系与系统运行状态和故障方式有关，阻抗继电器中引入 $\dot{U}_{aux}$ 作为输入量之一后，就使得阻抗继电器动作特性与电力系统运行方式和故障类型有关，若设计得当，可以使阻抗继电器动作性能有较好的自适应性，这一作用和优点将是本书要重点分析的内容之一。

第一章　电力系统故障状态分析方法

第一节　概　　述

　　电力系统继电保护装置是排除电力系统故障状态的一种设备，继电保护装置的首要任务是发现电力系统故障并且能判断故障的类型与位置，所以继电保护装置要达到两个要求：①要区别电力系统正常状态和故障状态；②应能判别故障类型。所以，研究应用继电保护技术必须对电力系统故障状态有较为深入的了解。

　　电力系统故障状态分析、计算已是一门专门学科，这方面的书籍很多，但是任何一本书都有其写作技术背景，会从不同的角度上分析其主题。就电力系统故障这一课题而言，有的书侧重于原理分析，有的则偏重于计算。目前，电力系统日益庞大，故障计算已成为一门专门学问，继电保护装置的整定要依靠计算人员提供的计算结果。本书作为一种继电保护装置的分析，有关内容较偏重于概念分析，数值计算和相量关系中电压、电流相量关系更为重要；另外，与一般故障分析不同的是一般故障分析多以故障点电压、电流为主，而继电保护侧重的是保护装设处电流、电压。

　　早期继电保护都是以系统实际电流、电压为测量对象，由于实际电流、电压中不但包含故障量而且包含系统正常运行量。而继电保护关心的只是故障引起的量，也就是故障分量。突出故障分量是继电保护工作者对故障分析的重点，下面介绍几种与继电保护有关的故障量的形式

一、突变量

　　突变量不是习惯上"突变量继电器"中所谓的"突变"，而是理论上的突变，是指故障前后瞬时值的变化。

　　对交流系统而言，突变是指电压、电流瞬时值在 $\Delta t \to 0$ 的时间内发生的变化。

　　真正的利用突变故障分量的保护是 20 世纪 60 年代曾经发展过的行波保护。

　　在相对长的输电线上，故障点发生突然短路。于是在故障点电压瞬时值由短路前 $u_{|0|}$ 突然强迫为零，出现电压突变量 Δu_0，有：

$$\Delta u_0 + u_{|0|} = 0$$

即

$$\Delta u_0 = -u_{|0|}$$

　　其时间宽度理论上为零。这一突变量形成脉冲波，以行波速度向线路两侧传送，受线路分布参数影响，边传送边变宽，称之为电压行波。同时，在 Δu_0 作用下，故障点出现电流行波 Δi_0，两侧保护收到 Δu_0、Δi_0 后对比其极性判断区内或区外故障。

　　行波保护物理概念清楚，但也有不确定的因素，Δu_0 取决于故障点故障前瞬间电压值，如在 $u_F = 0$ 时短路，则无电压行波产生，捕捉短暂行波也有困难，还存在行波多次反

射问题。

从应用角度上了解行波保护的原理对继电保护技术人员来说不是很困难的事，所以本书不多作分析。

二、对称分量

采用三相交流送电是电力工业的一大发展。在系统正常运行情况下，三相系统是对称的，但在异常运行情况和故障情况下，可能就不对称。三相系统不对称情况下，计算和分析就十分麻烦。1918 年 Fortescue 提出对称分量法用来分析和计算三相不对称系统。

对称分量法，将一个三相不对称系统用两个三相对称系统和一个三相零序系统表示，是一种线性电路变换方法。线性变换是电工技术中常用的一种方法，以 Park 采用的用来分析交流电机行为的 Park 变换为例，将 a、b、c 三相系统用 d、q、o 系统代替，使交流电机中随转子位置而变的自感、互感能用常系数表示。

三相系统用于故障分析具有以下优点：

（1）由于各序系统三相量之间有固定关系（对称或三相分量大小相等、方向相同），能消去互感影响，使各相阻抗可以定义。这对距离保护是十分有用的。

（2）各对称分量均有物理含义，能表明故障特征，有助于判断故障性质。

在故障分析中用到对称分量法时，必须注意：

（1）电力系统要看成是线性系统。

（2）相应的交流量必须是正弦量，如为非正弦量则必须将其分解成谐波，再对各谐波分解成对称分量。

三、故障分量

利用电力系统短路故障后出现的故障分量构成保护无疑是最好的方案，这也是 20 多年来继电保护发展的一个方向。但是故障分量如何构成、有什么性质、如何取得等问题仍有含糊的地方，甚至还会有一些错误的概念，值得加以分析。下面主要分析线路上（注意不是短路支路）电流的故障分量。

故障前线路电流为负荷电流 $i_{L|0|}$，可认为是正弦波，用相量表示 $\dot{I}_{L|0|}$。

故障后线路上总电流 $i(t)$ 由两部分构成：

（1）故障后的负荷电流 i_L，由于故障网络结构变了，电源电势也会改变，故 $i_L \neq i_{L|0|}$，但仍可认为是正弦波。

（2）故障引起的电流 i_f 由两部分组成。

1）周期分量 i_{fp} 为衰减的正弦波，衰减规律较为复杂，近似可认为先按 T''_d 衰减，再按 T'_d 衰减最后按 T_d 衰减，其中 T''_d 最小，约在 $0.05 \sim 0.1s$ 之间。如系统容量很大，理论上为无限大时，则不衰减。如果系统短路引起部分发电机强行励磁，虽然强行励磁对 i_{fp} 影响较大，但即使是快速强行励磁，因受发电机励磁回路时间常数影响，发电机电势也要在 100ms 后才会显著上升。所以可以认为，在分析快速保护行为时，可以认为故障后故障电流中周期分量是不变的，i_{fp} 可用相量 $\dot{I}_{fp}$ 表示。

2）暂态分量：故障后电流中将出现暂态分量，暂态分量电流中包含衰减的直流分量及短暂的高频分量，在串补线路中还会出现低频振荡分量。对快速保护来讲直流分量与低频振荡分量是必须考虑的。暂态分量电流 i_{fa} 显然为非正弦波。

故障后故障分量电流为：

$$i_{\text{f}}(t) = i_{\text{fp}}(t) + i_{\text{fa}}(t) \tag{1-1}$$

故障后线路总电流为：

$$i(t) = i_{\text{f}}(t) + i_{\text{L}}(t) \tag{1-2}$$

第二节　对称分量法分析电力系统故障

一、对称分量法的数学含义

对称分量的数学含义只不过是线性变换。

电力系统不对称故障时，待解的量是 6 个量，即 3 个电流量和 3 个电压量。而表征故障特点的应该有 3 个给定条件。为了进行求解，应列出 6 个方程，然后将给定条件代入求解。

当以实际系统求解时，上述 6 个方程，应包括：三个电压方程和三个电流方程。

以对称分量法进行故障计算时，待解的不是 3 个电流和 3 个电压，而是 3 个对称三相电压系统和三个对称三相电流系统，仍是 6 个量，但所用的方程式有所不同，其中包括：三个对称分量与实际量的变换方程，三个以序网为基础的电路方程。所用的表征故障特点的给定条件也要做相应的变换。

二、对称分量法应用方法

对称分量法是线性电路中常用的变换，是数学处理方法，但用对称分量法解析电力系统不对称短路有其物理含义，下面结合其应用程序说明它的意义。

1. 利用变换公式，将三相量转换为对称分量

这是为将对称分量法用于三相不对称短路分析的基本步骤，它是由 3 个方程式表示的。对电压而言：

$$\dot{U}_{\text{A}} = \dot{U}_{\text{A1}} + \dot{U}_{\text{A2}} + \dot{U}_{\text{A0}} \tag{1-3a}$$

$$\dot{U}_{\text{B}} = \dot{U}_{\text{B1}} + \dot{U}_{\text{B2}} + \dot{U}_{\text{B0}} = a^2\dot{U}_{\text{A1}} + a\dot{U}_{\text{A2}} + \dot{U}_{\text{A0}} \tag{1-3b}$$

$$\dot{U}_{\text{C}} = \dot{U}_{\text{C1}} + \dot{U}_{\text{C2}} + \dot{U}_{\text{C0}} = a\dot{U}_{\text{A1}} + a^2\dot{U}_{\text{A2}} + \dot{U}_{\text{A0}} \tag{1-3c}$$

一般以 A 相为参考相。可写为

$$\dot{U}_{\text{A1}} = \dot{U}_1, \dot{U}_{\text{A2}} = \dot{U}_2, \dot{U}_{\text{A0}} = \dot{U}_0$$

式（1-3）为定义式，根据它可求得反变换式：

$$\dot{U}_1 = \frac{1}{3}(\dot{U}_{\text{A}} + a\dot{U}_{\text{B}} + a^2\dot{U}_{\text{C}}) \tag{1-4a}$$

$$\dot{U}_2 = \frac{1}{3}(\dot{U}_{\text{A}} + a^2\dot{U}_{\text{B}} + a\dot{U}_{\text{C}}) \tag{1-4b}$$

$$\dot{U}_0 = \frac{1}{3}(\dot{U}_{\text{A}} + \dot{U}_{\text{B}} + \dot{U}_{\text{C}}) \tag{1-4c}$$

式（1-4）是由式（1-3）变换而来，不是独立的。

式（1-3）和式（1-4）都是对称分量定义式，它们是用对称分量法解三相不对称短路问题所需的 6 个方程中的 3 个。

2. 建立序网络图列出序电路方程

用对称分量法解三相系统不对称短路问题，需采用对称分量法建立电路模型及电路方程式，首先建立序网络图。

用对称分量法解三相系统的物理含义就是用三个独立的正序、负序和零序网络代替相互间有耦合的 A、B、C 网络。

图 1-1 表明 F 点发生短路时，所建立的以两端网络表示的序网络。输出电压为故障点各序电压 $\dot{U}_{F1}$、$\dot{U}_{F2}$、$\dot{U}_{F0}$，输出电流为故障点各序电流 $\dot{I}_{F1}$、$\dot{I}_{F2}$、$\dot{I}_{F0}$。要注意的是各序网络自成体系，其输出电压、输出电流由各自网络内部确定，与对外如何连接无关。

方框内给出各序网络单线图。实际各序电路仍是三相系统，但由于对称分量的对称性质，可用单线图表示。

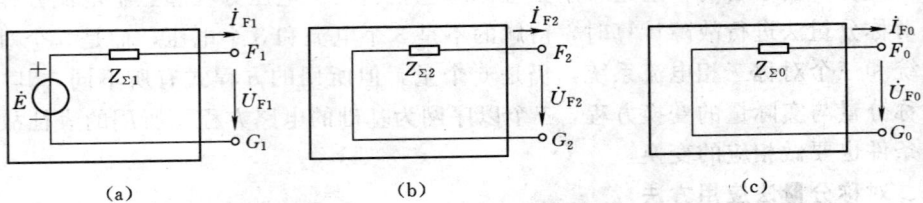

图 1-1　序网络图

(a) 正序；(b) 负序；(c) 零序

序网络图中阻抗 $Z_{\Sigma 1}$、$Z_{\Sigma 2}$、$Z_{\Sigma 0}$ 为自故障点向系统看去的正序、负序、零序总阻抗。

由于电力系统电源只有正序电势，故只有正序网络是有源网络，负序、零序网络均为无源网络。

各序网络与该序回路电压方程式相对应：

$$\dot{U}_{F1} = \dot{E} - \dot{I}_{F1} Z_{\Sigma 1} \tag{1-5a}$$

$$\dot{U}_{F2} = -\dot{I}_{F2} Z_{\Sigma 2} \tag{1-5b}$$

$$\dot{U}_{F0} = -\dot{I}_{F0} Z_{\Sigma 0} \tag{1-5c}$$

引入式（1-5）并建立了序网，与式（1-3）或式（1-4）一同共建立了 6 个联立方程，使纯数学的对称分量法，与三相电力系统联系起来了。但是，到此尚不能计算不对称短路问题，因为图 1-1 所示三个序网与式（1-5）表明的三个电路方程各自是独立的，必须要根据故障特点，给出所谓"初始条件"或"临界条件"，才能求解电路。

图 1-1 给出的序网络图，对外是以 F_1、G_1，F_2、G_2，F_0、G_0 为输出点的两端网络，而其内部可按实际电网情况有较复杂的结构。

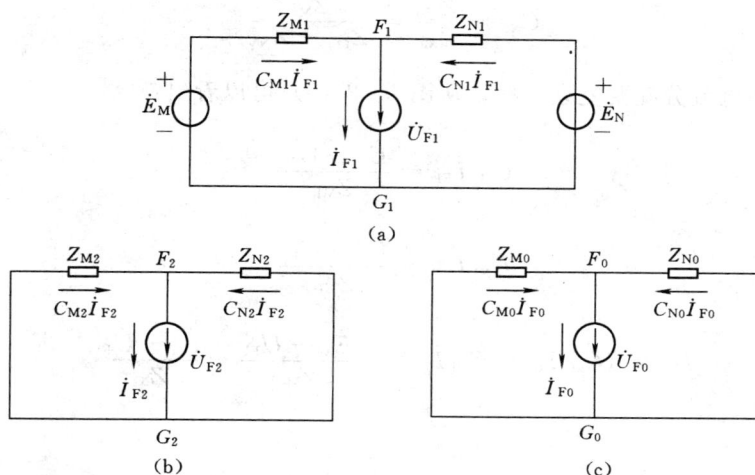

图 1-2　序网内部结构

(a) 正序；(b) 负序；(c) 零序

图 1-2（a）为有两电源的正序网络内部接线图。与三相系统图不同的是图 1-2（a）中电压、电流只有正序分量。在故障点的位置上以故障点正序电压 $\dot{U}_{F1}$ 表示。正序网络图是十分有用的，在分析系统发生短路并伴随振荡时，正序网络是很重要的网络。后面在"正序增广网络"一节中将要专门介绍。在三个序网中，只有正序网络是有源的，也只有在电势（正序）作用下，系统中才会有电流，所以实际上系统不对称情况下出现的负序电流和零序电流也都是由正序电流转换的。

图 1-2（b）和图 1-2（c）中负序电流和零序电流根据各序网的结构进行分配。

负序网络和零序网络是无源网络，$\dot{I}_{F2}$ 和 $\dot{I}_{F0}$ 只能认为是由故障点电压 $\dot{U}_{F2}$、$\dot{U}_{F0}$ 产生，但按电流流向故障点的规定，图 1-2（b）和（c）示 $\dot{I}_{F2}$ 和 $\dot{I}_{F0}$ 的方向与"由 $\dot{U}_{F2}$、$\dot{U}_{F0}$ 所产生的"电流方向相反。这一定义上的差别会招至负序电流和零序电流方向测量相反结果。如零序回路阻抗角为 $70°$，则短路时接在线路上零序方向继电器感受到的零序电流方向不是 $70°$，而是 $180°+70°=250°$ 或 $-110°$。负序电流方向亦有类似情况。

序网中序电流分布只决定于各序网络本身的结构，与其他序网无关。

图 1-2 中（b）和（c）表明 F 点短路时，在 M 侧和 N 侧负序、零序电流分配情况，它们以分配系数 C_{M2}、C_{N2}、C_{M0}、C_{N0} 表示，显然：

$$C_{M2} = \frac{Z_{\Sigma 2}}{Z_{M2}} = \frac{Z_{N2}}{Z_{M2} + Z_{N2}} \tag{1-6a}$$

$$C_{N2} = \frac{Z_{\Sigma 2}}{Z_{N2}} = \frac{Z_{M2}}{Z_{M2} + Z_{N2}} \tag{1-6b}$$

$$C_{M0} = \frac{Z_{\Sigma 0}}{Z_{M0}} = \frac{Z_{N0}}{Z_{M0} + Z_{N0}} \tag{1-6c}$$

$$C_{N0} = \frac{Z_{\Sigma 0}}{Z_{M0}} = \frac{Z_{M0}}{Z_{M0} + Z_{N0}} \qquad (1-6d)$$

正序网络中电流分配要复杂一些，从图 1-2（a）可以看出：

$$C_{M1} \dot{I}_{F1} = \frac{\dot{E}_M - \dot{U}_{F1}}{Z_{M1}} \qquad (1-7a)$$

$$C_{N1} \dot{I}_{F1} = \frac{\dot{E}_N - \dot{U}_{F1}}{Z_{N1}} \qquad (1-7b)$$

而

$$\dot{I}_{F1} = (C_{M1} \dot{I}_{F1} + C_{N1} \dot{I}_{F1}) = \frac{\dot{E}_M - \dot{U}_{F1}}{Z_{M1}} + \frac{\dot{E}_N - \dot{U}_{F1}}{Z_{N1}}$$

故

$$C_{M1} = \frac{\dfrac{\dot{E}_M - \dot{U}_{F1}}{Z_{M1}}}{\dfrac{\dot{E}_M - \dot{U}_{F1}}{Z_{M1}} + \dfrac{\dot{E}_N - \dot{U}_{F1}}{Z_{N1}}} = \frac{1}{1 + \dfrac{Z_{M1}}{Z_{N1}} \cdot \dfrac{\dot{E}_N - \dot{U}_{F1}}{\dot{E}_M - \dot{U}_{F1}}} \qquad (1-8a)$$

$$C_{N1} = \frac{1}{1 + \dfrac{Z_{N1}}{Z_{M1}} \cdot \dfrac{\dot{E}_M - \dot{U}_{F1}}{\dot{E}_N - \dot{U}_{F1}}} \qquad (1-8b)$$

可以看出，负序网络和零序网络中电流分布只同网络阻抗分配有关，分配关系是恒定的，而正序电流分布复杂得多。除非电势 $\dot{E}_M = \dot{E}_N$，则分配系数不但同两侧电势大小和相位有关，而且与故障类型也有关系，而且可能是复数。

故在发生不对称短路情况下，除非电源电势能用一个等效电势表示，正序网络需要进行具体分析，不能像负序、零序网络一样用简单分配系数计算。

3. 临界条件的代入解不对称短路

前两节中已经利用 6 个方程式，式（1-3）或式（1-4）以及式（1-5），可以确定三相不对称短路时 6 个电量之间关系，但是要分析三相不对称短路，还需利用表征不对称短路特性的故障条件，即故障分析的临界条件。

用 A、B、C 三相系统分析短路时，也要有相应的临界条件。用对称分量法分析短路，不同之点是临界条件要用对称分量表示。

3 个临界条件代入后即可求解不对称短路。在求解过程中包括求解的步骤有一些技巧：

（1）首先要选定参考相和故障相。

分析电力系统故障，首先要选定参考相，一般都是以 A 相为参考相，在求解各序电压、电流分量时都以 A 相量为基础，再求出 B、C 相的各对称分量，最后合成故障相的实际量。

参考相确定后，就要确定故障相别，习惯上规定：分析单相短路时，故障相选用 A 相；两相短路时，故障相选用 BC 相；两相短路接地故障相选用 BCO，即 B、C 两相对地短路。

有了这些规定之后，分析结果就可以规范化，便于使用，故障相和完好相之间各相关系也可一目了然。

（2）求解参考相正序电流。

电力系统发生短路故障，系统出现故障电流，产生故障的原因是系统电源有电势，而电势都是正序的。图 1-1 中三个序网中也只有正序网络是有源的，所以必然首先求出正序电流。有了正序电流才可以求出负序电流和零序电流，进而求出各序电压。

求参考相正序电流，自然不能只依靠图 1-2（a）的正序网络，因为正序网络中 $\dot{U}_{F1}$ 是未知的，必须联立式（1-5）求临界条件方可求解。

（3）求出参考相正序电流后利用已知关系即可求出参考相负序电流、零序电流，以及其他各相各序电流和电压。

所求出的电流、电压都包含大小及相位，都以 A 相电势为参考相位。

（4）建立复合序网。

在求参考相正序电流时，实际上都已找出三个序网之间关系，它们都是通过节点 F_1G_1、F_2G_2、F_0G_0 以不同方式连接起来的，连成之后就构成了复合序网。

（5）求继电保护装设处的电流。

上面求出的电流分量都是故障点的量，而继电保护感兴趣的是继电保护装置处的电流。利用式（1-6）和式（1-8）所给出的分配系数即可求出所需的电流。

负序电流、零序电流分配系数取决于序网阻抗分布，容易求出，正序电流分配系数 C_{M1}、C_{N1} 难于求解。

网络中正序电流的分布同两侧电势 $\dot{E}_M$、$\dot{E}_N$ 大小和相角有关，必须计及不同短路类型，在建立复合序网的基础上，对正序网络求解。在此情况下，使用正序增广网络（见本节五、正序增广网络）的概念是最方便的。

三、简单不对称短路分析

所谓简单不对称短路，就是不带弧光电阻的短路。为了简单起见，绘制电压、电流相量图时认为 $Z_{\Sigma 1}$、$Z_{\Sigma 2}$、$Z_{\Sigma 0}$ 均为电抗，其分析结果见表 1-1。

四、复合序网

图 1-1 所示的三个序网络图，是各自独立的，它只表明各序电压、电流分量之间关系，将表征不对称短路特点的临界条件代入后，不但可求解不对称短路，而且能确定三个序网络之间关系，从而把它们连接起来，构成一个整体。这就是复合序网。

复合序网是不对称故障的三相系统的等值。

根据表 1-1 中对称分量的临界条件及相关的关系式可得出图 1-3 所示的复合序网，它表明了几种不对称短路情况下，电压、电流各对称分量之间关系。复合序网广泛用于短路电流模拟计算之中。

五、正序增广网络

复合序网将正序、负序和零序网络按临界条件连接起来表明了各序电流、电压之间的关系。复合序网集中表现了不同不对称短路情况下对称分量电压和电压的关系，有助于故障计算，但其物理概念不是很明确。

表 1-1   简单不对称短路分析表

短路类型		A 相单相	BC 相间	BC0 相间接地
临界条件	相分量	$\dot{U}_{FA}=0,\dot{U}_{FB}=0,\dot{U}_{FC}=0$	$\dot{I}_{FA}=0,\dot{I}_{FB}=-\dot{I}_{FC},\dot{U}_{FB}=\dot{U}_{FC}$	$\dot{I}_{FA}=0,\dot{U}_{FB}=0,\dot{U}_{FC}=0$
	对称分量	$\dot{U}_{FA1}+\dot{U}_{FA2}+\dot{U}_{FA0}=0$ $\dot{I}_{FA1}=\dot{I}_{FA2}=\dot{I}_{FA0}=\dfrac{\dot{I}_{FA}}{3}$	$\dot{I}_{F0}=0,\dot{I}_{FA1}=-\dot{I}_{FA2}$ $\dot{U}_{FA1}=\dot{U}_{FA2}$	$\dot{I}_{FA1}+\dot{I}_{FA2}+\dot{I}_{FA0}=0$ $\dot{U}_{FA1}=\dot{U}_{FA2}=\dot{U}_{FA0}=\dfrac{\dot{U}_{FA}}{3}$
$\dot{I}_{F1}$		$\dfrac{\dot{E}_A}{Z_{\Sigma 1}+Z_{\Sigma 2}+Z_{\Sigma 0}}$	$\dfrac{\dot{E}_A}{Z_{\Sigma 1}+Z_{\Sigma 2}}$	$\dfrac{\dot{E}_A}{Z_{\Sigma 1}+\dfrac{Z_{\Sigma 2}Z_{\Sigma 0}}{Z_{\Sigma 2}+Z_{\Sigma 0}}}$
电压、电流相量图				
短路相（相间）电流		$3I_{F1}$	$\sqrt{3}I_{F1}$	$\sqrt{3}\cdot\sqrt{1-\dfrac{Z_{\Sigma 2}Z_{\Sigma 0}}{Z_{\Sigma 2}+Z_{\Sigma 0}}}I_{F1}$
完好相（相间）电压		$\dfrac{3}{2}\cdot\dfrac{Z_{\Sigma 2}+Z_{\Sigma 0}}{Z_{\Sigma 1}+Z_{\Sigma 2}+Z_{\Sigma 0}}\cdot\sqrt{1+\dfrac{1}{3}\left(\dfrac{Z_{\Sigma 0}-Z_{\Sigma 2}}{Z_{\Sigma 0}-Z_{\Sigma 2}}\right)^2}\cdot E$	$\dfrac{2}{1+\dfrac{Z_{\Sigma 1}}{Z_{\Sigma 2}}}\cdot E$	$3\cdot\dfrac{Z_{\Sigma 2}Z_{\Sigma 0}}{Z_{\Sigma 2}Z_{\Sigma 2}+Z_{\Sigma 2}Z_{\Sigma 0}+Z_{\Sigma 1}Z_{\Sigma 0}}\cdot E$

将复合序网中负序网络和零序网络以其内部阻抗表示，接入正序网络中，成为正序网络的一个部分，形成正序增广网络，如图 1-4 所示。这对分析电力系统的一些不对称运行状态是十分有用的。

根据复合序网的结构，由于负序网络和零序网络是无源网络，它相当于在正序网络输出端接入等值阻抗 ΔZ。ΔZ 按短路类型不同，其值如表 1-2 所示。

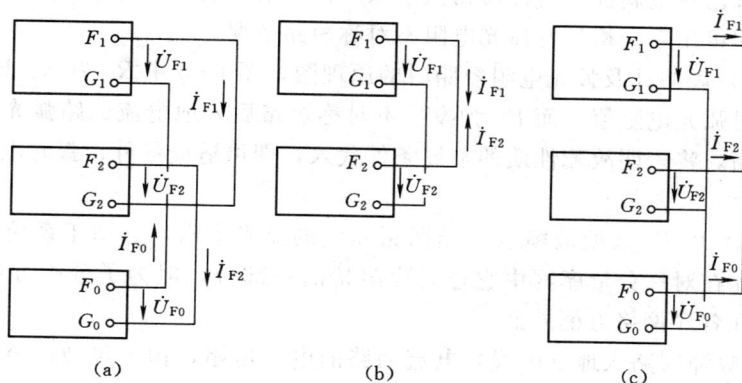

图 1-3　复合序网

（a）单相短路；（b）两相短路；（c）两相短路接地

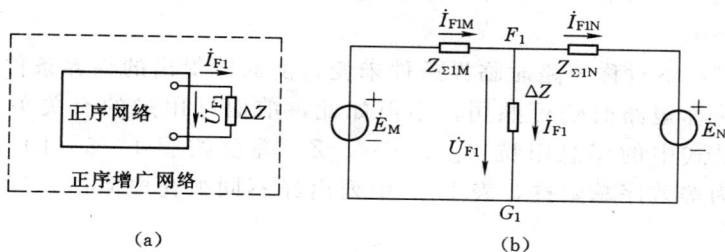

图 1-4　正序增广网络

（a）原理图；（b）正序增广网络内部结构

表 1-2　　　　　　　　　　　　　　　　不同短路类型的 ΔZ

短路类型	单相短路	两相短路	两相接地短路
ΔZ	$Z_{\Sigma 2} + Z_{\Sigma 0}$	$Z_{\Sigma 2}$	$\dfrac{Z_{\Sigma 2} Z_{\Sigma 0}}{Z_{\Sigma 2} + Z_{\Sigma 0}}$

虽然正序增广网络来自复合序网，但物理概念有所不同：

（1）正序增广网络是正序网络，其中只出现正序电压和正序电流。除去故障点接入 ΔZ 外，其他一切计算都同三相对称短路时相同。

（2）对称分量负序网络和零序网中电压和电流均由正序网络中正序电势产生。根据正序增广网络计算结果，可用来解析负序和零序网络中的电压和电流。

（3）正序增广网络特别对电力系统发生不对称短路时功角稳定分析有用，因为电力系统功角稳定和功角振荡只同正序功率的交换有关。

六、带有弧光电阻不对称短路分析

（一）分析方法

前面的分析都认为故障点发生的都是金属性短路，如果故障点不是直接短路而是经电阻短路，如何用对称分量法计算，是本节要考虑的问题。

　　本章前几节已对金属性不对称短路做了系统性分析，实际上将已得的分析结果从概念上进行修正，即可用来分析具有弧光电阻不对称短路情况。

　　图 1-5（a）表明计及弧光电阻短路时的原理图，图 1-5 中 R_F 为 A、B、C 各相发生弧光电阻短路时弧光电阻值。而 R_G 为发生不对称短路后入地电流回路弧光电阻，图中方框表明故障截面，将表明故障性质的临界条件代入，即可适应各种带弧光电阻不对称短路的分析。

　　图 1-5（a）中 R_F 表明故障点三相回路发生的弧光电阻，它属于系统三相回路阻抗的一部分，因此在对称分量序网中它也是序阻抗的一部分，但为了分析方便，在图 1-5（b）中将其放在各序网络方框外面。

　　R_G 为由经故障回路入地（中线）电流回路的电弧电阻，由于经故障截面入地的电流是零序电流 $3\dot{I}_{F0}$，故 R_G 只属于零序网络的一部分，与正序、负序网络无关，由于流过其上的电流是 $3\dot{I}_{F0}$，故 R_G 之值应乘以 3。此处 $3\dot{I}_{F0}$ 是三相零序电流之和。

　　图 1-5 表明是普遍情况，如故障时相回路未出现电弧，则 $R_F=0$；如接地电流回路无电弧，则 $R_G=0$。

　　按以上规定，不对称短路时临界条件未变，前面所提出的临界条件，分析带有弧光电阻各种不对称短路时仍可照用。不但如此，前面已用过的有关关系式也完全相同，所不同的是式中的序总阻抗 $Z_{\Sigma 1}$、$Z_{\Sigma 2}$、$Z_{\Sigma 0}$ 等要按图 1-5（b）的关系，计及 R_F、R_G，称之为等效序总阻抗，表 1-3 中列出经不同弧光电阻短路时，等效序总阻抗表达式。

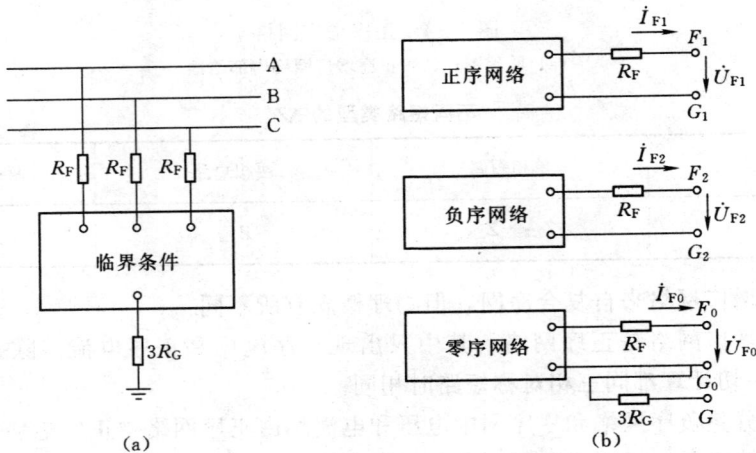

图 1-5　分析带弧光电阻不对称短路的序网络

（a）计及故障电阻的短路原理图；（b）计及故障电阻的序网络图

（二）不同带弧光电阻不对称短路分析

1. 经弧光电阻 R_F 单相接地短路

将表 1-3 中等效序总阻抗代入表 1-1 中，$\dot{I}_{F1}$ 计算式为：

$$\dot{I}_{F1} = \frac{\dot{E}_A}{(Z_{\Sigma1} + R_F) + (Z_{\Sigma2} + R_F) + (Z_{F0} + R_F)}$$

$$= \frac{\dot{E}_A}{Z_{\Sigma1} + Z_{\Sigma2} + Z_{\Sigma0} + 3R_F} \tag{1-9}$$

在这里要着重说明，在三相系统中故障电流 $\dot{I}_{FA}$ 是单相入地的，但在对称分量网络中，对称分量电流仍是三相的，不但流过 A 相对称分量网络，也流过 B、C 相对称分量网络，但各相正序、负序电流并不流入地（中线），即并不流过 R_G。故弧光电阻只考虑相电阻 R_F，这是概念问题，读者要注意。

表 1-3　　　　　　　　　　　带弧光电阻不对称短路等效序总阻抗

故障类型						
等效总阻抗	正序	$Z_{\Sigma1}+R_F$	$Z_{\Sigma1}+R_F$	$Z_{\Sigma1}+R_F$	$Z_{\Sigma1}$	$Z_{\Sigma1}+R_F$
	负序	$Z_{\Sigma2}+R_F$	$Z_{\Sigma2}+R_F$	$Z_{\Sigma1}+R_F$	$Z_{\Sigma2}$	$Z_{\Sigma1}+R_F$
	零序	$Z_{\Sigma0}+R_F$	—	$Z_{\Sigma1}+R_F$	$Z_{\Sigma0}+3R_G$	$Z_{\Sigma1}+R_F+3R_G$

2. 两相经相弧光电阻相间短路

相应的等效正、负序总阻抗为：

$$Z_{\Sigma1} + R_F 、 Z_{\Sigma2} + R_F$$

故
$$\dot{I}_{F1} = \frac{\dot{E}_A}{(Z_{\Sigma1} + R_F) + (Z_{\Sigma2} + R_F)} = \frac{\dot{E}_A}{Z_{\Sigma1} + Z_{\Sigma2} + 2R_F} \tag{1-10}$$

3. 两相经相弧光电阻 R_F 接地短路

$$\dot{I}_{F1} = \frac{\dot{E}_A}{Z_{\Sigma1} + R_F + \dfrac{(Z_{\Sigma2} + R_F)(Z_{\Sigma0} + R_F)}{Z_{\Sigma0} + Z_{\Sigma2} + 2R_F}} \tag{1-11}$$

4. 两相短路经地弧光电阻 R_G 接地

$$\dot{I}_{F1} = \frac{\dot{E}_A}{Z_{\Sigma1} + \dfrac{Z_{\Sigma2}(Z_{\Sigma0} + 3R_G)}{Z_{\Sigma0} + Z_{\Sigma2} + 3R_G}} \tag{1-12}$$

5. 两相经 R_F 短路再经 R_G 接地

这是一种较为特殊的带弧光电阻不对称短路，在等值阻抗和电流计算式中，相弧光电阻 R_F 和接地弧光电阻 R_G 都起作用，将等效序总阻抗代入，得：

$$\dot{I}_{F1} = \frac{\dot{E}_A}{Z_{\Sigma 1} + R_F + \frac{(Z_{\Sigma 2} + R_F)(Z_{\Sigma 0} + R_F + 3R_G)}{Z_{\Sigma 0} + Z_{\Sigma 2} + 2R_F + 3R_G}} \qquad (1-13)$$

在这里应注意，图 1-5 中相弧光电阻 R_F 是接在各相上，对称分量的各相电流均在上面流动，而 R_G 是接在实际接地支路上，由于三相正序、负序电流之和为零，不会在 R_G 上流动，流过 R_G 上的只是三相零序电流之和，为单相零序电流的 3 倍，故在零序回路中等值电阻为 $3R_G$，表 1-4 给出不同带弧光电阻不对称短路分析结果。

在有弧光电阻短路情况下，各对称分量电流、电压相位关系及相量图不另外画出，必要时读者可将表 1-3 中等效序阻抗作为序阻抗，画出相应的相量图。显然，在故障点存在弧光电阻情况下，相应的序阻抗角要减小，而表 1-1 中所有阻抗是按 90°阻抗角画出的。

七、不对称故障时系统电压分析

表 1-1 中电压、电流相量图都是故障点的电压、电流，但是对继电保护来说，更重要的是继电保护装置装设处的电流、电压。

系统电压在各点是不同的，取决于各序网络故障点和该点之间序阻抗上的电压降落。图 1-6 表明 F 点发生短路时，系统各点电压分布，由于单相接地故障时各点电压变化有较大代表性，故分析单相接地短路情况。以 M 点为例，参考相电压由下式决定：

$$\dot{U}_{M1} = \dot{U}_{F1} + \dot{I}_{M1} Z_{MF1} \qquad (1-14a)$$

$$\dot{U}_{M2} = \dot{U}_{F2} + \dot{I}_{M2} Z_{MF2} \qquad (1-14b)$$

$$\dot{U}_{M0} = \dot{U}_{F0} + \dot{I}_{M0} Z_{MF0} \qquad (1-14c)$$

式中：Z_{MF1}、Z_{MF2}、Z_{MF0} 为 M 点与 F 点之间正序、负序、零序阻抗；$\dot{I}_{M1}$、$\dot{I}_{M2}$、$\dot{I}_{M0}$ 为自 M 流向 F 点的正序、负序、零序电流。

对应图 1-6 所示情况，各序电流分配系数 C_{M1}、C_{M2}、C_{M0} 均为 1，故 $\dot{I}_{M1}$、$\dot{I}_{M2}$、$\dot{I}_{M0}$ 与 $\dot{I}_{F1}$、$\dot{I}_{F2}$、$\dot{I}_{F0}$ 相等。

由于 $\dot{I}_{M1}$、$\dot{I}_{M2}$、$\dot{I}_{M0}$ 定义为指向 $\dot{U}_{F1}$，所以式（1-14a）中 $\dot{I}_{M1}$ 是由电势 $\dot{E}$ 产生的，故电流 $\dot{I}_{M1}$ 与实际流向相同，$\dot{I}_{M1} Z_{MF1}$ 对 $\dot{U}_{F1}$ 来说是电压升。而 $\dot{I}_{M2}$、$\dot{I}_{M0}$ 是由 $\dot{U}_{F2}$、$\dot{U}_{F0}$ 产生的，实际方向与定义方向相反，故 $\dot{I}_{M2} Z_{MF2}$、$\dot{I}_{M0} Z_{MF0}$ 对 $\dot{U}_{F2}$、$\dot{U}_{F0}$ 来说是电压降。图 1-6 中 U_1、U_2、U_0 沿线路的变化说明了这一点。

从图 1-6 中可以看出，系统发生不对称短路后系统各点电压分布具有以下特点：

（1）对故障相电压来说，离开故障点，接近电源点，电压逐渐升高。

（2）完好相电压变化较大，特别是相位关系变化明显。对接地性故障而言，系统中性接地点前后有很大的变化。

远离故障点三相电压不对称程度要减小。

八、不对称故障时，系统电流分布

在实际电力系统中线路上发生不对称故障时，系统电流分布相当复杂，关键是正序网

表 1 - 4　故障点有弧光电阻时不对称短路分析

短路类型	临界条件	复合序网	$\dot{I}_{F1}$	ΔZ
单相经电弧接地	$\dot{U}_{FA}=0$ $\dot{I}_{FB}=0$ $\dot{I}_{FC}=0$		$\dfrac{\dot{E}}{Z_{\Sigma1}+Z_{\Sigma2}+Z_{\Sigma0}+3R_F}$	$Z_{\Sigma2}+Z_{\Sigma0}+2R_F$
两相经电弧短路	$\dot{I}_{FA}=0$ $\dot{I}_{FB}=\dot{I}_{FC}$ $\dot{U}_{FB}=\dot{U}_{FC}$		$\dfrac{\dot{E}}{Z_{\Sigma1}+Z_{\Sigma2}+2R_F}$	$Z_{\Sigma2}+R_F$
两相经电弧接地	$\dot{I}_{FA}=0$ $\dot{U}_{FB}=0$ $\dot{U}_{FC}=0$		$\dfrac{\dot{E}}{Z_{\Sigma1}+R_F+\dfrac{(Z_{\Sigma2}+R_F)(Z_{\Sigma0}+R_F)}{Z_{\Sigma2}+Z_{\Sigma0}+2R_F}}$	$\dfrac{(Z_{\Sigma2}+R_F)(Z_{\Sigma0}+R_F)}{Z_{\Sigma2}+Z_{\Sigma0}+2R_F}$
两相短路经电弧接地			$\dfrac{\dot{E}}{Z_{\Sigma1}+R_F+\dfrac{Z_{\Sigma2}\cdot(Z_{\Sigma0}+3R_G)}{Z_{\Sigma2}+Z_{\Sigma0}+3R_G}}$	$\dfrac{Z_{\Sigma2}(Z_{\Sigma0}+3R_G)}{Z_{\Sigma2}+Z_{\Sigma0}+3R_G}$
两相经电弧短路再经电弧接地			$\dfrac{\dot{E}}{Z_{\Sigma1}+R_F+\dfrac{(Z_{\Sigma2}+R_F)(Z_{\Sigma0}+R_F+3R_G)}{Z_{\Sigma2}+Z_{\Sigma0}+2R_F+3R_G}}$	$\dfrac{(Z_{\Sigma2}+R_F)(Z_{\Sigma0}+R_F+3R_G)}{Z_{\Sigma2}+Z_{\Sigma0}+2R_F+3R_G}$

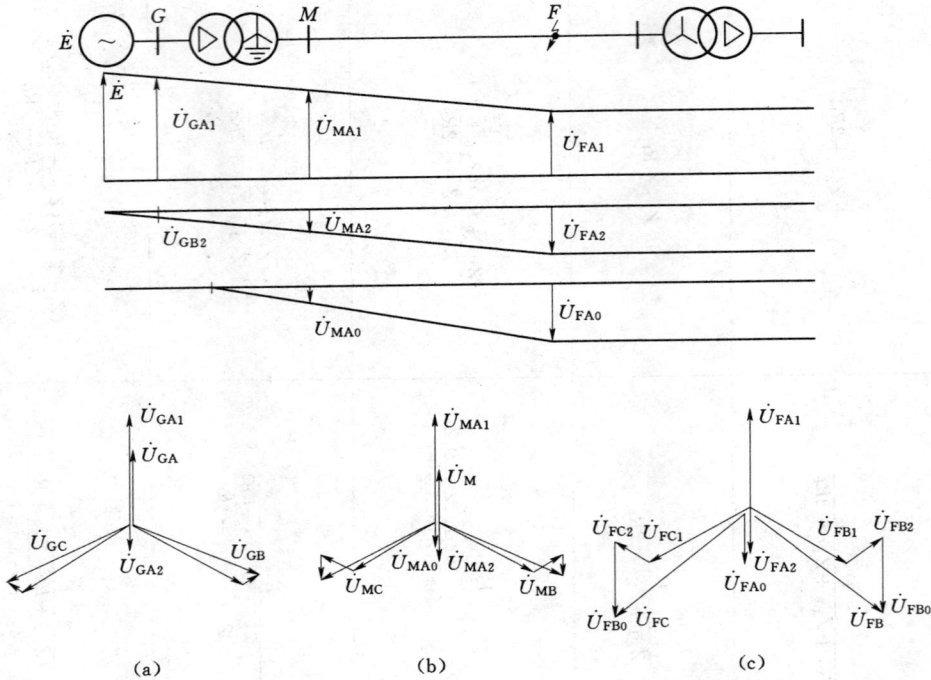

图 1-6 单相接地短路系统电压分布

(a) G 点；(b) M 点；(c) F 点

络可能要计及两侧以上电源的影响。

图 1-7 为两侧电源输电线上 F 点发生不对称短路系统图，现分析 M 侧线路上的故障电流。

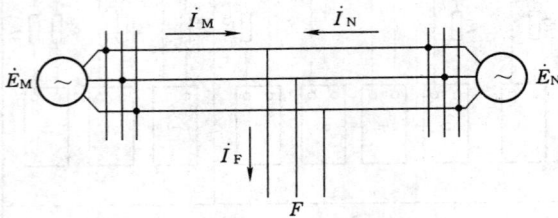

1. 基本分析方法

首先求出故障点电流、电压，再分析参考相情况。

图 1-7 分析不对称短路时电流分布的系统图

对多电源复杂系统来说，首先用正序增广网络求出故障点正序电流 $\dot{I}_{F1}$ 及系统中给定点的正序电流，例如图中 $\dot{I}_{M1}$。再由求出的 $\dot{I}_{F1}$，按临界条件所确定的关系，求出故障点负序电压 $\dot{U}_{F2}$ 和零序电压 $\dot{U}_{F0}$，从而求出给定点的负序电流 $\dot{I}_{M2}$ 和零序电流 $\dot{I}_{M0}$。最后即可综合求出给定点电流 $\dot{I}_M$。

结合图 1-7 所示系统，步骤如下：按图 1-7 的 F 点短路时，正序增广网络如图 1-8（a）所示，其中 ΔZ 由短路类型而定。

一般多电源系统最后尚需进行网络变换才能求出故障点正序电流。对图 1-8 中两电源系统而言，要进行 Y—△ 变换。

图 1-8（b）为经 Y—△ 变换后的正序增广网络，可以求出故障点正序电流为：

$$\dot{I}_{F1} = \dot{I}_{MF1} + \dot{I}_{NF1} = \frac{\dot{E}_M}{Z_{MF1}} + \frac{\dot{E}_N}{Z_{NF1}} \tag{1-15}$$

式（1-15）中 Z_{MF1}、Z_{NF1} 为正序增广网络中电源 $\dot{E}_M$ 和 $\dot{E}_N$ 对故障点 F 的转移阻抗，求出故障点正序电流后，求出故障点正序电压：

$$\dot{U}_{F1} = -\dot{I}_{F1}\Delta Z \tag{1-16}$$

再根据给出的临界条件求出故障点负序电压和零序电压 $\dot{U}_{F2}$、$\dot{U}_{F0}$。

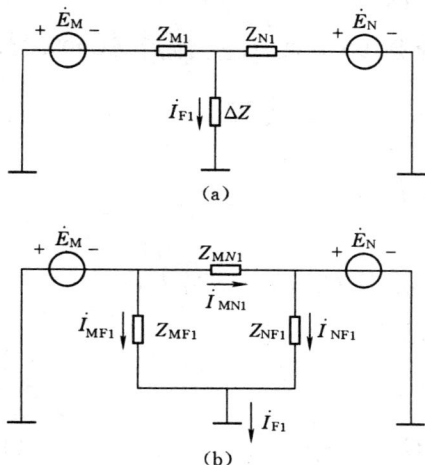

图 1-8　Y—Δ 变换正序增广网络
(a) 变换前；(b) 变换后

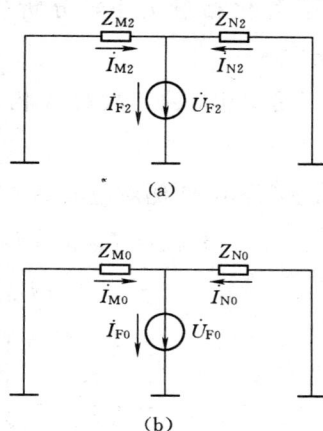

图 1-9　负序和零序网络
(a) 负序网络；(b) 零序网络

图 1-9 为故障点短路的负序、零序网络图，按图 1-9 中阻抗分布，容易求出相应点的故障电流负序和零序分量 $\dot{I}_{M2}$、$\dot{I}_{M0}$。

$$\dot{I}_{MF2} = -\frac{\dot{U}_{F2}}{Z_{\Sigma M2}} = C_{M2}\dot{I}_{FA2} \tag{1-17}$$

$$\dot{I}_{MF0} = -\frac{\dot{U}_{F0}}{Z_{\Sigma M0}} = C_{M0}\dot{I}_{FA0} \tag{1-18}$$

可求出线路 M 侧由故障点短路引起的故障电流：

$$\dot{I}_{MF} = \dot{I}_{MF1} + \dot{I}_{MF2} + \dot{I}_{MF0}$$

在线路 M 侧还流过由 $\dot{E}_M - \dot{E}_N$ 产生的转移电流：

$$\dot{I}_{ML} = \frac{\dot{E}_M - \dot{E}_N}{Z_{MN1}} \tag{1-19}$$

式中：Z_{MN1} 为正序增广网络中两电势之间转移阻抗，实际上可将 $\dot{I}_{ML}$ 看作是负荷电流。

流过 M 侧总电流为：

$$\dot{I}_M = \dot{I}_{ML} + \dot{I}_{MF} \tag{1-20}$$

2. F 点发生 A 相接地短路时 $\dot{I}_M$ 分析

分析时以 A 相为参考相。

由于是单相短路，故

$$\Delta Z = Z_{\Sigma 2} + Z_{\Sigma 0}$$

在电网各阻抗已知情况下，可求出 Z_{MN1}、Z_{MF1}、Z_{NF1}，根据式（1-15）求出故障点正序电流 $\dot{I}_{FA1}$：

$$\dot{I}_{FA1} = \dot{I}_{MFA1} + \dot{I}_{NFA1} \tag{1-21}$$

为了简化相量关系，分析中阻抗角均认为是 90°，故 $\dot{I}_{MFA1}$ 滞后 $\dot{E}_M 90°$，$\dot{I}_{NFA1}$ 滞后 $\dot{E}_N 90°$。

由于是单相短路，故对 A 相来说，有

$$\dot{I}_{FA1} = \dot{I}_{FA2} = \dot{I}_{FA0}$$

由此可得出 M 侧对应的 A 相故障电流为：

$$\dot{I}_{MFA} = \dot{I}_{MFA1} + \dot{I}_{MFA2} + \dot{I}_{MFA0} = \dot{I}_{MFA1} + C_{M2}\dot{I}_{FA2} + C_{M0}\dot{I}_{FA0}$$

$$= \dot{I}_{FA1} - \dot{I}_{NFA1} + C_{M2}\dot{I}_{FA2} + C_{M0}\dot{I}_{FA0}$$

$$= \dot{I}_{FA1}(1 + C_{M2} + C_{M0}) - \dot{I}_{NFA1}$$

$$= \left(\frac{\dot{E}_{MA}}{Z_{MF1}} - \frac{\dot{E}_{NA}}{Z_{NF1}}\right)(1 + C_{M2} + C_{M0}) - \frac{\dot{E}_N}{Z_{NF1}} \tag{1-22}$$

注意，式（1-22）中 $\dot{I}_{MFA1}$ 与 $\dot{I}_{MFA2}$、$\dot{I}_{MFA0}$ 是不同相的。

根据式（1-19）及式（1-22），可得 M 侧线路 A 相总电流

$$\dot{I}_{MA} = \dot{I}_{MFA} + \dot{I}_{MLA} \tag{1-23a}$$

根据式（1-22）中的 $\dot{I}_{MFA1}$、$\dot{I}_{MFA2}$、$\dot{I}_{MFA0}$，可求出与之对称的 $\dot{I}_{MFB1}$、$\dot{I}_{MFB2}$、$\dot{I}_{MFB0}$ 及 $\dot{I}_{MFC1}$、$\dot{I}_{MFC2}$、$\dot{I}_{MFC0}$；由式（1-19）可以求出 M 侧线路 B 相和 C 相由故障引起的电流 $\dot{I}_{MFA}$、$\dot{I}_{MFB}$、$\dot{I}_{MFC}$ 以及与 $\dot{I}_{MLA}$ 相对称的负荷电流。由以上各量即可求得 B 相、C 相总电流：

$$\dot{I}_{MB} = \dot{I}_{MFB} + \dot{I}_{MLB} \tag{1-23b}$$

$$\dot{I}_{MC} = \dot{I}_{MFC} + \dot{I}_{MLC} \tag{1-23c}$$

图 1-10 为 A 相单相接地线路 M 侧电流相量图。

3. F 点发生 BC 相短路时 $\dot{I}_M$ 分析

分析时仍以 A 相为参考相。

由于是两相短路，故

$$\Delta Z = Z_{\Sigma 2}$$

在电网各阻抗已知的情况下，对正序增广网络进行 Y—Δ 变换，求出 Z_{MN1}、Z_{MF1}、Z_{NF1}。根据式（1-15）求出故障点正序电流：

$$\dot{I}_{FA1} = \dot{I}_{MFA1} + \dot{I}_{NFA1}$$

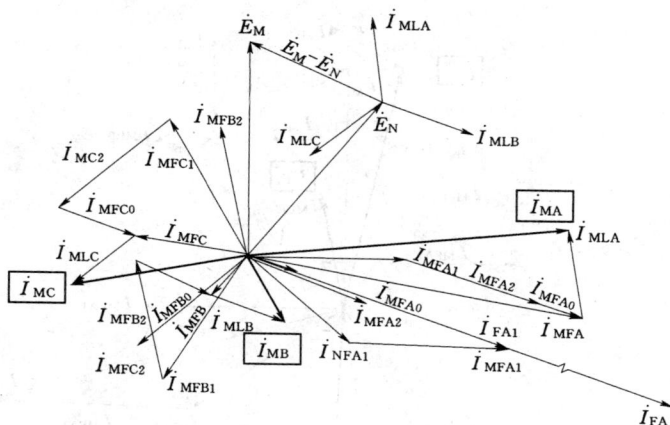

图 1-10 A 相单相短路 M 侧电流相量图

对两相短路而言，电流临界条件是

$$\dot{I}_{FA1} = -\dot{I}_{FA2}$$

$\dot{I}_{FA2}$ 确定之后按式（1-17）可确定线路 M 侧负序电流 $\dot{I}_{MFA2}$。

由已确定的 $\dot{I}_{MFA1}$ 和 $\dot{I}_{MFA2}$ 可求出 B 相、C 相电流的各对称分量，从而求出 $\dot{I}_{MFA}$、$\dot{I}_{MFB}$、$\dot{I}_{MFC}$。

再用式（1-19）求出 M 侧流过的负荷电流 $\dot{I}_{MLA}$、$\dot{I}_{MLB}$、$\dot{I}_{MLC}$，最后求出 $\dot{I}_{MA}$、$\dot{I}_{MB}$、$\dot{I}_{MC}$，即：

$$\dot{I}_{MA} = \dot{I}_{MFA} + \dot{I}_{MLA} \tag{1-24a}$$

$$\dot{I}_{MB} = \dot{I}_{MFB} + \dot{I}_{MLB} \tag{1-24b}$$

$$\dot{I}_{MC} = \dot{I}_{MFC} + \dot{I}_{MLC} \tag{1-24c}$$

图 1-11 为 BC 相短路 M 侧电流相量图。

4. F 点发生 BC 两相接地短路时 $\dot{I}_M$ 分析

仍以 A 相为参考相。

对两相接地短路而言

$$\Delta Z = \frac{Z_{\Sigma0} Z_{\Sigma2}}{Z_{\Sigma0} + Z_{\Sigma2}}$$

其他求解步骤同单相短路与两相短路，有关电流的临界条件为：

$$\dot{I}_{FA1} = -(\dot{I}_{FA2} + \dot{I}_{FA0})$$

按式（1-15）、式（1-17）和式（1-18）分别求出线路 M 侧参考相对称分量电流 $\dot{I}_{MFA1}$、$\dot{I}_{MFA2}$、$\dot{I}_{MFA0}$，再求出 B 相、C 相各对称分量电流，从而求出 $\dot{I}_{MFA}$、$\dot{I}_{MFB}$、$\dot{I}_{MFC}$，最后求出 $\dot{I}_{MA}$、$\dot{I}_{MB}$、$\dot{I}_{MC}$。

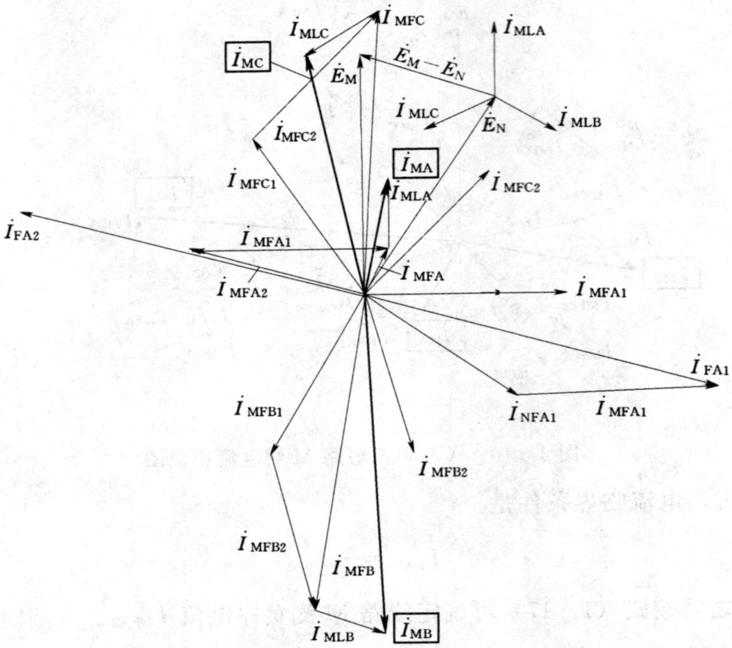

图 1-11　BC 相短路 M 侧电流相量图

图 1-12 为 BC 两相接地短路时，线路 M 侧电流相量图。

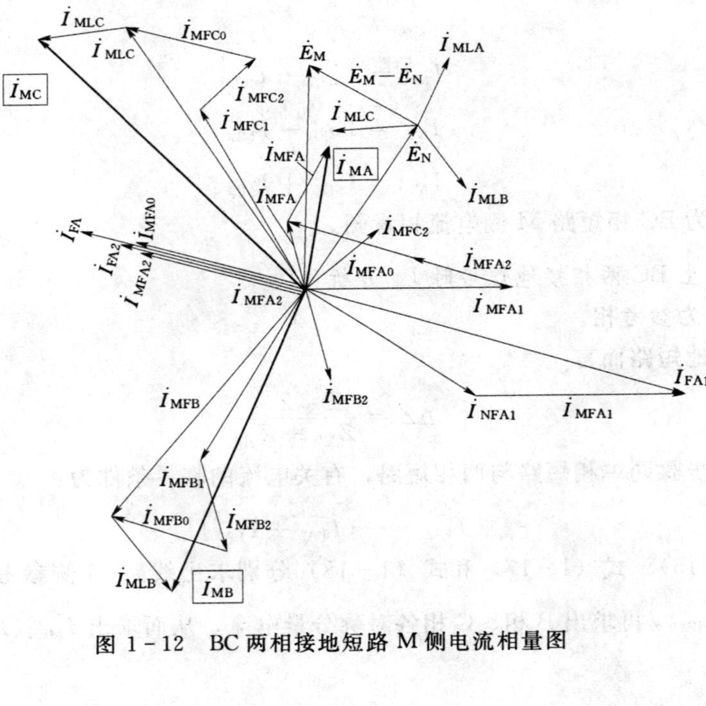

图 1-12　BC 两相接地短路 M 侧电流相量图

5. 不对称故障时系统电流分布特点

一般故障分析时，着重分析的是故障点电压和电流，而对继电保护而言，主要测量的是继电保护装置装设处的电流和电压。系统电压分布相对较为简单，而电流分布要复杂得多。本书其他章节在分析距离保护阻抗继电器行为时，为了突出保护行为的分析，对系统短路问题，尽量简化，一般做出以下假定：

（1）分析被保护线路出口短路。

（2）线路两端对称分量故障电流同故障点电流之间的关系都用分配系数表示，而且认为分配系数是实数。

（3）不计负荷电流。

这样一来继电器行为的特点是突出了，但系统电流、电压却过分简化。

为了弥补这一缺点，本章对不对称短路时的系统电压、电流分布特点进行了较详细的分析，特别对电流的分布分析得更详细一些。

由于实际情况会更复杂，所以在电流分析中将有些因素夸大了一些，例如负荷电流分量 I_{ML} 取得大，$\dot{E}_M$、$\dot{E}_N$ 之间电势角 δ 也取得稍大一些。

根据图 1-10～图 1-12 可以看出在两侧电源的情况下，不对称短路时，系统上电流分布与短路点相比具有以下特点：

（1）在两侧电源情况下，两侧电源影响正序网络中电流分布。在分析电流分布时，首先要确定参考相正序故障点电流，在此情况，正序增广网络有很大用途。正序增广网络上出现的电流（电压）只有正序，但通过 ΔZ 将负序、零序网络的影响计算在内。正序增广网络在分析不对称运行（包括短路和断线）伴随振荡是一个十分有用的工具。

（2）在两侧电源情况下，线路上电流和短路回路电流有很大不同，表现在以下方面：

1）非故障相出现相当大的电流。

2）故障相电流相位发生变化。

（3）形成上述现象的原因：

1）流过线路电流的正序分量和故障点正序电流有相位差别。

2）负荷电流的影响。

九、系统断线分析

超高压输电线发生不对称故障后往往分相跳闸，然后重合故障相，即采用所谓单相重合闸或综合重合闸。系统采用分相重合闸后，在重合过程中系统会出现非全相运行状态，尤其是系统转入非全相运行后，往往会伴随振荡，引起系统不对称的过流状态，这对继电保护来说是一个很重要的问题。

从网络结构来看，断线和短路在性质上是一样的。由于前面对系统短路故障已做过详细分析，所以本节没有必要在方法上重复一遍，可尽量利用短路分析所得的定性结果。

（一）线路断线同系统短路故障的物理相似性

图 1-13（a）是两电源系统输电线，F 为断开处，它表明的故障状态可能是一相断开，也可能是两相断开。这是一条串联电路，它与图 1-13（b）是等值的。在图 1-13（b）中只有一个电源但其电势为 $\dot{E}_M - \dot{E}_N$，而线路阻抗为 $Z_\Sigma = Z_M + Z_N$。显然，图 1-13

（b）所表明的电路与前面分析的在 F 点发生短路状态，在物理上是相似的。

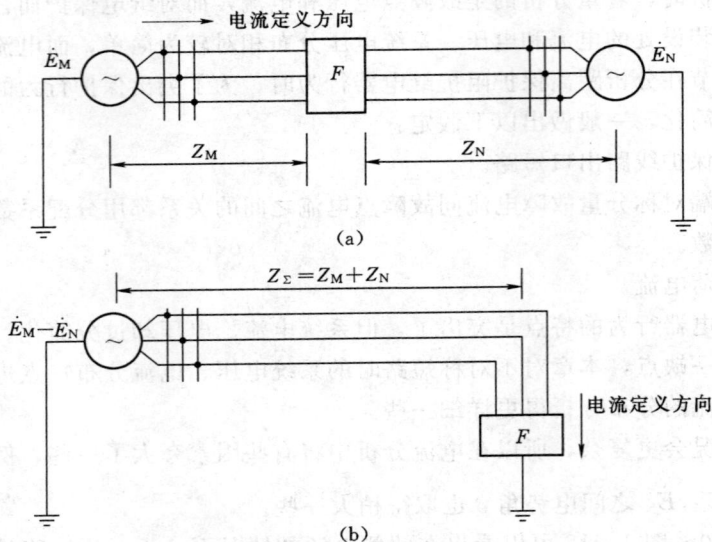

图 1-13　线路断相故障与短路故障的相似性

(a) 两电源系统；(b) 等效电路

在习惯上有时线路断线称之为"纵向"故障，短路称之为"横向"故障。

表 1-5 表明几种断线故障和不对称短路在物理上的相似性。

（二）一相断线分析

图 1-14 为两侧电源输电线路发生一相断线的情况，采用单相重合闸，单相故障时开关跳闸尚未重合阶段中就属于这种情况，它是电力系统最常见的一种断线故障。

线路上发生一相断线可能有两种情况：

（1）两侧变压器高压侧中点均接地。

（2）两侧变压器高压侧有一侧中点不接地。

表 1-5　断线故障与短路故障之间相似性

断线故障	短路故障
一相断线	两相短路接地或两相短路
两相断线	单相接地断路

在情况（1）下一相断线时，相当于两相接地短路，而情况（2）相当于两相短路。

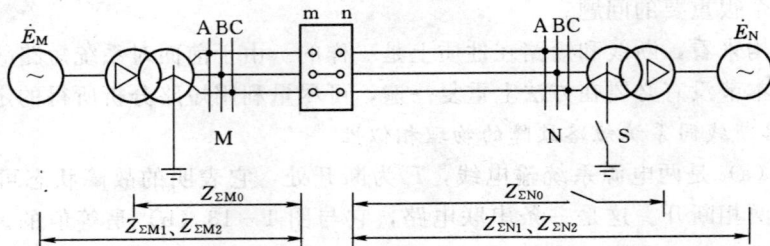

图 1-14　A 相断线系统原理图

1. 线路两侧变压器绕组中点均接地

假想图 1-14 中开关 S 合上的情况。

从断相点 F 看,相当于 BC 两相接地短路。

分析时以 A 相为参考相,将相应的两相接地短路关系代入

$$\Delta Z = \frac{Z_{\Sigma 2} Z_{\Sigma 0}}{Z_{\Sigma 2} + Z_{\Sigma 0}} = \frac{(Z_{\Sigma M2} + Z_{\Sigma N2})(Z_{\Sigma M0} + Z_{\Sigma N0})}{Z_{\Sigma M2} + Z_{\Sigma N2} + Z_{\Sigma M0} + Z_{\Sigma N0}} \qquad (1-25)$$

参考相正序电流为:

$$\dot{I}_{FA1} = \frac{\dot{E}_{MA} - \dot{E}_{NA}}{Z_{\Sigma 1} + \Delta Z} = \frac{\dot{E}_{MA} - \dot{E}_{NA}}{Z_{\Sigma M1} + Z_{\Sigma N1} + \dfrac{(Z_{\Sigma M2} + Z_{\Sigma N2})(Z_{\Sigma M0} + Z_{\Sigma N0})}{Z_{\Sigma M2} + Z_{\Sigma N2} + Z_{\Sigma M0} + Z_{\Sigma N0}}} \qquad (1-26a)$$

对两相短路接地有:

$$\dot{I}_{FA1} = -(\dot{I}_{FA2} + \dot{I}_{FA0})$$

按 $\dot{I}_{FA2}$ 和 $\dot{I}_{FA0}$ 在 ΔZ 中分配的原则,有

$$\dot{I}_{FA2} = -\dot{I}_{FA1} \cdot \frac{Z_{\Sigma M0} + Z_{\Sigma N0}}{Z_{\Sigma M2} + Z_{\Sigma N2} + Z_{\Sigma M0} + Z_{\Sigma N0}} \qquad (1-26b)$$

$$\dot{I}_{FA0} = -\dot{I}_{FA1} \cdot \frac{Z_{\Sigma M2} + Z_{\Sigma N2}}{Z_{\Sigma M2} + Z_{\Sigma N2} + Z_{\Sigma M0} + Z_{\Sigma N0}} \qquad (1-26c)$$

确定了 $\dot{I}_{FA1}$、$\dot{I}_{FA2}$、$\dot{I}_{FA0}$ 后即可求出 $\dot{I}_{FB1}$、$\dot{I}_{FB2}$、$\dot{I}_{FB0}$ 及 $\dot{I}_{FC1}$、$\dot{I}_{FC2}$、$\dot{I}_{FC0}$,从而求出断线截面 F 上完好相电流 $\dot{I}_{FB}$、$\dot{I}_{FC}$。图 1-15 (b) 表明 $\dot{I}_{FB}$、$\dot{I}_{FC}$ 的相量图。

未断线相电流幅值为:

$$\dot{I}_F = \sqrt{3} \cdot \sqrt{1 - \frac{Z_{\Sigma 2} Z_{\Sigma 0}}{(Z_{\Sigma 2} + Z_{\Sigma 0})^2}}$$

$$\cdot \frac{|\dot{E}_M - \dot{E}_N|}{Z_{\Sigma 1} + \dfrac{Z_{\Sigma 2} Z_{\Sigma 0}}{Z_{\Sigma 2} + Z_{\Sigma 0}}} \qquad (1-27)$$

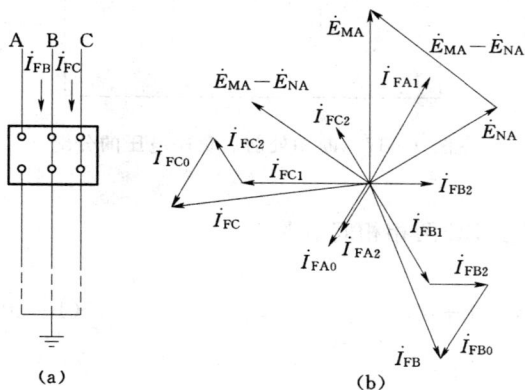

图 1-15　一相断线 (两侧变压器中点均接地) 电流接线图和相量图
(a) 接线图;(b) 相量图

由于系统断线回路仍是串联的,不存在电流两侧分布问题,所以,即使两侧有电源,电流相量关系要比短路情况下简单。

下面分析断路处电压分布情况,分析时仍参考图 1-14。

先分析断相处电压 $\dot{U}_{mnA}$。

参考两相接地短路故障点完好相电压公式:

$$\dot{U}_{mnA} = 3\dot{U}_{FA1} = \frac{3(\dot{E}_{MA} - \dot{E}_{NA})}{Z_{\Sigma 1} + \dfrac{Z_{\Sigma 2} Z_{\Sigma 0}}{Z_{\Sigma 2} + Z_{\Sigma 0}}} \cdot \frac{Z_{\Sigma 2} Z_{\Sigma 0}}{Z_{\Sigma 2} + Z_{\Sigma 0}}$$

$$= 3(\dot{E}_{MA} - \dot{E}_{NA}) \frac{Z_{\Sigma 2} Z_{\Sigma 0}}{Z_{\Sigma 2} Z_{\Sigma 0} + Z_{\Sigma 1} Z_{\Sigma 2} + Z_{\Sigma 1} Z_{\Sigma 0}} \qquad (1-28)$$

上列各式中：

$$Z_{\Sigma 1} = Z_{\Sigma M1} + Z_{\Sigma N1} \qquad (1-29a)$$

$$Z_{\Sigma 2} = Z_{\Sigma M2} + Z_{\Sigma N2} \qquad (1-29b)$$

$$Z_{\Sigma 0} = Z_{\Sigma M0} + Z_{\Sigma N0} \qquad (1-29c)$$

$\dot{U}_{mnA}$ 一般与回路电源电势（$\dot{E}_{MA} - \dot{E}_{NA}$）不等，也可能低于后者，也可能高于后者。原因是完好相电流通过互感引起的影响，当 $Z_{\Sigma 1} = Z_{\Sigma 2} = Z_{\Sigma 0}$ 时，$\dot{U}_{mnA} = \dot{E}_{MA} - \dot{E}_{NA}$。

对继电保护来说，在断相处前后，负序电压和零序电压的分配也是一个重要问题。

前已分析，与两相接地短路一样，在断相处出现正序、负序、零序电压分别为 $\dot{U}_{mn1}$、$\dot{U}_{mn2}$、$\dot{U}_{mn0}$，M 点为高电位。图 1-16 表明断相点负序电压 $\dot{U}_{mn2}$ 及在断相截面前后负序电压分布，$\dot{U}_{mn2}$ 分别在 $Z_{\Sigma M2}$ 及 $Z_{\Sigma N2}$ 上分压，断相前后的负序电压即为分压的结果或认为是负序电流 $\dot{I}_{F2}$ 在 $Z_{\Sigma M}$ 和 $Z_{\Sigma N}$ 上产生电压降的结果。图 1-17 中可见线路断相后，断相前后负序电压 $\dot{U}_{M2}$ 和 $\dot{U}_{N2}$ 方向相反，这对装分相自动重合闸输电线上所装负序方向继电器方向测量有很大影响。

零序电压分布也有类似情况。

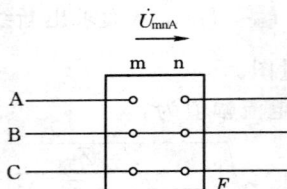

图 1-16　断相处断线相电压 $\dot{U}_{mnA}$

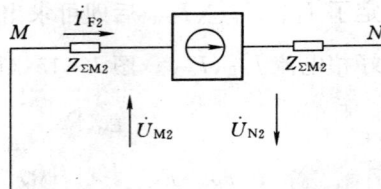

图 1-17　断相处前后负序电压的分配

2. 线路两侧变压器一台中点接地

假想图 1-14 中开关 S 断开的情况，相当于 BC 两相相间短路。

仍以 A 相为参考相，有

$$\Delta Z = Z_{\Sigma 2} = Z_{\Sigma M2} + Z_{\Sigma N2} \qquad (1-30)$$

参考相正序电流为：

$$\dot{I}_{FA1} = \frac{\dot{E}_{MA} - \dot{E}_{NA}}{Z_{\Sigma 1} + \Delta Z} = \frac{\dot{E}_{MA} - \dot{E}_{NA}}{Z_{\Sigma M1} + Z_{\Sigma N1} + Z_{\Sigma M2} + Z_{\Sigma N2}} \qquad (1-31)$$

并有

$$\dot{I}_{FA1} = -\dot{I}_{FA2}$$

由于零序网络不构成通路，故 $\dot{I}_{FA0} = 0$。

由此可得电流相量图如图 1-18 所示。

未断线相电流的幅值为：

$$I_F = \sqrt{3}\, \frac{|\dot{E}_M - \dot{E}_N|}{Z_{\Sigma 1} + Z_{\Sigma 2}} \qquad (1-32)$$

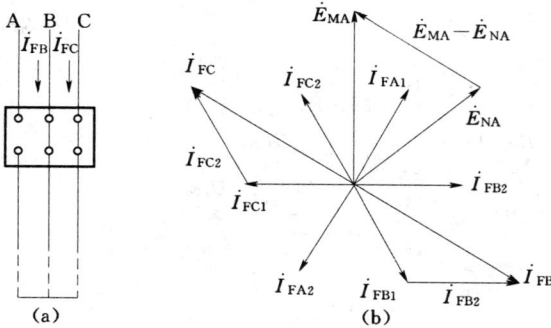

图 1-18　一相断线（两侧变压器只有一侧中点
接地）电流接线图和相量图

（a）接线图；（b）相量图

断相处电压 $\dot{U}_{mnA}$ 为：

$$\dot{U}_{mnA} = \dot{U}_{FA1} + \dot{U}_{FA2} = 2\dot{U}_{FA1} = 2\dot{I}_{FA1}Z_{\Sigma 2}$$

$$= \frac{2(\dot{E}_{MA} - \dot{E}_{NA})}{Z_{\Sigma 1} + Z_{\Sigma 2}}Z_{\Sigma 2}$$

$$= \frac{2(\dot{E}_{MA} - \dot{E}_{NA})}{Z_{\Sigma 1}/Z_{\Sigma 2} + 1} \tag{1-33}$$

当 $Z_{\Sigma 1} = Z_{\Sigma 2}$ 时，$\dot{U}_{mnA} = \dot{E}_{MA} - \dot{E}_{NA}$，

在其他情况下 $\dot{U}_{MNA}$ 和 $(\dot{E}_{MA} - \dot{E}_{NA})$ 就不

相等，原因也是互感的影响。

（三）两相断线分析

重合闸动作时不会出现两相跳闸、两相重合的情况，但在事故情况下有可能两相断线。三相输电线断开两相情况下，系统电压、电流要发生畸变，这种情况对继电保护的工作会有影响，因此有必要分析。

分析两相断线时，假想图 1-14 中开关 S 应合上，否则不形成通路。

设图 1-14 中 BC 两相断开，从断相处 F 看，相当于 A 相短路，将相应的关系代入：

$$\Delta Z = Z_{\Sigma 2} + Z_{\Sigma 0} \tag{1-34}$$

以 A 相为参考相，A 相正序电流为：

$$\dot{I}_{FA1} = \frac{\dot{E}_{MA} - \dot{E}_{NA}}{Z_{\Sigma 1} + Z_{\Sigma 2} + Z_{\Sigma 0}}$$

$$= \frac{\dot{E}_{MA} - \dot{E}_{NA}}{Z_{\Sigma M1} + Z_{\Sigma N1} + Z_{\Sigma M2} + Z_{\Sigma N2} + Z_{\Sigma M0} + Z_{\Sigma N0}} \tag{1-35}$$

并有

$$\dot{I}_{FA1} = \dot{I}_{FA2} = \dot{I}_{FA0} = \frac{1}{3}\dot{I}_{FA}$$

电流相量图如图 1-19 所示。

图 1-20 为两相断相时，断相处电压相量图。它与 A 相单相短路时，电压相量图类似，参考相各序故障截面有下列关系：

$$\dot{U}_{FA1} = -(\dot{U}_{FA2} + \dot{U}_{FA0})$$

$$\dot{U}_{FA1} = \dot{I}_{FA1}(Z_{\Sigma 2} + Z_{\Sigma 0}) \tag{1-36a}$$

$$\dot{U}_{FA2} = -\dot{I}_{FA1}Z_{\Sigma 2} \tag{1-36b}$$

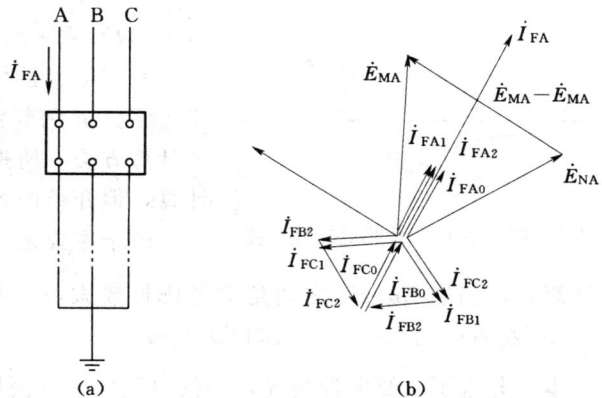

图 1-19　两相断线电流接线图和相量图

（a）接线图；（b）相量图

$$\dot{U}_{FA0} = -\dot{I}_{FA1}Z_{\Sigma 0} \tag{1-36c}$$

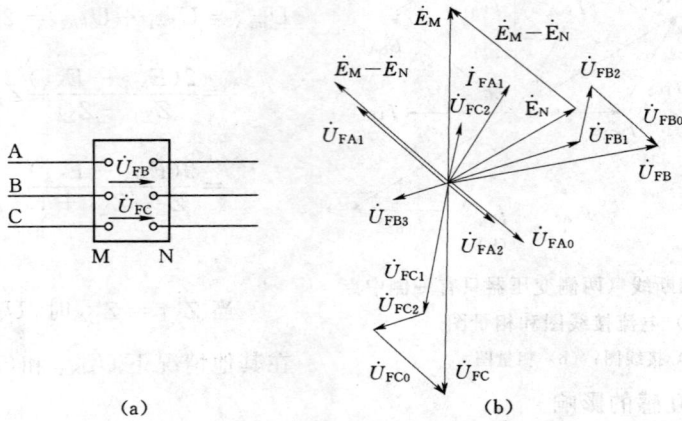

图 1-20 两相断线，短线截面断相电压
(a) 接线图；(b) 相量图

由图 1-20，可得出断线相断口处电压幅值。图 1-21 表明断相处断相电压相量关系。将式（1-36）中相应电压分量代入得：

$$U_F = I_{F1}\sqrt{[(Z_{\Sigma 2}+Z_{\Sigma 0})+(Z_{\Sigma 2}+Z_{\Sigma 0})\cos 60°]^2 + [(Z_{\Sigma 0}-Z_{\Sigma 2})\sin 60°]^2}$$

$$= |\dot{E}_M - \dot{E}_N| \cdot \frac{3}{2} \cdot \frac{Z_{\Sigma 0}+Z_{\Sigma 2}}{Z_{\Sigma 1}+Z_{\Sigma 2}+Z_{\Sigma 0}} \cdot \sqrt{\left[1+\frac{1}{3}\left(\frac{Z_{\Sigma 0}-Z_{\Sigma 2}}{Z_{\Sigma 2}+Z_{\Sigma 0}}\right)^2\right]} \tag{1-37}$$

式中：$Z_{\Sigma 1}$、$Z_{\Sigma 2}$、$Z_{\Sigma 0}$ 均由式（1-29）确定。

断线相电压之间角度：

$$\arg \frac{\dot{U}_{FB}}{\dot{U}_{FC}} = 120° - 2\theta_0$$

$$\theta_0 = \tan^{-1}\left(\frac{1}{\sqrt{3}} \cdot \frac{Z_{\Sigma 0}-Z_{\Sigma 2}}{Z_{\Sigma 0}+Z_{\Sigma 2}}\right) \tag{1-38}$$

（四）系统断线分析小结

从继电保护角度来看，分析系统断线的重要性不亚于短路分析。本节较详细的分析了断相情况。虽然给出了计算方法，所提供的关系式和相量图也都可用来进行计算，但介绍内容主要是定性的。

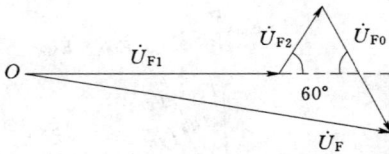

图 1-21 断相处断相电压相量图

由于主要说明性质，所以在相量图绘制上尺寸比例有所夸大，例如 $\dot{E}_M$、$\dot{E}_N$ 之间角度考虑得较大，一般系统输电线两侧电压间角度（功角）不过 20°左右，而图中都扩大到 60°左右。

本节分析了两侧电源情况，如仅单侧供电（例如 M 侧）所分析结果同样可用，但 $\dot{E}_N$ 为零，负荷以负荷阻抗计入 Z_Σ 中。

对继电保护来说系统振荡很重要。所谓"非全相振荡"就是指系统断线，即非全相运行时振荡现象，本节介绍的内容能用来分析非全相振荡现象。但系统振荡时，两侧电势频率不等，故系统电流是各频率的叠加，不是正弦波，所以严格来说相量法包括阻抗的概念都不能用。所以用本节方法分析振荡时采用了以下假定：忽略 $\dot{E}_M$、$\dot{E}_N$ 频率的差别，但考虑它们之间的角度在不断变化。这一假定在两侧电势滑差不大，且在工程精度要求情况下，也是可以自圆其说的。

　　分析系统振荡时以正序增广网络代替实际系统，按断相条件将 ΔZ 引入，分析结果得正序量的变化规律然后再推导出系统振荡时系统出现的负序分量和零序分量。

第三节　电力系统故障分量

　　所谓电力系统的故障分量是指只有在电力系统发生故障后才出现的量，主要是指电压量和电流量。由于继电保护首要的任务是区别故障状态和正常状态。所以，以故障量对故障实行定性和定量应该说是一种根本的办法。

　　对称分量中负序分量和零序分量一般也是在电力系统发生不对称故障时才出现的，也可算是故障分量，但是，在电力系统正常运行时，也出现不对称情况，此时，也需要用对称分量法来分析，所以对称分量法主要作为一种电力系统分析方法，在本章第二节中结合继电保护特点做了较详细的介绍，本节中不再对它进行分析。

　　输电线上突然发生故障因瞬时值突变在系统上引发的脉冲波，虽然有利用它来构成的保护，但由于分析它的难点不是在保护的构成上，所以除在本章第一节中对它的产生进行介绍外，下面也不再进行分析。

一、故障分量及其在保护中的应用

（一）电力系统故障后故障分量的构成

系统发生故障后，故障分量的定义为：

$$故障分量 = 故障后实际量 - 如不发生故障将有的量 \tag{1-39}$$

　　式中的故障后实际量是可测的，而后一项是不可测的，在处理工程实际问题时，需假定：如不发生故障将有的量＝故障前的量。这样，故障分量就可测了。式（1-2）中认为故障前的量为故障前负荷电流，这一假定基本符合工程上的情况，它的依据是：

　　（1）分析的目的是用于快速保护，因而有关的故障分量延续的时间不长，故障分析时，取发电机电势为暂态电势 E'_q 或次暂态电势 E''_q，可认为在 $50\sim100$ms 以内不会变化。

　　（2）负荷被认为是动态负荷，所以在故障发生后短时间内可认为特性不会有很大改变。

　　按上述假定，在考虑继电保护行为时，故障分量电流可按下式定义：

$$\Delta i = i_f(t) = i(t) - i_{|0|}(t) \tag{1-40}$$

式中：$i(t)$ 为故障后总电流；$i_{|0|}(t)$ 为故障前电流；$i_f(t)$ 为故障分量电流 Δi。

　　故障分量电流 $i_f(t)$ 由式（1-1）定义，为非正弦电流，其中周期分量部分 $i_{fp}(t)$ 可认为是等幅的，可用相量表示 $\Delta\dot{I} = \dot{I}_{fp}(t)$，称之为工频变化量，而 $i_f(t)$ 称为变化量或故障分量。在此情况下，本书建议不用"突变量"一词，因为它们是时间函数并非描述瞬时值变化。

（二）故障分量或变化量以及工频变化量在继电保护中的考虑

目前在继电保护对这几个名称称呼不统一，有时会引起误解。本节对这几种分量在继电保护中的应用原则进行分析。

1. 故障分量或变化量

故障分量或变化量即 $\Delta i = i_f(t)$，它表明故障前后电流或电压量的变化。由于它有交变分量，所以不能用瞬时值表示。从原理上讲可从以下方面对它进行量化：①平均值；②有效值；③故障前后对应采样点的采样值。

到底用哪一种进行量化，取决于继电保护测量方式。在模拟式保护中多以平均值进行量化，而数字保护多用第三种量化方式，然后再进行数据处理。

由于故障分量或变化量对应的是故障后的全量，故在测定前电流、电压不需要进行滤波。

在继电保护中用故障分量来区别故障电流（电压）与正常负荷电流（电压），因此，测定是"变化率"而不仅是变化的大小，测定变化率中所用的 Δt 则由测量方式而定（见本章第四节）。

由于"变化量"在理论上有含糊的地方，所以不能进行较精确的定量，只能用于反应单个量的继电器。常用的是电流变化量继电器和电压变化量继电器，被用来作为启动元件或选相元件。

2. 工频变化量

电流工频变化量 $\dot{I}_f(t)$，习惯称 $\Delta \dot{I}$，为故障电流中正弦分量。工频变化量有较严格的定义，首先它是时间函数，其次是正弦量。

工频变化量虽然在理论上并不是新东西，但在计算机发展之前，工频变化量难于捕捉，式（1-40）中故障前电流难以保留以供故障后 $\Delta \dot{I}$ 或 $\Delta \dot{U}$ 的计算，模拟式保护中依靠"记忆"做不到这一点，只有计算机保护由于采用了采样—保持技术，才能从根本上解决。

继电保护中针对相量的测量，如方向测量和阻抗测量只有采用工频变化量才能实现，特别是阻抗测量，如不用工频变化量的概念，并加以利用，则阻抗无法定义，因为阻抗是电容或电感在某一频率正弦波作用下的反应。工频变化量首先是工频量，所以在继电保护电压形成回路中必先将输入电压、电流进行带通滤波或采用滤波算法才能得出工频变化量。

二、继电保护故障分量形成方法

1. 模拟式保护中故障分量的形成

早在 20 世纪 60～70 年代，继电保护中就用电流变化量包括负序电流变化量构成电流元件，作为振荡闭锁启动元件。当时电流元件多为整流式的。图 1-22 为一种负序电流变化量构成的启动元件的原理图。

图 1-22 中方框 1 为负序电流滤过器，输出接有整流滤波电容，所以它输出为负序电流平均值，以 I_2 表示。方框 2 为 RC 构成的微分元件，其输出为 $\mathrm{d}I_2/\mathrm{d}t$，如微分常数较大，则其输出可写成：

$$U_2 = \Delta I_2/\Delta t \tag{1-41}$$

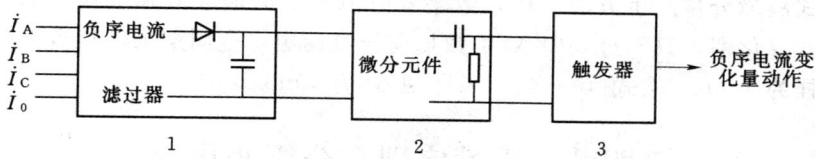

图 1-22　模拟式负序电流变化量元件原理图

故 U_2 反映 I_2 的变化率。方框 3 触发器对 U_2 进行检测，大于整定值时，发出动作输出信号。

这种负序电流变化量元件反映的是负序电流平均值的变化率。式（1-41）中 Δt 由微分常数确定，一般在整定时无法考虑，习惯上称之为负序电流变化量元件。

由于这种负序电流变化量元件实际反映的是变化率，所以作为变化量继电器来说不是一个精确的继电器。

这种继电器由于它反映的是平均值的变化率，所以它不受各种缓慢变化引起的滤过器不平衡电流的影响。

图 1-22 的工作原理同样可用来构成电流变化量和电压变化量继电器，它反映的是电流和电压变化量的平均值。

2. 数字式保护中故障分量的形成

数字式保护中，利用采样—保持技术很容易得到变化量。

图 1-23 为一交变电流数据采集系统，每周期 T 采样 N 次。$(K-2N)$、$(K-N)$、K 为连续三个周波对应的采样点，$i_{(K-2N)}$、$i_{(K-N)}$、$i_{(K)}$ 为每次采样值。

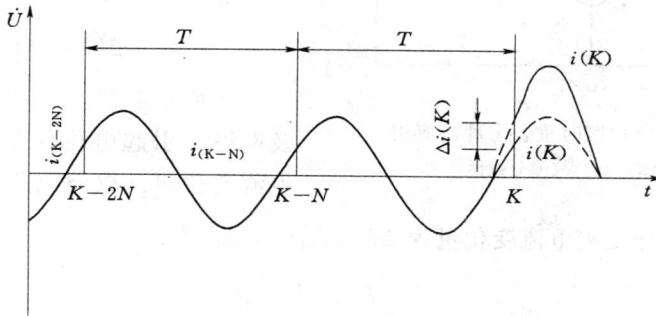

图 1-23　通过采样—保持变化量

设故障发生在第 4 个周波前。第 4 个周波采样值为 $i_{(K)}$，第 3 个周波采样值为 $i_{(K-N)}$，瞬时值变化量定义为：

$$\Delta(i_K) = i_{(K)} - i_{(K-N)} \tag{1-42}$$

式（1-42）为故障后第一周波的一次采样值。数字处理系统进行连续采样后，按不同数据处理方法可得到变化量的有效值、平均值或工频正弦量的相位和幅值。由于采样频率是由计算机内部晶振系统控制的，当电网频率变化时，可能会出现采样误差形成不平衡输出。在此情况下，可以采用类似二次导数的方法求出变化量：

$$\Delta(i_K) = [i_{(K)} - i_{(K-N)}] - [i_{(K-N)} - i_{(K-2N)}] \tag{1-43}$$

与模拟式故障分量产生方法一样，数字式故障分量的形成实际上输出的是如式（1-41）所定义的变化率，只不过式中 Δt 由数据窗长度而定，全周期采样相当于 Δt 为 20ms，半个周期采样为 10ms，按式（1-43）采样则 Δt 为 40ms。

第四节　重叠定理在分析变化量继电器行为时的应用

一、系统发生三相对称短路，故障分量网络

目前反映电流、电压变化量的继电器已得到广泛应用。前节分析了电力系统故障时变化量性质及构成，以及从故障后电流、电压中分离变化量的方法。但是，进一步分析反映变化量继电器的行为，则必须建立反映故障后产生的变化量的系统模型。利用重叠定理建立故障量网络不但是合理选择，而且也是唯一的选择。

图1-24（a）表明电力系统 F 点发生短路故障。故障前 F 点电压为 $\dot{U}_{F|0|}$，短路后电压强迫为零，为了找出故障所引起的故障分量，可认为故障后故障点加入了电压 $-\dot{U}_{F|0|}$，这一电压称故障点的工频电压变化量 $\Delta\dot{U}$ 为：

$$\Delta\dot{U} = -\dot{U}_{F|0|} \qquad (1-44)$$

按重叠定理，$\Delta\dot{U}$ 的出现将在故障点及网络中引起电流的变化，称之为工频电流变化量。故障点工频电流变化量为

$\Delta\dot{I}$，在 M 侧及 N 侧工频电流变化量为 $\Delta\dot{I}_M$、$\Delta\dot{I}_N$。$\Delta\dot{I}$ 为：

$$\Delta\dot{I} = \frac{\Delta\dot{U}}{Z_\Sigma}$$

$$Z_\Sigma = \frac{(Z_{SM}+Z_M)(Z_{SN}+Z_N)}{Z_{SM}+Z_M+Z_{SN}+Z_N}$$

式中：Z_Σ 为电源电压为零时自故障点向系统看去的总阻抗。

图1-24（b）为故障分量网络，图中电压、电流量均由故障点 $\Delta\dot{U}$ 产生，显然：

$$\Delta\dot{I}_M = \frac{Z_\Sigma}{Z_{SM}+Z_M}\Delta\dot{I} = \frac{Z_{SN}+Z_N}{Z_{SM}+Z_M+Z_{SN}+Z_N}\Delta\dot{I} = C_M\Delta\dot{I}$$

$$\Delta\dot{I}_N = \frac{Z_\Sigma}{Z_{SN}+Z_N}\Delta\dot{I} = \frac{Z_{SM}+Z_M}{Z_{SM}+Z_M+Z_{SN}+Z_N}\Delta\dot{I} = C_N\Delta\dot{I}$$

M 点、N 点上故障分量电压为 $\Delta\dot{U}$ 在 Z_{SM}、Z_{SN} 上的分压，也就是 $\Delta\dot{I}_M$、$\Delta\dot{I}_N$ 在阻抗 Z_{SM}、Z_{SN}

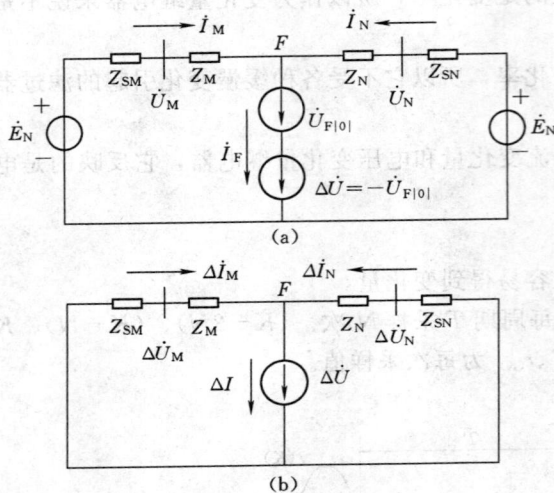

图1-24　系统短路时重叠定理的应用
（a）系统图；（b）故障分量网络

上的压降，即：

$$\Delta \dot{U}_{\mathrm{M}} = \frac{Z_{\mathrm{SM}}}{Z_{\mathrm{SM}} + Z_{\mathrm{M}}} \Delta \dot{U}$$

$$\Delta \dot{U}_{\mathrm{N}} = \frac{Z_{\mathrm{SN}}}{Z_{\mathrm{SM}} + Z_{\mathrm{M}}} \Delta \dot{U}$$

由于故障分量电压是假想用来抵消系统正常分量电压的，所以它的极性与系统正常电压相反。如系统正常分量电压极性定为"正"，则故障分量电压为"负"。

图 1-25 表明，正常分量电压、故障分量电压和实际电压沿系统分布的关系。

由于 $\dot{I}_{\mathrm{M}}$ 与 $\Delta \dot{I}_{\mathrm{M}}$ 定义为同方向，而 $\Delta \dot{U}$ 与正常电压相位相反，故如图 1-24 中 $\Delta \dot{I}_{\mathrm{M}}$ 或 $\Delta \dot{I}_{\mathrm{N}}$ 按标明方向为正方向，则：

$$180° \leqslant \arg \frac{\Delta \dot{U}}{\Delta \dot{I}_{\mathrm{M}}} \leqslant 360°$$

如阻抗角为 80°，则在线路上短路时，正方向故障分量阻抗继电器感受的阻抗的阻抗角为 180°+80°＝260°或－100°。

最后有一点必须注意的是 C_{M} 和 C_{N}，它们是工频变化量电流在线路 M 侧、N 侧的分配系数，它与由式（1-7）和式（1-8）所定义的电流分布系数完全不同。由于工频变化量电流是在故障点工频电压变化量产生的，所以 C_{M}、C_{N} 与两侧电源电势 $\dot{E}_{\mathrm{M}}$、$\dot{E}_{\mathrm{N}}$ 无关。

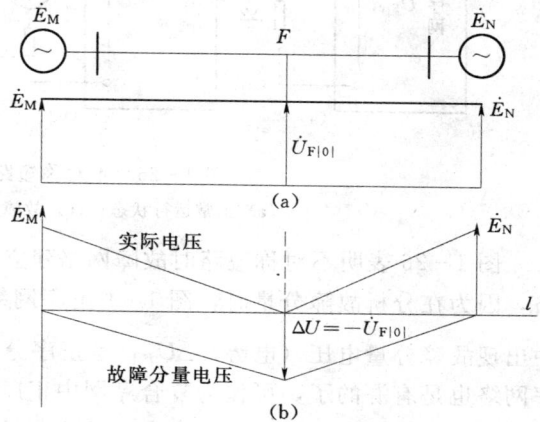

图 1-25　电压沿系统分布

(a) 故障前沿线路电压分布；

(b) 故障后沿线路电压分布

二、系统上发生不对称短路时，故障分量网络及对称分量法的应用

当系统发生不对称短路时，如何利用重叠定理分析计算电流电压工频变化量，是一个概念性较强的问题。

分析系统不对称短路仍采用对称分量法，但其中有些原则问题需要考虑，包括：

（1）应用重叠定理时，故障电压（电动势）分量如何选取。

（2）对称分量如何应用，如何建立故障网络。

（3）如何求解不对称短路时故障分量。

1. 故障电压（电动势）的选取

故障电压的选取应能反映不对称故障基本特征。在第三节分析的对称短路中，选用故障点故障前电压 $\dot{U}_{\mathrm{F|0|}}$，其物理概念很明显，而不对称短路情况要复杂得多。如果应用对称分量法，其中包括各序电压、故障点电压取哪些分量电压，应从概念上确定。

具体分析见本章第一节，利用对称分量法建立的故障系统模型由正序、负序和零序网构成，它们相互独立，按不对称故障临界条件构成之间的联系，但只有正序网络是有源的，即主动的（Active）；负序和零序网是无源的，即被动的（Passive）。各序电网中电流都是由于正序网络中电动势引发的，所以，在不对称短路时，不管短路类型如何，故障电压

分量仍为故障前故障点电压决定，即故障点故障前正序电压，$\dot{U}_{F|0|}=\dot{U}_{F_1|0|}$。它通过复合故障网络，引发各序故障电流、电压分量。

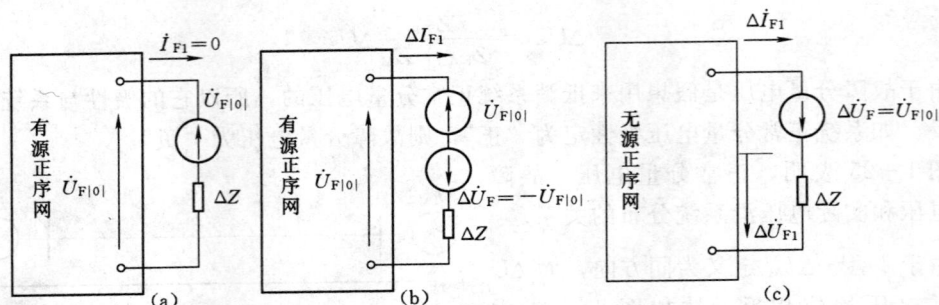

图 1-26　不对称短路时故障网络的建立
(a) 正常运行状态；(b) 故障后叠加状态；(c) 故障网络

　　图 1-26 表明不对称短路时故障网络建立的过程。图 1-26（c）中正序网络为无源网络，因为在分析故障分量时，图 1-1 正序网络中电源电势为零并被短路。但是复合序网中出现故障分量电压（电势）$\Delta\dot{U}_F$，是正序分量电压，可将其纳入正序网络内，这时，正序网络也是有源的了，可作为复合序网中正序网络，将相应的不对称短路临界条件代入即可构成相应的复合序网络，用来求解故障分量电压和电流。其过程和方式与本章第二节中一样。图 1-27 表明了故障分量正序增广网络的构成。图 1-27（b）为保留了正序网络的分布结构，能用来分析计算正序电流变化量在网络内的分布；而图 1-27（c）只能用来分析、计算故障支路的正序电流变化量。

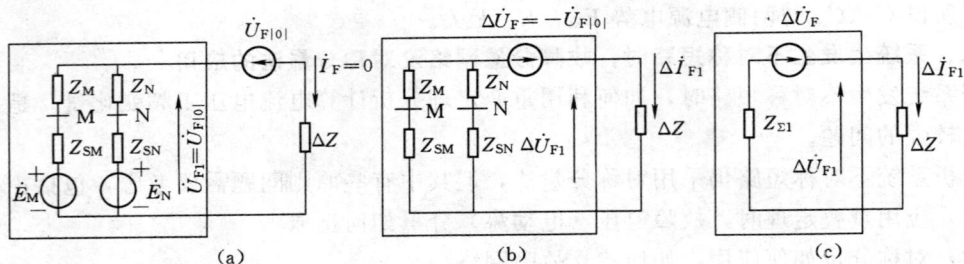

图 1-27　故障分量正序增广网络
(a) 故障前；(b) 保留内部结构的正序故障网络；(c) 不需保留内部结构的正序故障网络

　　2. 故障网络的建立

　　图 1-26（c）和图 1-27（b）给出了应用对称分量法求解不对称短路故障分量的正序增广网络，所谓正序增广网络就是将表明短路特征的附加阻抗 ΔZ 接在正序网络输出端后，能构成一个完整回路的正序网络。只要将 ΔZ 代表的负序网络和零序网络接入，以代替 ΔZ，即可得出相应的分析不对称短路的故障分量网络，它实际上就是相应的不对称短路复合序网。

　　ΔZ 用相应的负序网络和零序网络代替的方法，与本章第二节中的复合序网和图 1-3 相同。图1-28为几种简单不对称短路故障分量复合序网，是根据参考相（A相）关系画出的。

复合序网中负序和零序网络中负序、零序电流本身就是故障分量，故障前是不存在的。主要不同的是正序网络，网络中正序电势为零，整个复合序网中的电势（电压）是故障分量电压 $\Delta \dot{U}_F$。

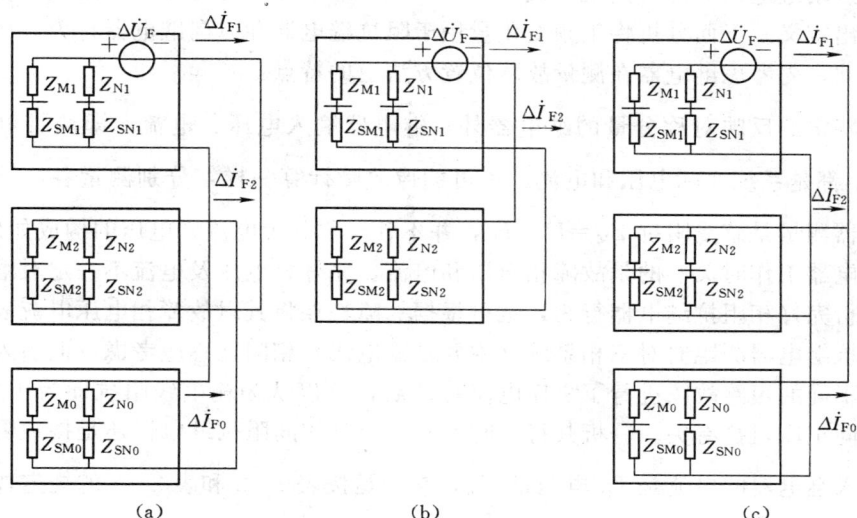

图1-28 简单不对称短路故障分量复合序网
(a) 单相短路；(b) 两相短路；(c) 两相短路接地

3. 不对称短路故障分量的计算

建立了图1-28所示故障分量复合序网，就可以按本章第二节所介绍的方法先算出参考相（A相）各序电流、电压的故障分量，从而算出故障点故障分量电流，然后算出电网上指定点的故障分量电流。一般用分配系数法求出给定点各序电流，再进行合成。但是必须注意系统上故障分量电流分配系数，与系统实际工频电流分配系统不相同。后者是电源电势 $\dot{E}_M$、$\dot{E}_N$ 作用下产生的电流分配，而前者是由故障电压 $\Delta \dot{U}_F$ 作用下产生的电流分配，对应图1-27（a）所示正序网络，有：

$$C_{M1} = \frac{Z_{SM1} + Z_{M1}}{Z_{\Sigma 1}}$$

$$C_{N1} = \frac{Z_{SN1} + Z_{N1}}{Z_{\Sigma 1}}$$

如需要计算给定点全电流，可将相应点的故障分量电流与负荷电流相加，后者近似地由正常运行网络求出。

本节的分析计算有一个先决条件，就是分析计算前故障点要确定，并要给出该点故障前电压 $\dot{U}_{F|0|}$，这在故障计算时是没有问题的，但在分析继电保护动作行为时就会有矛盾，因为继电保护的任务就是要确定故障位置，在位置确定前，严格来说一切利用重叠定理的计算就无从谈起，这一问题在下一章将找出一个近似的解决办法。

三、阻抗继电器阻抗测量中故障分量的考虑

继电保护故障分析有两个目的：定量和定性。对定量的要求主要用于继电保护装置的整定，而在继电保护原理设计和行为分析方面，主要要求定性。近 20 年来，我国在反映故障量构成继电保护方面发展很快，工频变化量阻抗继电器、工频变化量方向继电器以及工频变化量差动继电器等都得到很大发展。分析这些继电器行为时必须应用重叠定理，并对变化量作出定义。下面分析将工频变化量用于阻抗继电器和方向继电器行为分析时出现的问题。为此，先考虑继电器在测量故障位置方法上的特点：

（1）除特定的反映对称分量的继电器外，继电器输入电压、电流，即测量电压 $\dot{U}_{\mathrm{m}}$、测量电流 $\dot{I}_{\mathrm{m}}$ 都是系统实际电压和电流，不可能像故障计算一样，分别测量各序分量。例如阻抗继电器测量是感受阻抗 $Z_{\mathrm{M}} = \dot{U}_{\mathrm{m}}/\dot{I}_{\mathrm{m}}$，并不管对称分量电流、电压的构成如何。

（2）继电器工作时关心的是故障相电压和电流，完好相电压及电流不一定对继电器有用，即使分析完好相阻抗继电器行为，也可根据故障特点将其以故障相电压电流表示。

（3）阻抗继电器测距时对三相系统（主要是输电线）相间互感应考虑，但引入继电器的电流针对不同的短路故障进行了零序电流补偿后，可以认为输电线阻抗即为正序阻抗，阻抗测量只同正序阻抗有关。分析其行为时不必区分是相间阻抗继电器还是接地阻抗继电器，只要送入继电器的电流是 $\dot{I}_{\mathrm{m}}$ 电压是 $\dot{U}_{\mathrm{m}}$，它们是按表 2 - 2 和表 2 - 3 的规定选择的就可以了。

根据以上特点分析反映故障分量的阻抗继电器或方向继电器就方便了。

图 1 - 28（a）所示线路上故障点发生短路故障。线路 M 侧装有反映故障分量的阻抗继电器，其感受阻抗由下式决定：

$$Z_{\mathrm{M}} = \frac{\Delta \dot{U}_{\mathrm{m}}}{\Delta \dot{I}_{\mathrm{m}}}$$

式中：$\Delta \dot{U}_{\mathrm{m}}$、$\Delta \dot{I}_{\mathrm{m}}$ 为 M 侧故障分量即工频变化量阻抗继电器的测量电压和测量电流。

$\Delta \dot{U}_{\mathrm{m}}$、$\Delta \dot{I}_{\mathrm{m}}$ 都是由故障点叠加的故障分量电压 $\Delta \dot{U}$ 产生的，$\Delta \dot{U}$ 为：

$$\Delta \dot{U} = -\dot{U}_{\mathrm{F}|0|}$$

式中：$\dot{U}_{\mathrm{F}|0|}$ 为故障前故障点测量电压。

注意，若为接地短路则 $\dot{U}_{\mathrm{F}}$ 为故障相电压，若为相间短路则 $\dot{U}_{\mathrm{F}}$ 为故障相间电压。相应的，$\Delta \dot{I}$ 为经 $\dot{I}_0$ 补偿的相电流或故障相间电流差。这些都是继电器接线安排好的，自动进行识别。

由于线路阻抗测量时已补偿为正序阻抗，当 $\Delta \dot{I}_{\mathrm{m}}$ 在线路 Z 上流动时，阻抗继电器感受到的电压降落即为（$\Delta \dot{I}_{\mathrm{m}} Z$）。这样一来，故障分量阻抗继电器故障位置判别就非常简单。

图 1 - 29 为故障点发生短路故障后故障分量电压沿线路分布图，其中有两个电压对故障位置判别是起决定作用的。

一个是保护区末端 $Z = Z_{set}$ 处故障分量电压 $\Delta \dot{U}_{set}$，即：

$$\Delta \dot{U}_{set} = \Delta \dot{U}_m - \Delta \dot{I}_m Z_{set}$$

$$(1-45)$$

另一个电压是故障点故障分量电压，即：

$$\Delta \dot{U} = -\dot{U}_{F|0|} \qquad (1-46)$$

设系统各阻抗角相等，Z_{set} 阻抗角也同系统阻抗角相同，则故障点在区内或区外可由 $\Delta \dot{U}_{set}$ 与 $\Delta \dot{U}$ 的绝对值大小决定，即：

$$|\Delta \dot{U}| \leqslant |\Delta \dot{U}_{set}| \qquad (1-47)$$

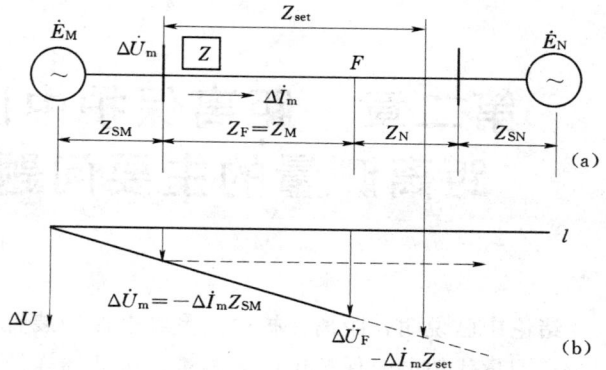

图 1-29 以阻抗继电器测量电压 $\Delta \dot{U}_m$ 和测量电流 $\Delta \dot{I}_m$ 表示的故障相电压、电流分布
(a) 系统图；(b) 电压分布

当式（1-47）成立时，故障在保护区内，阻抗继电器处于动作状态。

$\Delta \dot{U}_{set}$ 虽不能在 M 侧测出，但式（1-45）中 $\Delta \dot{U}_m$、$\Delta \dot{I}_m$ 能被测出，通过 $\Delta \dot{I}_m Z_{set}$ 对 $\Delta \dot{U}_m$ 补偿就可取得 $\Delta \dot{U}_{set}$ 之值，但 $\Delta \dot{U}$ 在 M 侧无法测出。

根据

$$\Delta \dot{U} = -\dot{U}_{F|0|} = -(\dot{U}_{m|0|} - \dot{I}_{m|0|} Z_F) \qquad (1-48)$$

其中 $\dot{U}_{m|0|}$ 为故障前母线 M 电压，$\dot{I}_{m|0|}$ 为 M 侧电流，是可测的，如能通过记忆，则可保留到故障后供阻抗测量用。但式中 Z_F 仍不知，$\Delta \dot{U}$ 仍无法给出。

由于在正常运行情况下，负荷电流相对较小，且近似电阻性电流，故网络压降较小，线路上各点电压很接近，而且对阻抗继电器测量来说，只是在临界动作状态附近要求有较高的精确性。在此情况下，$Z_F \approx Z_{set}$，于是式（1-46）可写成：

$$\Delta \dot{U} = -[\dot{U}_{m|0|} - \dot{I}_{m|0|} Z_{set}] \qquad (1-49)$$

式（1-49）中各量都是可测的了，于是工频变化量阻抗继电器动作条件为：

$$|\dot{U}_{m|0|} - \dot{I}_{m|0|} Z_{set}| \leqslant |\Delta \dot{U}_m - \Delta \dot{I}_m Z_{set}| \qquad (1-50)$$

第二章　距离保护中以阻抗测量实现
距离测量的主要问题及其解决办法

绪论中已说明，距离保护以测量继电保护装置处至故障点线路距离来判断故障位置。用距离测量代替电流保护中电流测量，虽然同样是用定量测量实现故障定位测量，但是距离是一个非电气量，原理上不受电力系统运行方式影响，所以理论上的距离保护性能要比电流保护优越得多。

但是，由于在继电保护中对距离进行快速测量存在很大的困难，实际上都是用阻抗测量来代替距离测量。这一替代，虽然在一般情况下是可以的，但线路阻抗是一个电气量，所以，它不仅受线路结构影响，而且受电力系统运行方式影响很大，这就失去距离作为一个与电气运行方式无关的优点。

所以，在以阻抗测量实现的距离保护装置中，为了解决正确距离测量问题，要采用许多措施。其目的只有一个，使阻抗继电器感受阻抗 Z_m 能正确地与短路时的故障点与继电保护装置之间距离成正比。这一目的的实现，致使距离保护变得很复杂，主要表现在两方面：结构复杂和分析动作行为复杂。本章分析致使距离保护装置变得复杂的四个主要原因，并介绍采取的解决方法。

第一节　三相输电线阻抗定义的困难

一、输电线阻抗的定义

输电线阻抗是一段线路上电压降落与产生这一电压降落的线路电流之比。

图 2-1 表明一段三相输电线，起始侧施加电压为 $\dot{U}_A$、$\dot{U}_B$、$\dot{U}_C$，产生电流 $\dot{I}_A$、$\dot{I}_B$、$\dot{I}_C$，这一段线路上电压降为 $\Delta\dot{U}_A$、$\Delta\dot{U}_B$、$\Delta\dot{U}_C$。该段线路阻抗由式 (2-1) 和式 (2-2) 定义。

由于输电线是三相的，所以线路阻抗也分为相阻抗与相间阻抗，按定义，相阻抗 $Z_{L\phi}$ 为：

$$Z_{L\phi} = \frac{\Delta\dot{U}_\phi}{\dot{I}_\phi} \tag{2-1}$$

相间或线阻抗 $Z_{L\phi-\phi}$ 为：

$$Z_{L\phi-\phi} = \frac{\Delta\dot{U}_{\phi-\phi}}{\dot{I}_{\phi-\phi}} \tag{2-2}$$

以 A 相为例，A 相阻抗为：

$$Z_{LA} = \frac{\Delta \dot{U}_A}{\dot{I}_A} \tag{2-3}$$

AB 相间阻抗为：

$$Z_{LAB} = \frac{\Delta \dot{U}_{AB}}{\dot{I}_{AB}} = \frac{\Delta \dot{U}_A - \Delta \dot{U}_B}{\dot{I}_A - \dot{I}_B} \tag{2-4}$$

可见，线路等值阻抗由线路电流及这些电流在线路上产生的电压降落决定，由于三相线路之间有耦合，故一相上的电压降不但取决于本相导线自感抗上的电压降，而且同相邻线路电流通过互感抗而产生的电压有关。

以 $\Delta \dot{U}_A$ 为例，它由三部分构成：自感压降，互感压降，中线上返回电流 $(\dot{I}_A + \dot{I}_B + \dot{I}_C)$ 产生的互感压降。

$$\begin{aligned}\Delta \dot{U}_A &= \dot{I}_A X_L + (\dot{I}_B + \dot{I}_C) X_M - K_{od}(\dot{I}_A + \dot{I}_B + \dot{I}_C) X_{M0} \\ &= \dot{I}_A (X_L - X_M) + (\dot{I}_A + \dot{I}_B + \dot{I}_C)(X_M - K_{od} X_{M0})\end{aligned} \tag{2-5}$$

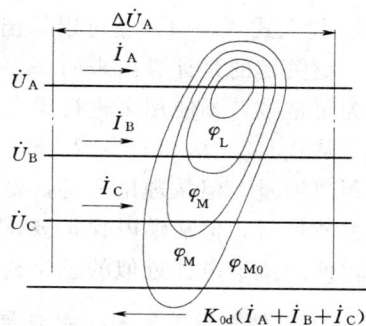

图 2-1　分析线路等值阻抗（A 相）的原理图

式中：K_{od} 为流向起端的零序电流分配系数。

如按式（2-3）来定义 A 相阻抗，则：

$$Z_A = \frac{\Delta \dot{U}_A}{\dot{I}_A} = (X_L - X_M) + \frac{\dot{I}_A + \dot{I}_B + \dot{I}_C}{\dot{I}_A}(X_M - K_{od} X_{M0}) \tag{2-6}$$

故 Z_A 不是一个独立于 A 相的系数，而同相邻两相电流有关。如阻抗继电器以 $\dot{U}_A$ 为测量电压，$\dot{I}_A$ 为测量电流，则不能进行正确的距离测量，因为在此情况下，阻抗继电器感受阻抗不是一个固定的数值。

二、输电线的序阻抗

从上面的分析可以看出在电力系统发生短路时，由于三相电流 $\dot{I}_A$、$\dot{I}_B$、$\dot{I}_C$ 之间大小不同，相位不同，所以由此所决定的阻抗不能进行正确的距离测量。

如果将三相电流分解为对称分量，则序阻抗可以定义。式（2-6）中各电流均通入正序分量，得相正序阻抗为：

$$Z_1 = \frac{\Delta \dot{U}_1}{\dot{I}_1} = (X_L - X_M) \tag{2-7}$$

同样，得：

$$Z_2 = \frac{\Delta \dot{U}_2}{\dot{I}_2} = (X_L - X_M) \tag{2-8}$$

因输电线是静止元件，故其正负序阻抗相等。

通入零序分量电流，得：

$$Z_0 = \frac{\Delta \dot{U}_0}{\dot{I}_0} = X_{\mathrm{L}} + 2X_{\mathrm{M}} - 3K_{0\mathrm{d}}X_{\mathrm{M0}} \tag{2-9}$$

以上三个序阻抗中，Z_1、Z_2 均由输电线本身结构决定，为一常数。由于 $K_{0\mathrm{d}}$ 与系统零序电流分布有关，因而 Z_0 受该电网接地点分布的影响。

三、阻抗继电器保证测量阻抗与线路距离成正比的方法

三相电流 $\dot{I}_{\mathrm{A}}$、$\dot{I}_{\mathrm{B}}$、$\dot{I}_{\mathrm{C}}$ 已知，可以通过式（2-5）算出一相线路上电压降 $\Delta \dot{U}_{\mathrm{A}}$，再将 $\Delta \dot{U}_{\mathrm{A}}$ 代入式（2-1）就可以算出该段线路阻抗 Z_{A}。这一计算需要已知三相电流且计算复杂，更关键的是计算出来的 Z_{L} 并不能代表线路长度，因为它同三相电流性质有关，不能认为是常数，不能用来进行距离测量。

从式（2-7）和式（2-8）可知输电线正序阻抗、负序阻抗是常数，可以用它们来进行距离测量。但从理论上讲，要算出正序或负序阻抗，必须将三相电流换成正序电流，方法虽然可行，但从继电保护要求来看仍很麻烦，必须对引入继电器的电压或电流中加补偿，使阻抗继电器近似的感受到故障点的线路正序（负序）阻抗。

1. 测量相阻抗的阻抗继电器接入的 $\dot{U}_{\mathrm{m}}$、$\dot{I}_{\mathrm{m}}$

式（2-5）可写成：

$$\Delta \dot{U}_\phi = \dot{I}_\phi (X_{\mathrm{L}} - X_{\mathrm{M}}) + 3\dot{I}_0 (X_{\mathrm{M}} - K_{0\mathrm{d}}X_{\mathrm{M0}}) \tag{2-10}$$

根据式（2-9），有：

$$Z_0 = X_{\mathrm{L}} + X_{\mathrm{M}} + 3(X_{\mathrm{M}} - K_{0\mathrm{d}}X_{\mathrm{M0}}) \tag{2-11}$$

故式（2-10）可写成：

$$\Delta \dot{U}_\phi = \dot{I}_\phi Z_1 + 3\frac{Z_0 - Z_1}{3}\dot{I}_0 = \left(\dot{I}_\phi + 3\frac{Z_0 - Z_1}{3Z_1}\dot{I}_0\right)Z_1 = (\dot{I}_\phi + 3K\dot{I}_0)Z_1 \tag{2-12}$$

式中：$K = \dfrac{Z_0 - Z_1}{3Z_1}$ 为零序电流补偿系数。

所以，如果阻抗继电器以 $\Delta \dot{U}_\phi$ 作为测量电压 $\dot{U}_{\mathrm{m}}$，以 $(\dot{I}_\phi + 3K\dot{I}_0)$ 作为测量电流 $\dot{I}_{\mathrm{m}}$，则阻抗继电器感受阻抗

$$Z_{\mathrm{m}} = Z_1 = Lz_1 \tag{2-13}$$

式中：z_1 为线路单位长度正序阻抗。

从式（2-13）可以看出，若送入阻抗继电器的测量电流为经过零序电流补偿的相电流，则阻抗继电器的感受阻抗 Z_{m} 与被测线路长度成比例。这就是相阻抗继电器中惯用的零序电流补偿方法。

下面分析零序电流补偿的物理概念。

根据定义，当该段输电线通入三相电流 $\dot{I}_{\mathrm{A}}$、$\dot{I}_{\mathrm{B}}$、$\dot{I}_{\mathrm{C}}$ 时，一相线路上电压降为：

$$\Delta \dot{U}_\phi = \left(\dot{I}_{\phi 1} + \dot{I}_{\phi 2} + \frac{Z_0}{Z_1}\dot{I}_{\phi 0}\right)Z_1 \tag{2-14}$$

与此对比，将式（2-12）中 $\dot{I}_\phi$ 以 $\dot{I}_{\phi 1} + \dot{I}_{\phi 2} + \dot{I}_{\phi 0}$ 表示，得：

$$\Delta \dot{U}_\phi = [\dot{I}_{\phi 1} + \dot{I}_{\phi 2} + (1 + 3K)\dot{I}_{\phi 0}]Z_1$$

$$= \left[\dot{I}_{\phi 1} + \dot{I}_{\phi 2} + \left(1 + 3 \frac{Z_0 - Z_1}{3Z_1} \right) \dot{I}_{\phi 0} \right] Z_1$$

$$= \left[\dot{I}_{\phi 1} + \dot{I}_{\phi 2} + \frac{Z_0}{Z_1} \dot{I}_{\phi 0} \right] Z_1 \qquad (2-15)$$

即由式（2-14）与由式（2-15）所表明的 $\Delta \dot{U}_\phi$ 完全相同，由此可看出所谓零序电流补偿的物理意义：由于三相输电线零序电流所产生的磁通同正序、负序电流所产生的磁通耦合方式不同，所以零序阻抗同正（负）序阻抗不等。将相电流进行零序电流补偿后，相当于修正了这个差别，于是可认为输电线各序阻抗相等，均为 Z_1。另外，经过补偿后的相电流 $(\dot{I}_\phi + 3K\dot{I}_0)$ 可称为等值相电流 $\dot{I}_{\phi \cdot eq}$，当相电流以等效相电流代替时，输电线各序阻抗相等，均为正序阻抗 $Z_1 (Lz_1)$。

从上面分析可以看出，在阻抗继电器中以 $\dot{I}_{\phi \cdot eq}$ 代替 $\dot{I}_\phi$，作为继电器测量电流 $\dot{I}_m$，可以进行正确的相阻抗测量，使 Z_m 与线路长度成比例，这在理论上是严格的，但存在以下缺点：

（1）同正序、负序阻抗不同，输电线零序阻抗受电网零序电流通路影响很大，相应的补偿系数 K 值不容易准确计算。表 2-1 给出了不同类型输电线的 K 值。

表 2-1 　　　　　　　　　　　不同输电线的 K 值

架空线路类型	单回无架空地线	单回有架空地线	双回无架空地线	双回有架空地线
X_0/X_1	3.5	2.0	5.5	3.0
K	0.84	0.33	1.5	0.67

式（2-11）表明线路零序阻抗与电路上发生短路时的零序电流分配系数 K_{0d} 有关，而短路点位置不同时，K_{0d} 也会有变化，故在被保护线路上不同点短路时，应取的 K 值应有不同，这实际上也难于做到。目前，在电力系统中也有一种更近似的整定办法，相阻抗继电器测量电流 $\dot{I}_m$ 不进行零序补偿仍取相电流 $\dot{I}_\phi$，但整定阻抗增大为 $(1+K)$ 倍。

（2）相电流加入零序补偿电流后故障相阻抗能正确地进行距离测量，但对非故障相来说却会造成错误测量，在严重情况下，可能会误动作，致使判相失败。

设线路发生单相短路，如该线路无负荷电流，则完好相阻抗继电器感受的短路阻抗应为无限大，但因 $\dot{I}_m$ 中引入了 $(1+3K)\dot{I}_0$，故感受阻抗 $Z_m = \dot{U}_\phi / (1+3K)\dot{I}_0$ 为一有限值，在严重的情况下，可以引起误动作。

2. 测量相间（线）阻抗的阻抗继电器接入的 $\dot{U}_m$、$\dot{I}_m$

上节分析测量相阻抗的阻抗继电器，指出将相电流进行零序电流补偿后，可以认为各相阻抗是独立的，不受相邻相电流的影响，所以可以根据式（2-2）确定 $\dot{U}_m$、$\dot{I}_m$，下面以 AB 相间阻抗继电器为例，分析相间短路情况。令式（2-2）中 $\Delta \dot{U}_{\phi - \phi} = \dot{U}_m$。

$$\dot{U}_m = \Delta \dot{U}_A - \Delta \dot{U}_B \qquad (2-16)$$

$\Delta \dot{U}_A$、$\Delta \dot{U}_B$ 为 A 相、B 相电压降。将经零序电流补偿的 A 相、B 相电流代入 $\dot{I}_m$，得：

$$\dot{I}_m = (\dot{I}_A + 3K\dot{I}_0) - (\dot{I}_B + 3K\dot{I}_0) = \dot{I}_A - \dot{I}_B \qquad (2-17)$$

所以在计算相间阻抗时，零序电流补偿不起作用，阻抗继电器感受阻抗为：

$$Z_m = \frac{\Delta\dot{U}_{AB}}{\dot{I}_A - \dot{I}_B} = z_1 L \qquad (2-18)$$

即反应相间阻抗的阻抗继电器原则上虽然可以进行零序电流补偿，但实际上没有必要，只需以相电流差为 $\dot{I}_m$ 即可。

相间阻抗继电器中 $\dot{I}_m$ 不必进行零序电流补偿的道理也可用物理概念来解释：因为零序电流只对相电压降有影响，而在相间电压中相互抵消，不起作用。式（2-1）表明相间阻抗继电器中相电流 $\dot{I}_m$ 不必进行补偿，这是因为：如果系统出现两相接地短路（AB0），电网中虽出现零序电流，但按式（2-18）所算出的 Z_m 仍同线路距离成正比，能进行正确的距离测量。

第二节　故障点残留电压对阻抗继电器阻抗测量的影响

上节中，只分析了三相输电线长度为 L 的情况。而实际的阻抗继电器所测量的是回路的阻抗，除非线路末端是三相金属性短路；否则，在受端存在残余电压（Residual Voltage）$\dot{U}_{res}$，这一电压将被阻抗继电器感受为一个残余阻抗 Z_{res}，影响到正确的距离测量。

一、几种典型简单短路情况下，阻抗继电器感受到的残余阻抗

图 2-2 表明一段三相输电线路，末端 F 点发生 AB 两相短路。该线路装有 3 个相阻抗继电器，阻抗值为 Z_A、Z_B、Z_C。对 A 相阻抗继电器而言，感受的阻抗为：

$$Z_{mA} = \frac{\dot{U}_A}{\dot{I}_m} = \frac{\Delta\dot{U}_A}{\dot{I}_m} + \frac{\dot{U}_{res\cdot A}}{\dot{I}_m} = Z_F + Z_{res\cdot A} \qquad (2-19)$$

由于 $\dot{I}_m$ 是经零序补偿的 A 相电流，故式（2-19）中 $\dfrac{\Delta\dot{U}_A}{\dot{I}_m}$ 与短路距离成比例，对应图 2-3 中短路阻抗 Z_F。

式（2-19）中 $\dot{U}_{res\cdot A}$ 为短路点 A 相相电压 $\dot{U}_{FA}$。图 2-4 为故障点发生 AB 两相相间短路的电压电流相量，其中 $\dot{U}_{FA} = \Delta\dot{U}_A \tan30°$

故得：

$$Z_{res} = \frac{1}{\sqrt{3}} Z_F \qquad (2-20)$$

Z_{res} 是一个相当大的阻抗，它的存在使图 2-2 中装在 A 相或 B 相上的阻抗继电器不能正确

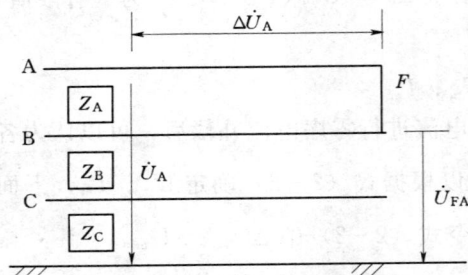

图 2-2　故障处完好相电压对阻抗测量的影响

测出发生在 AB 两相短路点位置。图 2-4 中阻抗继电器动作边界是圆，阻抗继电器感受阻抗中由 $\Delta \dot{U}_A$ 测出的阻抗能正确确定故障位置 Z_F，但由于出现了 Z_{res}，实际感受阻抗 Z_m 已越到动作区外。

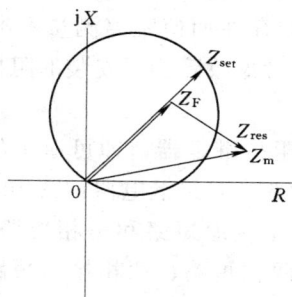

图 2-3　当 $\dot{U}_m$ 为相电压时，
相间短路 Z_{res} 对测距影响示意图

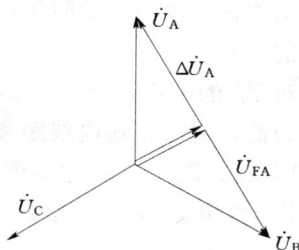

图 2-4　两相短路时故障点电压相量图
（假定电源内阻抗为零）

为了消除 Z_{res} 的影响，应以 $\dot{U}_{AB}$ 为阻抗继电器输入电压 $\dot{U}_m$，但相应的输入电流 $\dot{I}_m$ 应为由 $\dot{U}_{AB}$ 产生的短路电流，即 $\dot{I}_A - \dot{I}_B$。

采取了这一措施后，被保护线路相间短路可保证正确距离测量，但如发生一相接地短路，又将出现问题。

设图 2-2 中 F 点发生 A 相单相短路，图 2-5 为相应的 F 点电压相量图。在简化分析中仍设电源内阻抗为零，故 F 点 B 相电压 $\dot{U}_{AB} = \dot{U}_B$，$\dot{U}_{FAB} = \dot{U}_B$，故得：

$$Z_{res} = \frac{\dot{U}_{FAB}}{\dot{I}_m} = -\frac{\dot{U}_B}{\dot{U}_A} Z_F = Z_F e^{j60°} \qquad (2-21)$$

图 2-6 表明了式（2-21）中 Z_{res} 对测距的影响。

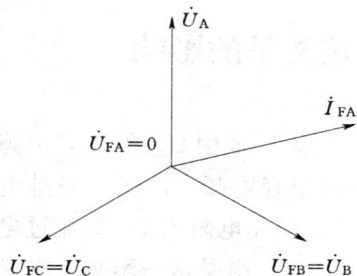

图 2-5　A 相单相短路时，故障点
电压相量图

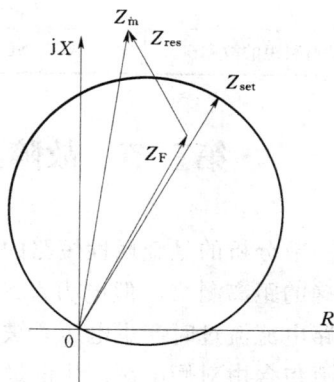

图 2-6　当 $\dot{U}_m$ 为线电压时，
故障点 Z_{res} 对测距的影响

二、距离保护装置中阻抗继电器的配置

对电流保护装置而言，其动作值一相电流量，相应的三相线路只要 3 只电流继电器就

可以构成一套完整的保护。而阻抗继电器不但要引入电流而且要引入电压，而电压，只有这一能反映电流在短路点线路上的压降，才有可能进行正确的距离测量。当线路上发生不对称短路时，部分相（相间）仍维持一定的电压，称之为残留电压，这一电压如果引入阻抗继电器构成测量电压的一部分，则阻抗继电器的感受阻抗将包含一个与线路阻抗无关的阻抗 Z_{res}，从而出现不正确的距离测量。另外，因为 Z_{res} 的存在而使距离测量不准确，Z_m 增大越出动作区，而不会使阻抗继电器误动，所以，只要考虑故障相所安装的阻抗继电器正确测量的问题。

根据对 Z_{res} 的分析，只要 U_{res} 不引入故障相（相间）阻抗继电器，即可避免故障相错误测距，为此，对三相输电线距离保护装置而言，需要设 6 个阻抗继电器：其中 3 个相阻抗继电器的 Z_A、Z_B、Z_C，它们能正确反应单相短路、两相接地短路和三相短路等故障；3 个相间阻抗继电器的 Z_{AB}、Z_{BC}、Z_{CA}，它们能正确反映两相短路、两相接地短路和三相短路故障。

表 2-2 和表 2-3 分别表明了 6 个阻抗继电器测量电压 $\dot{U}_m$ 和测量电流 $\dot{I}_m$，并说明它们能进行正确测距的故障类型。

表 2-2　三相阻抗继电器输入电压和电流，及能正确测距的故障

阻　抗	Z_A	Z_B	Z_C
$\dot{U}_m$	$\dot{U}_A$	$\dot{U}_B$	$\dot{U}_C$
$\dot{I}_m$	$\dot{I}_A+3K\dot{I}_0$	$\dot{I}_B+3K\dot{I}_0$	$\dot{I}_C+3K\dot{I}_0$
能正确测距的故障	A0、AB0、AC0、ABC	B0、AB0、BC0、ABC	C0、BC0、AC0、ABC

表 2-3　相间阻抗继电器输入电压和电流，及能正确测距的故障

阻　抗	Z_{AB}	Z_{BC}	Z_{CA}
$\dot{U}_m$	$\dot{U}_{AB}$	$\dot{U}_{BC}$	$\dot{U}_{CA}$
$\dot{I}_m$	$\dot{I}_A-\dot{I}_B$	$\dot{I}_B-\dot{I}_C$	$\dot{I}_C-\dot{I}_A$
能正确测距的故障	AB、AB0、ABC	BC、BC0、ABC	CA、CA0、ABC

第三节　故障点弧光电阻对阻抗测量的影响

上一节分析的是金属性短路的情况，采用了表 2-2 和表 2-3 中 $\dot{U}_m$ 和 $\dot{I}_m$，故障相能进行正确的距离测量，但电力系统短路故障，故障点往往出现电弧，电弧本身是电阻性的。短路电流流过时产生电压，被相应的阻抗继电器感受为弧光电阻 R_{arc}，如流过电弧电阻的电流包含由对侧电源产生的助增电流（Feeding Current），则受这一影响，本侧阻抗继电器所感受到的附加电阻数值大小改变，而且成为包含感抗或容抗的 Z_{arc}。这一现象使设计和实现以阻抗继电器构成的距离保护出现难点。

一、弧光电阻的性质和特点

故障点出现的弧光电阻有以下特点：

（1）弧光电阻多数都发生于接地短路，树枝碰线是线路多发故障，而树枝碰线引发的故障一般都是电弧性的。相间短路，特别是三相短路大多是金属性短路，一般不伴生电弧，故弧光电阻对阻抗测量的影响在接地阻抗继电器中特别要考虑。

（2）弧光电阻与流过电流是非线性关系，并与电弧长度 L_{arc} 成比例。

$$R_{arc} = 28700 \frac{L_{arc}}{I \times 1.4} \quad (\Omega) \quad (2-22)$$

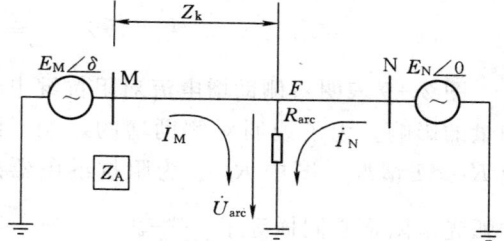

图 2-7　故障点弧光电阻 R_{arc} 对阻抗继电器距离测量的影响

式中：L_{arc} 为电弧长度，m；I 为流过弧光电阻的电流，A。

（3）弧光电阻是发展性的，树枝或其他导体碰线，起始瞬间往往是一般短路，然后因导电短路部分移动或烧毁出现电弧，起始时电弧较短，弧光电阻不大（十几欧或几十欧），然后因电动力和热气流作用，电弧拉开，弧光电阻增大，甚至达几百欧。

（4）当对侧电源对短路点有助增时，阻抗继电器感受到的弧光电阻具有阻抗性质。下面近似地分析这一阻抗的形成及其对阻抗继电器阻抗测量的影响。

图 2-7 为双侧电源的输电线，A 相 F 点发生单相弧光短路，取 $\dot{E}_N$ 为参考，即 $\dot{E}_N = E_N \angle 0$，对侧电势 $\dot{E}_M = E_M \angle \delta$。

在两侧电流 $\dot{I}_M$ 及 $\dot{I}_N$ 作用下，电弧电阻 R_{arc} 端压为：

$$\dot{U}_{arc} = (\dot{I}_M + \dot{I}_N) R_{arc}$$

对母线 M 侧而言，电弧电阻 R_{arc} 呈现的等效阻抗为：

$$Z_{arc \cdot eq} = \frac{\dot{U}_{arc}}{\dot{I}_M} = \left(1 + \frac{\dot{I}_N}{\dot{I}_M}\right) R_{arc} = (1 + K_F e^{-j\delta}) R_{arc} \quad (2-23)$$

式中：K_F 为对侧电源对弧光电阻的助增系数。

图 2-8 是等效弧光阻抗的相量图，由图可以看出：如 M 为送电侧，δ 为正，$Z_{arc \cdot eq}$ 为容性；如 M 为受电侧，δ 为负，$Z_{arc.eq}$ 为感性。

等效弧光阻抗的阻抗角 φ_Z 由下式确定：

$$\varphi_Z = \tan^{-1} \frac{\sin\delta}{\frac{1}{K_F} + \cos\delta} \quad (2-24)$$

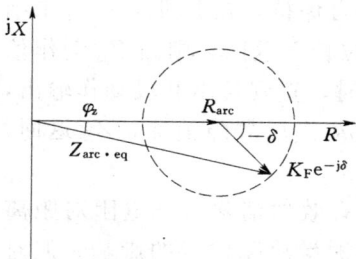

图 2-8　$Z_{arc \cdot eq}$ 的确定
（$K_F < 1$，$\delta > 0$）

图 2-7 中所表明的量均为实际系统中的量，电流 $\dot{I}_M$、$\dot{I}_N$ 为两侧实际电流，所以 $Z_{arc \cdot eq}$ 称等效弧光阻抗而非阻抗继电器的感受阻抗 Z_m，因为阻抗继电器输入的电流并非是实际全电流，对相阻抗继电器来说是经过零序补偿的相电流。进行零序补偿可使线路阻抗能正比于线路长度，其比例系数为单位长度正序阻抗 Z_1，但对弧光电阻却无意义，

反而会引起测量误差。因而图 2-8 中等效弧光阻抗被阻抗继电器感受到的是感受弧光阻抗 $Z_{\text{arc·eq}}$。对 M 侧 A 相阻抗继电器而言，$\dot{I}_\text{m} = \dot{I}_{\text{MA}} + 3K\dot{I}_{\text{M0}}$，$\dot{I}_{\text{M0}}$ 为分布到 M 侧的零序电流，它不等于流过电弧的零序电流 $\dot{I}_0$，如果忽略这一差别，$Z_{\text{m·arc}}$ 可近似的用下式表明：

$$Z_{\text{m·arc}} = \frac{1}{1+K} Z_{\text{arc·eq}} \tag{2-25}$$

图 2-9 表明对侧助增电流对阻抗继电器阻抗测量的影响，为了说明对侧助增的影响，图中对应 $K_F > 1$ 情况。图中 $R_{\text{m·arc}}$ 为阻抗继电器感受到的弧光电阻，它同样等于 $\dfrac{R_{\text{arc}}}{1+K}$。

图 2-9 中给出了阻抗继电器动作边界，可以看出 Z_F 本来是处在动作区内，故障点是区内故障，但因故障点存在弧光电阻，在对侧电源助增的情况下，阻抗继电器感受阻抗处在动作区外，阻抗继电器不动作。

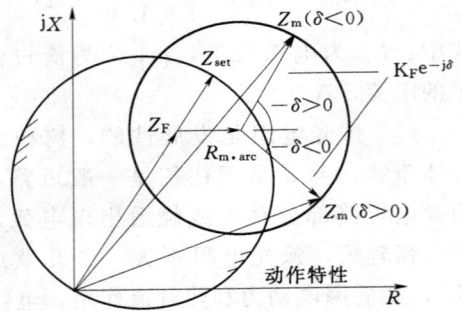

图 2-9 对侧助增电流对阻抗继电器
阻抗测量的影响（$K_F > 1$）

二、距离保护装置中避开弧光电阻对距离测量影响的方法

（一）从保护动作逻辑上固定阻抗继电器瞬时动作状态

从前面的分析可知，弧光电阻总是伴随瞬时短路故障后发生的，起始时故障点发生短路，然后再形成电弧，电弧在外力（电动力，热气流力）作用下，逐步拉长。所以，如故障发生在距离保护 I 段内，一般在电弧形成之前就能动作，断路器跳闸。距离保护 III 段较灵敏，在弧光电阻较大情况下，III 段阻抗继电器也能动作较长时间。距离保护 II 段，灵敏性虽然小于 III 段，但它能以较短时间动作跳闸，所以距离保护装置希望处在 II 段内故障在形成电弧后能以 II 段时限动作跳闸，同时还能作 I 段内电弧性短路故障的后备保护，这一要求可以用"瞬时固定"动作方式实现。

所谓"瞬时固定"就是当距离保护 II 段阻抗继电器一经动作（此时 III 段阻抗继电器肯定动作），即使在 II 段阻抗继电器动作时限结束前，因电弧拉长而返回，只要 III 段阻抗继电器未返回，就用 III 段阻抗继电器动作状态，将 II 段阻抗继电器的动作状态"固定"下来。图 2-10 为瞬时固定距离 II 段的原理图。如在 II 段发生电弧性故障，故障发生后，阻抗继电器 Z_{II}、Z_{III} 均动作，Z_{II} 动作信号经与门 1 和或门 0 而自保持，在 II 段时限 t_{II} 未结束前，如 Z_{II} 因电弧拉长而返回，则因 Z_{III} 动作信号仍存在，t_{II} 继续计时，直到发出 II 段动作输出，开关跳闸为止。开关动作后故障消除，Z_{III} 返回，自保持解除。

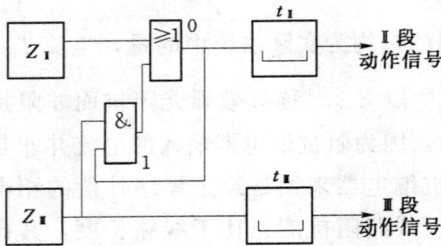

图 2-10 距离保护瞬时固定 II 段原理图

瞬时固定措施能有效地消除弧光电阻对距离保护阻抗继电器正确测量故障位置的影响。但对图 2-10 所示的电路而言，如弧光电阻发展太快，在 t_{II} 时限到达前 Z_{III} 就已返回，则不能起瞬时固定

的作用。

（二）采用具有良好避开弧光电阻能力的阻抗继电器

阻抗测量同电流测量不同，它不但能区别量的大小，而且能判断其相位，利用弧光电阻同短路阻抗阻抗角的不同来避开弧光电阻对短路距离测量的影响是较为有效的。

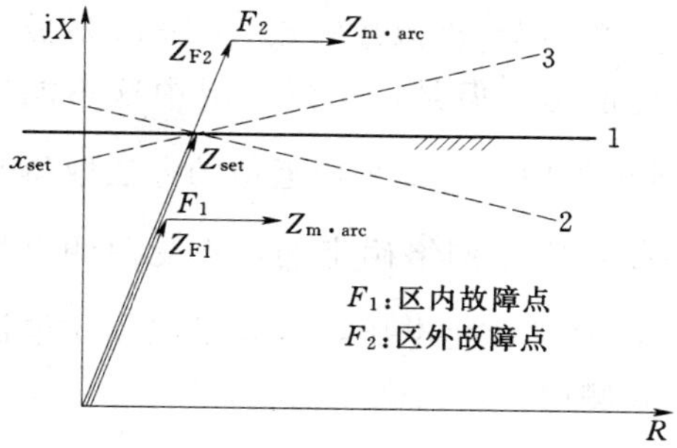

图 2-11　电抗继电器避开弧光
电阻影响的能力

$Z_{m \cdot arc}$—无助增时弧光阻抗；1—无助增时电抗
特性；2—送电侧经角度补偿的电抗特性；
3—受电侧经角度补偿的电抗特性

1. 采用电抗型继电器

图 2-11 为电抗型继电器在复平面上的动作特性，它的动作区由 Z_m 中电抗分量 $X_m = X_{set}$ 的电抗线决定，与 Z_m 中电阻分量无关。这种电抗继电器将在第三章第三节中讨论，它为按相位比较原理构成的电抗型继电器，其极化电压 $\dot{U}_{pol}$ 为继电器引入的 $\dot{I}_m$ 在模拟阻抗 Z_{set} 上产生的压降。$\Delta\varphi$ 为校正角，它使 $Z_{set} e^{j\Delta\varphi}$ 为纯电抗。$\dot{U}_{pol}$ 为：

$$\dot{U}_{pol} = \dot{I}_m Z_{set} e^{j\Delta\varphi} \qquad (2-26)$$

图 2-11 中 F_1、F_2 点分别为区内、区外两短路点，相应的短路阻抗为 Z_{F1}、Z_{F2}。由图可以看出在无对侧电源助增的情况，继电器感受的弧光阻抗为纯电阻 $R_{m \cdot arc}$。由于阻抗继电器动作状态不受 Z_m 中电阻分量影响，所以具有完全的避开弧光电阻影响的能力。但是当有对侧电源助增时，因 $Z_{m \cdot arc}$ 出现电感或电容性分量。在此情况下，要对 $\dot{U}_{pol}$ 进行相位补偿，使阻抗继电器动作边界与 $Z_{m \cdot arc}$ 接近平行。如距离保护装置在送电侧，则 $Z_{m \cdot arc}$ 带容性，继电器动作边界应顺时针转动一个角度，见虚线 2；如距离保护装置在受电侧，则 $Z_{m \cdot arc}$ 带感性，继电器动作边界应逆时针转动一个角度，见虚线 3。但是，这种补偿无自适应性质，不易达到理想要求。

2. 采用以零序电流构成极化量的电抗继电器

图 2-12 表明了一条两侧有电源的输电线上电流分布情况。该图是实际系统图而非序电网图，所以图中电流以实际电流表示，但标出了它们的对称分量电流的构成，要注意以下两点：

（1）流过弧光电阻 R_{arc} 上的电流为 $\dot{I}_F = \dot{I}_{F1} + \dot{I}_{F2} + \dot{I}_{F0}$，它由 $\dot{I}_F$ 的正序、负序和零序分量电流构成。因对短路点而言，单相短路的三序电流相等，故从数量上 $\dot{I}_F = 3\dot{I}_0$，所以电弧上电压降为 $3\dot{I}_{0F}R_{arc}$，这一电压被 M 侧阻抗继电器感受为 $Z_{m \cdot arc}$。

（2）M 侧阻抗继电器测量电流 $\dot{I}_{m \cdot M}$，为 $\dot{I}_M + 3K\dot{I}_{M0}$，由于 $\dot{I}_M + 3K\dot{I}_{M0}$ 在对侧助增情况下，与 $\dot{I}_F$ 不同相。所以 M 侧阻抗继电器感受的 $Z_{m \cdot arc}$ 不为电阻性，其阻抗角与对侧助增有关。这一点已由式（2-23）与图 2-9 表明了。

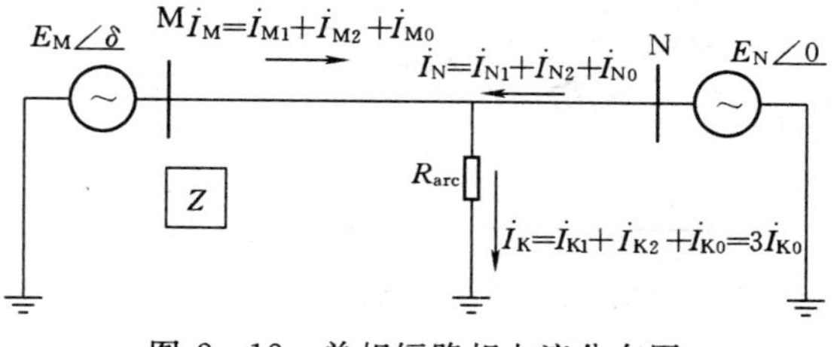

图 2-12　单相短路相电流分布图

由于前面分析的电抗继电器的电压是由 $\dot{I}_{m \cdot M}$ 构成的式（2-26），所以它的动作特性为一固定的纯电抗特性，（图2-11中实线1），不能根据短路点实际电流而变，所以无自适应性。

根据这一概念，很容易找出电抗继电器取得对侧助增影响而使 $Z_{m \cdot arc}$ 相位变化的自适应方法。如果不以 $\dot{I}_m$ 形成电抗继电器的极化电压式（2-26）而以故障点 $\dot{I}_F=3\dot{I}_0$ 形成极化电压，则电抗继电器对 $Z_{m \cdot arc}$ 的变化有完全自适应能力。但是，实际情况中这不能做到，因为，无法将故障点电流 $\dot{I}_F$ 引入到 M 侧阻抗继电器内。只能采用近似的办法取得与 $\dot{I}_F$ 基本同相位的电流。由于网络中的零序电流分布是由零序网络确定的，不受两侧电势的影响。故在 M 侧电抗继电器中以 M 侧零序电流 $\dot{I}_{M0}$ 形成极化电压，这就是以零序电流构成的电抗继电器，也称零序电流电抗继电器，对 M 侧而言，其极化电压为：

$$\dot{U}_{m \cdot pol} = \dot{I}_{M0} Z_{set} e^{j\Delta\varphi} \tag{2-27}$$

图2-13给出这种电抗继电器的动作特性，结合区内故障点短路，说明了它的自适应功能。

上述两种电抗继电器动作特性均为直线，虽具有不同的避开弧光电阻影响的能力，但对系统另一些阻抗测量方面要求，如避开系统振荡对测距的影响却不一定满足，所以电抗继电器一般只能做为辅助措施，例如构成四边形阻抗继电器的一个动作边界。

3. 交叉极化阻抗继电器

交叉极化（Cross Polarizing）是方向阻抗继电器中一种极化方式，即用非本相（相间）电压作为阻抗继电器相位比较的极化电压，目的是消除方向阻抗继电器出口不对称短路时动作死区，或构成特殊动作特性的阻抗继电器。后来发现采用交叉极化的阻抗继电器在不同短路类型情况下，具有不同的动作特性，甚至有自适应性能。英国 GEC 公司，在20世纪60年代推出一种距离保护装置称之为 Polarised Mho Distance Relay，宣传它有自适应性能，其阻抗继电器在系统振荡时为方向阻抗特性，有较好的避开系统振荡能力，而

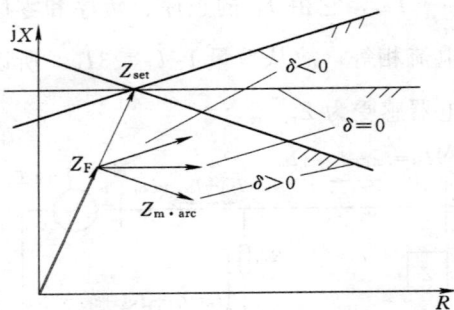

图2-13 零序电流电抗继电器自适应性能说明

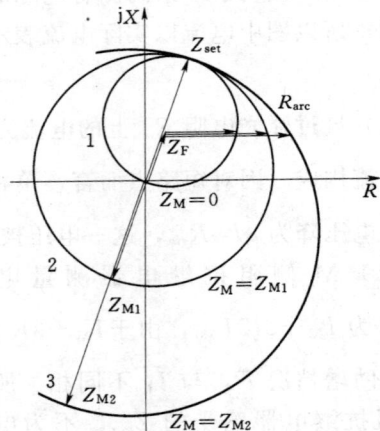

图2-14 交叉极化阻抗继电器在电源阻抗 Z_M 不同情况下的动作特性（电源阻抗 $Z_{M2}>Z_{M1}$）

在不对称短路情况下，有较好的反应弧光电阻能力。

关于交叉极化阻抗继电器的特性，将在本章节后面会详细讨论，本节只对其能防止在弧光电阻情况不正确动作能力进行介绍。

图 2-14 为一种交叉极化阻抗继电器的动作特性，这种阻抗继电器是以邻相（相间）电压，经移相而得到交叉极化电压的。图 2-14 中圆 1 为三相对称运行状态下阻抗继电器动作特性，系统振荡属于这种情况。它具有较好的避开系统振荡的能力。在系统发生单相（正向）短路情况，阻抗继电器动作特性为包含坐标原点的偏移特性，它在 R 轴方向有较大的动作范围，电源阻抗愈大，R 轴方向扩大的范围越大，适应弧光电阻能力愈强。

由于阻抗继电器特性沿 R 轴方向扩大的程度同 Z_M/Z_{set} 的比值有关，短线整定阻抗小，相应的 Z_M/Z_{set} 大，取得减小弧光电阻对阻抗测量影响效果要大。

第四节　系统振荡对阻抗继电器测量的影响

阻抗继电器只要有一定的输入电压 $\dot{U}_m$ 和输入电流 $\dot{I}_m$ 它都可以感受到一个阻抗 Z_m，不管该电压和电流之间有何种关系。

当系统发生振荡时，系统电流和阻抗继电器装设处的电压都有很大的波动，相应的阻抗继电器的感受阻抗 Z_m 亦有很大的变化，如 Z_m 落在阻抗继电器动作区内，则阻抗继电器就要动作。在此情况下，阻抗继电器非但不能执行故障定位功能，而且它的动作同故障毫无关系，属于误动，是必须防止的。系统振荡对阻抗继电器动作行为的影响，涉及到电力系统暂态过程，是一个较复杂的理论问题。为了正确处理系统振荡对阻抗继电器动作行为的影响，必须了解系统振荡时，阻抗继电器感受阻抗变化的规律，然后才能找出防止系统振荡时误动的措施。为此，首先应对系统振荡的基本性质有一个较深入的了解。

一、电力系统振荡的几种模式

这里所考虑的振荡是电力系统发电机转子间发生相对运动，使得电力系统输电线上电流和系统各点电压发生周期性摆动的一种物理现象。所以它是一种机—电振荡，系统上储能元件间发生的电磁振荡不是阻抗继电器要防止误动作的振荡方式。

电力系统机—电振荡可以分成三种模式。

1. 电力系统自发振荡

这是电力系统采用一些自动装置和控制系统后出现的反馈现象引发的振荡，其中最典型的例子是由于快速励磁系统和高放大倍数励磁调节器（AVR）的采用，电力系统出现负阻尼而引发的振荡。这一振荡有对称低频振荡或次同步振荡（Sub-synchronous Osc），这种振荡有时会引发汽轮发电机组轴系扭振，有巨大的危害性。电力系统稳定器（P.S.S）即为抑制它而出现的校正装置。但对距离保护阻抗继电器而言，这种振荡不是为了要防止引发误动作的主要振荡模式，它的振幅不大，一般不会引起系统电流和电压大幅变动。因此，一般不会引起阻抗继电器误动作。

电力系统自发振荡频率一般总在一定范围内，自发振荡频率约为每秒几个周期即几赫兹。

电力系统自发振荡视电力系统阶次不同可能还有第二个自发振荡和第三个自发振荡频率等，例如，对 5 阶系统可能会出现十几到二十几赫兹的振荡，但次振荡振幅依次减小。P. S. S 所要抑制的也是会引发发电机机组扭振的第一个自发振荡频率。

2. 系统受到大扰动时的摇摆（Hunting）

电力系统大扰动包括电力系统短路、短路切除、重合故障线路以及开合大负荷线路等。系统大扰动会引发电力系统暂态稳定问题。在实际中扰动消除后的结局系统往往仍是稳定的，但在过程中，系统众多的电气量会发生摇摆，功角也要发生摇摆，其振幅之大，会使阻抗继电器误动作。显然，这是不容许的，所谓距离保护振荡闭锁主要目的之一也是针对这种振荡，发生这种振荡时，距离保护原则上决不应动作。

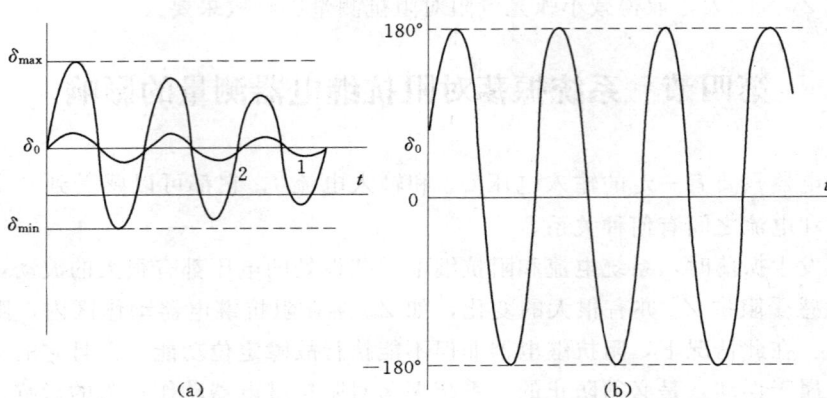

图 2-15　电力系统几种振荡模式下 $\delta - t$ 变化规律
(a) 自然振荡与摇摆；(b) 失步运行

图 2-15 画出了系统摇摆时，电源间功角 δ 的时间变化曲线，从图中看出这种振荡具有以下特点：

（1）δ 摇摆幅值虽然相当大，但不会达 $\pm 180°$，而以 δ 为中心，在 $\delta_{max} \sim \delta_{min}$ 之间变化。

（2）摇摆周期由电力系统运行状态和系统参数确定，属于自然振荡，其频率接近自发振荡的低频。振荡开始由 δ 增大到 δ_{max} 即"第一摆"，所需时间一般在 0.5s 以上，这是统计的经验数据，可供设计距离保护振荡闭锁时参考。δ_{max} 由暂态过程中面积法则确定，它与扰动大小（及持续时间）有关，所以只能是一个统计数据。

3. 失步状态

电力系统稳定破坏后，如不解列，同步机间就进入失步状态。失步后 δ 变化规律如图 2-15（b）所示，δ 对时间作周期性变化，具有以下特点：

（1）δ 是 0→360° 周期变化。

（2）失步状态是强迫振荡而非自由振荡，其振荡频率由发电机（系统）间滑差决定，如失步持续时间长，则振荡周期会很短。

系统进入失步状态，暂态稳定性已进入第二阶段。此时，保证电力系统暂态稳定的自动装置如自动切机、切负荷、电气制动等仍继续投入运行，力图使系统拉入同步。在此情况下，距离保护也不应误动作。当持续时间长，上述自动装置不能奏效时，大扰动暂态过程已进入第三阶段，一般只有通过自动解列以保证电力系统局部或分块稳定，在此之前距离保护也不应动作。

以上三种状态都有一个共同点，网络电流及有些节点电压要发生周期性扰动，目前都习惯称之为电力系统振荡，但它们的性质和特点也各不相同，对距离保护的影响也有所不同，其中电力系统自发振荡和大扰动之后的摇摆，它们的频率为电力系统自发频率，其大小均在一定范围之内，而失步严格来说不是自然振荡，对电流电压来说是强迫振动，所以振动频率就非常不固定，取决于失步后两侧剩余功率 ΔP 的大小。我国东北电网曾有记录，在某次倒杆事故后，断开的系统两部分之间，δ 在 0.2s 之内拉大到 180°，而一般系统自然振荡时，δ 变化速度不会到这种程度。

系统发生振荡时，继电保护装置应如何反应也是距离保护应考虑的问题。从总的来说，根据继电保护装置的根本任务是要发现并通过断路器有选择性的切除故障部分，因此，无论系统振荡到什么程度，距离保护都不能动作。当振荡危及系统安全运行时，是依靠所谓电力系统安全自动装置去处理。如保护装置包括距离保护装置动作，均属误动，将影响安全自动装置的动作程序。

所以，原则上讲在上述三种振荡状态下，距离保护均不应动作，但是，阻抗继电器精确的区分振荡和短路故障是有困难的，只能依据这两种状态之间某些现象不同作出实用性的判断，而不能从理论进行区分。根据三种振荡发生的几率，摇摆应是更为经常发生的现象，它随着电网短路及切除大负荷操作而产生，所以应首先考虑在这种振荡情况下，距离保护不应误动作，因为，发生这种振荡系统仍处于正常状态。失步，即系统发生暂态稳定性破坏，此时系统虽然已处于事故运行状态，但这种情况更为复杂，对距离保护装置来说，识别起来更困难些，距离保护也不应误动。系统自发振荡一般振幅不大，距离保护依靠阻抗继电器和特性形状较易避开误动。

二、系统振荡时阻抗继电器感受阻抗

阻抗继电器只要有一定的输入电压 U_m 和输入电流 I_m 都可以感受到一个阻抗 Z_m，在线路短路故障情况下，所输入电压是输入电流在线路阻抗上产生，所以它能反映短路阻抗，而在系统振荡时，继电器输入电压部分是由输入电流在线路阻抗上产生，而更大一部分是电源电势的作用，它反映出来的"阻抗"同线路毫无关系，这是系统振荡时，阻抗继电器工作状态复杂的根本原因。

推导系统振荡时阻抗继电器的感受阻抗 Z_m 并不困难，但是很繁琐。

推导时采用图 2-16 等值系统图，N 侧接无限大容量系统，频率为恒定，阻抗继电器装在 M 侧。由于是分析系统振荡的情况，故各阻抗均为正序阻抗。分析时采用如下假定：

（1）严格来说，系统振荡时，除发电机电势外，网络各点电压均为非正弦波，线路上电流也是非正弦电流。这样一来，阻抗就无法定义了，造成分析上的困难。但是在两侧频差（主要是 M 侧发电机频率）变化不大的情况下，可认为阻抗反应

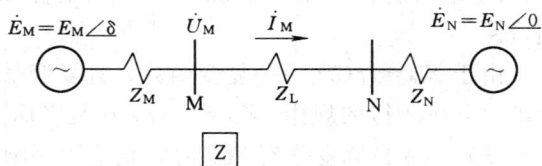

图 2-16　分析振荡时系统等值电路

的额定频率不变。

（2）系统中各阻抗阻抗角相等。

（3）分析电力系统暂态行为时，发电机等值是一个很复杂问题，采用不同的电势表示就应采用不同的电抗，如果是凸极机还要分解为 d、q 分量，在分析继电保护时无此必要。下面分析时认为 M 侧发电机以 E' 表示，且认为在振荡过程中其值 E_M 不变，这样就简化了分析。但是，要注意从相量图上看 $\dot{E}'$ 不在发电机转子 q 轴方向上，严格地说它不代表 δ，但却简化了分析。

根据感受阻抗的定义，装在 M 侧阻抗继电器感受阻抗为：

$$Z_{m \cdot M} = \frac{\dot{U}_{m \cdot M}}{\dot{I}_{m \cdot M}}$$

分析相阻抗继电器感受阻抗时，$\dot{U}_{m \cdot M}$ 取相电压 $\dot{U}_M$，电流 $\dot{I}_{m \cdot M}$ 为经零序电流补偿的相电流，但因振荡过程中无零序电流分量，$\dot{I}_{m \cdot M}$ 即为 $\dot{I}_M$。

根据重叠定理，$\dot{U}_M$ 为 $\dot{E}_M$ 及 $\dot{E}_N$ 在 M 侧分压之和。

$$\dot{U}_M = (1-m)\dot{E}_M + m\dot{E}_N$$

其中
$$m = \frac{Z_M}{Z_M + Z_N + Z_L} = \frac{Z_M}{Z_\Sigma}$$

m 表明了所分析的阻抗继电器在系统中的位置。$\dot{I}_M$ 由下式确定：

$$\dot{I}_M = \frac{\dot{E}_M - \dot{E}_N}{Z_\Sigma}$$

故得装在 M 侧阻抗继电器感受阻抗为：

$$Z_m = \left[(1-m) + \frac{1}{\dot{E}_M/\dot{E}_N - 1}\right]Z_\Sigma = \left[(1-m) + \frac{1}{(E_M/E_N)e^{j\delta} - 1}\right]Z_\Sigma \quad (2-28)$$

这将 Z_m 表示为以功角 δ、两侧电源电势比值 E_M/E_N 和阻抗继电器装设位置 m 为参变数的复函数：

$$Z_m = f\left(\delta, \frac{E_M}{E_N}, m\right) \quad (2-29)$$

为能给出按式（2-29）变化的 Z_m 在平面上的轨迹，可以固定三个变数中的两个，求出另一变量变化时变化轨迹，因此可得出不同的曲线簇。

（一）当 m 给定，E_M/E_N 为常数时，$Z_m = f(\delta)$

当 m 给定，E_M/E_N 为常数时，相当于阻抗继电器装设地点已定，E_M/E_N 为某一常数，Z_m 端头随 δ 变化的情况。复平面坐标原点至轨迹上一点连线即为该 δ 相应的 Z_m 相量。

由于 $Z_m = f(\delta)$ 为一复变函数，且复变量 δ 在分母上，求其轨迹也很麻烦。但根据复变函数分析所得的规律，$Z_m = f(\delta)$ 在复平面上的轨迹，具有以下基本特点：

（1）当 δ 自 0 变化到 360°时，轨迹为一圆。

（2）圆心在 Z_Σ 阻抗线上。

这样，就可以根据两个特定 δ 值求出这个圆的轨迹。

令 $\delta=0$，得轨迹上一点 A，OA 即为在 $\delta=0$ 条件下，Z_m 的相量：

$$\overrightarrow{OA} = \left[(1-m)+\frac{1}{E_M/E_N-1}\right]Z_\Sigma \tag{2-30}$$

再令 $\delta=180°$，得轨迹上另一点 B：

$$\overrightarrow{OB} = \left[(1-m)-\frac{1}{E_M/E_N+1}\right]Z_\Sigma \tag{2-31}$$

由此可得出 E_M/E_N 值已知的情况下，圆心 O' 位置和半径 r：

$$\overrightarrow{OO'} = \frac{1}{2}[\overrightarrow{OA}+\overrightarrow{OB}] = \left[(1-m)+\frac{1}{E_M^2/E_N^2-1}\right]Z_\Sigma \tag{2-32}$$

$$r = \frac{1}{2}[\overrightarrow{OA}-\overrightarrow{OB}] = \frac{E_M/E_N}{E_M^2/E_N^2-1}Z_\Sigma \tag{2-33}$$

上式中 A、B、O' 各点均在 Z_Σ 阻抗线上，至此，已可解析的得到在该 E_M/E_N 值下，Z_m 端头变化轨迹。

不同 E_M/E_N 值，$Z_m = f(\delta)$ 的曲线见图 2-17。

1. $E_M/E_N>1$

图 2-17 中圆 1 为典型的变化规律。A、B 点分别由式（2-30）和式（2-31）决定。

当 $E_N=0$，即 $E_M/E_N=\infty$ 得到特殊的一圆，它实际上是一点 N（因 $r=0$），

$$\overrightarrow{ON} = (1-m)Z_\Sigma = Z_L + Z_N$$

这一情况具有特定的物理含义，首先系统上只有一个电源，不可能发生振荡，阻抗继电器感受到的阻抗为正向阻抗 Z_L+Z_N。

2. $E_M/E_N<1$

图 2-17 中圆 2 为典型的变化规律，A、B 点仍在阻抗线上，但它同圆 1 相比，在阻抗线上 $(0.5-m)Z_\Sigma$ 点对应的另一侧。

当 $E_M=0$，即 $E_M/E_N=0$ 时也得到特殊的一圆，即点 M，它相当于系统上只有一个电源 E_N 的情况。此时，阻抗继电器感受到的阻抗恒为 $-mZ_\Sigma$，即阻抗继电器背后的阻抗。

3. $E_M/E_N=1$

Z_m 的变化具有特殊规律，在此情况下：

$$r = \infty, \overrightarrow{OA}=\infty, \overrightarrow{OB}=(0.5-m)Z_\Sigma$$

轨迹为过 B 点与 Z_Σ 阻抗线垂直的一条直线，其方程为：

$$Z_m = \left[(1-m)+\frac{1}{e^{j\delta}-1}\right]Z_\Sigma$$

将 $e^{j\delta}$ 以复坐标表示，$e^{j\delta}=\cos\delta+j\sin\delta$ 代入上式整理后，得在复平面上 Z_m 为：

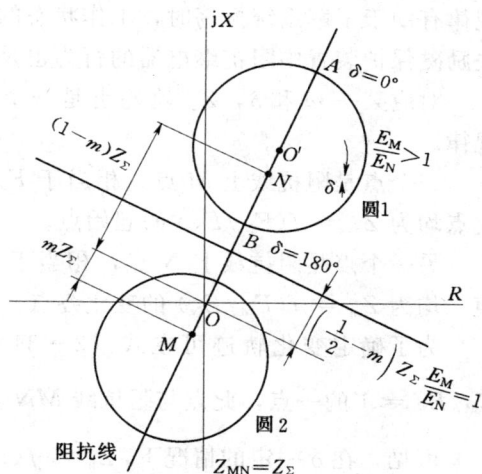

图 2-17　E_M/E_N 一定时，$Z_m = f(\delta)$ 曲线

$$Z_m = (0.5 - m)Z_\Sigma - j0.5Z_\Sigma \cot \frac{\delta}{2} \tag{2-34}$$

式（2-34）代表的直线是在分析阻抗继电器系统振荡行为时常用的振荡特性。

在一般情况下，分析阻抗行为时，用式（2-34）表明的振荡特性已经可以了。但对继电保护工作者来说最好对上面分析的 $Z_m = f(\delta)$ 特性有进一步了解，其中较重要的一点就是确定发电机的等值电路。

系统振荡时 M 侧发电机以电抗 X'_d 后的暂态电势 E' 表示，且认为在振荡过程中 E' 不变，这是目前进行电力系统暂态稳定分析时惯常采用的一种假定，在此情况下，Z_m 中表示发电机的部分以 X'_d 表示。但是，由于 $\dot{E}'$ 不在 q 轴上，所以严格来说，$\dot{E}_M$、$\dot{E}_N$ 之间角度不是 δ。较严格的一种方法是发电机电势以 E'_q 表示，相应的发电机电抗为 X'_d，如考虑发电机采用了快速励磁系统及良好的励磁调节器，即可认为 E'_q 恒定。但在此情况下，应计及凸极效应。另一种方法是发电机电势以同步电势 E_q 表示，则发电机电抗应以 X_d 表示，对隐极机而言 $X_d = X_q$，可不计凸极效应，但在振荡过程中，发电机自动励磁调节器作用下，E_q 是变数，即 E_M/E_N 不再是常数。

当 M 侧发电机（因上面分析时假定 N 侧接无限大电源，故 E_N 为常数且频率一定）以 E_q 代表时图 2-17 中表示 Z_Σ 的 $\overrightarrow{MN}$ 变大，M 点向下移动（因 $X_d > X'_d$），此时，系统振荡时阻抗继电器感受阻抗工作点将在 E_M/E_N 为不同值的圆轨迹上移动。

但是应着重指出，当发电机电势及电抗采用不同组合时（E'_q、X'_d 或 E_q、X_q），图 2-17 曲线簇形状有些不同，但阻抗继电器感受到的阻抗 Z_m 都是相同的。

以上这一段讨论目的是对图 2-17 振荡时 Z_m 变化曲线作一些理论上的延伸。

（二）当 m 给定，δ 为常数时，$Z_m = f(E_M/E_N)$

当 m 给定，δ 为常数时，相当于阻抗继电器装设地点已定，δ 不变，而两侧电源电势变化情况。

自然，δ 为常数，事实上系统未振荡，但系统振荡时，电力系统各电量都在变，发电机励磁系统状态也在变化，反映到电势亦在变化。分析振荡过程中，$Z_m = f(E_M/E_N)$ 变化规律有助于了解系统振荡时，工作状态的全面变化。了解这一变化，对发电机失励磁后，失励磁保护装置中阻抗继电器的行为也是重要的。

对应某一 m 和 δ，Z_m 轨迹也是一个圆，只需知道三个特殊工作点即可确定其变化规律。

一个点是阻抗线上 M 点，相当于 $E_M/E_N = 0$（即 $E_M = 0$）的情况，不管 δ 为何值，此点均为 $Z_m = f(E_M/E_N)$ 的起始点。

另一个点是阻抗线上 N 点，相当于 $E_M/E_N = \infty$（即 $E_N = 0$）的情况，不管 δ 为何值，均为 $Z_m = f(E_M/E_N)$ 的变化终点。

为了确定变化轨迹可在式（2-34）振荡线上令 δ 为给定值，则可得圆上相当于 $E_M/E_N = 1$ 的一点，此点与阻抗线 MN 垂直距离为 $\dfrac{Z_\Sigma}{2} \cot \dfrac{\delta}{2}$。

可见，在 δ 一定的情况下，$Z_m = f(E_M/E_N)$ 轨迹为以 MN 阻抗线段为弦的圆弧。当 δ 为不同值时所得圆弧为以 MN 为公共弦的圆弧族。在阻抗线 MN 右侧相当于 $\delta < 180°$ 的情

况，左侧为 $\delta>180°$ 情况，当 $\delta=180°$ 时，则为一直线，与阻抗线 MN 重合。

为了表现清晰，图 2-18 只给出 $\delta<180°$ 情况。

由于

$$\frac{\partial\left(\frac{E_M}{E_N}e^{j\delta}-1\right)}{\partial\left(\frac{E_M}{E_N}\right)}=e^{j\delta}$$

$$\frac{\partial\left(\frac{E_M}{E_N}e^{j\delta}-1\right)}{\partial\delta}=-j\frac{E_M}{E_N}e^{j\delta}$$

故图 2-17 和图 2-18 中的两圆簇相互正交。

（三）m 单独变化的情况

m 单独变化相当于阻抗继电器装设点改变，从式（2-30）中可以看出，m 改变只影响 Z_m 实数部分，故对图 2-17 和图 2-18 的圆簇相对形状并无影响。

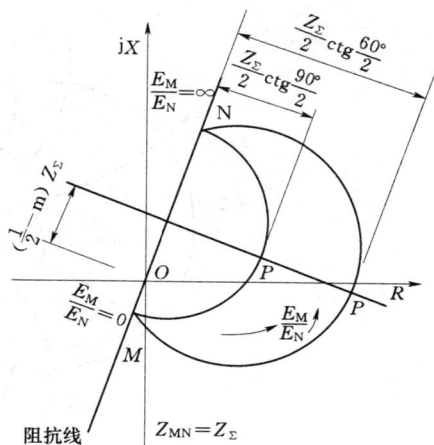

图 2-18　δ 一定时，$Z_m=f(E_M/E_N)$ 曲线

值得一提的是令式（2-31）中 $\overrightarrow{OB}=0$ 得：

$$m=1-\frac{1}{\frac{E_M}{E_N}+1} \tag{2-35}$$

在此情况下，振荡过复平面坐标原点，表明装设在 M 点的阻抗继电器感受阻抗 Z_m 周期性为零，即 $\dot{U}_m$ 周期性过零，是受系统振荡影响最大的一点，称之为振荡中心。

从式（2-35）可以看出系统振荡中心的位置同两侧电势大小的比值有关。如两侧电势相等，则 $m=\frac{1}{2}$，振荡中心位于 Z_Σ 的 MN 阻抗线中点，其物理意义自明。

（四）系统振荡时 Z_m 综合变化规律

将上面分析结果综合在复平面上即得系统振荡时 Z_m 综合变化曲线，图 2-19 上任一点均相当于 δ，E_M/E_N 值给定。由于 m 值不影响曲线的相对规律，图 2-19 为将图 2-17 和图 2-18 合并加工而成，图中以 $\frac{Z_\Sigma}{2}$ 点为坐标原点，阻抗线取阻抗角为 $90°$，如 m 不为 $\frac{1}{2}$，则可将坐标原点沿阻抗线移至相应位置。如线路阻抗角不为 $90°$，则阻抗线以原点为中心旋转 $90°-\varphi$ 角。

三、距离保护装置中防止系统振荡时误动作的方法

（一）距离保护装置系统振荡时防误动作措施概述

以阻抗测量实现的距离保护中，防止系统振荡时误动作是一个保护装置设计和使用中的最大难题。虽然系统振荡对电流保护装置也一样有影响，但电流保护只是用在低压，小负荷主要是配电网络上，所以实际上误动作可能性很小，一般不需加以考虑。而距离保护装置却不同，距离保护不管是作为主保护或是后备保护一般都是用在高压输电线或高压联

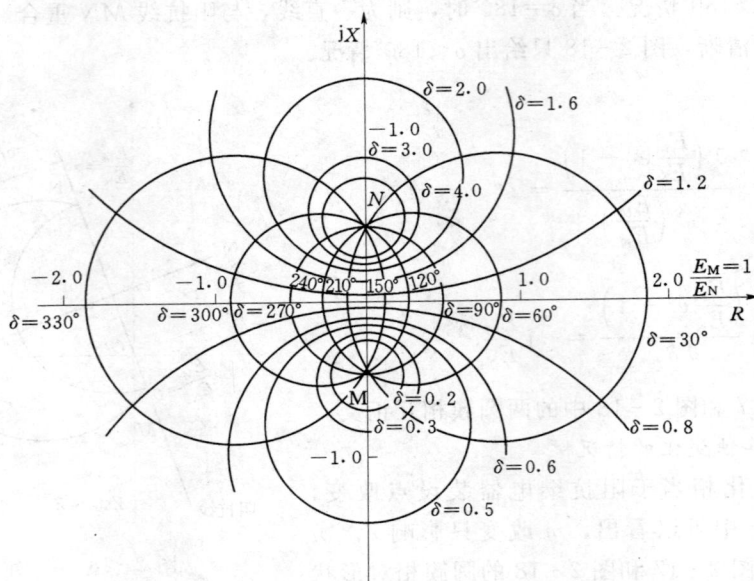

图 2 - 19 当 E_M/E_N 、δ 均变化时，Z_m 综合变化规律

$m = 0.5, Z_{MN} = Z_\Sigma = 1, Z_\Sigma$ 的阻抗角为 $90°$

络线上，系统振荡对它的影响是不可避免的，振荡时误动问题必须解决。

防止系统振荡时距离保护装置误动自然重要，但作为保护装置首先应保证被保护线路短路故障时能可靠动作。由于作为测量元件的阻抗继电器，在两者情况下，都会感受到一个小阻抗，原则上都会判为短路故障，区别两种状态就是一个很困难的问题，很难从理论上进行区分，只能从实用上找出它们之间某些区别加以判别。

为了振荡时防止距离保护误动，首先应明确在第二章第四节中所述三种振荡模式中主要要考虑哪一种振荡模式。第一种振荡模式（自发振荡）是系统在微小扰动（这种扰动电力系统随时存在）触发下引起的反馈振荡，其振幅一般不大，而且振强是慢慢发展的，对距离保护来说可不予考虑。其他两种振荡模式都是系统发生大扰动后引发的，是距离保护主要考虑的振荡模式，其中特别是大扰动后出现的摇摆，它是电力系统最常发生的一种振荡，一般只是大扰动后电力系统出现了暂态过程，结局往往是稳定的，距离保护特别要保证在此情况下不误动。

下面分析系统在摇摆情况下，阻抗继电器感受阻抗变化特点：

(1) 首先，同发电机失励磁后不同，系统振荡表现在 δ 不断变化而发电机电势基本不变，所以分析 Z_m 变化时以图 2 - 19 所表示的 $Z_m = f(\delta)$ 为主。而且，可进一步认为 $E_M/E_N = 1$，$Z_m = f(\delta)$ 用直线表示，称之为振荡线。图 2 - 21 中各平行线即为阻抗继电器装设在不同地点时（m 不同）的振荡线。对装设在某一位置的阻抗继电器只感受到某一个振荡线。

(2) 由于主要考虑大扰动后的摇摆，可以认为在扰动前 δ 工作于较小值，由负荷状态而定，一般小于 $30°$，其感受阻抗端点落在振荡线上，$Z_m = (0.5-m)Z_\Sigma - j\dfrac{Z_\Sigma}{2}\cot15°$ 处，大扰动发生后沿相应的振荡线，周期性变动。

（3）δ 按自然振荡频率在图 2-15（a）中 $\delta_{max} \sim \delta_{min}$ 之间变化。一般电力系统这一频率在几分之一至 $2\sim3\text{Hz}$ 之间。

以上特点是在设计距离保护装置防止振荡时误动作的实用依据。

（二）从距离保护装置动作逻辑设计上防止系统振荡时误动作的措施

所谓"振荡闭锁"措施，它是防止系统摇摆时距离保护误动作最常用的措施。

由于系统振荡时 δ 自正常工作时不大的 δ_0，逐渐拉大到可能使阻抗继电器误动的角度，受发电机机械惯性的限制需要一定时间，根据统计经验，这一时间最小是在 $0.7\sim0.8\text{s}$ 左右。于是可以利用这一段时间开放距离保护。由于区内短路时，距离Ⅰ段和Ⅱ段阻抗继电器均能可靠动作。故这一段开放时间足以使距离保护Ⅰ段快速动作并可使距离Ⅱ段启动并开始计时。过了开放时间后，距离保护自行闭锁，避免在系统振荡发生后距离保护误动作。

振荡闭锁措施可归结为"扰动后短时开放，长时闭锁，振荡消失后复归"。

由于目前阻抗继电器固有动作时间很短，相应地距离保护扰动后开放时间可以缩短，所以这种闭锁方式很有效。

从距离保护动作逻辑上防止系统振荡时误动还有另一简单措施，就是利用距离保护Ⅲ段的动作延时，防止误动。由于振荡时阻抗继电器动作是周期性的每个振荡周期中动作一次，返回一次。根据分析和统计，每周期持续动作时间不超过 1s，而距离保护Ⅲ段动作延时在 1.5s 以上，故不加闭锁措施就可防止保护误动作。

图 2-20 表明两种阻抗继电器在系统振荡时可能发生的最长持续误动范围，图中对比了会误动的角度 δ 范围。相应的误动持续时间由振荡频率确定。

参照式（2-34），δ_1、δ_2、δ_1'、δ_2' 可由 $\vec{oa}$、$\vec{ob}$、$\vec{o'a'}$、$\vec{o'b'}$ 长度来确定，故得：

$$\delta_1 = 2\text{arcctg}2\frac{Z_{set}}{Z_\Sigma} \qquad (2-36)$$

$$\delta_1' = 2\text{arcctg}\frac{Z_{set}}{Z_\Sigma} \qquad (2-37)$$

$$\delta_2 = 360° - \delta_1 \qquad (2-38)$$

$$\delta_2' = 360° - \delta_1' \qquad (2-39)$$

式（2-36）~式（2-39）所决定的 δ、δ' 同 $\frac{Z_{set}}{Z_\Sigma}$ 之值有关，表 2-4 对不同的 $\frac{Z_{set}}{Z_\Sigma}$ 给出相应的 δ、δ' 值和误动范围供对比。

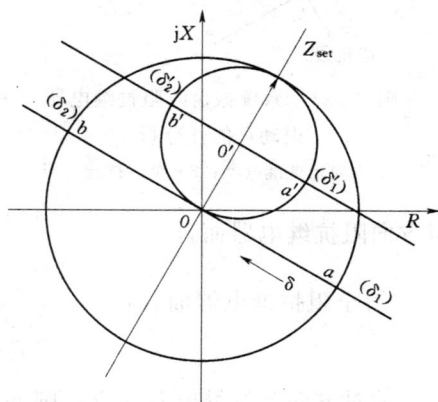

图 2-20　系统振荡时两种阻抗继电器误动范围对比

从动作逻辑上防止系统振荡时距离保护误动作是目前距离保护主要的一种方式，但具体实现这一措施却相当复杂，可以说距离保护的振荡闭锁是距离保护最复杂的部分，本书将在第四章中对它进行分析、研究。

表 2-4　　　　　　　　　　不同 Z_{set}/Z_Σ 下，误动持续范围对比

Z_{set}/Z_Σ		0.5	0.3	0.2	0.1
方向阻抗	δ'_1	120°	146°	158°	168°
	$\delta'_2 - \delta'_1$	240°	216°	202°	192°
全阻抗	δ_1	90°	118°	136°	158°
	$\delta_2 - \delta_1$	270°	242°	224°	202°

（三）从阻抗继电器动作特性上防止系统振荡时误动作的方法

上一节分析了从动作逻辑上防止距离保护装置误动作方法。这些方法中，系统振荡时阻抗继电器可以动作，本节分析从阻抗继电器特性上，立足于阻抗继电器不动作以防止距离保护在系统振荡时不误动的方法。

1. 根据继电保护装设地点判断阻抗继电器在系统振荡时是否会误动

图 2-21 给出了对应不同 m 值时系统值的振荡线，它们是平行的直线，同复平面坐标原点间垂直阻抗距离为 $(0.5-m)Z_\Sigma$。当振荡线穿过阻抗继电器动作区时，阻抗继电器就会误动作。

图 2-21 中给出了两种阻抗继电器动作特性，它们有共同的整定阻抗 Z_{set}。

从振荡线与阻抗继电器动作特性之间关系上，可以确定对给定的电力系统可能会发生误动的 m 范围。如振荡线过 Z_{set} 端头，则系统振荡时处于临界动作状态，相应的 m 为 m_{min}，由下式决定：

$$\left(\frac{1}{2}-m_{min}\right)Z_\Sigma = Z_{set}$$

即

$$m_{min} = \frac{1}{2} - \frac{Z_{set}}{Z_\Sigma}$$

当 $m < m_{min}$ 时，系统振荡时阻抗继电器不会误动。再看阻抗继电器可能会误动的 m 最大值 m_{max}，

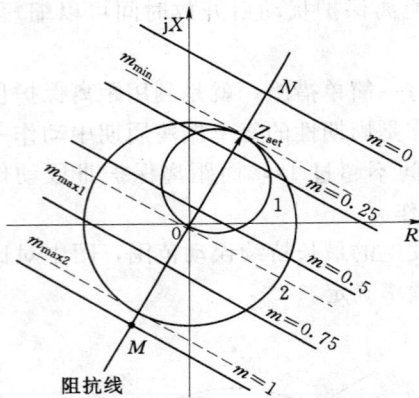

图 2-21　系统振荡时阻抗继电器
误动可能性分析

1—方向阻抗继电器；2—全阻抗继电器

对方向阻抗继电器而言：

$$m_{max} = 0.5 Z_\Sigma$$

对全阻抗继电器而言：

$$m_{max} = \frac{1}{2} + \frac{Z_{set}}{Z_\Sigma}$$

故对方向阻抗继电器而言，则 m 处于以下范围时，系统振荡时会误动。

$$\frac{1}{2} - \frac{Z_{set}}{Z_\Sigma} \leqslant m \leqslant \frac{1}{2} \tag{2-40}$$

对全阻抗继电器而言，则为：

$$\frac{1}{2} - \frac{Z_{set}}{Z_\Sigma} \leqslant m \leqslant \frac{1}{2} + \frac{Z_{set}}{Z_\Sigma} \tag{2-41}$$

可见，系统振荡时并不是系统上各点装设的阻抗继电器都会误动，如距离保护装设点

在式（2-40）或式（2-41）范围之外，理论上可不考虑振荡闭锁问题。

2. 选用系统振荡时防误动性能较好的阻抗继电器

距离保护的阻抗继电器要适应各种不同要求，所以很难说哪一种阻抗器特性好。一种阻抗继电器，对某一要求可以很好满足。但对另一要求并不一定适应，例如对阻抗继电器提出的避开弧光电阻影响能力和避免系统振荡时误动作的能力的要求是相互矛盾的。

从系统振荡时阻抗继电器受的影响大小来分析阻抗继电器性能要求，可以从以下几个方面对阻抗继电器性能进行评价：

首先，要考虑系统振荡时振荡线不穿过阻抗继电器动作特性的可能性。从图 2-21 可以看出，带方向性的阻抗继电器不管特性形状如何，只要满足式（2-40）的条件，系统振荡都不会误动，这对电力系统多段串联输电线的短线，往往是可以满足的。从这一要求出发，全阻抗继电器性能是最差的。

其次，如果阻抗继电器在系统振荡时会误动，也希望每一振荡周期中误动持续时间越短越好。这样较容易从距离保护装置动作延时上避免保护误动作。参照表 2-4，当 $Z_{set}/Z_{\Sigma}=0.2$ 时，方向阻抗继电器和全阻抗继电器系统振荡时最长误动角度范围分别为 $202°-158°=44°$ 和 $224°-136°=88°$，则最长误动时间如表 2-5 所示。

计算表明在表 2-5 所给数值范围内，依靠距离保护Ⅲ段 1.5s 动作时限均能防止保护误动，而方向阻抗继电器防误动作能力更强些。

由于振荡线与阻抗线垂直，所以从减小振荡时持续误动时间出发，要求阻抗继电器动作特性沿 R 轴方向要窄一些。图 2-22 给出几种这方面性能较好的阻抗继电器动作特性曲线，这些特性的形成将在别的章节中讨论。

表 2-5　　　　　　　　　　系统振荡时阻抗继电器最长误动持续时间

	振荡频率（Hz）	2	1	0.5	0.2
	振荡周期（s）	0.5	1	2	5
振荡时误动作持续时间（s）	方向阻抗	0.061	0.122	0.244	0.61
	全阻抗	0.122	0.244	0.61	1.22

图 2-22（a）～（c）三种特性虽然防振荡时误动性能较好但避开弧光电阻影响能力较差，而图 2-22（d）表示的四边形特性两方面性能均较好。

特别值得提出的是图 2-14 所示的交叉极化阻抗继电器，它具有较好的自适应性能，在不对称短路时，动作特性沿 R 和 $-jX$ 方向扩大，具有较好的避开弧光电阻影响的能力，而在系统振荡时它为典型的方向阻抗特性，具有较好避开系统振荡时误动的能力。这类型继电器包括记忆特性阻抗继电器、以正序电压为极化量的阻抗继电器等，是本书后面重点分析的内容之一。

除上面介绍的几种阻抗继电器外，还有几种系统振荡时从理论上就不会动作的阻抗继电器。

第一种是多相补偿方向阻抗继电器。多相补偿阻抗继电器具有交叉极化方向阻抗继电

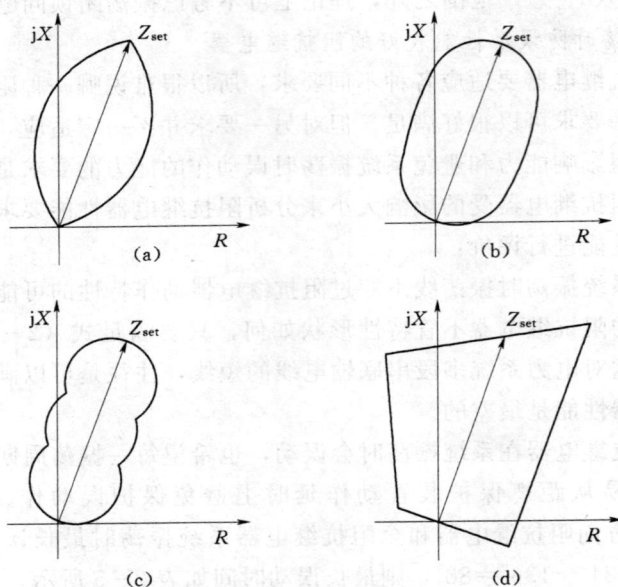

图 2-22　几种狭长形状的方向阻抗继电器

(a) 菱形；(b) 椭圆形；(c) 组合特性；(d) 四边形特性

器性质，所以具有变特性方向阻抗继电器的特点。而且，它从原理上根本不反应三相对称短路，所以避开系统振荡时误动能力更好，在系统振荡时是不会误动的。

第二种是工频变化量阻抗继电器。工频变化量阻抗继电器是一种新概念的阻抗继电器，一般阻抗继电器所反应的系统电压与电流都是由电源电势所产生，而工频变化量的阻抗继电器中反应的电压与电流是系统故障后出现的继电器装设处的电流分量和电压变化分量，从等值概念上讲，它们是故障点出现的叠加电压产生。所以从原理上讲，工频变化两量阻抗继电器不反应电力系统振荡引起的阻抗继电器感受阻抗的变化，完全有避免系统振荡时阻抗继电器误动的能力。

原理上系统振荡时不会误动的阻抗继电器具有很大的优点，因为它们不需要配合振荡闭锁措施，而振荡闭锁回路是距离保护中最复杂的逻辑电路，而且，也是动作可靠性相对较差的电路。

第三章 阻 抗 继 电 器

　　以阻抗测量构成的距离保护的测量元件为阻抗继电器，本章前两节已分析到，在这种距离保护中阻抗继电器是最关键的元件，它的工作状态直接影响距离保护的功能目标能否实现。此外，阻抗继电器也是单个继电器中最复杂的一种，不但在结构原理上复杂，而且它的行为同电力系统工作状态有很大关系，也就是它的特性是可变的。所以，继电保护工作者需要对阻抗继电器有一个全面和较深入的了解。

第一节　阻抗继电器一般结构原理

　　目前微机继电保护已得到很大发展，从实现方法上微机保护同模拟式保护有很大不同，但从原理上看，两种保护装置基本相同。它们都是将电力系统送来的信息进行加工，然后根据设定的保护原理进行判断，确定系统是否发生故障、故障位置和故障类型，发出相应的跳闸或其他的指令。

　　在数字式保护发展之前，测量继电器的判别都是以动作方程为依据，动作方程确定继电器动作与不动作，其判别的依据是继电器的输入量即线路或系统的有关电量、电流、电压等。动作方程是根据保护所依据的判断原理而确定的，模拟式的保护工作原理解析性强，但是需要说明，模拟保护动作依据自然是以某一量（电量或非电量）是否越限来判断，但实际上在实现这一判断时，并不一定是把这一量算出，再和给定值相比较。在全阻抗继电器中，动作方程是 $|Z_m| \leqslant |Z_{set}|$，但阻抗继电器工作时并不是把 $|Z_m|$ 算出再同定值作比较，而是根据输入电压 $\dot{U}_m$ 和 $\dot{I}_m$ 的量，判断由它们所定义的 Z_m，是否落后在动作方程所确定的动作区内，所以模拟式继电器工作时进行的不是"计算"而是"比较"。

　　数字式保护，顾名思义它可以通过计算来实现的保护，对阻抗继电器来说，它可以根据输入的 $\dot{U}_m$、$\dot{I}_m$ 算出 Z_m 的大小和相角，然后再同设定的定值进行对比，判断故障位置，即"先计算后比较"。也可以根据保护原理所确定的方程，用算法来实现"比较"，也就是将模拟式保护中所用的故障判别的方法，用算法来实现，目前数字式距离保护中仍以用后一种方法为多。

　　由于模拟式阻抗继电器所用的阻抗测量方法，概念较明确，且有共同性，故本节讨论的内容仍以模拟式为主。

　　图 3-1（a）为模拟式阻抗继电器方框原理图，图 3-1（b）为数字式阻抗继电器方框原理图，列出供比较。

　　图 3-1 中 $\dot{U}_m$、$\dot{I}_m$ 为由变电所电压互感器 TV 和电流互感器 TA 送来的继电器输入电

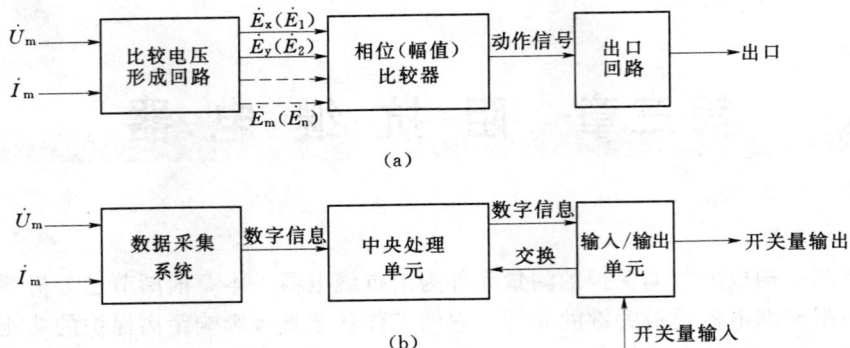

图 3-1　阻抗继电器方框原理图

(a) 模拟式阻抗继电器方框原理图；(b) 数字式阻抗继电器方框原理图

压和电流，它们可以是一相（相间）或几相（相间）电压和电流，在比较电压形成回路中，按继电器动作方程的要求，形成比较电压作为比较器的输入比较量，按动作方程式的要求，输入的比较电压可以有 m 个（n 个），对大多数阻抗继电器来说是两个。

阻抗继电器的比较方式，可由相位比较或绝对值比较来实现，按相位比较方式工作的比较器称相位比较器；按绝对值方式工作的比较器称绝对值比较器。

按相位比较方式工作和按绝对值比较方式工作的比较器，它们要求比较电压形成回路提供输出的比较电压完全不同，即使构成的阻抗继电器动作特性一样，比较电压也不同，为了统一，比较电压形成回路输出电压，以 x、y、$\cdots$、m 表示的 $\dot{E}_x$、$\dot{E}_y$、$\cdots$、$\dot{E}_m$ 为供相位比较器输入的比较量，以 1、2、3、$\cdots$、n 表示的 $\dot{E}_1$、$\dot{E}_2$、$\cdots$、$\dot{E}_n$ 为供绝对值比较器输入的比较量，模拟式阻抗继电器的比较器输出，即为阻抗继电器动作信号，动作信号经出口回路向距离保护装置逻辑部分输出，按保护功能要求综合处理。

图 3-1 (b) 以方框图方式说明数字式阻抗继电器的工作原理，并与模拟式阻抗继电器进行对比。

数字式阻抗继电器数据采集系统部分与模拟式阻抗继电器电压形成回路相当，后者是将继电器输入电压 $\dot{U}_m$ 和电流 $\dot{I}_m$ 变换成供比较器使用的比较电压 $\dot{E}_x$、$\dot{E}_y$（$\dot{E}_1$、$\dot{E}_2$）等，而数字式阻抗继电器是将 $\dot{U}_m$、$\dot{I}_m$ 模拟信号输入转换成数字信号供中央处理单元进行分析计算，中央处理单元功能与模拟阻抗继电器中比较器功能类似，它将输入的数字信号按设定的程序和算法进行计算，确定阻抗继电器应有的动作状态，然后送入类似模拟式阻抗继电器的出口回路以执行保护动作指令。所以，从基本功能的实现来看，模拟式阻抗继电器与数字式阻抗继电器是相同的，但实现方式上有很大不同。

模拟式阻抗继电器各功能〔图 3-1 (a) 中各方框〕基本集中在一定的硬件部分上，可以称为是"器"，而数字式阻抗继电器的功能是和距离保护其他功能或部分功能一样，都是由一个微机系统完成的。图 3-1 (b) 中各方框不只是仅完成阻抗继电器的某一功能要求，所以出现了在图 3-1 (a) 中没有的一些输入输出量。

图 3-1 中各方框内部功能很不相同，图 3-1 (a) 中比较电压形成回路中只包括铁心

元件、模拟阻抗、定值调整设备以及简单的模拟滤波器等，而图 3-1（b）的数据采集系统就要复杂得多，不但要有铁心元件，而且有较完善的数字滤波器、采样保持、多路切换开关、模/数变换和光隔器件，可能还有电压/频率变换器等计算机控制系统典型配件，此外，出口电路也有很大不同。

综上所述，模拟式阻抗继电器同数字式阻抗继电器从继电保护技术角度上并无本质上的不同，本章从继电器保护角度出发，分析阻抗继电器和距离保护，所以以分析模拟式阻抗继电器为主。这样，就可用解析分析方式，了解阻抗继电器构成和工作原理。

第二节 模拟式阻抗继电器的比较器

比较器是继电保护装置的关键元件，它的任务就是将按动作方程在比较电压形成回路中形成的比较电压进行比较，以确定电力系统故障的性质和位置。

下面将介绍的比较器的工作原理，它在模拟式阻抗继电器中适用，在多数数字式阻抗继电器中也同样应用，只不过是以软件程序完成的。

阻抗继电器中所用的比较器有两种：相位比较器和绝对值比较器。

一、相位比较器

由于其工作方式灵活，可构成多种特性，所以是一种用得较多的比较器，在数字式阻抗继电器中也常用相位比较方式工作。相位比较按工作方法的不同，有不同类型。由于目前的重点在计算机保护方面，所以，对这些比较器的结构不进行全面分析，只说明其工作方法，以便对后面介绍的各种阻抗继电器动作特性是如何取得的有一定了解，实际上这些工作方法也是数字式阻抗继电器整件设计的基础。

（一）两比较量的相位比较器

设 $\dot{E}_x$、$\dot{E}_y$ 为两比较量比较器的输入电压，比较器的任务就是判断以下动作方程是否满足：

$$\theta_1 \leqslant \arg(\dot{E}_x / \dot{E}_y) \leqslant \theta_2 \tag{3-1}$$

其中 $\arg(\dot{E}_x / \dot{E}_y)$ 为 $\dot{E}_x$、$\dot{E}_y$ 之间相位角，$\dot{E}_x$ 超前 $\dot{E}_y$ 时为正，θ_1 与 θ_2 为动作范围。

1. 相角测量法

实现式（3-1）所规定的测量，可直接测定 $\arg(\dot{E}_x / \dot{E}_y)$ 的大小，再同设定值 θ_1、θ_2 对比。相角测量实际上是通过时间测量的，图 3-2 是两种比较量相位比较方法，图中 $\dot{E}_x$、$\dot{E}_y$ 为比较电压，先将它们变为方波 U_x、U_y，反映 $\dot{E}_x$、$\dot{E}_y$ 正极性持续时间，然后测量 U_x、U_y 和极性重叠时间 T_d，T_d 同 θ 之间有以下关系：

$$T_d = [(180 - \theta)/360]T \tag{3-2}$$

T 为工频周期 20ms。测定极性重叠时间的相位测定法由于不能区分 θ 是超前还是滞后，所以它只能构成对称特性的相位比较，即式（3-1）中 $\theta_2 - \theta_1 = \theta$ 的比较：

$$-\theta \leqslant \arg(\dot{E}_x / \dot{E}_y) \leqslant \theta \tag{3-3}$$

当 $\theta = 90°$，比相器动作范围在 $\pm 90°$ 之间，称之为余弦相位比较器，在此情况下：

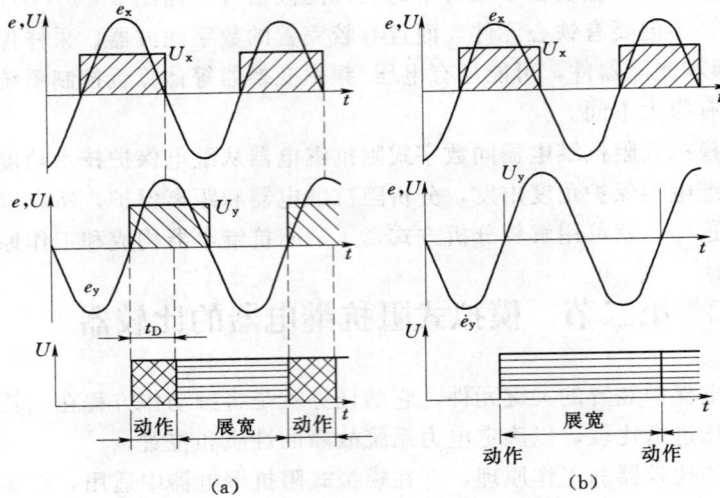

图 3-2 两种比较量相位比较方法

(a) 极性重叠时间比相法；(b) 脉冲—方波比相表

$$T_{\text{d·set}} = [(180-90)/360]20 = 5(\text{ms}) \tag{3-4}$$

当 $T_d \geqslant T_{\text{d·set}} = 5\text{ms}$ 时，比相器动作。

2. 相序测量法

对两个比较量来说，相序测量就是 $0 \sim 180°$ 的相角测量，如 $\arg(\dot{E}_x / \dot{E}_y)$，在 $0 \sim 180°$ 之间，则定义 $\dot{E}_x$ 超前 $\dot{E}_y$，在此范围之外，则相反。相序测量实际上是以式（3-1）所定义的动作条件的一个特例，当式（3-1）中 $\theta_1 = 0$，$\theta_2 = 180°$，则所进行的相位比较实际上是相序比较，故两比较量相序比较动作条件为：

$$0° \leqslant \arg(\dot{E}_x / \dot{E}_y) \leqslant 180° \tag{3-5}$$

图 3-2（b）为一种相序比较法，称脉冲—方波比较法，同方波重置时间比相法不同的是，$\dot{E}_y$ 在由负过零时变换出一个脉冲 U_y（实际上是 E_y 先变换成方波后，再对方波进行微分以产生正脉冲），如脉冲 U_y 在 U_x 为 1 时出现，则满足式（3-5）的动作条件。

与相角测量相比，两比较量相序测量只能实现 180°动作范围的比相，有时称正弦相位比较器。上面介绍的两种两比较量相位比较器不但广泛地用在模拟阻抗继电器中，其比相原理亦可用在数字式阻抗继电器中。

图 3-2 只说明比相原理，由于脉冲—方波比相动作信号是一个短暂脉冲输出，方波重叠时间比相，在临界动作情况下，动作信号也是一个短时输出信号，在模拟式阻抗继电器中，为了取得可靠的阻抗继电器动作输出，出口回路应增加脉冲展宽回路，而在数字式保护中并不存在这一问题。

3. 环形调制器比相器

图 3-3 所示由四个二极管构成的电路，是电子电路中常用的一种典型电路，称之为环形调制器或环形解调器，在整流型或静态继电器中经常采用。由于继电保护工作者会遇

到这种电路，故下面简单介绍它作为比相器时的工作原理。

图 3-3 中四个二极管并非作为整流用而是作为一个控制元件，使得输出电压能反映输入电压 $\dot{E}_x$、$\dot{E}_y$（图中以其瞬时值 e_x、e_y 表示）之间相位关系。

图 3-3 中四个二极管在输出电压瞬时值 u_{mn} 不大于二倍管压降情况下，每一时刻有两个二极管导通，导通的二极管由 i_x、i_y 中较大的一个确定，但只确定二极管导通状态，不参与输出，而瞬时值比较小的电流，则通过导通的二极管流经电阻 R_3、

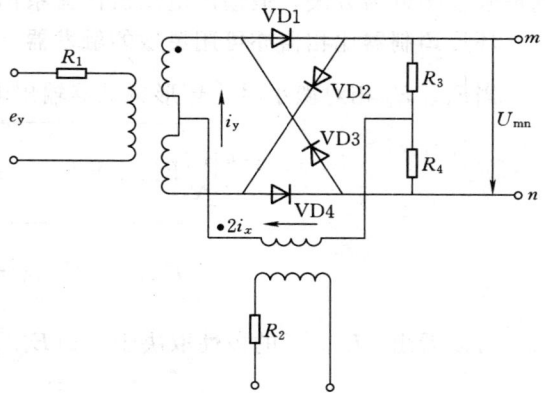

图 3-3 环形调制器比相器电压形成电路

R_4（$R_3 = R_4$）形成输出电压 u_{mn}。例如，某一瞬时 i_x、i_y 均为正（即由箭头方向流动）且 $i_x > i_y$，则二极管 VD1、VD2 在 i_y 作用下导通，i_y 自成回路不参与输出，而 i_x 经 VD1、VD2，自 m 点流经 R_3 产生压降 u_{mn} 为正，因 $i_x > i_y$，故 i_x 在 VD2 中反极性流过不影响 VD2 正向导通，如在另一瞬时，i_x、i_y 均为负（即于箭头方向相反），且 i_x 小于 i_y，则二极管 VD2、VD3 在 $\left[-\frac{1}{2}(2i_x)\right] = -i_x$ 作用下导通，$-i_y$（为正）经 VD2、R_3、R_4、VD3 流动在 R_3、R_4 上产生压降 $[-i_y(R_3 + R_4)] = -2i_y R_3$ 为正，因 i_x 大于 i_y，故反极性流过 VD2 的 i_y 不影响 VD2 的正向导通，因 $-i_x$ 分别自 M 点和 N 点流经 R_3、R_4 压降极性相反，相互抵消，不参加形成输出电压 u_{mn}。

上面分析 i_x、i_y 同极性情况，如 i_x、i_y 之间反极性，则导通原则仍相同，但形成输出电压 u_{mn} 的电流自 n 向 m 流动，故 u_{mn} 为负，根据上面简析，可知图 3-3 所示环形调制器，当输入变为交变电压时，输出电压特性为：

(1) 如回路电流与输入电压成比例，则二极管开放状态由输入电压较大的电压控制，而电压较小的形成输出电压。

(2) 输出电压的极性由输入电压相对极性而定，如为同极性则输出电压 u_{mn} 为正，异极性为负。故如输入电压频率不同，则环形调制器作为解调器使用，如输入电压为同频率，则作为相位测量使用，所以在作为阻抗继电器中可用来构成相位比较器，在此情况下，其输出电压 u_{mn} 具有以下特点：

1) 当 $\dot{E}_x$、$\dot{E}_y$ 为同极性时 u_{mn} 为正，故 u_{mn} 为正的持续时间即为 $\dot{E}_x$、$\dot{E}_y$ 极性重叠时间。

2) 同图 3-2 (a) 不同的是，它不但能测出 $\dot{E}_x$、$\dot{E}_y$ 正极性重叠时间，而且能测出负极性重叠时间，即可实现全波比相。

为了完成比相功能，需将 u_{mn} 按式 (3-2) 进行时间 T_d 整定，如 θ_1、θ_2 分别取为 90°、-90°，则环形调制器比相量实现的是余弦相位比较器。

当 $u_{mn} \leqslant 2u$ 时，环形调制器输出电压波形成依次与 e_x、e_y（i_x、i_y）成比例，如 u_{mn} 输出较高，则输出波形将被限幅，此时，图 3-3 中 4 个二极管中有 3 个导通，如 u_{mn} 相当大，

则被限幅接近为方波，但输出电压极性关系仍不改变，工作特性不受影响。

环形调制器比相器亦可用灵敏的触发器（零指示器 Zero-Indicator）作为检测元件。

当 $\dot{E}_x$、$\dot{E}_y$ 相对微小时，环形调试器输出电压 u_{mn} 平均值为：

$$U_{mn\cdot ave} = k \left[\sqrt{E_{x\cdot max}^2 + E_{y\cdot max}^2 + 2E_{x\cdot max}E_{y\cdot max}^2 \cos\left(\arg\frac{\dot{E}_x}{\dot{E}_y}\right)} \right.$$

$$\left. - \sqrt{E_{x\cdot max}^2 + E_{y\cdot max}^2 - 2E_{x\cdot max}E_{y\cdot max}\cos\left(\arg\frac{\dot{E}_x}{\dot{E}_y}\right)} \right] \quad (3-6)$$

可以看出，$U_{mn\cdot ave}$ 的极性取决于 $\arg(\dot{E}_x/\dot{E}_y)$ 的范围。

$$\left. \begin{array}{l} \text{当} -90° \leqslant \arg\dfrac{\dot{E}_x}{\dot{E}_y} \leqslant 90° \text{ 时}, U_{mn\cdot ave} \geqslant 0 \\[3mm] \text{当} -90° \geqslant \arg\dfrac{\dot{E}_x}{\dot{E}_y} \geqslant 90° \text{ 时}, U_{mn\cdot ave} \leqslant 0 \end{array} \right\} \quad (3-7)$$

故也同样可以构成余弦比相器。

为了取得 u_{mn} 的平均值，对 u_{mn} 要进行滤波，由于进行了滤波，所以对 e_x、e_y 中谐波干扰不敏感，抗干扰能力较强，所以，以零指示器为检测元件的环形调制器比相器用得更多。

如 e_x、e_y 信号很强，则因调制器中第三个导通的二极管限幅作用，式（3-6）中代表 e_x、e_y 的量要用限幅后的量表示，但可以看出并不影响式（3-7）的相位判别关系。由此可见，以环形调制器构成的比较器，不管是以极性重叠时间测定为检测方式，还是以零指示器为检测方式，实现的都是比相，把后者称为绝对值比较器是不恰当的。

4. 方波平均比相器

相位比较同后面将介绍的绝对值比较相比，具有比相方式灵活，可构成多种特性的阻抗继电器，缺点是抗干扰性能差。

图 3-2（b）所示的方波脉冲比相器抗干扰性能很差，干扰脉冲会使比相器误发动作信号，而非周期分量干扰会影响相位测量正确性，图 3-2（a）所示的方波极性重叠时间测量比相器抗干扰性能比较好，但由于采用半波比相，非周期分量影响较大，出现谐波或干扰使方波出现缺块，则会引起比相器拒动作。

方波平均（Block-Average）比相是模拟式阻抗发展到后期（20 世纪 70～80 年代）出现的一种比相器，是一种极性重叠时间测定比相，具有以下特点：

（1）采用双半波（即全波）比相，消除了非周期分量的影响。

（2）采用延时动作，延时返回特性的时间测量方法，使相位测量可在几个半周内进行，消除谐波使基波极性短时中断对比相的影响。

图 3-4 为原理图，它与图 3-2 表示的极性重叠比相器之间的不同点，主要是实现相位检测的时间元件不同，前者是一般延时动作、瞬时返回的时间元件，而图 3-4 中实现相位检测的时间元件 T1 是由特殊的积分器与触发器构成，当 U_1 有 1 态输入时开始积分输出上升，当输入返回为 0 态时，积分不是突然为零而是与上升时同一速度下降，当积分

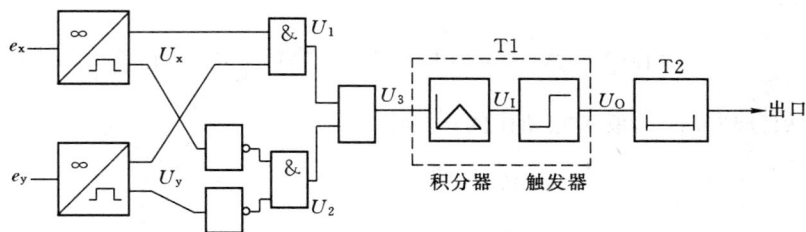

图 3 - 4　方波平均比相器原理图

回路最终上升到触发器动作电压 U_{OP} 时，时间元件 T1 动作，T2 是前述的脉冲展宽元件。

　　方波平均比相器的特点主要是靠相位检测时间元件动作时间整定值 $T_{op \cdot set}$ 的选择取得的。其整定原则是保证比相器输入电压（$\dot{E}_x$ 或 $\dot{E}_y$）中之一因包含非周期分量很强而完全偏向时间轴一侧时，比相器不会误动作。

　　当输入电压之一完全偏向时间轴一侧时，不管基波 $\dot{E}_x$、$\dot{E}_y$ 之间相角如何，总有一个半周极性重叠时间为 $\dfrac{180^\circ}{\omega} = \pm 10$（ms），为了防止在这种情况下比相器不误动，应有：

$$T_{d \cdot set} = \frac{180^\circ}{\omega} = 10(\text{ms})$$

　　与式（3 - 4）相比，虽 $T_{op \cdot set}$ 大了一倍，但方波平均比相器动条件仍为：

$$-90^\circ \leqslant \arg \frac{\dot{E}_x}{\dot{E}_y} \leqslant 90^\circ \tag{3 - 8}$$

而不是以 180° 为比相动作条件，这点可以由图 3 - 5（a）看出，图 3 - 5（a）中 $\arg \dfrac{\dot{E}_x}{\dot{E}_y} = 90^\circ$，重叠后的方波 U_3 为宽度与间隔等距的方波，经积分器积分后，因 U_1 上升与下降速度相等，故每一个周波 U_1 输出为零，理论上要经无限多次才能使触发器动作，即比相器处于临界动作状态。

　　当 $\arg \dfrac{\dot{E}_x}{\dot{E}_y} = 0$ 时，比相器应处于最敏感状态，此时重叠后的方波 U_3 为连续方波，比相器在略大于 10ms 后动作，这是最快的动作速度。

　　当 $0 \leqslant \arg \dfrac{\dot{E}_x}{\dot{E}_y} \leqslant 90^\circ$ 的中间状态时，令 $\theta = \arg \dfrac{\dot{E}_x}{\dot{E}_y}$，则重叠后方波宽度为 $180^\circ - \theta$，方波间隔宽度为 θ，基波半个周期内第一次积分时间为 $\dfrac{180^\circ - \theta}{\omega}$，它不可能使触发器动作，在间隔 θ 后基波进入第二个半周期，积分器再次积分，但因在间隔期间，积分器输出下降，再次积分后，首先要补偿间隔期间下降的积分电压，故第 1 个半波内有效积分时间为 $\dfrac{180^\circ - 2\theta}{\omega}$，如第二个半周期尚不能使比相器动作，则继续积分下去，直到触发器动作为止，后 n 个半周期有效积分时间同第二个半周期，设 n 为比相器动作所需的积分次数，则有：

$$\left[(180° - \theta) + (n-1)(180° - 2\theta)\right]\frac{U_{op}}{180°} = U_{op} \tag{3-9}$$

若 θ_n 为积分到 n 次结束才能动作的 θ，则：

$$\theta_n = \frac{n-1}{2n-1} \times 180°$$

当 $\theta_{n-1} < \theta < \theta_n$，则比较器经 n 次积分才能动作，当 $n=1$、2、3、…时，相应的 $\theta_n =$ 0°、60°、72°、…，当 $n=\infty$ 时，$\theta_n = 90°$，对应不同的积分次数，比相器动作时间 T_{op} 也有所不同。

如短路故障发生在极性重叠开始时，动作时间最短，为：

$$T_{op \cdot min} = (180° + 2\theta)\frac{T}{360}$$

如短路故障发生在极性重叠消失前 θ 时，动作时间最长，为：

$$T_{op \cdot max} = (180° + 4\theta)\frac{T}{360}$$

图 3-5 表明方波平均比相器动作时间特性。

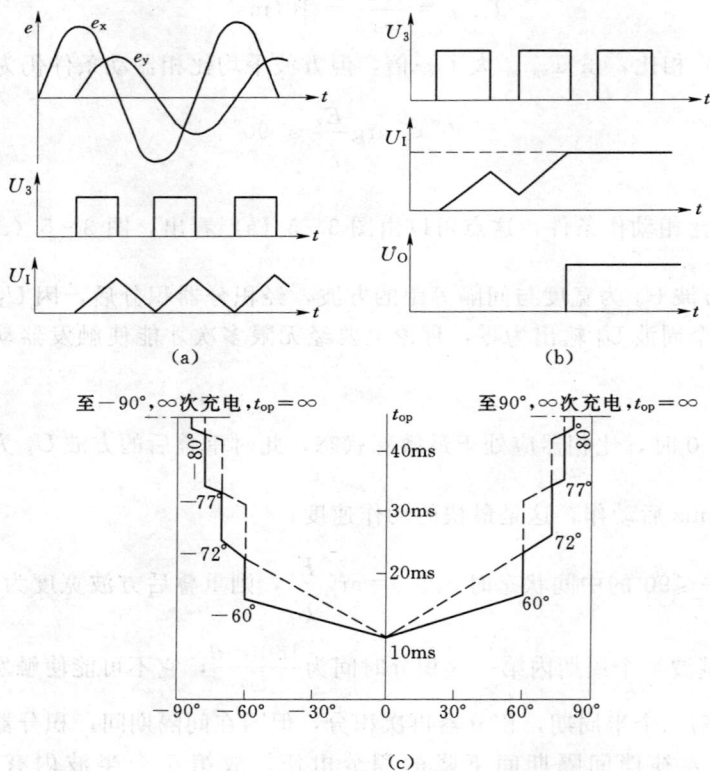

图 3-5　方波平均比相动作时间特性

(a) $\arg(\dot{E}_x/\dot{E}_y) = 90°$ 临界动作情况；(b) 二次充电动作的情况；

(c) 动作次数几何时限同 $\arg(\dot{E}_x/\dot{E}_y)$ 间关系

（二）多比较量的相位比较器

两比较量极性重叠时间测定比相器和方波脉冲比相器都可以作为多比较量相位比较器基础。

极性重合式相位比较器可构成多边形特性阻抗继电器的比相器，它不但可用于模拟式阻抗继电器，其原理也可用于数字式阻抗继电器。

图 3-6 中有四个比较电压 $\dot{E}_x$、$\dot{E}_y$、$\dot{E}_z$、$\dot{E}_w$，它们是旋转相量，在参考轴上的投影即为它们的瞬时值 e_x、e_y、e_z、e_w。图 3-6（a）中四个相量偏向于一侧，是有极性重叠的情况，其中 θ_s 为极性重叠持续的角度，相当于极性重叠持续时间 $T_s = \theta_s/\omega$，图 3-6（b）中四个比较电压无极性重叠的情况。可以定义有极性重叠状态为动作状态，也可以定义无极性重叠状态为动作状态。第八节四个比较量构成的四边形特性的比相器是以无极性重叠时间定义为动作状态，而三比较量比较器是以有极性重叠时间定义为动作状态。

下面介绍以无极性重叠时间定义为动作状态的比相器。

定义图 3-6（a）相应于比相器不动作的状态，图 3-6（b）相应于比相器动作状态。

实现这一检测也很简单，图 3-7 表明极性重叠比相器工作原理图，图中 O 为或门（OR GATE），输入电压为正极性时，通过二极管 VD 向或门 O 送入"1"态，只要输入比较电压中有一个为正极性，则 O 输出恒为"1"态，使时间继电器 T_s 计时，如持续时间大于 T_s 的整定值 $T/2$（相当于 $180°$），则比相器发出动作输出信号，如在 T_s 时间内有一段时间比较电压均为负极性（极性重叠），则 O 输出变为"0"态，使时间元件 T_s 返回，比相器不动作。

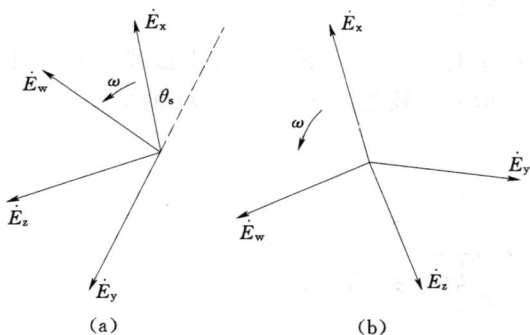

图 3-6　极性重叠相位比较器两种工作状态
（a）有重叠时间；（b）无重叠时间

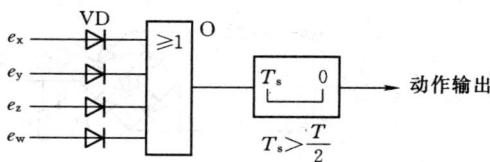

图 3-7　极性重叠相位比较器原理图

对比图 3-6 的两种状态。图 3-6（b）表明的是无重叠时间，即输入比较电压极性连续，比相器于该状态建立 T_s 时间后发出动作信号；对应图 3-6（a）的情况，时间继电器虽启动计时，但未达到 T_s 前即返回，如此重复，比相器属于不动作状态。

多比较量相位比较器原理清楚，结构简单，得到广泛应用。为了可靠，在进入或门 O 前，将比较电压进行方波变换。

如将图 3-7 中或门 O 改为或非门，则构成有极性重叠时间为动作状态的比相器。

二、绝对值比较器

相位比较器具有很多优点，但它也存在一些缺点，最主要是对比较量的波形要求较为严格。相位比较器所比较的一定是相量，即正弦波。比较量的波形失真，出现各次谐波和直流分量都会影响比相正确性。此外，有些比相器，需要对比较量加工以便确定其相位特征，在此情况下往往要对比较量进行微分以取得脉冲信号，这样更招致对干扰的敏感。而绝对值比较，比较的是比较量的数值，相对来说，对比数量的波形要求可小一些。另外，绝对值比较比较量要进行整流，其输出可进行滤波，抗干扰能力要强一些。

绝对值比较是通过检测元件进行的，在整流型继电器中用的是极化继电器，在静态型继电保护中用零指示器，下面介绍两种常用的绝对值比较方法。

（1）均压法绝对值比较回路。

图 3-8 是均压法绝对值比较回路。比较器输入电压 $\dot{E}_1$ 和 $\dot{E}_2$，经过整流，两个比较电压在整流桥负载电阻 R_1、R_2 上分压 U_1、U_2，它们在输出电路上产生输出电压 U_{mn}：

$$U_{mn} = U_1 - U_2 = K[\,|\dot{E}_1| - |\dot{E}_2|\,] \qquad (3-10)$$

当 $|\dot{E}_1| > |\dot{E}_2|$ 时，$U_{mn} > 0$；当 $|\dot{E}_1| < |\dot{E}_2|$ 时，$U_{mn} < 0$。从而实现了 $\dot{E}_1$、$\dot{E}_2$ 的绝对值比较。

图 3-8（a）只画出均压比较电路主要部分以说明工作原理。图 3-8 中 R_1、R_2 为两个整流桥负载电阻，有时称为镇定电阻，它们的接入实际上是使绝对值比较成为电流比较，U_{mn} 反映的是在 e_1、e_2（$|\dot{E}_1|$、$|\dot{E}_2|$）作用下，在 R_1、R_2 上产生的电流，将电压比较改为电流比较，为的是保证变换和比较回路工作在线性范围。在实际电路中 R_1、R_2 并联有滤波电容，并联电容后比较器抗干扰能力增强。

上面分析中将比较电压写成 $\dot{E}_1$、$\dot{E}_2$，但实际上 e_1、e_2 并不一定为正弦波，波形也不一定相同。此时图 3-8 的电路仍能正常工作，但所比较的是 $e_1(t)$、$e_2(t)$ 的平均值。

（2）环流法绝对值比较回路。

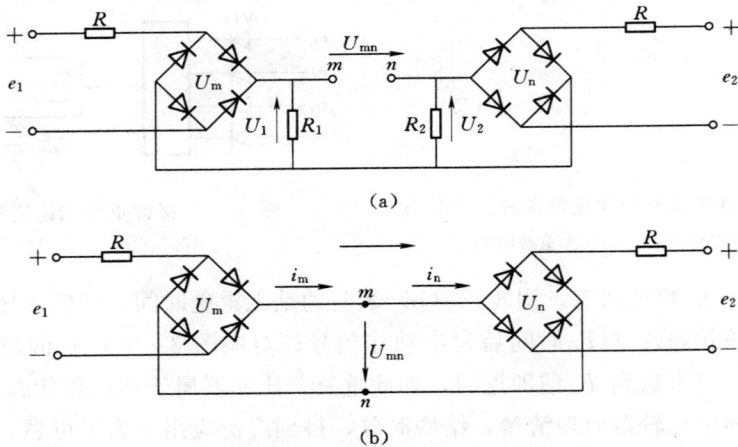

(a)

(b)

图 3-8　两种绝对值比较回路

（a）均压比较回路；（b）环流比较回路

图 3-8（b）为阻抗继电器常用的环流法绝对值比较电路，通过环流回路将比较量 $\dot{E}_1$、$\dot{E}_2$ 变换成输出电压 U_{mn}，根据 U_{mn} 平均值的极性，反应 $|\dot{E}_1|$、$|\dot{E}_2|$ 大小关系的绝对值比较。

环流法绝对值比较回路的工作原理看来似很简单，有一种解释：在 e_1、e_2 作用下环流回路中流过电流 i_m、i_n，i_m 与 e_1 成比例，i_n 与 e_2 成比例，在 m 点利用克希荷夫电流定律，经 m 流向 n 的电流，为 $i_m - i_n = K [|\dot{E}_1| - |\dot{E}_2|]$，此电流反映到电压上为 U_{mn}，从而解释了绝对值比较原理。实际上这一解释是错误的。

上述错误在于认为从 m 点、n 点向 e_1、e_2 方向看去，是电流源，而实际上由于整流桥工作状态的变化，从 m 点、n 点看去，电源内阻不是很大，而可能很小，所以在分析时不能将 i_m、i_n 看作由电流源提供，环流回路工作状态很复杂，U_m，U_n 不是简单地按整流器方式工作，它们可能互为负载。

当 $e_1 > e_2$ 时，在 U_m、U_n 交流侧 $i_m > i_n$，在此情况下，U_m 按整流器方式工作，而 U_n 为 U_m 的负载，其中四个二极管均导通，i_n 在 U_n 中流过，此时 U_{mn} 为正，其值为 $+2U_\delta$，U_δ 为二极管压降。

当 $e_1 < e_2$ 时，U_m 为 U_n 负载，U_m 中 4 个二极管导通，U_{mn} 为 U_m 串联两个二极管压降，故 U_{mn} 为 $-2U_\delta$，上面分析的是 e_1、e_2 瞬时值情况，如取 U_{mn} 平均值，则比较器能实现 $|\dot{E}_1|$、$|\dot{E}_2|$ 的绝对值比较。

第三节　以圆特性为基础的阻抗继电器通用动作特性

圆的图形在几何意义上容易定义，包括圆的特例——直线是最简单的几何图形，所以在阻抗平面上构成圆的特性的阻抗继电器是用得最多的一种阻抗继电器，它结构较为简单，在模拟式阻抗继电器中，容易用两比较量构成，它的特性容易进行解析分析。

本节分析的阻抗继电器除圆特性的阻抗继电器外，还包括用两段圆弧构成的，动作区非连续性的阻抗继电器。

一、相位比较式圆特性阻抗继电器构成

设 $\dot{E}_x$、$\dot{E}_y$ 为相位比较式阻抗继电器比较器的输入电压，它们都是由继电器输入电压 $\dot{U}_m$ 和电流 $\dot{I}_m$ 所组成：

$$\dot{E}_x = \dot{I}_m Z_{comp1} - K_u \dot{U}_m \tag{3-11a}$$

$$\dot{E}_y = K_p \dot{U}_m - \dot{I}_m Z_{comp2} \tag{3-11b}$$

比相器的动作条件为：

$$\theta_1 \leqslant \arg \frac{\dot{E}_x}{\dot{E}_y} \leqslant \theta_2 \tag{3-11c}$$

式（3-11）中 Z_{comp1}、Z_{comp2} 为电压形成回路中设置的补偿阻抗，用来调整阻抗继电器动作特性的系数 K_u、K_p，可以是实数也可以是复数，本书先认为是实数。

为了确定由式（3-11）所组成的比较量和所规定的动作条件在复平面上的动作特性，

将式（3-11a）两边除以 $K_u \dot{I}_m$，式（3-11b）两边除以 $K_p \dot{I}_m$，并令 $\dfrac{\dot{E}_x}{K_u \dot{I}_m} = Z_x$，$\dfrac{\dot{E}_y}{K_p \dot{I}_m}$

$= Z_y$，$\dfrac{U_m}{I_m} = Z_m$，则：

$$Z_x = \frac{Z_{comp1}}{K_u} - Z_m \tag{3-12a}$$

$$Z_y = Z_m - \frac{Z_{comp2}}{K_p} \tag{3-12b}$$

并得：

$$\arg \frac{Z_x}{Z_y} = \arg \frac{\dot{E}_x}{\dot{E}_y} + \arg \frac{K_p}{K_u} = \arg \frac{\dot{E}_x}{\dot{E}_y} + \theta_p \tag{3-12c}$$

如 K_p、K_u 为实数，则：

$$\theta_p = \arg \frac{K_p}{K_u} = 0$$

$$\arg \frac{Z_x}{Z_y} = \arg \frac{\dot{E}_x}{\dot{E}_y}$$

故在复平面上比较量为 Z_x、Z_y 的动作条件亦为：

$$\theta_1 \leqslant \arg \frac{Z_x}{Z_y} \leqslant \theta_2 \tag{3-13}$$

式（3-13）实际上是两个动作条件，为：

$$\theta_1 \leqslant \arg \frac{Z_x}{Z_y} \tag{3-14a}$$

$$\theta_2 \geqslant \arg \frac{Z_x}{Z_y} \tag{3-14b}$$

下面讨论以式（3-11a）、式（3-11b）为比较量，以式（3-11c）为动作条件的阻抗继电器在复平面上的动作特性，分析时将式（3-11c）动作条件分解为式（3-14a）和式（3-14b）两个动作条件。

为确定由式（3-14b）所规定的动作区，在复平面上作相 $\overrightarrow{OA} = Z_{comp1}/K_u$，$\overrightarrow{OB} = Z_{comp2}/K_p$，及任一点 $\overrightarrow{OC} = Z_m$，并按式（3-12a）及式（3-12b）求得 Z_x、Z_y，及其夹角 $\theta = \arg \dfrac{Z_x}{Z_y}$。

由式（3-14b）所确定的动作边界为一段圆弧，AB 为圆弧的弦，圆弧上各点相应于 $\theta = \theta_2$，对 AB 张开的角为 $\pi - \theta_2$，圆弧内，包括 AB 延长线内侧为动作区；圆弧外，包括 AB 延长线外侧为制动区，如图 3-9（a）所示。

由式（3-14a）所确定的动作边界为另一段圆弧，为了图形清楚起见，设 θ_1 为负，在图 3-9（b）中绘出 θ 为负的情况，所谓 θ 为负即 Z_y 领前 Z_x。可知动作边界亦为一圆弧，以 AB 为弦，边界上各点对 AB 弦张开的角度为 $\pi - \theta_1$，相应于 $\theta = \theta_1$ 的临界情况，圆

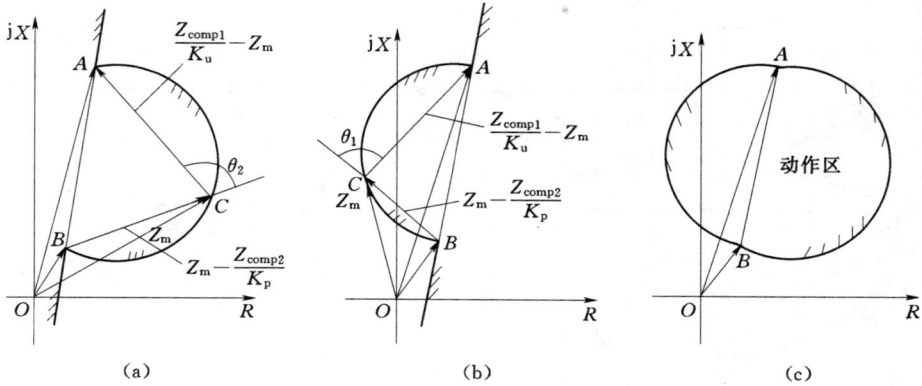

图 3-9　两比较量相位比较式阻抗继电器在复平面上的动作区

弧内侧，包括 AB 延长线内侧为动作区，外侧为制动区，如图 3-9 所示，将图 3-9（a）和图 3-9（b）综合起来就构成由式（3-13）所确定的完整动作边界，它由两段圆弧构成，如 $\theta_2 - \theta_1 = 180°$，则动作边界为一圆，如 $\theta_2 = 90°$，$\theta_1 = -90°$，则 AB 为圆的直径。如 θ_1 为正，且 $\theta_1 < \theta_2$ 则所得特性如图 3-10 所示。

二、绝对值比较式圆特性阻抗继电器构成

1. 绝对值比较式圆特性阻抗继电器与相位比较式圆特性阻抗继电器之间关系

在一定条件下，相位比较阻抗继电器同绝对值比较器有互换的关系。

相位比较与绝对值比较虽然在性质上大不相同，但在一定条件下，两者有互换的关系，这个关系可从解析上分析，但也可以用图示的方法找出两者的关系。

图 3-11 中 $\dot{E}_x$ 和 $\dot{E}_y$ 为相位比较的量，其动作条件为：

$$-90° \leqslant \arg \frac{\dot{E}_x}{\dot{E}_y} \leqslant +90° \tag{3-15}$$

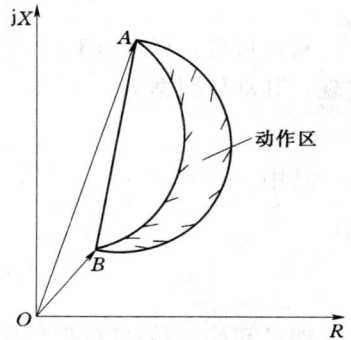

图 3-10　动作条件为 $45° \leqslant \arg$
$(\dot{E}_x/\dot{E}_y) \leqslant 90°$ 动作特性

将 $\dot{E}_x$、$\dot{E}_y$ 构成一个四边形，四边形两个对角线为 $|\dot{E}_1|$、$|\dot{E}_2|$，可以看出，如以 $\dot{E}_y$ 为参据，在 $-90° \leqslant \arg \dfrac{\dot{E}_x}{\dot{E}_y} \leqslant +90°$ 相位比较动作条件下，有：

$$|\dot{E}_1| \geqslant |\dot{E}_2|$$

在 $180° \leqslant \arg \dfrac{\dot{E}_x}{\dot{E}_y} \leqslant 360°$ 相位比较动作条件下，有：

$$|\dot{E}_1| \leqslant |\dot{E}_2|$$

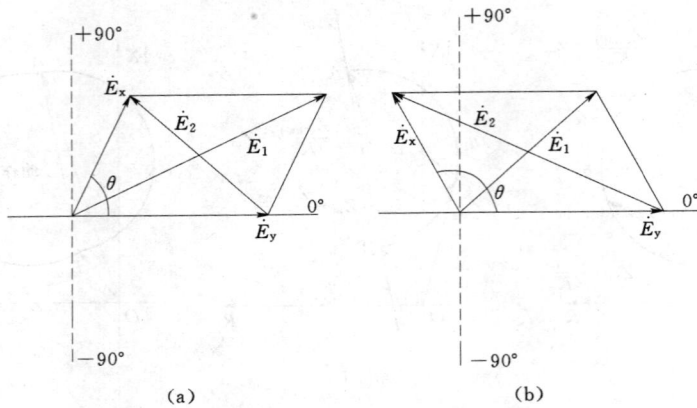

图 3-11   以±90°作为动作条件的相位比较和绝对值比较间的关系
(a) $-90° \leqslant \theta \leqslant +90°$；(b) $-90° \geqslant \theta \geqslant 90°$

从而可得，以式（3-15）为动作判据的相位比较式阻抗继电器可以用绝对值比较来实现，其动作判据为：

$$| \dot E_1 | \geqslant | \dot E_2 | \qquad (3-16)$$

其中

$$\dot E_1 = \dot E_y + \dot E_x \qquad (3-17a)$$

$$\dot E_2 = \dot E_y - \dot E_x \qquad (3-17b)$$

如已知 $\dot E_1$、$\dot E_2$ 也可进行反变换：

$$\dot E_x = \dot E_1 - \dot E_2 \qquad (3-18a)$$

$$\dot E_x = \dot E_1 + \dot E_2 \qquad (3-18b)$$

如按相位比较方式工作的阻抗继电器的比较量为：

$$\dot E_x = \dot I_m Z_{comp1} - K_u \dot U_m$$

$$\dot E_y = K_p \dot U_m - \dot I_m Z_{comp2}$$

按绝对值比较方式工作的阻抗继电器的比较量为：

$$\dot E_1 = (K_p - K_u) \dot U_m + \dot I_m (Z_{comp1} - Z_{comp2})$$

$$\dot E_2 = (K_p + K_u) \dot U_m - \dot I_m (Z_{comp1} - Z_{comp2})$$

2. 绝对值比较式阻抗继电器的特点

由上面的分析可知，绝对值比较阻抗继电器与以±90°为动作范围的相位比较式阻抗继电器等同。它可以构成对称的圆特性，或圆特性的特例——直线特性。

绝对值比较式阻抗继电器不能构成非对称的和由部分圆弧构成的阻抗继电器。

三、以圆特性为基础的阻抗继电器特性的讨论

在已对两种两比较方式的阻抗继电器的构成有了全面了解之后，可以先对一般以圆特性为基础的阻抗继电器作一般分析，然后再对一些较复杂的阻抗继电器作较详细的分析，

分析的对象以相位比较式阻抗继电器为主，其比较量 $\dot{E}_x$、$\dot{E}_y$ 及 Z_x、Z_y 见式（3-11a）、（3-11b）及（3-11c），其相应的动作特性见图 3-9（c）。

决定动作特性的因素有四个：Z_{comp1}/K_u 决定 A 点位置；Z_{comp2}/K_p 决定 B 点位置；θ_1、θ_2 决定圆弧的构成。

（一）全阻抗继电器

令

$$Z_{comp1} = - Z_{comp2} = Z_{comp} \tag{3-19a}$$

$$K_p = K_u \tag{3-19b}$$

$$\theta_1 = - 90° \tag{}$$

$$\theta_2 = 90° \tag{3-19c}$$

则得：

$$\dot{E}_x = \dot{I}_m Z_{comp} - K_u \dot{U}_m \tag{3-20}$$

其动作特性如图 3-12 所示，为一全阻抗圆。

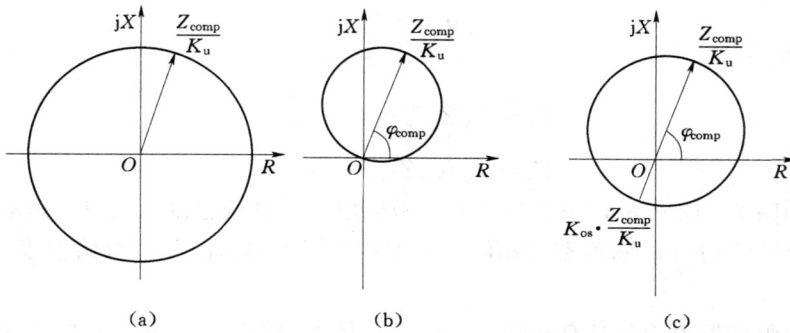

图 3-12　几种圆特性方向阻抗继电器
(a) 全阻抗；(b) 方向阻抗；(c) 偏移方向阻抗

全阻抗继电器对感受阻抗阻抗角不敏感，无方向性，受系统振荡影响大，虽然它对短路处过渡电阻的影响有较强的避开能力，在实际中用得很少。

（二）方向阻抗继电器

$$Z_{comp1} = Z_{comp} \tag{3-21a}$$

$$Z_{comp2} = 0 \tag{3-21b}$$

令

$$\left.\begin{array}{l} \theta_1 = - 90° \\ \theta_2 = 90° \end{array}\right\} \tag{3-21c}$$

则得：

$$\dot{E}_x = \dot{I}_m Z_{comp} - K_u \dot{U}_m \tag{3-22a}$$

$$\dot{E}_y = K_p \dot{U}_m \tag{3-22b}$$

由于 $Z_{comp2} = 0$，故图 3-9 中 B 点与复平面原点 0 重合，动作特性具有方向性。方向阻抗继电器是对感受阻抗阻抗角很敏感的阻抗继电器，用阻抗继电器作为距离保护的测量元件能发挥阻抗测量的优点，比较电压的形成也较简单，动作特性也容易用数学表达式描写。所以，方向阻抗继电器是距离保护中用得较多的一种阻抗继电器。

但方向阻抗继电器也有严重的缺点，即随着具有方向判别功能而来的出口短路时动作死区，如不能克服出口短路动作死区，则其应用就要受到很大限制。所以，方向阻抗如何消除出口短路时动作死区就是继电保护中一项技术难题，经过长期研究已发展了一套方向阻抗继电器消除动作死区的方法。采用了这些方法后，方向阻抗继电器又增加了一些功能和优点，但却使性能复杂化了，本章将在后面重点研究这些问题。

（三）偏移方向阻抗继电器

$$Z_{comp1} = Z_{comp} \tag{3-23a}$$

$$K_u = K_p \tag{3-23b}$$

$$Z_{comp2} = K_{os}Z_{comp} \tag{3-23c}$$

$$\theta_1 = -90° $$

$$\theta_2 = 90° \tag{3-23d}$$

则得：

$$\dot{E}_x = \dot{I}_m Z_{comp} - K_u \dot{U}_m \tag{3-24a}$$

$$\dot{E}_y = \dot{I}_m K_{os} Z_{comp} + K_p \dot{U}_m \tag{3-24b}$$

其动作特性如图 3-12 所示，包含复平面上坐标原点，所以它没有出口短路动作死区，但也不具备完全的方向性，称偏移（off-set）方向阻抗继电器，K_{os} 为偏移度，K_{os} 一般不大，例如 10%。

偏移方向阻抗器由于其具有一定的方向性，且无动作死区，常用在距离保护中作为灵敏的阻抗元件，例如，用作距离三段测量元件、距离保护整组启动元件、瞬时固定保持元件和振荡消失判别元件等。

（四）由两段圆弧构成的方向阻抗继电器

令

$$Z_{comp1} = Z_{comp} \tag{3-25a}$$

$$Z_{comp2} = 0 \tag{3-25b}$$

$$\theta_2 - \theta_1 \neq 180° \tag{3-25c}$$

所得的比较量仍为：

$$\dot{E}_x = \dot{I}_m Z_{comp} - K_u \dot{U}_m \tag{3-26a}$$

$$\dot{E}_y = K_p \dot{U}_m \tag{3-26b}$$

但因 $\theta_2 - \theta_1 \neq 180°$，所以构成特性不是圆而是由两段圆弧封闭而成。

图 3-13（a）为对称的菱形特性方向阻抗继电器，它有较为狭窄的形状。这种方向阻抗继电器在系统振荡时，如会误动的话，误动持续时间也较短。

图 3-13（b）为一种不对称特性的方向阻抗继电器。在国外距离保护中采用过，称为透镜（Lens）形方向阻抗继电器。由于它沿 R 轴有较宽的动作区。所以，避开弧光电阻对正确测距的影响较好，而在沿 $-R$ 轴较窄，在系统振荡时，性能有一定改善。

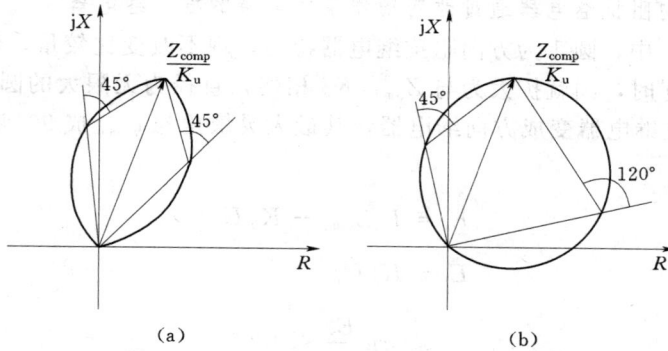

图 3-13　两段圆弧构成的方向阻抗继电器
(a) 菱形 $\theta_1=-45°$，$\theta_2=45°$；(b) 透镜形 $\theta_1=-45°$，$\theta_2=120°$

（五）直线特性的阻抗继电器

直线是圆的特例，所以凡是圆特性或圆弧特性阻抗继电器都可以通过比较量中参数的整定和比较条件的变化，取得多种直线特性的阻抗继电器。

1. 圆特性方向阻抗继电器通过比较量中参数整定构成方向继电器

图 3-14（a）是在圆特性方向阻抗继电器基础上变化成的直线特性阻抗继电器。

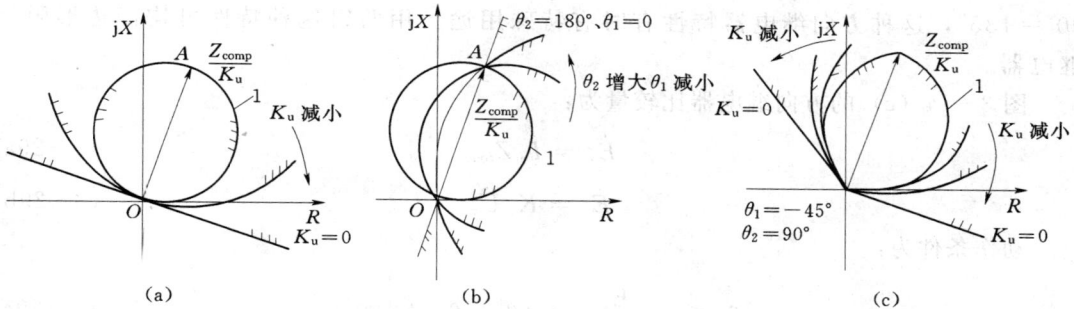

图 3-14　由方向阻抗继电器特性向方向继电器特性的演化
(a) 改变比较量中 K_u；(b) 改变式（3-11）中 θ_1、θ_2；(c) 透镜形方向阻抗继电保护装置特性的演化

图中为方向阻抗继电器特性，其比较量为式（3-21a）、式（3-21b），动作条件为 $-90°\leqslant\arg\dfrac{\dot{E}_x}{\dot{E}_y}\leqslant+90°$，阻抗圆半径为 OA，当减少 K_u 时，OA 线上 A 点沿 Z_{comp} 延长线延长。当 $K_u=0$ 时，OA 为∞，圆就成为过 0 点与直径 OA（即 Z_{comp} 阻抗线）垂直的直线。显然，它为方向继电器，其最大灵敏角为 φ_{comp}，动作量及动作条件为：

$$\dot{E}_x = \dot{I}_m Z_{comp} \tag{3-27a}$$

$$\dot{E}_y = K_p \dot{U}_m \tag{3-27b}$$

$$-90° \leqslant \arg\frac{\dot{E}_x}{\dot{E}_y} \leqslant +90° \tag{3-27c}$$

2. 圆特性方向阻抗继电器通过改变动作条件取得的方向继电器

图 3-14（b）中，圆 1 为方向阻抗继电器特性，现不改变比较量，但改变动作条件，当 $\theta_1=0$，$\theta_2=180°$ 时，圆就扩大为与 Z_{comp}/K_u 相切，直径为无限大的圆，即为 Z_{comp} 阻抗线本身，方向阻抗继电器变成方向继电器，其最大灵敏角与 φ_{comp} 成 $90°$ 夹角。比较量与动作条件为：

$$\dot{E}_x = \dot{I}_m Z_{comp} - K_u \dot{U}_m \tag{3-28a}$$

$$\dot{E}_y = K_p \dot{U}_m \tag{3-28b}$$

$$0 \leqslant \arg \frac{\dot{E}_x}{\dot{E}_y} \leqslant 180° \tag{3-28c}$$

3. 菱形或透镜形方向阻抗继电器演化的方向继电器

图 3-14（c）中圆 1 为不对称的透镜形方向阻抗继电器动作特性，相应的动作条件为：

$$-45° \leqslant \arg \frac{\dot{E}_x}{\dot{E}_y} \leqslant 90°$$

其比较量由式（3-26a）、式（3-26b）所示，当 K_u 逐步减小时，A 点沿 OA 线向外延伸，当 $K_u=0$ 时，两段圆弧变为经 O 点与圆弧相切的两根直线，其夹角为 $45°+90°=135°$，这种方向继电器特性有时有特殊用途。用两组这种特性可构四边形阻抗继电器。

图 3-14（c）的方向继电器比较量为：

$$\dot{E}_x = \dot{I}_m Z_{comp} \tag{3-29a}$$

$$\dot{E}_y = K_p \dot{U}_m \tag{3-29b}$$

动作条件为：

$$\theta_1 \leqslant \arg \frac{\dot{E}_x}{\dot{E}_y} \leqslant \theta_2 (\theta_2 - \theta_1 \neq 180°) \tag{3-29c}$$

4. 偏移方向阻抗继电器演化的直线特性的继电器

上述直线特性的方向继电器均由方向阻抗继电器演化而成，其特点是直线动作边界均过复平面坐标原点，所以构成的是方向继电器特性。

在距离保护复合式测量元件中，有时需要特性不经过原点的直线特性，在此情况下，可将偏移方向阻抗继电器进行演化，以取得不过复平面坐标原点的直线特性。

图 3-12（c）表明的特性为偏移方向阻抗继电器特性，其比较量原始形式为：

$$\dot{E}_x = \dot{I}_m Z_{comp1} - K_u \dot{U}_m \tag{3-30a}$$

$$\dot{E}_y = K_p \dot{U}_m + \dot{I}_m Z_{comp2} \tag{3-30b}$$

动作条件为：

$$-90° \leqslant \arg \frac{\dot{E}_x}{\dot{E}_y} \leqslant +90° \tag{3-30c}$$

调整 K_u 与 K_p 可以改变动作特性的形状。有两种方法可以取得直线特性的阻抗继电器；参看图 3-15。令 $K_u \to 0$，则 $Z_{comp1}/K_u \to \infty$ 处，动作特性为过 B 点与圆 1 相切的直线特性。令 $K_p \to 0$，则 $Z_{b2}/K_p \to \infty$ 处，B 点延伸至 ∞ 处，动作特性为过 A 点与圆 1 相切的直线特性。

对应直线阻抗继电器特性 2，比较量为：

$$\dot{E}_x = \dot{I}_m Z_{comp1} \tag{3-31a}$$

$$\dot{E}_y = K_p \dot{U}_m + \dot{I}_m Z_{comp2} \tag{3-31b}$$

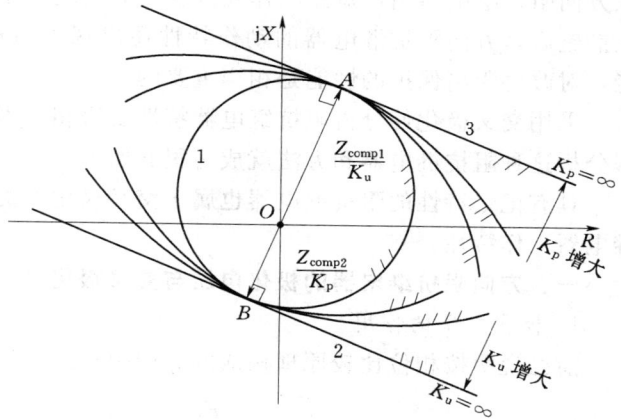

图 3-15　由偏移方向阻抗演变的直线特性阻抗继电器

对应直线阻抗继电器特性 3，比较量为：

$$\dot{E}_x = \dot{I}_m Z_{comp1} - K_u \dot{U}_m \tag{3-32a}$$

$$\dot{E}_y = \dot{I}_m Z_{comp2} \tag{3-32b}$$

它们的动作条件均为：

$$-90° \leqslant \arg \frac{\dot{E}_x}{\dot{E}_y} \leqslant +90°$$

第四节　交叉极化方向阻抗继电器分析

对现代高压系统继电保护来说，不但要进行故障点远近的测量，而且首先要决定故障的方向。在电流保护中方向测量与电流测量是分开进行的，这就出现电流继电器与方向继电器动作不配合问题，例如故障前、后功率反向时，反方向短路，电流方向保护会因短路后电流继电器先动作，而方向继电器因动作较慢来不及返回，失去方向闭锁功能而招致误动作。阻抗继电器不但能测定阻抗大小，而且因其相敏能力，可按感受到的阻抗角判断阻抗方向，所以阻抗测量方向测量同时进行，消除了这种动作不配合问题。

距离保护中，快速的距离Ⅰ段（Ⅱ段）几乎无例外的以方向阻抗继电器作为测量元件。但是，既然方向阻抗器具有方向性，而且以线路电压为输入电压，因而也存在方向测量时出现被保护线路出口短路时动作死区，以及背后出口短路时动作不确定问题，这是方向阻抗继电器存在的最大问题。为了解决这一问题，继电保护工作者做了大量研究工作，采取了很多措施，基本解决了这一问题。

但是这些措施都是实用性的，在解决这些问题的同时，使阻抗继电器工作特性变得很复杂；另一方面，也使方向阻抗继电器出现一些特殊性能，使其具有较好的自适应性。本节分析是采用交叉极化（Cross Polarization）方式的方向阻抗继电器。采用交叉极化是消除方向阻抗继电器出口短路动作死区及背后出现短路动作不确定的基本措施，采用交叉极化措施后，方向阻抗继电器的动作特性还出现了当初未预计到的功能。如何利用这些功能，对改善距离保护的性能是相当重要的。

采用交叉极化使分析阻抗继电器特性变得相当困难且复杂，因而使继电保护工作者了解分析这种阻抗继电器和方法就成为很必要的。

具有记忆特性的阻抗继电器也属于交叉极化一类，本节也将分析具有记忆特性的阻抗继电器工作特性。

一、方向阻抗继电器的极化电压与交叉极化

1. 极化电压的作用

前已说明按相位比较原理构成的方向阻抗继电器比较电压为：

$$\dot{E}_x = \dot{I}_m Z_{comp} - K_u \dot{U}_m \qquad (3-33\text{a})$$

$$\dot{E}_y = K_p \dot{U}_m = \dot{U}_p \qquad (3-33\text{b})$$

动作条件为：

$$-90° \leqslant \arg \frac{\dot{E}_x}{\dot{E}_y} \leqslant +90° \qquad (3-33\text{c})$$

与其他特性的阻抗继电器不同，式（3-33b）的$\dot{E}_y$只由电压组成，它只起相位参照的作用，大小与构成及特性无关，只要求它与$\dot{U}_m$同相，所以称之为极化电压$\dot{U}_p$，其作用可用图3-16来解释。

图3-16中方向阻抗继电器工作于最大灵敏角的情况，电压形成回路中补偿阻抗Z_{comp}阻抗角φ_{comp}等于被保护线路阻抗角φ_l。图3-16（a）中，故障发生在保护区内，$\dot{I}_m Z_{comp} > \dot{U}_m$，因$\dot{E}_x = \dot{I}_m Z_{comp} - \dot{U}_m$与$\dot{U}_p$同相，$\arg \frac{\dot{E}_x}{\dot{E}_y} = 0$，阻抗继电器工作于最灵敏

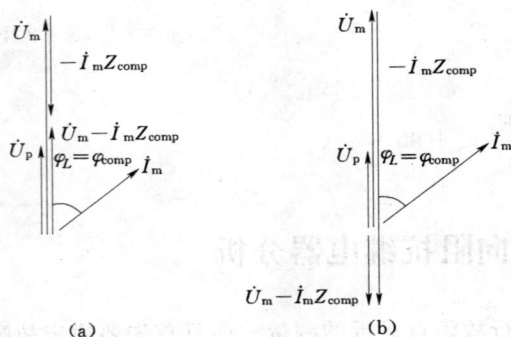

图 3-16　以$\dot{U}_p$为极化电压的方向阻抗继电器区内、外故障时工作电压相量图（$K_u = 1$）

(a) 区内故障 $\arg \dfrac{\dot{E}_x}{\dot{E}_y} = 0$；(b) 区外故障 $\arg \dfrac{\dot{E}_x}{\dot{E}_y} = 180°$

的动作状态。图3-16（b）中，故障发生在保护区外，$\dot{I}_m Z_{comp} < \dot{U}_m$，故$\dot{E}_x = \dot{I}_m Z_{comp} - \dot{U}_m$与$\dot{U}_p$反相。$\arg \frac{\dot{E}_x}{\dot{E}_y} = 180°$，阻抗继电器可靠不动作。从上面的分析可以看出，在区内外故障状态下，变化的是$\dot{E}_x$，而$\dot{E}_y = \dot{U}_p$不变，内外短路两种状态下，只有$\dot{E}_x$变号（0～180°），$\dot{U}_p$不变，因此解释了$\dot{U}_p$的性质，它只是相位参考的作用。

对$\dot{U}_p$的要求有：

（1）应与工作电压$\dot{U}_m$同相。最简单的方法是取自$\dot{U}_m$，即$K_p \dot{U}_m$中K_p为实数。

（2）在任何状态下，有一定数值，即不能为零。当 $\dot{U}_p = 0$ 时，不能起相位参考作用，就出现动作死区或动作不确定区。交叉极化和记忆作用，即为满足这一要求而在极化电压中引入的附加电压，即本书绪论中式（0-8）和式（0-9）中的 $\dot{U}_{aux}$。

对交叉极化继电器而言，$\dot{U}_{aux}$ 为经移相的交叉极化电压 $\dot{U}_{cp}$，即：

$$\dot{U}_{aux} = \dot{U}_{cp} e^{j\theta_{cp}} \tag{3-34}$$

为了使方向阻抗继电器有正确的动作特性，要求在系统正常运行和故障情况下，$\dot{U}_{aux}$ 与测量电压 $\dot{U}_m$ 同相，即：

$$\arg(\dot{U}_m / \dot{U}_{cp}) = \theta_{cp} \tag{3-35}$$

2. 方向阻抗继电器的交叉极化电压和记忆电压

交叉极化措施实际上也不只是在方向阻抗继电器中采用。在方向继电器中也有出口短路动作死区问题，解决的办法之一是采用90°接线方法，实际上也就是交叉极化方式。方向阻抗继电器采用交叉极化与方向继电器90°接线有所不同，方向阻抗继电器采用交叉极化时，极化电压 $\dot{U}_p$ 同工作电压 $\dot{U}_m$ 之间存在的相位不同，需要进行移相校正，以保证应有的最大灵敏角，而90°接线方向继电器一般不进行相位校正。

采用交叉极化的方向阻抗继电器，所用的交叉极化电压同工作电压 $\dot{U}_m$ 之间存在的相位差别可为任意角，但一般都为90°的相位差别。从表3-1可以看出，原因之一是对称三相系统，相（相间）同完好相间（相）存在90°相角差，但另一个主要原因是在模拟电路中90°相移可通过 LC 谐振电路取得，而 LC 谐振电路可取得电压记忆的功能。

表 3-1 不同相别阻抗继电保护装置采用的交叉极化电压

阻抗继电器	Z_A	Z_B	Z_C	Z_{AB}	Z_{BC}	Z_{CA}
$\dot{U}_m$	$\dot{U}_A$	$\dot{U}_B$	$\dot{U}_C$	$\dot{U}_{AB}$	$\dot{U}_{BC}$	$\dot{U}_{CA}$
$\dot{U}_{cp}$	$\dot{U}_{BC}$	$\dot{U}_{CA}$	$\dot{U}_{AB}$	$\dot{U}_C$	$\dot{U}_A$	$\dot{U}_B$
θ_{cp}	$+90°$			$-90°$		

图3-17表明两种极化电压的取得方法，图3-17（a）为相间阻抗继电器 Z_{AB} 的情况，工作电压 $\dot{U}_m = \dot{U}_{AB}$，极化电压 $\dot{U}_p = K_p \dot{U}_C e^{-j90°}$。图3-17（b）为接地阻抗继电器 Z_A 的情况，工作电压 $\dot{U}_m = \dot{U}_A$，极化电压 $\dot{U}_p = K_p \dot{U}_{BC} e^{j90°}$。

其他相和相间阻抗继电器所采用的交叉极化电压如表3-1所示。

采用交叉极化只能在不对称短路情况下起作用，在出口三相短路情况下，由于三相电压均为零，不能起作用。为了能在三相短路情况下，也能消除动作死区，只有采用记忆的方法，将故障前极化电压记忆下来，作为故障后的极化电压，由于是三相对称短路，所以只要故障后电源电势的相位（即δ）不变，仍能实现正确的比相。

对数字保护而言，由于故障前电压采样容易进行保持，所以采用记忆措施以消除三相短路时动作死区是很容易实现的。但对模拟的阻抗继电器来说，不管在移相上还是记忆上

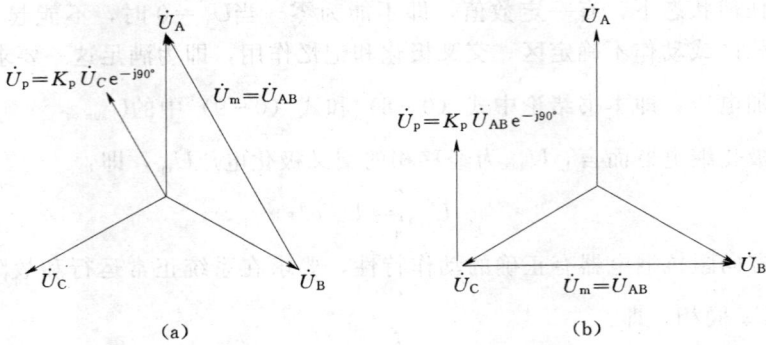

图 3-17 两种极化电压的取得方法

（a）相间阻抗器 Z_{AB}；（b）接地阻抗继电器 Z_A

都存在困难。

下面简单分析一种典型的模拟式方向阻抗继电器极化回路以说明上述问题。

图 3-18 为在模拟式阻抗方向阻抗继电器中较为典型的极化电压形成回路。图中表明的是 AB 相间阻抗继电器，构成的极化电压由两部分组成，其中 $\dot{U}_{AB}$ 为 $\dot{U}_m$，$\dot{U}_C$ 为 $\dot{U}_{cp}$，表示为：

$$\dot{U}_p = K'_p\dot{U}_{AB} + K''_p\dot{U}_C e^{j\theta_{cp}} \tag{3-36}$$

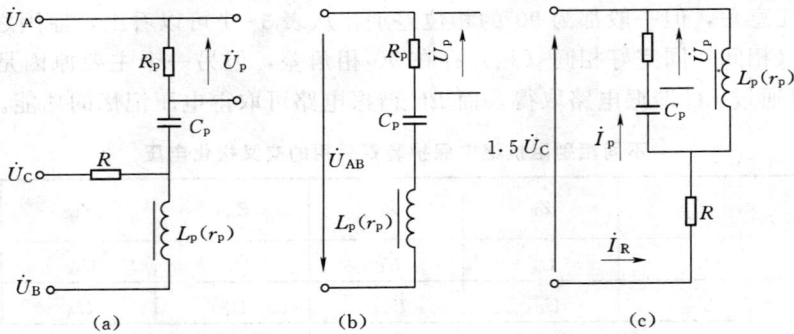

图 3-18 一种极化电压形成回路（AB 相间阻抗继电器）

（a）原理图；（b）施加 $\dot{U}_{AB}$ 时等值电路；（c）施加 $\dot{U}_C$ 时等值电路

按极化电压的正确相位要求，式中 K'_p、K''_p 均为实数，$\theta_{cp} = -90°$。

这一要求是由图 3-18 中参数配合取得的。用重叠定理分别对 $\dot{U}_m$、$\dot{U}_{cp}$ 单独作用下电路中各电量的分析，可确定对各参数的要求。

首先分析单独施加 $\dot{U}_m = \dot{U}_{AB}$ 的情况。在电路设计时，R 值取得很大，此时可认为 $\dot{U}_C$ 开路，得等值电路见图 3-18（b），按 K'_p 为实数的要求，在工频情况下，应有：

$$X_L = X_C \tag{3-37}$$

即回路与外加工频电压强迫谐振，即：

$$f_N = \frac{1}{2\pi}\sqrt{\frac{1}{C_p L_p}} \tag{3-38}$$

相应地可得：

$$K'_\mathrm{p} = R_\mathrm{p}/(R_\mathrm{p} + r_\mathrm{p})$$

再考虑单独施加 $\dot{U}_\mathrm{cp} = \dot{U}_\mathrm{C}$ 的情况，此时 $\dot{U}_\mathrm{AB}$ 短路，等值电路见图 3 - 18（c），因 R 值相对很大，故：

$$\dot{I}_\mathrm{R} = \frac{1.5\dot{U}_\mathrm{C}}{R}$$

而得：

$$\dot{I}_\mathrm{p} = \frac{r_\mathrm{p} + \mathrm{j}X_\mathrm{L}}{R_\mathrm{p} + r_\mathrm{p} + \mathrm{j}(X_\mathrm{L} - X_\mathrm{C})} \cdot \dot{I}_\mathrm{R}$$

忽略 r_p，并令 $X_\mathrm{L} = X_\mathrm{C}$ 得：

$$\dot{U}_\mathrm{p} = \frac{1.5X_\mathrm{L}}{R} \cdot (-\mathrm{j}) \cdot \dot{U}_\mathrm{C} = K''_\mathrm{p} \mathrm{e}^{-\mathrm{j}90°} \cdot \dot{U}_\mathrm{C}$$

式中

$$K''_\mathrm{p} = \frac{1.5X_\mathrm{L}}{R}$$

故得如式（3 - 36）所示的极化电压。

图 3 - 18 所示的方向阻抗继电器当出口三相短路时，还具有记忆作用，从而消除出口三相短时阻抗继电器的动作死区。

当阻抗继电器装设处三相金属性短路时，相当于图 3 - 18 中 $\dot{U}_\mathrm{A}$、$\dot{U}_\mathrm{B}$、$\dot{U}_\mathrm{C}$ 输入端短接，在此情况下，在回路的暂态过程中会出现暂态电流，如满足下列条件：

$$R_\mathrm{p} + r_\mathrm{p} \leqslant 2\sqrt{\frac{L_\mathrm{p}}{C_\mathrm{p}}}$$

则暂态过程是振荡性的，振荡频率为自然振荡频率，即：

$$f_0 = \frac{1}{2\pi}\sqrt{\frac{1}{C_\mathrm{p}L_\mathrm{p}} - \left(\frac{R_\mathrm{p} + r_\mathrm{p}}{2L_\mathrm{p}}\right)^2} \tag{3 - 39}$$

此一暂态振荡电流会在 R_p 上提供极化电压，从而消除阻抗继电器的动作死区。

但是，图 3 - 18（a）模拟式阻抗继电器极化回路，在兼顾外加电压下交叉极化电压有正确移相和外加电压消失后有正确记忆频率两个要求之间存在矛盾。

按正确移相的要求，极化回路应与电网频率处于相位谐振状态，即 $f_\mathrm{N} = \frac{1}{2\pi}\sqrt{\frac{1}{C_\mathrm{p}L_\mathrm{p}}}$；按正确记忆频率的要求，则应处于自然谐振状态，$f_\mathrm{N} = f_0$ 显然不能同时满足。这是不能解决的矛盾。如按式（3 - 39）中 $f_0 = f_\mathrm{N}$ 要求整定，则式（3 - 38）条件不能满足。反之，如按式（3 - 38）整定 $X_\mathrm{C} = X_\mathrm{L}$，则式（3 - 39）条件就不能满足。

将式（3 - 38）代入式（3 - 39）中有：

$$f_0 = \sqrt{f_\mathrm{N}^2 - \left(\frac{R_\mathrm{p} + r_\mathrm{p}}{4\pi L_\mathrm{p}}\right)^2} \tag{3 - 40}$$

按实际参数计算：f_0 与 f_N 约差 1Hz。

二、交叉极化方向阻抗继电器的静特性（Static Characteristic）

交叉极化方向阻抗继电器与其他阻抗继电器有不同的地方，它的动作特性要受电力系统工作状态的影响，惯常所称交叉极化方向阻抗继电器静态特性就是它的试验特性，也就

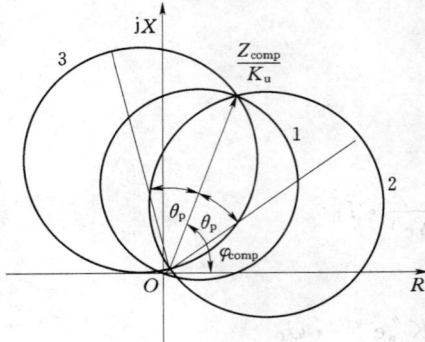

图 3-19　交叉极化阻抗继电器静特性

$(\theta_p = \arg \dot{U}_p / \dot{U}_m)$；$1 - \theta_p = 0$；

$2 - \theta_p > 0$；$3 - \theta_p < 0$

是在进行继电器试验以测定其特性时所取得的动作特性。

根据前面的讨论，如交叉极化电压 $\dot{U}_{cp}$ 移相正确，即 $\theta_{cp} = \arg(\dot{U}_m / \dot{U}_{cp})$，则 $\dot{E}_y = \dot{U}_p$ 与 $\dot{U}_m$ 同相，交叉极化阻抗继电器的动作特性为图 3-19 中圆 1 所示。

如移相回路移相不正确，交叉极化电压移相后所得的极化电压 $\dot{U}_p$ 不与 $\dot{U}_m$ 同相，之间存在 θ_p 角，即 $\theta_p = \arg(\dot{U}_p / \dot{U}_m)$。

相当于式（3-33b）中 K_p 为复数 $K_p \angle \theta_p$。

按式（3-12c），阻抗继电器在复平面上动作条件应为：

$$-90° \leqslant \arg(Z_x / Z_y) - \theta_p \leqslant +90°$$

即
$$-90° + \theta_p \leqslant \arg(Z_x / Z_y) \leqslant 90° + \theta_p \qquad (3-41)$$

所以当交叉极化电压移相不正确，使 $\dot{U}_p$ 超前 $\dot{U}_m$ 一个角 θ_p 时，在复阻抗平面上，方向阻抗动作特性对阻抗线 Z_{comp}/K_u 来说是一具不对称的圆，它以 Z_{comp}/K_u 为弦，圆直径以 0 为中心顺时针旋转 θ_p，最大灵敏角变为 $\varphi_{ms} = \varphi_{comp} - \theta_p$。如 $\dot{U}_p$ 滞后 $\dot{U}_m$ 一个角 θ_p 时，方向阻抗特性如图 3-19 中圆 3 所示，圆 3 直径以 0 为中心反时钟旋转 θ_p，最大灵敏角为 $\varphi_{ms} = \varphi_{comp} + \theta_p$。

从以上分析可以看出，由于交叉极化电压形成回路有相位谐振移相功能，因而移相角对频率敏感。电网频率变化时将对交叉极化方向阻抗继电器电器静特性发生影响，表现在最大灵敏角 φ_{sen} 发生变化，对图 3-18 所示极化电压形成回路而言，频率下降时因极化回路电流呈容性，相应的 $\dot{U}_p$，超前 $\dot{U}_m$，$\theta_p > 0$，φ_{sen} 减小为 $\varphi_{comp} - \theta_p$；反之，如频率升高，则 $\theta_p < 0$，φ_{sen} 增大为 $\varphi_{comp} + \theta_p$。

不管是升高还是降低，电网频率改变时，沿最大灵敏角方向，阻抗继电器动作阻抗增大为 $\dfrac{Z_{comp}/K_u}{\cos\theta_p}$，如 $\theta_p = 10°$，则增大为 Z_{comp}/K_u 的 $\dfrac{1}{0.985}$ 倍。

交叉极化方向阻抗继电器静特性只是在作试验时才有意义，更重要的是方向阻抗继电器接入电力系统后所表现出来的特性，本书称之为工作特点性。

三、交叉极化方向阻抗继电器的工作特性（Working Characteristic）

1. 交叉极化方向阻抗继电器工作特性的定义

交叉极化方向阻抗继电器静特性是表明在施加给继电器的电压，包括工作电压 $\dot{U}_m$ 和

交叉电压$\dot{U}_{cp}$大小相位均保持一定的情况下的特性。但在继电器接入电网实际工作状态下，取自健全相电压的交叉极化电压，受故障相的影响，要发生大小、特别是相位的变化，因而动作特性将会发生变化。特别要注意的是，这一变化同故障相的电流有关，因而使阻抗继电器极化电压中列入了故障电流$\dot{I}_m$的因素，使动作特性包含复平面坐标原点，失去了方向阻抗继电器的性质。

所以，交叉极化的方向阻抗继电器在接入电网后的实际情况下，只要电源有内阻抗（$\dot{I}_m$是通过电源内阻抗，影响工作电压与交叉极化电压之间相位关系），它的动作特性就与上节所述静特性有不同，甚至有很大的不同。本章称之为"工作特性"以表明它同"静特征"之间的不同。

有些资料中称这种特性（不包括"记忆"过程中特性）为暂态特性或动态特性，似有不妥。因为出现与"静态特性"不同的特性不是因为系统或继电器中出现了暂态或动态过程。至于极化回路"记忆"过程，对动作特性，确产生过渡性质，这一过渡过程对继电器特性的影响，将在下节分析。

交叉极化方向阻抗继电器在实际运行情况下表现出与静特性不同的性质如能加以利用，对提高这种阻抗继电器的性能是十分有利的。同时，正确地分析研究这一特性，对交叉极化方向阻抗继电器理论方面也是有益的。

2. 分析交叉极化方向阻抗继电器工作特性的方法

在第一章第六节中介绍了阻抗继电器的一般工作方法。对按相位比较方式工作的阻抗继电器以电压相量法分析其特性有直观的优点。本书则以解析法分析其特性。

交叉极化方向阻抗继电器的工作特性，与其静特性不相同的原因是因为电源内阻抗的影响。所以分析工作特性时关键问题是应涉及电源内阻抗。这一基本考虑在理论上自然是简单的，但电网计算是一个很繁琐的问题，如果严格的涉及上述影响，便将对继电器特性的分析变成电网的故障分析，所以在进行下面分析时，在不改变性质的条件下，做出一些假定，以简化对电源网络的考虑。

（1）由于分析的目的是阻抗继电器特性，所以采用的电力系统故障状态是简单短路，并且不必计弧光电阻的影响，分析时所用的系统图如图 3-20 所示。

（2）由于分析的是阻抗继电器感受阻抗，也就是从阻抗继电器向系统观察到的阻抗，所以要采用以下假定：系统的等值，主要是电源阻抗的等值就可以较为简

图 3-20 分析交叉极化方向阻抗
继电器所用的系统原理图

单，系统正序阻抗等于负序阻抗。引入阻抗继电器的电流$\dot{I}_m$和电压$\dot{U}_m$均为第二章中表 2-2 和表 2-3 所规定的电流和电压，所以图 3-21 表明的分析用电路不但适用于接地阻抗继电器，也适用于相间阻抗继电器，图中电源阻抗则应理解为相应的相或相间电源阻抗。

（3）不计负荷电流影响。

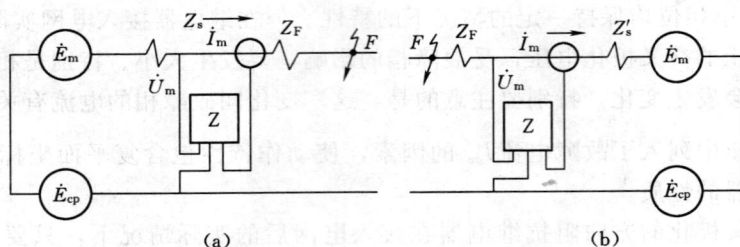

图 3-21 分析交叉极化方向阻抗继电器工作特性的等效电路图

(a) 正向短路时等效电路;(b) 反向短路时等效电路

3. 极化电压$\dot{U}_p$全由交叉极化电压移相组成的方向阻抗继电器工作特性

先分析正向不对称短路的情况,交叉极化电压取自健全相。

对故障相有:

$$\dot{E}_m = \dot{U}_m + \dot{I}_m Z_s \qquad (3-42)$$

由于不计负载电流影响,故取自健全相的交叉极化电压$\dot{U}_{cp}$与其电源电势$\dot{E}_{cp}$相等,故有:

$$\dot{U}_{cp} = \dot{E}_{cp} \qquad (3-43)$$

由于电源电势恒保持三相平衡状态,故有:

$$\dot{E}_m = K\dot{U}_{cp}e^{j\theta_{cp}} \qquad (3-44)$$

$$\theta_{cp} = \arg\frac{\dot{E}_m}{\dot{E}_{cp}} \qquad (3-45)$$

由于交叉极化方向阻抗继电器中,交叉极化电压的移相角是接继电器装设处三相电压平衡状态设计并调整的,故其值亦为θ_{cp}。

即:

$$\arg\frac{\dot{U}_m}{\dot{U}_{cp}} = \theta_{cp}$$

在交叉极化回路中有:

$$\dot{E}_y = \dot{U}_p = K_p\dot{U}_{cp}e^{j\theta_{cp}}$$

根据式(3-44)有:

$$\dot{U}_{cp}e^{j\theta_{cp}} = \frac{1}{K}\dot{E}_m$$

$$\dot{E}_y = \dot{U}_p = \frac{K_p}{K}(\dot{U}_m + \dot{I}_m Z_s)$$

因 K_p/K 为实数,与比相无关,故得:

$$\dot{E}_y = \dot{U}_m + \dot{I}_m Z_s \qquad (3-46)$$

考虑:

$$\dot{E}_x = \dot{I}_m Z_{comp} - K_p\dot{U}_m$$

故知,在图3-20中F点发生不对称短路时,交叉极化方向阻抗继电器工作特性,为在复平面上以阻抗相量 Z_{comp}/K_u 和 $-Z_s$ 端头连线为直径的圆，如图 3-22 所示。

再分析背后反向不对称短路情况。

与正向短路时不同的是系统电流方向，因继电器定义的正方向相反，故得：

$$\dot{E}_m = \dot{U}_m - \dot{I}_m Z'_s$$

上式中 Z'_s 同式（3-42）中 Z_s 不同，它是以继电器装设点向 $\dot{E}_N$ 侧看去的电源内阻抗。

按与正向短路相同的分析方法，得反向短路时，方向阻抗继电器中：

$$\dot{E}_y = \dot{U}_m - \dot{I}_m Z'_s \tag{3-47}$$

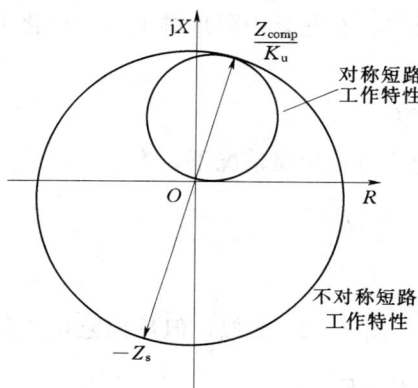

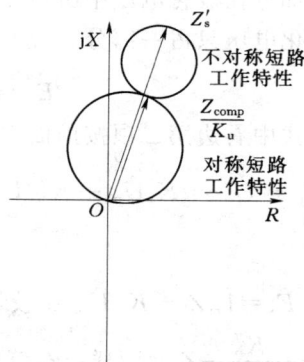

<table>
<tr>
<td>

图 3-22 $\dot{U}_p = K_p \dot{U}_{cp} e^{jx}$ 的交叉极化方向
阻抗继电器正向短路时的工作特性

</td>
<td>

图 3-23 $\dot{U}_p = K_p \dot{U}_{cp} e^{jx}$ 的交叉极化阻抗
继电器反向短路时的工作特性

</td>
</tr>
</table>

故知，在图 3-20 中 F_2 点发生对方向阻抗继电器来说是背后不对称短路时，交叉极化方向阻抗继电器在复平面上的工作特性，为以 Z_{comp}/K_u 和 Z'_s 阻抗相量连线为直径的圆，如图 3-23 所示。

在故障点对称短路情况下，母线 M 上电压仍为对称的，不管是正向短路或是反向短路，恒有：

$$\dot{U}_p = K_p \dot{U}_{cp} e^{j\theta_{cp}} = K_p \dot{U}_m \tag{3-48}$$

故在对称短路情况，方向阻抗继电器有：

$$\dot{E}_y = \dot{U}_p = K_p \dot{U}_m \tag{3-49}$$

方向继电器动作特性为过复坐标原点的方向阻抗特性。图 3-22 和图 3-23 表明了这一特性。

系统振荡时，并未破坏母线 M 上三相电压对称性，故动作特性亦为方向阻抗特性。

从上述简单的解析分析表明交叉极化方向阻抗继电器的可贵特点，使得交叉极化技术在方向阻抗继电器中得到广泛应用。交叉极化方向阻抗继电器优点可总结如下：

（1）在正向不对称短路时，消除了出口短路动作死区，从图可以看出在正向出口工作相（相间）不对称金属性短路时，因动作特性包含原点，能可靠动作。

（2）在背后不对称短路时，因动作特性抛离原点，可靠不动作。

（3）在正向不对称短路时，在复平面第一象限范围内沿 R 轴方向扩大，就提供了避开弧光电阻影响阻抗测量的能力。

（4）在系统振荡时，动作特性变为动作区较小的方向阻抗特性。所以有较好的避开系统振荡影响的能力。

但是，单独采用交叉极化方式仍不能消除出口三相金属性短路的动作死区。

4. 极化电压 $\dot{U}_p$ 部分由交叉极化电压移相组成的方向阻抗继电器工作特性

由于移相回路受频率影响很大，特别是在与电网频率处于相位谐振状态附近，对频率更为敏感。如果引入交叉极化电压的本意在于消除出口短路死区和避免背后短路时误动，交叉极化部分在极化电压中所占比例不一定很大，所以在有些方向阻抗继电器中极化电压中交叉极化电压只占一部分。

设
$$\dot{E}_y = \dot{U}_p = K'_p \dot{U}_m + K''_p \dot{U}_{cp} e^{j\theta_{cp}}$$

将上式中右边第二项按前面方法处理，则在正向不对称短路情况下，有：

$$\dot{E}_y = \dot{U}_p = K'_p \dot{U}_m + K''_p (\dot{U}_m + \dot{I}_m Z_s) = (K'_p + K''_p)\left[\dot{U}_m + \frac{K''_p}{K'_p + K''_p} \dot{I}_m Z_s\right)\right]$$

$$(3-50)$$

它与 $\dot{E}_x = \dot{I}_m Z_b - K_u \dot{U}_m$ 比较量构成的动作特性与图 3-22 类似，但反向阻抗不是 $-Z_s$ 而是 $-\frac{K''_p}{K'_p + K''_p} Z_s$。同样，在背后不对称短路情况下，$E_y$ 为：

$$\dot{E}_y = \dot{U}_m - \frac{K''_p}{K'_p + K''_p} \dot{I}_m Z'_s$$

$$(3-51)$$

以它为极化电压构成的背后不对称短路时阻抗继电器特性与图 3-23 类似，但图中 Z'_s 为 $\frac{K''_p}{K'_p + K''_p} Z'_s$。

当线路发生对称短路和系统振荡时交叉极化电压同以 $\dot{U}_m$ 为极化电压相同，阻抗继电器动作特性仍为方向阻抗特性。

四、交叉极化方向阻抗继电器过渡特性（Transient Characteristic）

1. 交叉极化方向阻抗继电器过渡特性的定义

采用交叉极化方式后，在被保护线路出口或背后发生不对称短路时，由于继电器仍有一定大小的极化电压，所以方向阻抗继电器仍能正确的工作，即消除了出口短路时的动作死区和背后短路时的误动。但在对称三相短路情况下却不能起到这种作用，在这种情况下，只有采用"记忆"的办法，将故障前的交叉极化电压的相位（包括极化电压中的故障相电压部分）记忆下来，供阻抗测量用，以消除上述动作死区及误动区。

实际上不管是模拟式方向阻抗继电器或是数字式方向阻抗继电器，为了消除出口或背后三相（金属性）短路动作死区和动作不确定区，都必须在极化电压回路中采用记忆措施。

在数字式保护中，由于其数据采集的特点很容易实现极化电压的保持，利用故障前保持的电压作为极化电压本身就实现了记忆作用。而在模拟式方向阻抗继电器中实现记忆就要麻烦得多,一般都是用交叉极化回路90°移相谐振回路在外加电压消失后出现的自由振荡电压实现记忆。

图3-18所示的极化回路就是一种典型的模拟式方向阻抗继电器具有记忆作用的极化回路。可以说方向阻抗继电器中都引入记忆作用,既有记忆也就会有记忆消失。对图3-18所示的极化回路,它的记忆作用是靠谐振回路自由振荡维持的,随着自由振荡的衰减,记忆作用就逐渐消失。对数字保护而言,极化电压采用故障前电压,但故障后电源频率和相位也会有变化,记忆电压不能反映这个变化。所以方向阻抗继电器的记忆作用都是动态的,方向阻抗继电器在记忆过程中的特性就称为过渡持性。

2. 方向阻抗继电器过渡特性基本性质

方向阻抗继电器过渡特性是由极化电压在三相短路后过渡过程决定,当过渡过程结束后,阻抗继电器就恢复到方向阻抗特性〔或称姆欧(Mho)特性〕。

图3-24表明全记忆的方向阻抗继电器在保护装设处出口发生三相短路后,阻抗继电器动作特性的变化。

由图3-24可知,短路发生时,因记忆电压作用,阻抗继电器特性如圆1所示,为包含复平面坐标原点在内的扩大圆,记忆消失后,动作特性又恢复到过坐标原点的方向阻抗特性如圆3所示,而在记忆的过程中,由于记忆电压和故障强迫分量之间大小和相位的相对变化。继电器特性不同于圆1和圆3,图中以圆2表示。

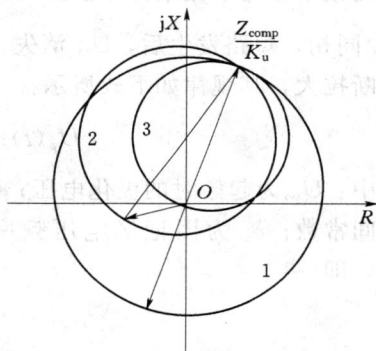

图3-24 全记忆方向阻抗继电器,在被保护线路出口三相金属性短路时,动作特性的变化

从图3-24可以看出,在有记忆作用的情况下,在三相短路的过程中阻抗继电器的动作特性是在变化的,在起始和终了,动作特性都是确定的,而在过程中,动作特性就比较复杂,而这一复杂的变化可能会导致阻抗继电器不正确的动作。

造成记忆过程中,动作特性变化的原因是记忆极化电压和系统实际电压和电流(即强迫分量)之间出现相对变化。这种相对变化的出现可能会有两个原因:一种是系统电源频率和相位未变,但极化电压畸变了,如图3-18模拟式阻抗继电器极化回路自由分量的变化情况;另一种是记忆的极化电压未变而实际系统强迫分量变化。后一种原因出现在数字保护中。

由于方向阻抗继电器中引入的记忆作用是一项实用性的措施,其目的就是要保证方向阻抗继电器在近距离三相金属性短路,测量电压消失后能否正确工作(正确动作或正确不动作),由于在此情况下,阻抗继电器都是瞬时动作,背后短路时,相应的保护,如母线保护或邻线保护也应快速动作,所以往往只关心其起始特性,在记忆过渡期间的特性,实用意义并不是很大,但是,由于记忆特性是方向阻抗继电器的一个特殊性能,所以继电保护工作者还是应该对其理论特性有较深入了解。

在阻抗继电器的研制过程中,或距离保护性能测试时,需要做较全面的动态试验,其中有一个项目是方向阻抗继电器记忆特性的测试,要测量所需记忆时间,包括出口三相金属性短路持续动作时间和背后金属性三相短路是否会短时误动作，就是考核方向阻抗继电器的过渡特性的一个内容。

3. 方向阻抗继电器过渡特性分析

方向阻抗过渡特性实际上就是极化回路记忆特性，如何由故障前状态所形成的极化电压转变为由故障后实际状态所确定的极化电压。这个问题不但在模拟式阻抗中存在，数字式保护中也存在，只不过在程度上有些不同，为了从概念上说明问题，仍以模拟式交叉极化方向阻抗继电器来说明这个问题。

模拟式方向阻抗继电器过渡特性是由极化回路过渡过程决定的，下面结合图 3-18 的极化回路分析过渡特性变化规律。

在正常工作情况下，为保证方向阻抗极化电压 $\dot{U}_\mathrm{p}$ 与测量电压 $\dot{U}_\mathrm{m}$ 同相，极化回路按与电网频率相位谐振条件整定式（3-38），因而在三相短路起始时（$t=0$），极化电压 $\dot{U}_\mathrm{po}$ 与 $\dot{U}_\mathrm{m}$ 同相，短路发生后，$\dot{U}_\mathrm{m}$ 消失，极化电压 $\dot{U}_\mathrm{po}(t)$ 不但大小要变，而且与 $\dot{U}_\mathrm{m}$ 的相位要不断拉大，其规律如下式所示：

$$\dot{U}_\mathrm{p}(t) = \dot{U}_{\mathrm{p}\infty} + (\dot{U}_\mathrm{po} - \dot{U}_{\mathrm{p}\infty})\mathrm{e}^{-t/T_\mathrm{p}}\mathrm{e}^{\mathrm{j}\delta_\mathrm{s}} \tag{3-52}$$

式中：$\dot{U}_\mathrm{po}$ 为起始时的极化电压；$\dot{U}_{\mathrm{p}\infty}$ 为极化回路进入稳态后的极化电压；T_p 为极化回路时间常数；δ_s 为因记忆电压频率与电网故障后实际频率不等而引起极化电压相位畸变，即：

$$\delta_\mathrm{s} = (f_0 - f_\mathrm{N})2\pi t$$

式（3-52）中 $\dot{U}_\mathrm{po}$、$\dot{U}_{\mathrm{p}\infty}$ 由极化回路中极化电压构成方式而定，现分析图 3-18 的极化回路。

设故障前为空载状态，若极化回路调谐正确，则有：

$$\dot{U}_\mathrm{po} = \dot{U}_\mathrm{mo} = \dot{E}_\mathrm{m}$$

而 $\dot{U}_{\mathrm{p}\infty} = \dot{U}_\mathrm{m}$，在正向短路时，有：

$$\dot{U}_\mathrm{po} - \dot{U}_{\mathrm{p}\infty} = \dot{E}_\mathrm{m} - \dot{U}_\mathrm{m} = Z_\mathrm{s}\dot{I}_\mathrm{m}$$

代入式（3-52）得：

$$\dot{U}_\mathrm{p}(t) = \dot{U}_\mathrm{m} + Z_\mathrm{s}\dot{I}_\mathrm{m}\mathrm{e}^{-t/T_\mathrm{p}}\mathrm{e}^{\mathrm{j}\delta_\mathrm{s}} \tag{3-53}$$

写成式（3-11b）阻抗继电器标准 $\dot{E}_\mathrm{y}$ 的形式，为：

$$\dot{E}_\mathrm{y} = \dot{U}_\mathrm{p}(t) = \dot{U}_\mathrm{m} - (-Z_\mathrm{s})\dot{I}_\mathrm{m}\mathrm{e}^{-t/T_\mathrm{p}}\mathrm{e}^{\mathrm{j}\delta_\mathrm{s}}$$

或

$$\dot{E}_\mathrm{y} = \dot{U}_\mathrm{m} - Z_{\mathrm{s}\cdot\mathrm{eq}}(t)\dot{I}_\mathrm{m} \tag{3-54}$$

其中：

$$Z_{\mathrm{s}\cdot\mathrm{eq}}(t) = -Z_\mathrm{s}\mathrm{e}^{-t/T_\mathrm{p}}\mathrm{e}^{\mathrm{j}\delta_\mathrm{s}} \tag{3-55}$$

$Z_{\mathrm{s}\cdot\mathrm{eq}}(t)$ 为等效电源阻抗，它是在复平面上不断衰减，随时间而旋转的阻抗相量，如图 3-25（a）所示。

找出 $Z_{\mathrm{s}\cdot\mathrm{eq}}(t)$ 变化轨迹后，容易确定方向阻抗继电器在过渡过程中的过渡特性。由式

（3-54）及式（3-25a）决定：

$$\dot{E}_{\mathrm{x}} = \dot{I}_{\mathrm{m}} Z_{\mathrm{comp}} - \dot{U}_{\mathrm{m}} K_{\mathrm{u}}$$

故知在 t 时刻，阻抗继电器的动作特性为以 $Z_{\mathrm{comp}}/K_{\mathrm{u}}$ 和 $Z_{\mathrm{s\cdot eq}}(t)$ 端头连线为直径的圆，如图 3-25（a）中圆 2 所示。

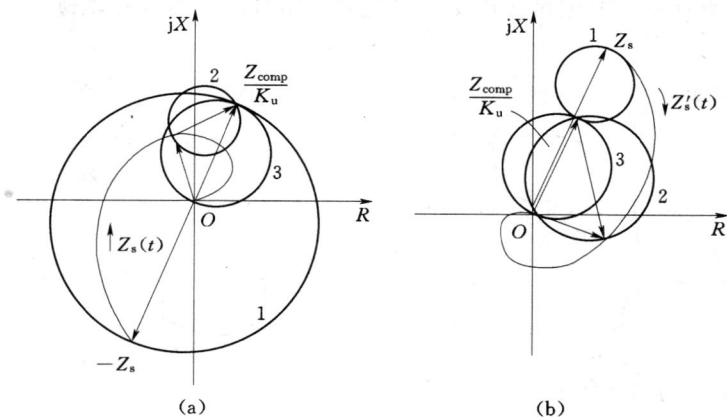

图 3-25 有记忆作用的交叉极化方向阻抗继电器记忆特性
(a) 正方向三相短路；(b) 反方向三相短路

在被保护线路背后发生三相对称短路时，极化电压变化情况同正向短路，只是电流 $\dot{I}_{\mathrm{m}}$ 与定义的方向相反，将式（3-53）中 $\dot{I}_{\mathrm{m}}$ 用 $-\dot{I}_{\mathrm{m}}$ 代替，得：

$$\dot{U}_{\mathrm{p}}(t) = \dot{U}_{\mathrm{m}} - Z_{\mathrm{s}} \dot{I}_{\mathrm{m}} \mathrm{e}^{-t/T_{\mathrm{p}}} \mathrm{e}^{\mathrm{j}\delta_{\mathrm{s}}} \tag{3-56}$$

或

$$\dot{U}_{\mathrm{p}}(t) = \dot{U}_{\mathrm{m}} - Z'_{\mathrm{s\cdot eq}}(t) \dot{I}_{\mathrm{m}} \tag{3-57}$$

其中：

$$Z'_{\mathrm{s\cdot eq}}(t) = Z'_{\mathrm{s}} \mathrm{e}^{-t/T_{\mathrm{p}}} \mathrm{e}^{\mathrm{j}\delta_{\mathrm{s}}} \tag{3-58}$$

式中：Z'_{s} 为阻抗继电器装设处到对侧电源的电源阻抗。

背后三相短路时，有记忆的交叉极化方向阻抗继电器的过渡特性如图 3-25（b）所示。

以上讨论的是图 3-18 所示极化回路构成的阻抗继电器，保护装设处（正向及背后）发生三相金属性短路时过渡特性的分析。了解这一套分析方法后，可以分析另外极化结构方式的方向阻抗继电器过渡特性。

例如极化回路按式（3-50）所示的方式构成，同图 3-18 所示的极化回路不同的是只有 $\dot{U}_{\mathrm{p}}$ 中第二项，即：

$$\dot{U}_{\mathrm{aux}} = K''_{\mathrm{p}} \dot{U}_{\mathrm{cp}} \mathrm{e}^{\mathrm{j}\theta_{\mathrm{cp}}}$$

部分具有记忆功能。则继电器装设处发生三相金属性短路后，表征方向阻抗继电器过渡特性的等效电源阻抗如下：

正向短路时

$$Z'_{s \cdot eq}(t) = \frac{-K''_p}{K'_p + K''_p} Z_s e^{-t/T_p} e^{j\delta_s} \qquad (3-59)$$

反向短路时

$$Z'_{s \cdot eq}(t) = \frac{K''_p}{K'_p + K''_p} Z_s e^{-t/T_p} e^{j\delta_s} \qquad (3-60)$$

图 3-26 表明具有部分记忆作用交叉极化方向阻抗继电器变化轨迹。

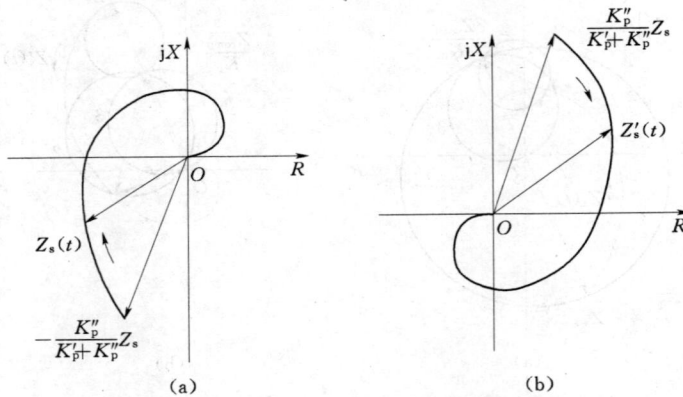

图 3-26 具有部分记忆作用交叉极化方向阻抗继电器等效电源阻抗变化轨迹
(a) 正方向三相短路；(b) 反方向三相短路

当继电器装设处发生不对称短路时，具有全记忆功能的方向阻抗继电器也呈现出变化的过渡特性。

仍以图 3-18 所示极化方式为例，如继电器装设处发生正方向 AB 相相间金属性短路，则等效电源阻抗为：

$$Z_{s \cdot eq}(t) = -\left[\frac{K''_p}{K'_p + K''_p} Z_s + \left(1 - \frac{K''_p}{K'_p + K''_p} \right) Z_s e^{-t/T_p} e^{j\delta_s} \right] \qquad (3-61)$$

起始时，$t = 0$，等效电源阻抗为 $-Z_s$；记忆终了时，$t = \infty$，等效电源阻抗为 $\frac{-K''_p}{K'_p + K''_p} Z_s$。

当背后相间金属性短路时，等效电源阻抗为：

$$Z'_{s \cdot eq}(t) = \frac{K''_p}{K'_p + K''_p} Z'_s + \left(1 - \frac{K''_p}{K'_p + K''_p} \right) Z_s e^{-t/T_p} e^{j\delta_s} \qquad (3-62)$$

五、研究交叉极化方向阻抗继电器特性的意义

交叉极化阻抗继电器在距离保护中应用较多，因此，继电保护工作者应对其有较多的了解。这种阻抗继电器虽然结构并不复杂，但其工作性能却很复杂，特别是可变特性，如果能很好地利用，对提高距离保护装置的自适应性具有很大作用。

实际上对交叉极化方向阻抗继电器性能的了解也是一个不断深化的过程。方向阻抗继电器在 20 世纪 40 年代初即得到应用，为了消除其出口短路时动作死区并消除背后短路时不正确动作，在电压回路中引入了"健全相"电压及记忆作用，从结构上实际上就实现了交叉极化方式，但直到 50 年代，随着对阻抗继电器理论研究的发展，发现这种交叉极化

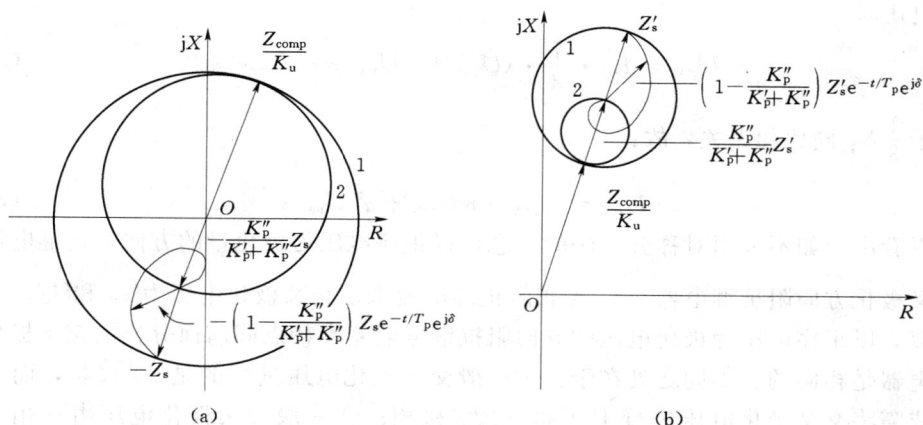

图 3-27　具有部分记忆作用交叉极化方向阻抗继电器在相间短路情况下过渡特性的构成
(a) 正方向相间短路；(b) 反方向相间短路
1—$t=0$ 时过渡特性；2—记忆消失后的过渡特性

方向阻抗继电器（Polariged Mho Distance Relay）具有自适应的可变特性，在 60 年代成功的用于距离保护的产品中，所以，继电保护技术的发展和其他应用技术的发展一样都要历经不断认识的过程。对继电保护工作者来说不但要会应用，而且应能较深入的了解其原理，对较复杂的现象，还要掌握其分析方法。

本节所分析的交叉极化阻抗继电器过渡特性的分析就具备这一种性质。实际上具有记忆作用的交叉极化方向阻抗继电器都用于距离保护装置 I 段，而距离保护 I 段在正常情况下，都是以固有动作时间快速动作，即便在背后短路情况下，相应的母线保护或线路保护装置也都快速动作，所以，不等到方向阻抗记忆衰减或消失，故障即被消除。但为了掌握该方向阻抗继电器行为，还是应当了解在暂态过程中过渡特性的变化性质。事实上在我国开发 500kV 距离保护装置时，生产单位就提出消除背后短路，具有记忆作用的方向阻抗继电器误动作的问题。

本节所介绍的交叉极化方向阻抗继电器特性分析方法对后面将要介绍的几种阻抗继电器都直接有理论上意义。

第五节　以正序电压为极化量的方向阻抗继电器

一、正序电压为极化量实际上是交叉极化的一个特例

以正序电压为极化电压的方向阻抗继电器极化电压为：

$$\dot{U}_p = K_p \dot{U}_{m1}$$

式中：$\dot{U}_{m1}$ 为引入继电器的工作电压或称测量电压 $\dot{U}_m$ 的正序分量。对接地阻抗继电器来说 $\dot{U}_m$ 为相电压，对相间阻抗继电器来说为相电压差。

为了说明以正序电压为极化量的实质，以 A 相接地阻抗继电器为例，当以正序电压

为极化电压时：

$$\dot{U}_{pA} = K_p \cdot \frac{1}{3} \cdot (\dot{U}_{mA} + \alpha \dot{U}_{mB} + \alpha^2 \dot{U}_{mC}) \tag{3-63}$$

由于 $\frac{1}{3}K_p$ 同比相无关，故：

$$\dot{U}_{pA} = \dot{U}_{mA} + \alpha \dot{U}_{mB} + \alpha^2 \dot{U}_{mC} \tag{3-64}$$

可以看出，如不采用对称分量法的概念，以正序电压为极化量的方向阻抗继电器就是一种交叉极化方向阻抗继电器。对 A 相阻抗继电器来说交叉极化电压为 $\dot{U}_B$ 和 $\dot{U}_C$。

所以，以正序电压为极化电压的方向阻抗继电器基本特点同前面分析的交叉极化方向阻抗继电器是相同的。不同之处在于：①一般交叉极化电压进行的是 90°移相，而正序电压的形成需将交叉极化电压进行 120°和 −120°移相；②一般交叉极化电压由一相（或相间）电压构成，而正序电压极量的形成要分别对两相（相间）电压移相，所以相对来说，以正序电压为极化量的方向阻抗继电器特性的构成要复杂些。

二、以正序电压为极化量方向阻抗继电器工作特性的一般推导

以正序电压为极化量的方向阻抗继电器的静特性为典型的方向阻抗继电器特性。本节推导其工作特性。

以正序电压为极化量的方向阻抗继电器的补偿电压 $\dot{E}_x$ 仍由式（3-24）表示，即

$$\dot{E}_x = \dot{I}_m Z_{comp} - K_u \dot{U}_m$$

而其极化电压为：

$$\dot{E}_y = \dot{U}_p = K_p \dot{U}_{m1} \tag{3-65}$$

为了方便起见，取 $K_p=1$。

分析其工作特性仍用前面分析交叉极化方向阻抗继电器特性的方法，找出式（3-65）中 $\dot{U}_{m1}$ 与 $\dot{I}_m$、$\dot{U}_m$ 之间关系，将式（3-65）化成下面形式：

$$\dot{E}_y = \dot{U}_m - \dot{I}_m Z_{s \cdot eq} \tag{3-66}$$

式（3-66）中 $Z_{s \cdot eq}$ 为等效电源阻抗。显然，要找出工作特性，关键在于确定 $Z_{s \cdot eq}$ 的表达式。

在分析交叉极化方向阻抗继电器特性时，由于面对的是全电流和全电压，所以仍沿用线路阻抗的处理方式简化的表示电源阻抗，所用的假定是：①正序阻抗等于负序阻抗；②引入零序电流补偿，相当于将零序电流进行折算，以 $\left(\dfrac{Z_0}{Z_1} \dot{I}_0\right) Z_1$ 代替 $\dot{I}_0 Z_1$，见式（2-15）。

分析以正序电压为极化量的方向阻抗继电器工作特性时，基本上用这两个假定，但要注意两点：

（1）所取的零序电流补偿时所用的 K 值同表 2-1 中线路的 K 值不同，它是由电源零序和正序阻抗定义的，即：

$$K = \frac{Z_{s0} - Z_{s1}}{3Z_{s1}} \tag{3-67}$$

（2）当发电机阻抗占电源阻抗比例较大时，认为电源正序阻抗与负序阻抗相等，会有较大误差。

设阻抗继电器装设点背后电源正序阻抗、负序阻抗及零序阻抗分别为 Z_{s1}、Z_{s2}、Z_{s0}。$\dot{E}_m$ 为阻抗继电器装设相电源电势，$\dot{I}_{m1}$、$\dot{I}_{m2}$、$\dot{I}_{m0}$ 为自电源流向故障点的正序、负序、零序电流，有：

$$\dot{U}_{m1} = \dot{E}_m - \dot{I}_{m1}Z_{s1} \tag{3-68}$$

设 $\Delta\dot{U}_m$ 为电源到继电器装设处电压降落，有：

$$\dot{E}_m = \dot{U}_m + \Delta\dot{U}_m$$

$$= \dot{U}_m + (\dot{I}_{m1}Z_{s1} + \dot{I}_{m2}Z_{s2} + \dot{I}_{m0}Z_{s0})$$

$$= \dot{U}_m + (\dot{I}_{m1}Z_{s1} + \dot{I}_{m2}Z_{s2} + \dot{I}_{m0}Z_{s1}) + \dot{I}_{m0}(Z_{s0} - Z_{s1}) \tag{3-69}$$

设 $Z_{s1} = Z_{s2}$ 并令

$$\dot{I}_{m0} = \frac{e^{j\theta_0}}{m_0}\dot{I}_m \tag{3-70a}$$

$$\dot{I}_{m1} = \frac{e^{j\theta_1}}{m_1}\dot{I}_m \tag{3-70b}$$

式中：θ_0 为 $\arg(\dot{I}_{m0}/\dot{I}_m)$，为 $\dot{I}_{m0}$ 超前 $\dot{I}_m$ 的角度；θ_1 为 $\arg(\dot{I}_{m1}/\dot{I}_m)$，为 $\dot{I}_{m1}$ 超前 $\dot{I}_m$ 的角度。

$$m_0 = \frac{|\dot{I}_m|}{|\dot{I}_{m0}|} \tag{3-71a}$$

$$m_1 = \frac{|\dot{I}_m|}{|\dot{I}_{m1}|} \tag{3-71b}$$

θ_0，θ_1，m_0，m_1 均可根据短路类型和相量图求出，将上列关系代入式（3-69），得：

$$\dot{E}_m = \dot{U}_m + \dot{I}_m Z_{s1} + \frac{e^{j\theta_0}}{m_0}\dot{I}_m(Z_{s0} - Z_{s1}) \tag{3-72}$$

代入式（3-68），整理之，得：

$$\dot{U}_{m1} = \dot{U}_m + \dot{I}_m\left[\left(1 - \frac{e^{j\theta_1}}{m_1}\right)Z_{s1} + \frac{e^{j\theta_0}}{m_0}(Z_{s0} - Z_{s1})\right]$$

$$= \dot{U}_m + \dot{I}_m\left(1 - \frac{e^{j\theta_1}}{m_1} + 3K\frac{e^{j\theta_0}}{m_0}\right)Z_{s1} \tag{3-73}$$

式（3-73）可写成标准形式为：

$$\dot{E}_y = \dot{U}_p = \dot{U}_{m1} = \dot{U}_m - \dot{I}_m Z_{s\cdot eq} \tag{3-74}$$

式中：

$$Z_{s\cdot eq} = -\left(1 - \frac{e^{j\theta_1}}{m_1} + 3K\frac{e^{j\theta_0}}{m_0}\right)Z_{s1} \tag{3-75}$$

为等效电源阻抗，其中 $K = \dfrac{Z_{s0} - Z_{s1}}{3Z_{s1}}$。

根据式（3-74）可得以正序电压为极化量的方向阻抗继电器正向短路时在复平面上动作特性（工作特性）的标准形式；由于另一比较量 $\dot{E}_x = \dot{I}_m Z_{comp} - K_u\dot{U}_m$ 未变，故为以 Z_{comp}/K_u 相量和 $-Z_{s\cdot eq}$ 相量端头连线为直径的圆。

下面分析背后短路情况。

由于对交叉极化方向阻抗继电器背后短路及正向短路性工作特性的不同已有较深刻的了解，可以利用前面的结果，确定在背后短路时，方向阻抗极化电压的表达式为：

$$\dot{E}_y = \dot{U}_p = \dot{U}_{m1} = \dot{U}_m - \dot{I}_m Z'_{s\cdot eq} \tag{3-76}$$

式中：

$$Z'_{s\cdot eq} = \left(1 - \frac{e^{j\theta_1}}{m_1} + 3K\frac{e^{j\theta_0}}{m_0}\right)Z'_{s1} \tag{3-77}$$

由于 $\dot{E}_x$ 未变，故在背后短路时，以正序电压为极化量的方向阻抗继电器的工作特性为在复平面上以 Z_{comp}/K_u 相量和 $Z'_{s\cdot eq}$ 相量端头连线为直径的圆。$Z'_{s\cdot eq}$ 为自继电器装设点到对侧电源之间的等效电源阻抗。

要确定以正序电压为极化电压方向阻抗继电器的工作特性，只要根据故障情况确定相应的 θ_0、θ_1、m_0 和 m_1 从而算出 $Z'_{s\cdot eq}$ 和 $Z_{s\cdot eq}$ 即可。但是，在实际情况下严格计算是有些困难，因为确定 $Z'_{s\cdot eq}$，要有所依据的，θ_0、θ_1、m_0、m_1 和 θ_2 是继电器装设处各序电流分量之间的关系，所以除出口或背后两个点短路外。虽然各序电流不像电压那样随测量点与短路点之间距离有很大变化，但各序电流的分配系数，特别是零序电流的分配系数却与故障点位置有关系，这就造成严格地确定阻抗继电器工作特性有很大的困难，在此情况下可行的办法是假定各序电流分配系数与短路点位置无关，这样可根据故障点各序电流相量关系决定 θ_0、θ_1、m_0、m_1 和 θ_2，从而算出 $Z'_{s\cdot eq}$、$Z_{s\cdot eq}$，以确定在各种短路情况下阻抗继电器的工作特性。

本节分析推导的是以正序电压为极化量的方向阻抗继电器工作特性的一般形式，所以它不但适用于相阻抗继电器也适用于相间阻抗继电器。下面将分析这种阻抗继电器在实际短路状态下的工作特性，分析时参考表 2-2 和表 2-3 中所规定的 $\dot{U}_m$ 和 $\dot{I}_m$ 的定义，并注意以下几点：

（1）相间短路是由相应的相间阻抗继电器反应的，$\dot{U}_m$ 是该相间电压，极化电压是该 $\dot{U}_m$ 的正序分量。

（2）单相短路是由相应的相阻抗继电器反应的，$\dot{U}_m$ 是该相电压，极化电压是该 $\dot{U}_m$ 的正序分量。

（3）两相接地短路相应的相间和相阻抗继电器均能反应。

（4）三相短路各相间和相阻抗继电器均能反应。

三、几种短路情况下以正序电压为极化量方向阻抗继电器工作特性

1. 被保护线路正向和反向三相短路无记忆

这种短路各相间继电器和相继电器均应正确反应。

由于是三相对称短路，故：

$$\dot{U}_{m0} = 0, \dot{U}_{m2} = 0, \dot{U}_{m1} = \dot{U}_m$$

代入式（3-71a）和式（3-71b），得：

$$m_0 = \infty, m_1 = 1, \theta_1 = 0 \text{ 即 } \dot{U}_{m1} = \dot{U}_m$$

将之代入式（3-75）和式（3-77），得：

$$Z_{\text{s·eq}} = Z'_{\text{s·eq}} = 0 \qquad (3-78)$$

不管正向或反向短路，阻抗继电器均为典型方向阻抗特性，如为三相金属性短路，或极化电压无记忆作用，则存在出口短路动作死区和背后短路动作不正确区。

2. 被保护线路正方向和反方向两相短路

此时相应的阻抗继电器为相间阻抗继电器。

分析 BC 相短路情况，电流相量图如图3-28（a）所示。

其中 $\dot{I}_m = \dot{I}_{BC} = \dot{I}_B - \dot{I}_C$，$\dot{I}_{m1} = \dot{I}_{BC1} = \dot{I}_{B1} - \dot{I}_{C1}$。

因 $\dot{I}_0 = 0$，故：

$$m_0 = \infty$$
$$m_1 = \frac{|\dot{I}_B - \dot{I}_C|}{|\dot{I}_{B1} - \dot{I}_{C1}|} = 2$$
$$\theta_1 = 0$$

代入式（3-75）和式（3-77）得，正方向短路时，等效电源阻抗为：

$$Z_{\text{s·eq}} = -\frac{1}{2} Z_{s1} \qquad (3-79)$$

在反方向短路时，等效电源阻抗为：

$$Z'_{\text{s·eq}} = +\frac{1}{2} Z'_{s1} \qquad (3-80)$$

图3-28（b）为两相短路时，以正序电压为极化量相间方向阻抗继电器工作特性。

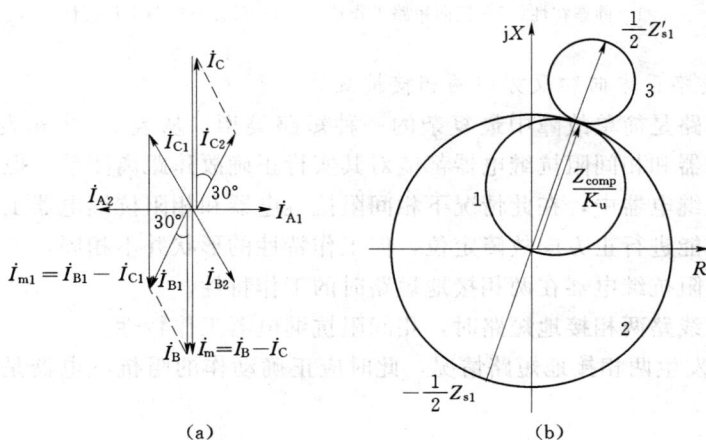

图3-28 两相短路相间阻抗继电器特性分析
（a）BC两相短路电流相量图；（b）相间短路时工作特性
1—静态特性；2—正方向短路工作特性；3—反方向短路工作特性

3. 被保护线路正方向和反方向单相短路

此时相应的阻抗继电器为相阻抗继电器。

分析 A 相单相短路情况，电流相量图如图 3-29（a）所示可以看出：

$$m_0 = 3, m_1 = 3, \theta_0 = 0, \theta_1 = 0$$

代入式（3-75）和式（3-77），得正方向、反方向短路时：

$$Z_{s \cdot eq} = -\left(1 - \frac{1}{3} + 3K\frac{1}{3}\right)Z_{s1} = -\frac{2+3K}{3}Z_{s1} \qquad (3-81)$$

$$Z'_{s \cdot eq} = \frac{2+3K}{3}Z'_{s1} \qquad (3-82)$$

图 3-29（b）为单相短路时以正序电压为极化量相方向阻抗继电器工作特性。

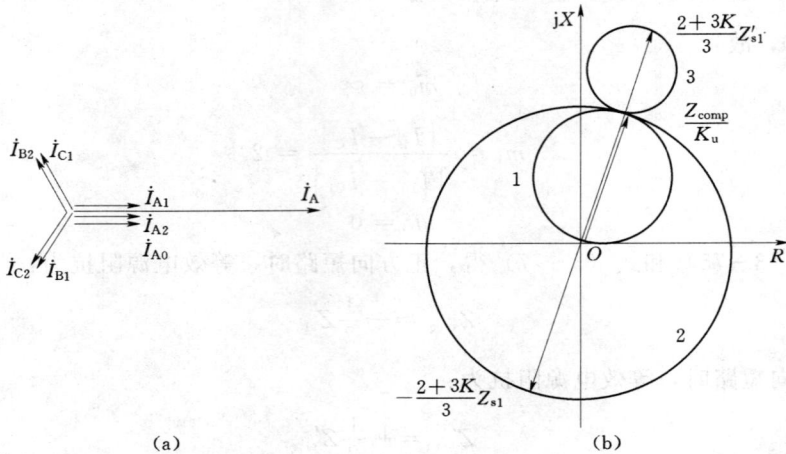

图 3-29　单相短路时相阻抗继电器工作特性分析

（a）A 相单相短路电流相量图；（b）单相短路时工作特性

1—静态特性；2—正向短路工作特性；3—反方向短路工作特性

4. 被保护线路正方向和反方向两相接地短路

两相接地短路是简单故障中最复杂的一种短路类型，从表 2-2 和表 2-3 中可以看出，相阻抗继电器和相间阻抗继电器都能对其实行正确故障距离测量。但以正序电压为极化量的方向阻抗继电器中，在此情况下相间阻抗继电器和相阻抗继电器工作特性却有所差别，虽然它们都能进行正方向故障定位，但工作特性的形状并不相同，下面分别分析相间阻抗继电器和相阻抗继电器在两相接地短路时的工作特性。

（1）被保护线路两相接地短路时，相间阻抗继电器工作特性。

分析 BC 相发生两相接地短路情况，此时应正确动作的阻抗继电器是 BC 相间阻抗继电器，相应的有：

$$\dot{I}_m = \dot{I}_B - \dot{I}_C, \dot{I}_{m1} = \dot{I}_{B1} - \dot{I}_{C1}, \dot{I}_{m0} = \dot{I}_{B0} - \dot{I}_{C0}, \dot{U}_{m1} = \dot{U}_{B1} - \dot{U}_{C1}$$

图 3-30（a）为 BC 相接地短路时故障点电流相量图，由于假定对故障点来说各序电流分配系数相等，故该图也表明继电器装设处各序电流的相对关系。

从相量图中可以看出：

$$m_0 = \infty$$

$$\theta_1 = 0$$

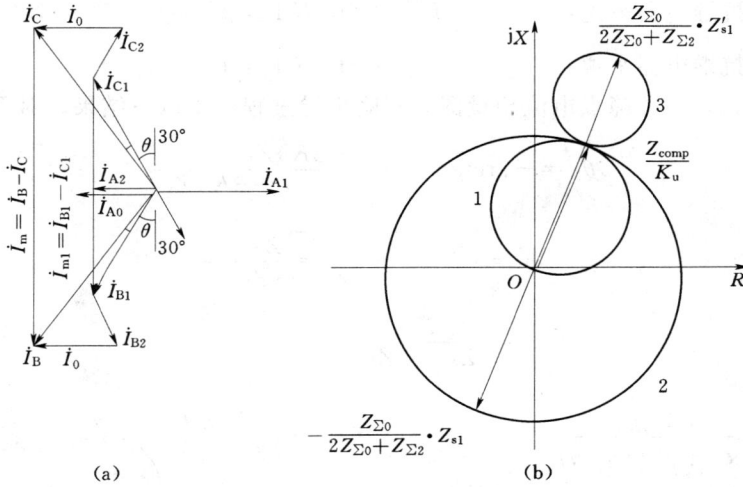

图 3-30　两相接地短路时，相间阻抗继电器工作特性分析

(a) BC 相间相接地短路电流相量图；(b) 两相接地短路时工作特性

1—静特性；2—正向短路工作特性；3—反向短路工作特性

再确定 m_1。从图 3-30 中可以看出：

$$I_m = 2(I_1 + I_2)\cos 30° = 2\left(I_1 + I_1 \frac{Z_{\Sigma 0}}{Z_{\Sigma 0} + Z_{\Sigma 2}}\right)\cos 30° = \sqrt{3}\left(1 + \frac{Z_{\Sigma 0}}{Z_{\Sigma 0} + Z_{\Sigma 2}}\right)I_1$$

式中：I_1、I_2 为一相电流中正序分量幅值。

测量电流中正序分量幅值为：

$$I_{m10} = 2I_1\cos 30° = \sqrt{3}I_1$$

故得：

$$m_1 = 1 + \frac{Z_{\Sigma 0}}{Z_{\Sigma 0} + Z_{\Sigma 2}}$$

当 $Z_{\Sigma 0} = \infty$ 时，$m_1 = 2$，相当于两相短路情况。

正方向发生两相接地短路时：

$$Z_{s\cdot eq} = -\left(1 - \frac{1}{m_1}\right)Z_{s1} = -\left(\frac{Z_{\Sigma 0}}{2Z_{\Sigma 0} + Z_{\Sigma 2}}\right)Z_{s1} \tag{3-83}$$

反方向发生两相接地短路时：

$$Z'_{s\cdot eq} = \left(\frac{Z_{\Sigma 0}}{2Z_{\Sigma 0} + Z_{\Sigma 2}}\right)Z'_{s1} \tag{3-84}$$

图 (3-30) 表明两相接地短路时，相间阻抗继电器工作特性。

需要指出，上面各式中 Z_{s1}、Z'_{s1} 等为电源正序阻抗，而 $Z_{\Sigma 1}$、$Z_{\Sigma 2}$、$Z_{\Sigma 0}$ 等为故障点向系统看去的正序、负序和零序阻抗。

(2) 被保护线路两相接地短路时，相阻抗继电器工作特性。

分析 BC 相发生两相接地短路情况，此时应正确动作的阻抗继电器是 B 相和 C 相相阻抗继电器。

对 B 相阻抗继电器来说：$\dot{I}_\mathrm{m}=\dot{I}_\mathrm{B}+3K\dot{I}_0$，$\dot{U}_\mathrm{m}=\dot{U}_\mathrm{B}$

对 C 相阻抗继电器来说：$\dot{I}_\mathrm{m}=\dot{I}_\mathrm{C}+3K\dot{I}_0$，$\dot{U}_\mathrm{m}=\dot{U}_\mathrm{C}$

图 3-31（a）为故障点电流相量图。省略推导过程列出以下结果。对 B 相而言：

$$\theta_1=-\arctan\frac{1}{\sqrt{3}}\frac{(1+3K)Z_{\Sigma2}-Z_{\Sigma0}}{Z_{\Sigma0}+(1+3K)Z_{\Sigma2}}$$

$$m_1=\sqrt{3}\sqrt{1-\frac{Z_{\Sigma2}Z_{\Sigma0}}{(Z_{\Sigma2}+Z_{\Sigma0})^2}}$$

$$m_0=\frac{Z_{\Sigma2}}{Z_{\Sigma2}+Z_{\Sigma0}}m_1$$

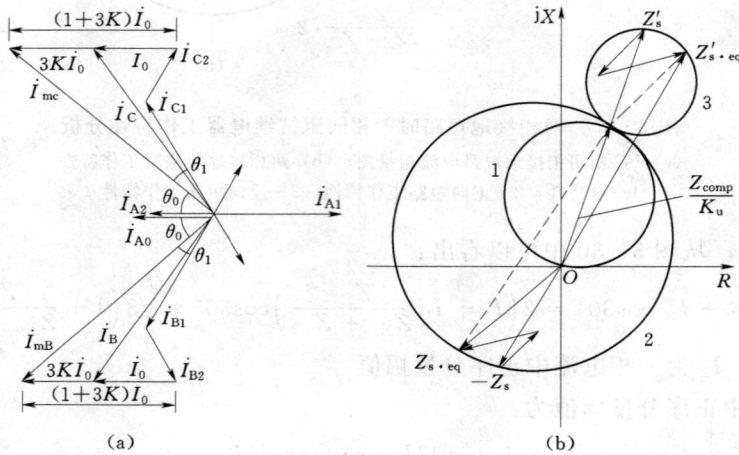

图 3-31　两相接地短路时相阻抗继电器工作特性分析

（a）计及$\dot{I}_0$补偿，BC 两相接地短路电流相量图；（b）两相接地短路时，超前相阻抗继电器工作特性
1—静特性；2—正向短路工作特性；3—反向短路工作特性

将上列各值代入式（3-75）和式（3-77）可得 $Z_\mathrm{s\cdot eq}$、$Z'_\mathrm{s\cdot eq}$，从而得在正方向和反方向 BC 两相接地短路情况下，以正序电压为极化量的 B 相方向阻抗继电器工作特性。

参看式（3-75）和式（3-77），$Z_\mathrm{s\cdot eq}$ 和 $Z'_\mathrm{s\cdot eq}$ 各由三段阻抗线组成：

$$Z_\mathrm{s\cdot eq}=-Z_\mathrm{s}+\frac{\mathrm{e}^{\mathrm{j}\theta_1}}{m_1}Z_\mathrm{s}-3K\frac{\mathrm{e}^{\mathrm{j}\theta_0}}{m_0}Z_\mathrm{s} \tag{3-85}$$

$$Z'_\mathrm{s\cdot eq}=Z'_\mathrm{s}-\frac{\mathrm{e}^{\mathrm{j}\theta_1}}{m_1}Z'_\mathrm{s}+3K\frac{\mathrm{e}^{\mathrm{j}\theta_0}}{m_0}Z'_\mathrm{s} \tag{3-86}$$

对 C 相而言：

$$\theta_1=\arctan\frac{1}{\sqrt{3}}\cdot\frac{(1+3K)Z_{\Sigma2}-Z_{\Sigma0}}{Z_{\Sigma0}+(1+3K)Z_{\Sigma2}}$$

$$\theta_0=60°-\theta_1$$

$$m_1 = \sqrt{3} \cdot \sqrt{1 - \frac{Z_{\Sigma 2} Z_{\Sigma 0}}{(Z_{\Sigma 2} + Z_{\Sigma 0})^2}}$$

$$m_0 = \frac{Z_{\Sigma 2}}{Z_{\Sigma 2} + Z_{\Sigma 0}} m_1$$

其相应的 $Z_{\text{s}\cdot\text{eq}}$ 和 $Z'_{\text{s}\cdot\text{eq}}$ 形式与式（3-85）和式（3-86）相同，但 θ_1、θ_0 不同。

图 3-32 给出两相接地短路时，超前相（B 相）和滞后相（C 相）确定工作特性的等效电源阻抗 $Z_{\text{s}\cdot\text{eq}}$ 和 $Z'_{\text{s}\cdot\text{eq}}$ 示意图。

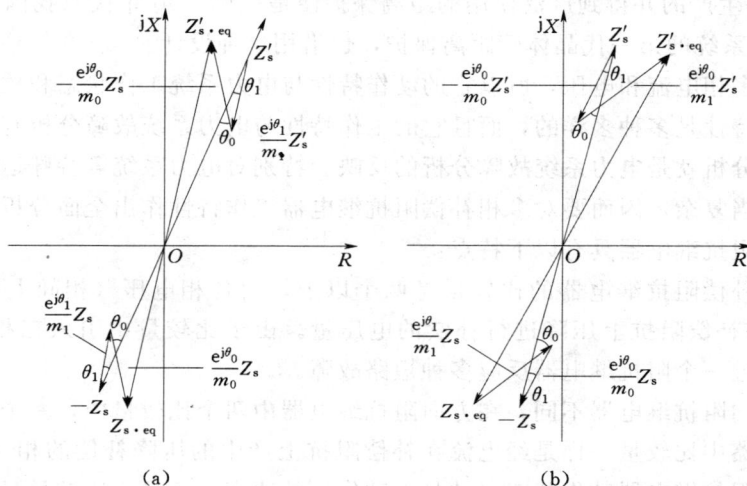

图 3-32　两相接地短路时，以正序电压为极化量的相阻抗继电器
超前和滞后相的等效电源阻抗
（a）超前相；（b）滞后相

以上较详细地分析了两相短路接地时，以正序电压为极化量的相间方向阻抗继电器和相方向阻抗电器的工作特性。分析表明：

（1）故障相和相间方向阻抗继电器有不同的形状。

（2）它们都能正确的判断故障的方向和位置。

（3）两种方向阻抗继电器中相间阻抗继电器因其不受零序电流影响，工作特性更为固定，性能较好。

第六节　多相补偿阻抗继电器

一、概述

本书分析的阻抗继电器都属于所谓单相（包括相间）阻抗继电器，它们共同特点是测量电压 $\dot{U}_{\text{m}}$ 和测量电流 $\dot{I}_{\text{m}}$ 取自三相系统中一相（一相间）的量，所以每个阻抗继电器只能进行同一相有关的故障测量，要构成三相线路的保护需设多个，例如 6 个阻抗继电器，这就使得距离保护很复杂。这一类的阻抗继电器称之为单相式阻抗继电器。

为了节省距离保护装置中所需的阻抗继电器数量，发展了一种称之为多相式阻抗继电器，它能用一个阻抗继电器实现多相的故障测量，习惯上称这种继电器为多相补偿阻抗继电器。

20 世纪 30 年代前苏联布列斯列尔和美国瓦林登等分别研制出多相补偿阻抗继电器。

布列斯列尔研制出的多相补偿阻抗继电器用于相间距离保护中。用一个阻抗继电器反应 6 种相间不对称短路，另外用一个方向阻抗继电器反应三相短路。而线路单相短路的保护则由零序电流保护担任。这一种距离保护的设计在前苏联和我国应用了多年，如 20 世纪 50 年代我国生产的并得到广泛使用的距离保护便是一例。60 年代末我国自行开发研制的用于 330kV 系统的第一代晶体管距离保护，也沿用这种设计。

由于引入多相电流和电压，所以它的动作特性与电力系统工作状态和故障性质有很大关系，其工作特性是多种多样的，而且它的工作特性与电力系统故障分析有很大关系，实际工作特性的分析就是电力系统故障分析的反映。特别对电力系统等特殊运行和故障状态之间的关系相当复杂，因而要对多相补偿阻抗继电器工作特性作出全面分析相当困难。

多相补偿阻抗继电器具有以下特点：

（1）多相补偿阻抗继电器的比较量是两个以上，由各相电压（相间电压）经相应相（相电流差）在补偿阻抗上压降进行补偿的电压量。由于比较量中引入三相电压和电流，因而有可能通过一个阻抗继电器反应多种短路故障。

（2）与方向阻抗继电器不同，在方向阻抗继电器中两个比较量中，一个比较量与多相补偿阻抗继电器中比较量一样是经电流在补偿阻抗上产生的压降补偿的相（相间）电压，它的变号表明阻抗继电器动作状态（动与不动作）的改变，而另一比较量只是起相位参据的作用，所以称极化电压。而多相补偿阻抗继电器中各比较量都是经补偿的电压，看不出哪一个是极化量，只能根据某一种短路状态，确定哪一个（或一个以上）比较电压起相位参据作用，即起极化电压的作用。一般而言，在不对称短路情况下完好相电压电流构成的比较电压起相位参据作用。

（3）多相补偿阻抗继电器一般都按相位比较方式实现的，而这种相位比较多是以相序比较方式工作的。

（4）从原理上看，多相补偿阻抗继电器只能反应不对称的故障情况，如三相对称变化，则从原理上不反应，所以它有一个最大缺点：不能反应三相对称短路。同时，它又有一个最大优点：系统振荡时不会误动。对三相平衡的负荷电流亦不敏感。

二、三比较量多相补偿阻抗电器分析

（一）比较量的构成

三比较量的多相补偿阻抗继电器的特点就是各比较量都是由不同相（相间）的测量电压 $\dot{U}_{\rm m}$ 经测量电流 $\dot{I}_{\rm m}$ 补偿而成。由于同第二章第一节所分析的原因，相阻抗继电器和相间阻抗继电器应有不同的比较电压。

多相补偿阻抗继电器，各比较量共同形式为：

$$\dot{E}_{\rm m} = \dot{U}_{\rm m} - \dot{I}_{\rm m} Z_{\rm set} \tag{3-87}$$

对相阻抗继电器而言有：

$$\dot{E}_x = \dot{U}_A - (\dot{I}_A + 3K\dot{I}_0)Z_{set} \tag{3-88a}$$

$$\dot{E}_y = \dot{U}_B - (\dot{I}_B + 3K\dot{I}_0)Z_{set} \tag{3-88b}$$

$$\dot{E}_z = \dot{U}_C - (\dot{I}_C + 3K\dot{I}_0)Z_{set} \tag{3-88c}$$

能正确测故障的故障类型为 A0、B0、C0、AB0、BC0、CA0。

对相间阻抗继电器而言有：

$$\dot{E}_x = \dot{U}_{AB} - (\dot{I}_A - \dot{I}_B)Z_{set} \tag{3-89a}$$

$$\dot{E}_y = \dot{U}_{BC} - (\dot{I}_B - \dot{I}_C)Z_{set} \tag{3-89b}$$

$$\dot{E}_z = \dot{U}_{CA} - (\dot{I}_C - \dot{I}_A)Z_{set} \tag{3-89c}$$

能正确测故障的故障类型为 AB、BC、CA、AB0、BC0、CA0。各阻抗继电器感受阻抗为 $Z_m = \dfrac{\dot{U}_m}{\dot{I}_m}$，被测的线路阻抗为正序阻抗。

（二）多相补偿阻抗继电器工作于理想状态下动作条件分析

所谓工作于理想状态，就是故障电流流过的故障阻抗，阻抗角 φ_1 与比较电压中补偿阻抗阻抗角相等。故障点无附加阻抗，即为金属性短路。

由于整定阻抗 Z_{set} 与线路阻抗角相等，所以式（3-87）中 $\dot{U}_m$ 与 $\dot{I}_m Z_{set}$ 同相，所以，对故障相（相间）来说，区内故障与区外故障影响相应的比较电压变号，从而影响为三个比较量之间相序。

表 3-2 以相多相补偿阻抗继电器为例说明在各种短路下继电器的动作行为，是工作于理想状态下多相补偿阻抗继电器动作行为。

表 3-2　　　　　　　　工作于理想状态下多相补偿阻抗继电器动作行为

短路相别	A0	B0	C0	AB0	BC0	CA0	系统振荡及ABC
变号的比较量	$\dot{E}_x$	$\dot{E}_y$	$\dot{E}_z$	$\dot{E}_x$、$\dot{E}_y$	$\dot{E}_y$、$\dot{E}_z$	$\dot{E}_z$、$\dot{E}_x$	$\dot{E}_x$、$\dot{E}_y$、$\dot{E}_z$
相量图							
相序	$\dot{E}_x \to \dot{E}_z \to \dot{E}_y$	$\dot{E}_x \to \dot{E}_z \to \dot{E}_y$	$\dot{E}_x \to \dot{E}_z \to \dot{E}_y$	$\dot{E}_x \to \dot{E}_z \to \dot{E}_y$	$\dot{E}_x \to \dot{E}_z \to \dot{E}_y$	$\dot{E}_x \to \dot{E}_z \to \dot{E}_y$	$\dot{E}_x \to \dot{E}_y \to \dot{E}_z$
动作状态	动作	动作	动作	动作	动作	动作	不动作

三比较量多相补偿阻抗继电器是以比较量的相序判断区内外故障的。

在理想状态下，多相补偿阻抗继电器的动作为条件是很明显的，当线路阻抗角 φ_1 与整定阻抗角 Z_{set} 不等的状态下，动作特性就较为复杂，此时相序的改变是因三个比较量有两个比较数量之间相位发生反转，这一变化可以解析的进行分析从而得出阻抗继电器在复平面上动作特性。这一分析方法将在后一节，以两比较量多相补偿阻抗继电器为实例进行。

（三）三比较量多相补偿阻抗继电器比相方法

1. 逻辑比相方法

图 3-33 表明可用的三比较量相序比较器，这一比相方法既可用模拟电路实现也可用数字技术实现。

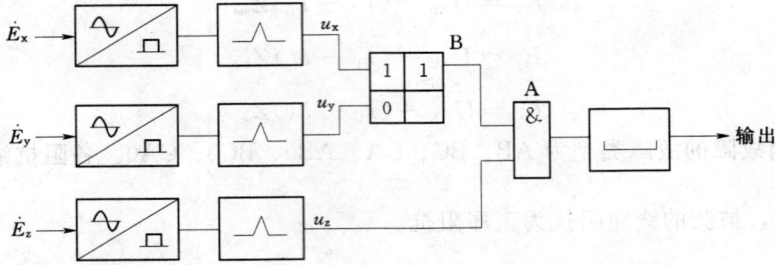

图 3-33　三比较量相序比较器

图中比较量 $\dot{E}_x$、$\dot{E}_y$、$\dot{E}_z$ 先经脉冲形式转变成脉冲。当 e_x、e_y、e_z 过零时分别产生脉冲 u_x、u_y、u_z。脉冲 u_z 直接送到与门 A，脉冲 u_x、u_y 送到双稳触发电路 B，其中 u_x 使触发器处于 1 态，而 u_y 使其处于 0 态，如 u_x 先于 u_y，则在 u_z 脉冲发出时，双稳触发器处于 0 态，与门 A 不动作。反之，如为反相序 u_y 先于 u_x，则当 u_z 发出脉冲时，双稳触发器已经处于 1 态，与门 A 瞬时变为 1 态输出，经脉冲展宽回路发出连续动作输出。

2. 序电压相序比相法

从序电压关系可判断相序。

图 3-34 表明这种比相法的原理图，比较量 $\dot{E}_x$、$\dot{E}_y$、$\dot{E}_z$ 被送入滤序器滤出其中包含的正序电压 $\dot{U}_{m1}$ 和负序电压 $\dot{U}_{m2}$。如由模拟电路实现，则经整流、滤波形成平均值 U_{m1} 和 U_{m2}，再送入绝对值比较器中，如满足下列条件，则表明 $\dot{E}_x$、$\dot{E}_y$、$\dot{E}_z$ 为逆相序，阻抗继电器处于动作状态：

$$U_{m2} \geqslant U_{m1} \tag{3-90}$$

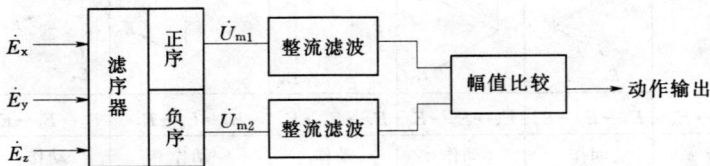

图 3-34　序电压相序比较器

这种相序比较方法，物理概念很明显，不必另作解释。由此构成的相间多相补偿阻抗继电器曾在我国 20 世纪 70 年代研制的 330kV 线路距离保护中采用。由于它采用绝对值比较方式工作，所以，同图 3-33 中所示原理相比，抗干扰性能强。这种比较原理也容易在数字保护中实现。

三、两比较量多相补偿阻抗继电器分析

一种两比较量多相补偿阻抗继电器早在 1945 年即被提出，其原理是只用一台圆筒感应式阻抗继电器来反应三相系统各种相间短路故障，由于早先认为单相接地故障容易由零序电流保护来反应，所以用这种多相补偿阻抗继电器构成的距离保护同零序电流保护配合，可以实现高压线路不对称短路故障的保护，再配合一台单相方向阻抗继电器即可实现全套的短路故障保护。

自然，前面分析的三比较量多相补偿阻抗继电器可以实现各种不对称短路故障的保护，但是，对圆筒感应式比相器而言只能适用于两比较量的相位比较，所以在 1945 年提出的所谓"布列斯列尔"继电器用的是两比较量相位比较原理。但是在目前，特别对计算机保护而言，比相是由软件实现，不存在是用一个继电器或几个继电器来构成保护装置的问题，所以这种两比较量多相补偿阻抗继电器已失去其优越性。

1. 两比较量多相相间补偿阻抗继电器的基本动作特性

这种多相相间补偿阻抗继电器的比较量实际上是在式（3-89）所列三个补偿电压中取两个，例如：

$$\dot{E}_{x} = \dot{U}_{AB} - (\dot{I}_{A} - \dot{I}_{B})Z_{set} \tag{3-91a}$$

$$\dot{E}_{y} = \dot{U}_{BC} - (\dot{I}_{B} - \dot{I}_{C})Z_{set} \tag{3-91b}$$

当 $\dot{E}_{x}$ 超前 $\dot{E}_{y}$ 时不动作，$\dot{E}_{y}$ 超前 $\dot{E}_{x}$ 时动作，即动作条件为：

$$180° \leqslant \arg(\dot{E}_{x} / \dot{E}_{y}) \leqslant 360° \tag{3-91c}$$

可从 $\dot{E}_{x}$、$\dot{E}_{y}$ 的相量关系分析继电器动作状态：

（1）被保护线路 AB 相间短路。

先分析正方向短路情况，图 3-35（a）为正方向 AB 相间短路相量图，根据相量图可以得出区内、区外短路时，$\dot{E}_{x}$、$\dot{E}_{y}$ 之间相量关系，为：

$$\dot{E}_{x} = \dot{U}_{AB} - (\dot{I}_{A} - \dot{I}_{B})Z_{set} = \dot{U}_{FAB} + (\dot{I}_{A} - \dot{I}_{B})Z_{m} - (\dot{I}_{A} - \dot{I}_{B})Z_{set}$$

$$= (\dot{I}_{A} - \dot{I}_{B})Z_{m} - (\dot{I}_{A} - \dot{I}_{B})Z_{set}$$

$$= (\dot{I}_{A} - \dot{I}_{B})(Z_{m} - Z_{set}) = 2\dot{I}_{A}(Z_{m} - Z_{set}) \tag{3-92a}$$

$$\dot{E}_{y} = \dot{U}_{BC} - (\dot{I}_{B} - \dot{I}_{C})Z_{set} = \dot{U}_{FBC} + (\dot{I}_{B} - \dot{I}_{C})Z_{m} - (\dot{I}_{B} - \dot{I}_{C})Z_{set}$$

设 $I_{C} = 0$

$$\dot{E}_{y} = \dot{U}_{FBC} + \dot{I}_{B}(Z_{m} - Z_{set}) \tag{3-92b}$$

根据式（3-92）可得在正方向短路时，区内、区外 AB 相短路时 $\dot{E}_{x}$、$\dot{E}_{y}$ 之间相位关系，可以看出：在区外短路时见图 3-35（b），$\dot{E}_{x}$ 超前 $\dot{E}_{y}$，阻抗继电器不动作；区内短路时见图 3-35（c），$\dot{E}_{y}$ 超前 $\dot{E}_{x}$，阻抗继电器动作。

再分析反方向 AB 相短路情况。

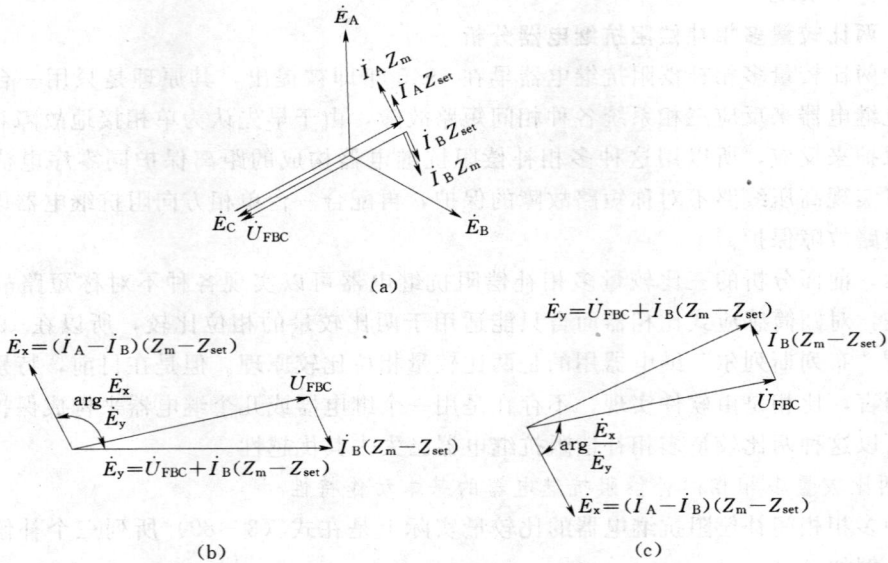

$$\dot{E}_{\mathrm{x}}=(\dot{I}_{\mathrm{A}}-\dot{I}_{\mathrm{B}})(Z_{\mathrm{m}}-Z_{\mathrm{set}})$$

图 3-35　正方向 AB 相间短路时动作状态

(a) 正方向短路时相量图；(b) 区外短路时 $\dot{E}_{\mathrm{x}}$、$\dot{E}_{\mathrm{y}}$ 间相量关系；(c) 区内短路时 $\dot{E}_{\mathrm{x}}$、$\dot{E}_{\mathrm{y}}$ 间相位关系

在反方向经 Z_{m} 短路情况下，线路电流定义方向未变，但实际电流方向相反，故有：

$$\dot{E}_{\mathrm{x}}=\dot{U}_{\mathrm{AB}}-(\dot{I}_{\mathrm{A}}-\dot{I}_{\mathrm{B}})Z_{\mathrm{set}}$$

$$=\dot{U}_{\mathrm{FAB}}-(\dot{I}_{\mathrm{A}}-\dot{I}_{\mathrm{B}})Z_{\mathrm{m}}-(\dot{I}_{\mathrm{A}}-\dot{I}_{\mathrm{B}})Z_{\mathrm{set}}$$

$$=-(\dot{I}_{\mathrm{A}}-\dot{I}_{\mathrm{B}})(Z_{\mathrm{m}}+Z_{\mathrm{set}}) \tag{3-93a}$$

$$\dot{E}_{\mathrm{y}}=\dot{U}_{\mathrm{BC}}-(\dot{I}_{\mathrm{B}}-\dot{I}_{\mathrm{C}})Z_{\mathrm{set}}$$

$$=\dot{U}_{\mathrm{FBC}}-(\dot{I}_{\mathrm{A}}-\dot{I}_{\mathrm{B}})Z_{\mathrm{m}}-(\dot{I}_{\mathrm{B}}-\dot{I}_{\mathrm{C}})Z_{\mathrm{set}}$$

$$=\dot{U}_{\mathrm{FBC}}-\dot{I}_{\mathrm{B}}(Z_{\mathrm{m}}+Z_{\mathrm{set}}) \tag{3-93b}$$

应注意，反方向短路时，电流相量 $\dot{I}_{\mathrm{A}}$、$\dot{I}_{\mathrm{B}}$ 方向与图 3-35 (a) 上相反，由此得 $\dot{E}_{\mathrm{x}}$ 与 $\dot{E}_{\mathrm{y}}$ 之间相量关系见图 3-36。

可见，除非 $\dot{I}_{\mathrm{B}}$ 为无限大，$\dot{E}_{\mathrm{x}}$ 均超前 $\dot{E}_{\mathrm{y}}$，阻抗继电器在背后短路时，不会失去方向性而误动作，同时，在出口不对称短路情况下，比较量不会消失，所以无动作死区。

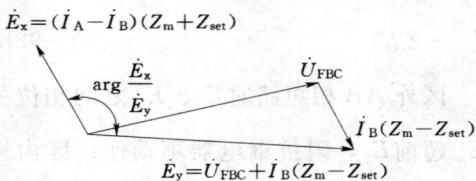

图 3-36　反相 AB 相短路时
$\dot{E}_{\mathrm{x}}$、$\dot{E}_{\mathrm{y}}$ 间相位关系

(2) 被保护线路 BC 相两相短路。

情况同 AB 短路，不另作分析。

(3) 被保护线路 AC 相两相短路。

对以式 (3-91) 为比较量的多相补偿阻抗继电器来说，AC 两相短路情况与 AB、BC 相两相短路有些不同，需另作分析。

先分析正方向短路情况。

图 3-37（a）为 AC 相正方向两相短路时相量图，从图中可以看出：

$$\dot{E}_x = \dot{U}_{AB} - (\dot{I}_A - \dot{I}_B)Z_{set}$$

$$= \dot{U}_{FAB} + (\dot{I}_A - \dot{I}_B)Z_m - (\dot{I}_A - \dot{I}_B)Z_{set}$$

$$= \dot{U}_{FAB} + (\dot{I}_A - \dot{I}_B)(Z_m - Z_{set})$$

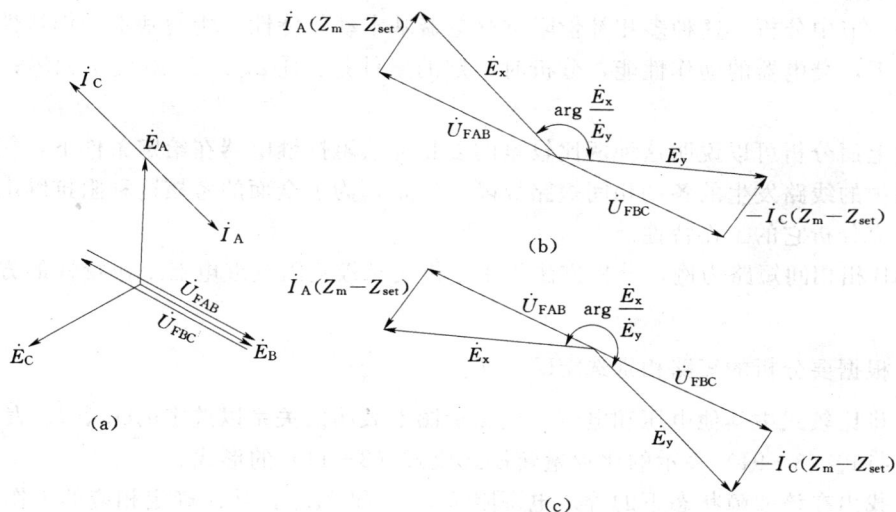

图 3-37 正方向 AC 相相间短路时动作状态

（a）正方向短路时相量图；（b）区外短路时 $\dot{E}_x$、$\dot{E}_y$ 间相位关系；（c）区内短路时 $\dot{E}_x$、$\dot{E}_y$ 间相位关系

不计负荷电流，即令 $\dot{I}_B = 0$，则：

$$\dot{E}_x = \dot{U}_{FAB} + \dot{I}_A(Z_m - Z_{set}) \tag{3-94a}$$

$$\dot{E}_y = \dot{U}_{BC} - (\dot{I}_B - \dot{I}_C)Z_{set}$$

$$= \dot{U}_{FBC} + (\dot{I}_B - \dot{I}_C)(Z_m - Z_{set})$$

$$= \dot{U}_{FBC} - \dot{I}_C(Z_m - Z_{set})$$

$$= \dot{U}_{FBC} + \dot{I}_A(Z_m - Z_{set}) \tag{3-94b}$$

图 3-37（b）和图 3-37（c）表明区外（$Z_m > Z_{set}$）和区内（$Z_m < Z_{set}$）短路时，$\dot{E}_x$、$\dot{E}_y$ 之间相位关系，可以看出：

当区外短路时，$\dot{E}_x$ 超前 $\dot{E}_y$，阻抗继电器不动作；当区内短路时，$\dot{E}_y$ 超前 $\dot{E}_x$，阻抗继电器动作。

再分析反方向短路情况，在此情况下，因故障电流与定义方向相反，即实际电流相量 $\dot{I}_A$、$\dot{I}_C$ 与图 3-37（a）中相反故

$$\dot{E}_x = \dot{U}_{FAB} + \dot{I}_A(Z_m + Z_{set}) \tag{3-95a}$$

$$\dot{E}_y = \dot{U}_{FBC} + \dot{I}_A(Z_m + Z_{set}) \tag{3-95b}$$

故在反向短路时，$\dot{E}_x$、$\dot{E}_y$ 之间相位关系与图 3-37（b）类似，不管 Z_m 为何值，$\dot{E}_x$ 均超前 $\dot{E}_y$，阻抗继电器不动作。

2. 两比较量多相相间补偿阻抗继电器的工作特性

在上一节中分析了这种多相补偿阻抗继电器基本动作特性，所谓基本动作特性是指在给定条件下，继电器的动作性能，分析时给定的条件是：①Z_m、Z_{set} 阻抗角相等；②无弧光电阻。

通过上面分析可以说明这种两比较量的多相补偿阻抗继电器在给定条件下，能够正确反应所保护的线路发生的各种相间短路故障。但是，为了全面的考核这种阻抗继电器的动作特性，应分析它的工作特性。

以 AB 相相间短路为例，分析方法仍用分析交叉极化阻抗继电器工作特性的方法，归结如下：

（1）根据要分析的短路相别选定 $\dot{U}_m$、$\dot{I}_m$。

（2）将比较式中其他电压和电流，按相量图上表明的关系以选定的 $\dot{U}_m$、$\dot{I}_m$ 表示。

（3）将式（3-91）表示的比较量转换式成式（3-11）的形式。

（4）找出在该故障状态下的等效电源阻抗 $Z_{s \cdot eq}$ 和 $Z'_{s \cdot eq}$，从而确定相应的工作特性。

分析时仍假定：

（1）系统各元件正序、负序阻抗相等。

（2）故障点各序电流，流向系统的分配系数相同，即线路上各电流之间相对关系与短路点相同。

（3）不计负荷电流。

令式（3-91a）中：

$$\dot{I}_A - \dot{I}_B = \dot{I}_m$$

$$\dot{U}_{AB} = \dot{U}_m$$

对应式（3-91b）中，有：

$$\dot{I}_B - \dot{I}_C = \dot{I}_B = -\dot{I}_A = -0.5\dot{I}_m$$

$$\dot{U}_{BC} = \dot{U}_{FBC} + (\dot{I}_B - \dot{I}_C)Z_m = \dot{U}_{FBC} - 0.5\dot{I}_m Z_m$$

从相量图上可以看出：

$$\dot{U}_{FBC} = \frac{\sqrt{3}}{2}\dot{E}_{AB}e^{-j90°}$$

而

$$\dot{E}_{AB} = \dot{E}_m = \dot{U}_m + \dot{I}_m Z_s$$

从而，当正方向 AB 相相间短路时，多相补偿阻抗继电器的比较量为：

$$\dot{E}_x = \dot{U}_m - \dot{I}_m Z_{set}$$

$$\dot{E}_y = \dot{U}_{BC} - (\dot{I}_B - \dot{I}_C)Z_{set} = \dot{U}_{FBC} - 0.5\dot{I}_m Z_m + 0.5\dot{I}_m Z_{set}$$

$$= \frac{\sqrt{3}}{2}e^{-j90°}(\dot{U}_m + \dot{I}_m Z_s) - 0.5\dot{I}_m(Z_m - Z_{set})$$

$$= \frac{\sqrt{3}}{2}e^{-j90°}\left\{\dot{U}_m + \dot{I}_m\left[Z_s - \frac{1}{\sqrt{3}}(Z_m - Z_{set})e^{j90°}\right]\right\}$$

$$= \frac{\sqrt{3}}{2}e^{-j90°}(\dot{U}_m - \dot{I}_m Z_{s\cdot eq})$$

其中

$$Z_{s\cdot eq} = -\left[Z_s - \frac{1}{\sqrt{3}}(Z_m - Z_{set})e^{j90°}\right] \tag{3-96}$$

为了将比较量与比较条件转换为式（3-11）的标准形式，将 $\dot{E}_x$ 乘以（-1）得：

$$\dot{E}_x = \dot{I}_m Z_{set} - \dot{U}_m \tag{3-97a}$$

将上述式中 $\dot{E}_y$ 去掉不影响比相的系数 $\frac{\sqrt{3}}{2}$，并将动作条件改变，$\dot{E}_y$ 可写成：

$$\dot{E}_y = \dot{U}_m - \dot{I}_m Z_{set} \tag{3-97b}$$

式（3-91c）的比相条件作相应的改变，即将不等式各量乘以（$-e^{-j90°}$）得：

$$-90° \leqslant \arg\frac{\dot{E}_x}{\dot{E}_y} \leqslant 90° \tag{3-97c}$$

由此可得：以式（3-91a）和式（3-91b）为比较量，式（3-91c）为动作条件的两比较量多相补偿阻抗继电器在 AB 相相间短路时，在复平面上工作特性如图 3-38 所示，为以阻抗相量 Z_{set}、$Z_{s\cdot eq}$ 端头连线为直径的圆。

必须指出，图 3-38 中 Z_m 的定义区为：

$$0 \leqslant Z_m \leqslant \infty$$

即不包括 Z_m 为负，因为 Z_m 为负时为反方向短路情况，和上面正方向短路定义不符。

下面分析反方向 AB 相相间短路情况。

图 3-38　正方向 AB 相短路时工作特性

反方向短路时由于定义的电流正方向未变，所以比较量与动作条件均未变，所不同的只是系统中 $\dot{E}_m$ 与 $\dot{U}_m$ 之间关系变了，即：

$$\dot{E}_{AB} = \dot{E}_m = \dot{U}_m - \dot{I}_m Z'_s$$

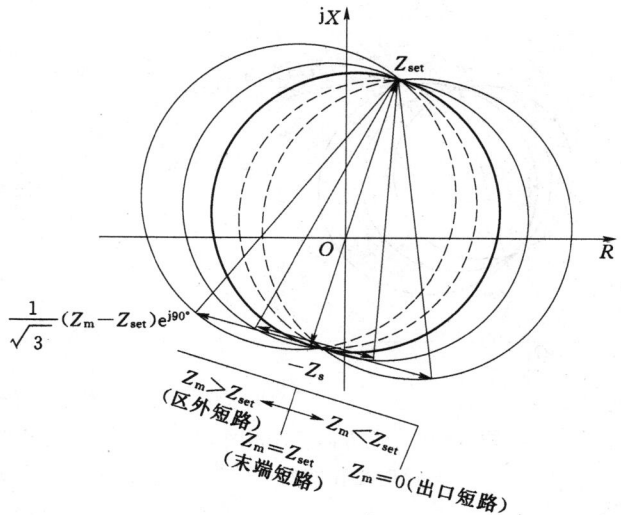

$$\dot{U}_{BC} = \dot{U}_{FBC} - (\dot{I}_B - \dot{I}_C) = U_{FBC} + 0.5\,\dot{I}_m Z_m$$

式中：Z'_s 为对侧电源阻抗。

将上列关系代入 $\dot{E}_y$ 中，得反方向 AB 相短路时：

$$\dot{E}_y = \dot{U}_m - \dot{I}_m Z'_{s\cdot eq} \qquad (3-98)$$

而

$$Z'_{s\cdot eq} = Z'_s - \frac{1}{\sqrt{3}}(Z_m + Z_{set})e^{j90°} \qquad (3-99)$$

比较量 $\dot{E}_x$ 未变，仍为式（3-97a）。式中等效电源阻抗 $Z'_{s\cdot eq}$ 中有关 Z_m 要加以限定，因为讨论反方向短路时，Z_m 是指背后阻抗，而 Z_{set} 是正方向阻抗，Z_m 只表明反方向短路时感受阻抗。

式（3-99）及由此给出的动作特性不适用于正向短路，即不适用于 Z_m 为负值的情况，因为按上面定义，Z_m 为负值表明为正向感受阻抗。

由此可得，反方向 AB 相短路时，阻抗继电器在复平面上动作特性如图 3-39 所示。

以上分析的是以式（3-91）为比较量和动作条件的两比较量多相补偿阻抗继电器在 AB 相相间短路时的工作特性，由于对称性，当发生 BC 相相间短路时，工作特性与 AB 相相间短路相同，但发生 CA 相相间相短路时，根据上一节分析，多相补偿阻抗继电器也能正确动作，但其工作特性与 AB、BC 相短路时有所不同，这也是这种两比较量多相补偿阻抗继电器的一个缺点。

从上面分析可以看出，这种两比较量的多相补偿继电器工作特性具有以下特点：

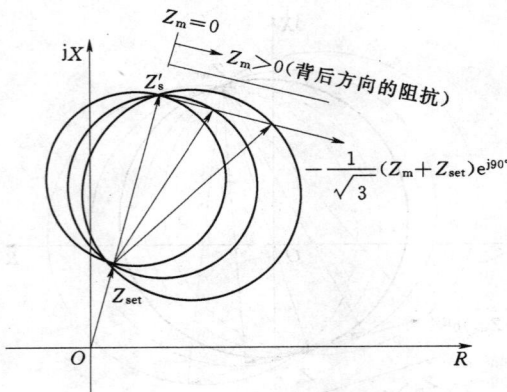

图 3-39　反方向 AB 相间短路时工作特性

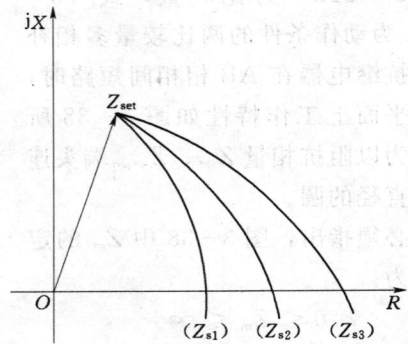

图 3-40　两比较量多相补偿阻抗继电器在正方向相间短路时复平面第一象限的工作特性（电源阻抗 $Z_{s1} < Z_{s2} < Z_{s3}$）

（1）工作特性可用交叉极化阻抗继电器工作特性的分析方法来分析，其特性也类似交叉极化阻抗继电器。

（2）由于其可变特性，在复平面上第一象限具有较好的反应弧光电阻的性质。

图 3-40 是根据图 3-38 加工而得的综合工作特性，可以看出它具有较好的反应弧光电阻能力。

（3）两比较量的多相补偿阻抗继电器（所谓布列斯列尔继电器）的功能受到限制。只能正确实现相间短路的故障测量，而且三种相间短路故障表现的工作特性也不一致，两相接地故障一般不能正确反应。

所以，虽然这种两比较量相间多相补偿阻抗继电器有可用两比较量的相位比较实现的优点，但在目前，特别在计算机保护中它已不成其为优点。如采用由式（3-88）或式（3-89）为比较量构成的多相补偿阻抗继电器性能更为优越。在以式（3-88）为比较量的接地多相补偿阻抗继电器增加以 $\dot{I}_0$ 组成的极化电压可获得更好的性能。但是，本节介绍的两比较量多相补偿阻抗继电器的分析方法仍是分析的基础，因为不管是几个比较量，在一种故障情况下，起判断作用的仍是两个比较量。

第七节　以零序电流为极化量的直线特性阻抗继电器

在本章第二节中曾指出了为克服弧光电阻对阻抗继电器阻抗测量影响，方法之一就是采用具有良好避开弧光电阻能力的阻抗继电器，其中特别提到的零序电流为极化量的阻抗继电器，本节将对这种阻抗继电器的构成和工作特性进行分析。

一、以零序电流为极化量的直线特性阻抗继电器的构成

前面已分析以式（3-30a）、式（3-30b）为比较量，以式（3-30c）为动作条件的偏移方向阻抗继电器，当式（3-30b）中系数 $K_p=0$ 时，即可取得动作特性不过复平面坐标原点的直线特性阻抗继电器。当式（3-30b）中 $K_p=0$，意味着阻抗继电器以电流为极化量。以继电保护装设处零序电流为极化量时，阻抗继电器比较量写为：

$$\dot{E}_x = \dot{I}_m Z_{set} - \dot{U}_m \tag{3-100a}$$

$$\dot{E}_y = \dot{I}_{m0} Z_{comp0} \tag{3-100b}$$

动作条件为：
$$-90° \leqslant \arg \frac{\dot{E}_x}{\dot{E}_y} \leqslant 90° \tag{3-100c}$$

式（3-100b）中，$\dot{I}_{m0}$ 为发生接地短路后流经阻抗继电器装设处的零序电流。为了确定式（3-100）表明的阻抗继电器动作特性，按前面已采用的方法找出 $\dot{I}_{m0}$ 和 $\dot{I}_m$ 的关系。可写成：

$$\dot{I}_{m0} = C_{M0} \dot{I}_0 = C_{M0} \frac{e^{j\theta_0}}{m_0} \dot{I}_m \tag{3-101}$$

式中：$\dot{I}_0$ 为故障点零序电流；C_{M0} 为故障点零序电流对 M 侧分配系数；$\theta_0 = \arg(\dot{I}_0/\dot{I}_m)$，$\dot{I}_0$ 超前 $\dot{I}_m$ 为正；$m_0 = I_m/I_0$，为 I_m 与 I_0 数值比。

$$\dot{I}_{m0} Z_{comp0} = \frac{C_{M0}}{m_0} Z_{comp0} e^{j\theta_0} \dot{I}_m \tag{3-102}$$

C_{M0}、m_0 可认为是数值，与比相无关，故 $\dot{E}_y$ 可写成：

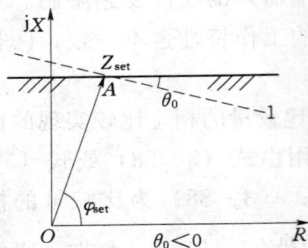

图 3-41　以零序电流为极
化量阻抗继电器动作特性

$$\dot{E}_y = Z_{comp0} e^{j\theta_0} \dot{I}_m \qquad (3-103)$$

以式（3-100a）和式（3-100b）为比较量，以式（3-100c）为动作条件的以零序电流为极化量的直线特性阻抗继电器的动作特性如图 3-41 所示。

图 3-41 中对应 $\theta_0 < 0$ 的情况，即 $\dot{I}_0$ 滞后 $\dot{I}_m$ 的情况。如 θ_0 改变，则动作特性以 A 点为中心而旋转。

图 3-41 中直线 1 是 Z_{comp0} 与 Z_{set} 阻抗角相等的情况，如当 $\theta_0 = 0$ 时要取得电抗特性，则 Z_{comp0} 阻抗角应按式（2-25）进行 $\Delta\varphi$ 补偿。

二、以零序电流为极化量直线特性阻抗继电器特性的讨论

（一）单相短路，故障相阻抗继电器特性

以零序电流为极化量的直线特性阻抗继电器都是用于接地距离保护中，作为综合的阻抗测量元件，所以式（3-100a）中 $\dot{I}_m$ 为经零序电流补偿的相电流，而 $\dot{U}_m$ 为相电压。

1. 对侧电源无助增的情况

在对侧电源无助增的情况下，可认为式（3-101）中 $\theta_0 = 0$，阻抗继电器特性如图 3-42（a）中实线 2 所示，由于采用直线特性的目的就是取得较好的消除故障点弧光电阻的影响，当对侧电源无助增的情况下，装在线路 M 侧阻抗继电器感受到的弧光电阻为一纯电阻 R_{arc}。所以继电器的特性应为电抗继电器。为此，式（3-101b）中 Z_{comp0} 应补偿为电抗。相应的式（3-103）中 $\dot{E}_y$ 应为：

$$\dot{E}_y = Z_{comp0} e^{j\Delta\varphi} \dot{I}_m \qquad (3-104)$$

其中

$$\Delta\varphi = 90° - \varphi_{set}$$

式中：φ_{set} 为整定阻抗 Z_{set} 的阻抗角。

经此补偿后，当 $\theta_0 = 0$ 时，阻抗继电器动作特性如图 3-42（a）中实线 2 所示。在此情况下，如线路上 F 点发生弧光接地短路，则继电器感受阻抗 Z_m 终端沿 R 方向移动，不会出现误动和拒动的情况。

2. 对侧电源有助增，且对侧电源电势落后本侧电源电势，即保护装设侧送出功率的情况

在此情况下，对侧助增电流对 M 侧来说是滞后性的，参看图 3-42，对电弧电阻助增的结果使 R_{arc} 变为容性 Z_{arc}，图 3-42（c）中表明了这种情况。但同样由于对侧滞后性的助增，使接地回路 $\dot{I}_0$ 相对 $\dot{I}_m$ 来讲是滞后，故式（3-102）中 $\theta_0 < 0$，故阻抗继电器动作特性亦向 X 轴反向旋转一个角度 θ_0。故仍能保持 Z_{arc} 与直线动作特性平行，补偿了弧光电阻感受角度的变化。

3. 对侧电源有助增，且对侧电源电势超前本侧电源电势，即保护装设侧吸收功率的情况

与上面分析类似，由于 R_{arc} 感受特性的变化，同阻抗继电器特性的变化一样都是因故

障点 $\dot{I}_0$ 对继电器感受电流 $\dot{I}_m$ 相位不同的影响而出现的。故仍能进行自适应的补偿，图 3-42 (b) 表明了这一情况。

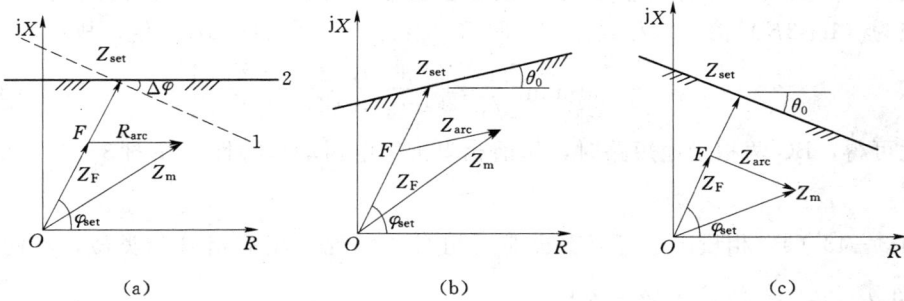

图 3-42　以零序电流为极化电压阻抗继电器特性的自适应性
(a) 对侧无助增；(b) 对侧超前性助增；(c) 对侧滞后性助增

(二) 两相短路接地，故障相阻抗继电器特性

两相短路接地也是接地阻抗继电器应正确反应的短路类型。在两相接地短路情况下，故障相零序电流与全电流不同相，所以以零序电流为极化量的阻抗继电器直线特性就要发生倾斜。分析时为了考虑突出短路类型的影响，不计对侧电源助增。

图 3-43 (a) 为被保护线路发生 BC 两相接地短路时故障点电流相量图。分析时认为故障点到继电器装设处各序电流分配系数相等，故从相位关系上看，图 3-43 (a) 的电流相量图能表明继电器装设处情况。

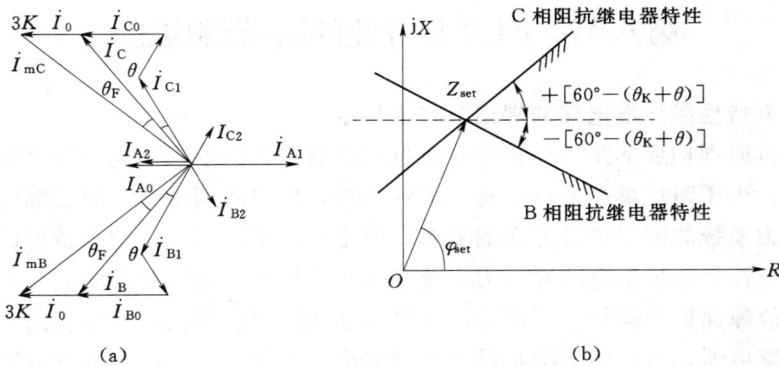

图 3-43　被保护线路 BC 相两相接地短路时故障相继电器动作特性分析
(a) 电流相量图；(b) 超前相 (B 相) 和滞相 (C 相) 继电器动作特性

根据图中相量关系可分析 B 相和 C 相阻抗器动作特性，关键问题在于确定式 (3-104) 中的 θ_0。

对 B 相而言 $\dot{I}_m = \dot{I}_B + 3K\dot{I}_0$，从相量图知：

$$\theta_{0B} = \arg(\dot{I}_0 / \dot{I}_{mB}) = -[120° - (\theta + \theta_F)] \qquad (3-105)$$

θ 按超前角为正定义时为：

$$\theta = -\arctan\left(\frac{1}{\sqrt{3}} \cdot \frac{Z_{\Sigma 2} - Z_{\Sigma 0}}{Z_{\Sigma 2} + Z_{\Sigma 0}}\right) \tag{3-106}$$

θ_F 为因 $3K\dot{I}_0$ 零序电流补偿引起 $\dot{I}_m$ 的相位变化，因 $3K\dot{I}_0$ 的补偿相当于增大了 $\dot{I}_m$ 中零序电流为 $(1+3K)$ 倍，即相当于 $Z_{\Sigma 0}$ 同 $Z_{\Sigma 2}$ 相比减小到 $(1+3K)$ 倍，故：

$$\theta + \theta_F = -\arctan\left[\frac{1}{\sqrt{3}} \cdot \frac{(1+3K)Z_{\Sigma 2} - Z_{\Sigma 0}}{(1+3K)Z_{\Sigma 2} + Z_{\Sigma 0}}\right] \tag{3-107}$$

由此可得，BC 两相接地短路时，超前相阻抗继电器动作特性，如图 3-43（b）中直线 1 所示。

从图 3-43（a）相量图上可以看出滞后相 C 相情况与超前相 B 相类似，不同的是 $\dot{I}_0$。超前 $\dot{I}_m$ 角 θ_{0C}，$\theta_{0C} = 120° - (\theta + \theta_F)$。

相应的阻抗继电器动作特性如图 3-43（b）中直线 2 所示。

三、以零序电流为极化量的直线特性阻抗继电器的特点

以零序电流为极化量的直线特性阻抗继电器有如下特点：

（1）单相接地短路时有避开故障处弧光电阻对阻抗测量影响的能力，它能自动适应对侧电源对弧光电阻助增的影响，防止阻抗继电器拒动或误动。

（2）在满足对单相接地自适应的条件下，两相接地短路时，动作特性有较大的畸变，不能同时满足两相对地弧光电阻的要求。

（3）基本上无避开负荷阻抗的能力，系统振荡时，防误动的特性也不良。

所以一般这种特性的阻抗继电器并不单独使用。

第八节　四边形特性的阻抗继电器

一、四边形特性阻抗继电器的提出及特性构成

以阻抗测量原理构成的距离保护中对阻抗继电器特性的要求很高，继电器本身的构成也复杂，另外，由于阻抗继电器可以构成多种特性，所以不同特性的阻抗继电器也能分别较好地满足电力系统故障保护各方面的需要。但是，从本章第二节中分析可以看出，困难之处在于某种特性的阻抗继电器对电力系统某些故障保护或运行状态的适应很好，但对另外一些形式的故障保护和运行状态的适应就显得性能不好。因此，希望找出一种能适应多种要求的阻抗继电器，可行的方法是设计或制造出具有复合特性的阻抗继电器。四边形特性是一种具有组合性能的阻抗继电器，它的四个动作边界可以单独调整，而阻抗继电器可以由一个比较器构成，而且很适用于计算机保护。

下面分析四边形特性的四个动作边界应有的特性，图 3-44 表明具有普遍意义的四边形特性。为了分析方便，称之为 A、B、C、D 四个边界。

边界 A，承担阻抗继电器测距作用，确定阻抗继电器的阻抗整定值。四边形特性阻抗继电器动作特性边界 A，类似前面讨论的直线特性阻抗继电器，但如不以零序电流为极化量，则对对侧电源助增无自适应能力，在此情况下其斜率的整定应考虑对侧助增的情况。图 3-44 中 α_4 可按被保护线路正常功率输送情况整定。

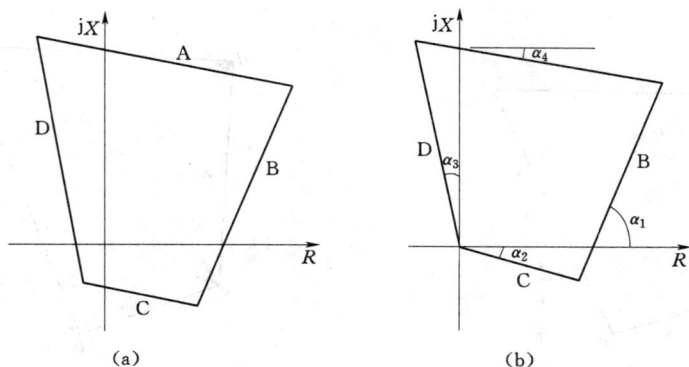

图 3-44 两种四边形特性的阻抗继电器
(a) 偏移特性; (b) 方向特性

边界 B, 应按避开负荷阻抗条件来整定, 可称之为负荷阻抗线。它的整定是在能避开负荷阻抗情况下, 有较好的避开弧光电阻影响的能力, 为此, 沿 R 轴方向应尽可能宽一些。由于一般在被保护起始端发生弧光电阻短路时, R_{arc} 要比末端短路时小一些, 故 α_1 略小于线路阻抗角, 可取 60°左右。

边界 C、D, 是方向边界。其主要目的是保证阻抗继电器动作的方向性, 当被保护电路背后短路不容许误动时, C、D 边界应如图 3-44 (b) 所示。

同一般方向阻抗继电器相比, 图 3-44 (b) 的四边形特性考虑了出口带弧光短路时拒动问题, 边界 C 具有向-jx 倾斜角 α_2 可为 15°~20°左右。

边界 D, 首先考虑了系统振荡时如果误动, 误动时间应尽量短。此外, 对距离保护应具备选相作用的阻抗继电器, 边界 D 应防止不对称短路时完好相阻抗继电器误动作, 使选相失败。为此, 图 3-44 (b) 中 α_3 不宜过大, 15°~20°已足。

综上所述, 四边形特性阻抗继电器由于四个动作边界可分别调整与整定, 能较好的适应电力系统故障和不正常运行状态对阻抗继电器特性的要求。

二、四边形阻抗继电器的构成

四边形 (多边形) 阻抗继电器的动作特性可由以下两种方法构成:

(1) 单个继电器构成四边形特性。

(2) 几个继电器构成的复合四边形特性。这种继电器中可由两个特性复合而成; 杯形特性构成图 3-45 中 B、C、D 边, 而 A 边在相阻抗继电器中可由以 I_0 为极化量的直线性阻抗继电器构成。

(一) 用极性重叠式相位比较实现的四边形特性阻抗继电器

图 3-46 所表明的四边形特性由四个阻抗 Z_a、Z_b、Z_c、Z_d 来确定, 相应的令以下四个量为比较电压。

$$\dot{E}_x = \dot{I}_m Z'_a - K_u \dot{U}_m \tag{3-108a}$$

$$\dot{E}_y = \dot{I}_m Z'_b - K_u \dot{U}_m \tag{3-108b}$$

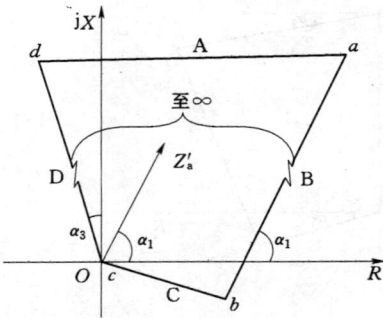

图 3-45　杯形方向阻抗特性的形成

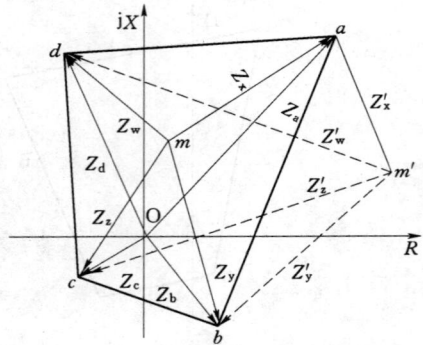

图 3-46　四边形阻抗继电器特性构成

$$\dot{E}_z = \dot{I}_m Z'_c - K_u \dot{U}_m \qquad (3-108c)$$

$$\dot{E}_w = \dot{I}_m Z'_d - K_u \dot{U}_m \qquad (3-108d)$$

仍定义继电器感受阻抗为：$\quad Z_m = \dot{U}_m / \dot{I}_m$

将式（3-108）两侧均除以 $\dot{I}_m$，并令 $\dfrac{\dot{E}_x}{K_u \dot{I}_m} = Z_x$、$\dfrac{\dot{E}_y}{K_u \dot{I}_m} = Z_y$、$\dfrac{\dot{E}_z}{K_u \dot{I}_m} = Z_z$、

$\dfrac{\dot{E}_w}{K_u \dot{I}_m} = Z_w$，及 $\dfrac{Z'_a}{K_u} = Z_a$、$\dfrac{Z'_b}{K_u} = Z_b$、$\dfrac{Z'_c}{K_u} = Z_c$、$\dfrac{Z'_d}{K_u} = Z_d$。

得：

$$Z_x = Z_a - Z_m \qquad (3-109a)$$

$$Z_y = Z_b - Z_m \qquad (3-109b)$$

$$Z_z = Z_c - Z_m \qquad (3-109c)$$

$$Z_w = Z_d - Z_m \qquad (3-109d)$$

将式（3-108）四个电压比较量送入图 3-7 极性重叠相位比较器中。

令感受阻抗 Z_m 为图 3-46 abcd 四边形内一点 m，得 Z_x、Z_y、Z_z、Z_w 分别为 $\overline{ma}$、$\overline{mb}$、$\overline{mc}$、$\overline{md}$。显然极性重叠比较器将代表阻抗平面上 Z_x、Z_y、Z_z、Z_w 的四个电压比较量 Z_x、Z_y、Z_z、Z_w 判为极性连续，发出动作信号。

同样，令感受阻抗 Z_m 为图 3-46 四边形外一点 m' 则所构成的代表阻抗 Z'_x、Z'_y、Z'_z、Z'_w 的比较电压 $\dot{E}_x$、$\dot{E}_y$、$\dot{E}_z$、$\dot{E}_w$ 将被判为极性不连续。比相器发出不动作信号。

图 3-7 的比较器虽然是对四个输入电压进行极性重叠判别，但实际每一次比相器由动作状态转入不动作状态，或由不动作状态转入动作状态，也只是由一对动作量改变其相位关系而引起的。

如代表感受阻抗的 m' 点穿过 ab 边进入四边形内，则相极性不连续转入连续是因 $\arg(\dot{E}_x / \dot{E}_y)$ 由大于 180° 转为小于 180° 所引起，同样如 m' 点穿过 cd 边进入动作区，则是因 $\arg(\dot{E}_z / \dot{E}_w)$ 由大于 180° 转为小于 180° 所引起，依此类推。

如上所述，按极性重叠原理构成的四边形阻抗继电器，动作状态与特性构成的原理，物理概念明显易被理解。

（二）极性重叠原理构成的四边形特性的讨论

极性重叠原理构成的四边形特性通过参数的改变可取得多种形状。

1. 方向特性的四边形特性阻抗继电器

所谓方向特性，即特性曲线在复平面上过坐标原点。从图 3-46 可以看出，如图中 c 点与复平面坐标原点重合，即可构成如图 3-44（b）所示的方向四边形特性。方法很简单，令式（3-108）或式（3-109）中 Z'_c 即 $Z_c=0$ 即四个比较量为：

$$\dot{E}_x = \dot{I}_m Z'_a - K_u \dot{U}_m \qquad (3-110a)$$

$$\dot{E}_y = \dot{I}_m Z'_b - K_u \dot{U}_m \qquad (3-110b)$$

$$\dot{E}_z = - K_u \dot{U}_m \qquad (3-110c)$$

$$\dot{E}_w = \dot{I}_m Z'_d - K_u \dot{U}_m \qquad (3-110d)$$

2. 杯形特性（开口四边形）阻抗继电器

上面讨论的四边形特性阻抗继电器，容易变形为折线或开口四边形特性。折线特性可用两比较量相位比较实现，此处不予讨论。开口四边形，即杯形特性的构成，具有一定的实际意义，为了同后面讨论配合，下面讨论以方向四边形特性为基础的杯形特性。

杯形特性实际上仍由四边形特性构成，只不过其中有一个边在无限远处，图 3-45 中原为四边形特性。当 A 边移至无限远处时，在阻抗继电器工作范围内，即可看成是开口的杯形方向阻抗继电器。

根据图 3-46 和式（3-108），取得图 3-45 所示特性的措施如下：

（1）令式（3-108c）中 $Z'_c=0$，则特性中 c 点为坐标原点。

（2）令式（3-108a）中 $K_u=0$，则 a 点沿 Z'_a 方向移向无限远处，B 边与 Z'_a 重合。

（3）令式（3-108d）中 $K_u=0$，则 d 点沿 Z'_d 方向移向无限远处，D 边与 Z'_d 重合。

于是构成实际的杯形方向阻抗继电器，相应的四个比较量为：

$$\dot{E}_x = \dot{I}_m Z'_a \qquad\qquad Z'_a \text{阻抗角为 } \alpha_1 \qquad (3-111a)$$

$$\dot{E}_y = \dot{I}_m Z'_b - K_u \dot{U}_m \qquad\qquad Z_b = Z'_b / K_u \qquad (3-111b)$$

$$\dot{E}_z = - K_u \dot{U}_m \qquad\qquad \text{对 } K_u \text{ 无要求} \qquad (3-111c)$$

$$\dot{E}_w = \dot{I}_m Z'_d \qquad\qquad Z'_d \text{的阻抗角为 } 90°+\alpha_3 \qquad (3-111d)$$

（三）有较好消除弧光电阻对阻抗测量影响的方向四边形特性

按式（3-110）所构成封闭四边形方向阻抗特性的阻抗测量边界对有对侧电源助增的弧光电阻无自适应能力，从这一点来说它比不上零序电流为极化量的直线特性阻抗继电器。所以，对相阻抗继电器来说，可用以式（3-111）比较量构成的杯形四边形阻抗继电器与以零序电流为极化量的直线特性阻抗继电器配合工作，可取得更好的动作特性。为此，可将以零序电流为极化量的直线特性阻抗继电器与杯形四边形特性阻抗继电器输出按与门连接，构成复合特性。

第九节　工频变化量阻抗继电器

一、电力系统正常运行状态量与故障状态量

由于电工技术的发展，人们用多种量表明电力系统运行状态（Operation State），如电压、电流、波形、频率、网络拓扑等，其中对继电保护有关的，主要是电压与电流。系统在正常运行时，这些运行状态都工作在正常范围之内，而发生故障（短路），这些量中有些就要发生剧烈的变化，继电保护的任务首先就是要识别这些变化。

识别故障，主要任务就是要将反映故障的量同反应正常运行状态的量分开，继电保护的发展过程中，始终就为了解决这一问题而努力，举例说明如下。

1. 对称分量电流、电压的作用

20 世纪 20 年代后期，继电保护工作者提出了分称分量法。由于系统正常运行下三相量基本是对称的，而有些电力系统故障状态是不对称的，所以根据电流电压中出现负序与零序与否就可以判断这类故障，并可实现部分的定量。其中特别是零序分量，它们出现表明三相系统发生接地短路，所以反映零序电压、零序电流的继电保护得到了很广泛的应用。

2. 反映电流电压变化率保护的应用

由于在电力系统正常运行时以电流、电压为代表的电量在总体上是缓慢变化的，而发生故障或其他大扰动时，它们的变化很大，而且是在较短的时间内出现这种变化，即变化率很大，由此可以判断电力系统出现包括故障在内的大扰动。这一方法，在 20 世纪 60 年代苏联在继电保护中就应用过，但是系统性而且有针对性地应用这一方法是在我国才得到了发展。由于按电流及电压变化率实现故障定量判断很困难，所以这类保护一般只能用作辅助测量元件或逻辑起动元件。

应当指出，在利用电流、电压变化率构成的保护，在名称上有不够严格的地方，例如电流电压"突变量"一词，突变量一般是认为电流电压的变化是在 $\Delta t \to 0$ 之间发生的，在过渡过程分析上，所谓突变量定义是（以电流为例）$i_0 - i_{|0|}$，所以突变量一词只能是指电压、电流瞬时值的变化。而在所谓"突变量"电流保护中，突变的量是用 ΔI、$\Delta \dot{I}$、$\Delta(\dot{I}_A - \dot{I}_B)$ 表示，所以涉及的电流不是瞬时值，而是平均值、有效值、幅值。因此以用"变化量"一词为好。

但变化量一词仍不够确切，因为在 10ms 内变化的 ΔI，和在 100ms 内变化的 ΔI 对继电保护检测元件来讲，反应是不同。所以严格来说还是以"变化率"来定量为好。

但是，如以"变化率"来定量，在继电保护的实现中也有困难。如电流变化率 $\Delta I/\Delta t$ 中 Δt 不好整定，实际上在模拟装置中 Δt 是由"突变量滤过器"的反应时间确定，数字式装置中是由采样速率和算法确定。同样一个电流变化量由不同"突变量滤过器"处理，输出 ΔI 就不同，因此，工程上为了实用，统称为"变化量"也未尝不可。但最好不用"突变量"一词。

3. 理论上突变量在保护中的应用

虽然，目前"突变量"这一保护称呼有点争议，但在继电保护发展过程中也确有反应

短路时故障点状态的改变（短路）引起故障点电压电流瞬时值突变的（Δi、Δu）的保护，这就是 20 世纪 70 年代出现的"行波保护"（Traveling Wave Protection）。当故障点出现 Δi、Δu 脉冲量时，脉冲以行波方式向线路上传播，边传输边改变它的波形，但极性不变，装在线路上的保护，接收到电压电流的行波判断其极性，以判断区内或区外故障，但这种行波保护由于短暂脉冲（传输中已畸变为行波）难于捕捉，且又会多次反射，故保护的可靠性问题未解决，但从原理上讲，这是一种真正反应"突变量"的保护。

4. 工频变化量在保护中的应用

工频变化量的提出及其在继电保护中系统中的应用是 20 世纪 80 年代在继电保护理论应用方面的一大创新，在介绍如何将这一概念用在阻抗继电器前，先对工频变化量特点作一些分析。

二、工频变化量的性质及其实用

所谓工频量，包括工频电压、工频电流，是在电源电势作用下，电网上产生的电流及各节点电压，所以工频变化量应定义为在系统扰动后因扰动所引起的工频量与系统扰动后工频负荷量之差。

图 3-47 中系统工作于 $t_{|0|}$ 时，F 点发生经电弧 R_{arc} 接地短路。短路前流过线路 M 侧电流设为负荷电流，短路后 M 侧线路电流包括故障电流和故障后的负荷电流。由于只分析工频量，故不计其他暂态分量，在故障后一段时间内不计波形畸变，认为都是正弦波，这一点通过滤波是可以做到的。$\dot{I}_M$、$\dot{I}_{L0}$，标以"$|0|$"为故障前值，标以"0"为故障后值，故对线路 M 侧电流 I。对 M 侧而言，有：

$$\dot{I}_{M0} = \dot{I}_{F0} + \dot{I}_{L00} \tag{3-112}$$

式中：$\dot{I}_{M0}$ 为故障后线路 M 侧工频量电流；$\dot{I}_{F0}$ 为故障电流分量；$\dot{I}_{L00}$ 为故障后负荷电流。

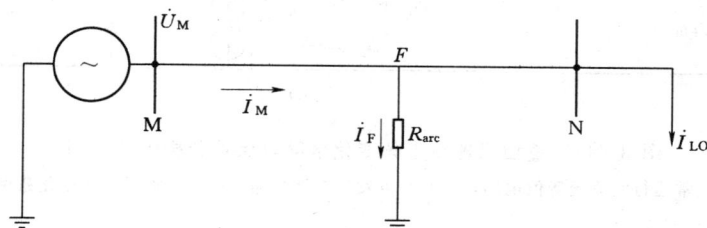

图 3-47 系统扰动后工频电流变化量的产生

考虑到故障前有：

$$\dot{I}_{M|0|} = \dot{I}_{L0|0|} \tag{3-113}$$

故得：

$$\Delta \dot{I}_{M0} = \dot{I}_{F0} + \Delta \dot{I}_{L0} \tag{3-114}$$

式中：$\Delta \dot{I}_{M0}$ 为线路上工频电流变化量；$\Delta \dot{I}_{L0} = \dot{I}_{L00} - \dot{I}_{L0|0|}$ 为负荷电流工频变化量；$\dot{I}_{F0}$ 为故障电流工频分量。

故只有当 $\Delta I_{L0} = 0$ 时，即不计故障前后负荷电流变化时，对图 3-47 所示系统，即无分支系统，线路上工频电流变化量与故障电流工频分量相等。如有分支线路，则上述分析应计及分支系数。

上面对有关工频变化量一词作了较严格的分析，从分析中可知，以工频变化量来反映故障分量作为继电保护信息有以下特点：

（1）工频变化量或故障分量是一个时间函数，不是瞬时值，又不是变化率，它有明确的定义。

（2）工频变化电压、电流量是正弦量，它可以用常用的相量法进行计算和处理。

（3）由于是工频的正弦量所以表明系统正常运行的参数如阻抗、容抗都可适用。

三、工频变化量阻抗继电器的工作原理及特性分析方法

分析工频变化量阻抗继电器工作行为时，以利用重叠定理为便。在此情况下，可认为线路侧所装距离保护感受到的工频变化量电流与电压是由式（3-112）中故障分量产生，即负荷电流工频变化量为零。

图 3-48 表明如何用叠加原理分析系统 F 点短路时，工频变化量的产生。图 3-48（a）表明被分析的系统在 F 点发生短路故障前的情况，在电源 $\dot{E}_\mathrm{s}$ 作用下，负荷电流为 $\dot{I}_{\mathrm{L}|0|}$，F 点对地电压为 $\dot{U}_{\mathrm{F}|0|}$。图 3-48（b）表明 $t=0$ 时，F 点发生接地短路，为了简便，设短路是金属性的。按照常用的重叠定理应用方法，可认为故障对地仍保留短路前电压 $\dot{U}_{\mathrm{F}|0|}$，但叠加了短路点故障分量电压 $\Delta\dot{U}_\mathrm{F}$，按短路的临界条件有：

$$\dot{U}_{\mathrm{F}|0|} + \Delta\dot{U}_\mathrm{F} = 0$$

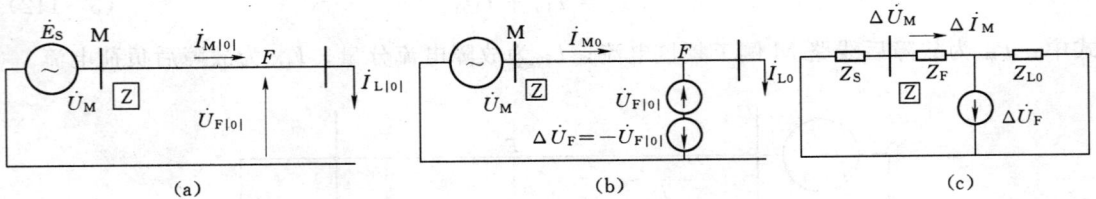

图 3-48　叠加原理在工频变化量继电保护分析中的应用

（a）正常运行时系统等值电路；（b）F 点发生对地短路；（c）故障后工频变化量网络

即：

$$\Delta\dot{U}_\mathrm{F} = -\dot{U}_{\mathrm{F}|0|} \tag{3-115}$$

系统上出现的工频变化量电流及电压即由故障点出现的故障工频分量电压 $\Delta\dot{U}_\mathrm{F}$ 产生，装在线路 M 侧工频分量阻抗继电器感受到的电压和电流为：

$$\dot{U}_\mathrm{m} = \Delta\dot{U}_\mathrm{m} \tag{3-116a}$$

$$\dot{I}_\mathrm{m} = \Delta\dot{I}_\mathrm{m} \tag{3-116b}$$

$\dot{U}_\mathrm{m}$ 与 $\dot{I}_\mathrm{m}$ 是引入继电器的基本感受量，继电器只有依靠这两个感受量才能判断故障位置。但从图 3-48 上看出，前面分析阻抗继电器定义的感受阻抗 $Z_\mathrm{m} = \dot{U}_\mathrm{m}/\dot{I}_\mathrm{m}$ 就同阻抗 Z_F

无直接关系，从图中可以看出，在正向短路时，电源在短路点，在电源作用之下，由上式定义的感受阻抗：

$$Z_m = -Z_S \qquad (3-117)$$

即 Z_m 为电源侧阻抗，与短路阻抗 Z_F 无关，故分析工频变化量阻抗继电器特性不能直接用第三章第二节的方法。

图 3-49 表明正向短路时，电流 I_m 及工频电压变化分布图，图中故障点电压 $\Delta \dot{U}_F = -\dot{U}_{F|0|}$，$Z_S$ 为背后电源阻抗，在扰动时负荷电流保持不变，故同图中工频变化量无关。

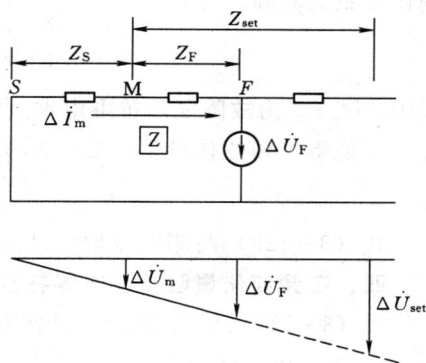

图 3-49　正向短路时工频变化量电压分布图

图 3-49 中电流 $\dot{I}_m = \Delta \dot{I}_m$ 是在 $\Delta \dot{U}_F$ 作用下产生的，它是引入阻抗继电器可供测量的电流。另一方面，它在线路上产生电压降落，它流过 $Z_S + Z_F$ 上与故障点电压 $\Delta \dot{U}_F$ 平衡，即：

$$\Delta \dot{U}_F = \dot{I}_m(Z_S + Z_F) = \Delta \dot{I}_m(Z_S + Z_F) \qquad (3-118)$$

将式（3-116）代入，得：

$$\Delta \dot{U}_F = \dot{U}_m - \dot{I}_m Z_F = \Delta \dot{U}_m - \Delta \dot{I}_m Z_F \qquad (3-119)$$

另外，有参考意义的电压为整定的保护区末端计算电压：

$$\dot{U}_{set} = -\dot{I}_m(Z_S + Z_{set}) \qquad (3-120)$$

$$\dot{U}_{set} = \dot{U}_m - \dot{I}_m Z_{set} \qquad (3-121)$$

由于 $\dot{U}_{set}$ 不一定在线路上实际出现，除非是区外短路，否则它只能作为一个补偿电压，在继电器中通过 $\dot{U}_m$、$\dot{I}_m$ 算出来，所以称之为计算电压。

如果式（3-118）中所定义的 $\Delta \dot{U}_F$ 也能算出，则通过 $\Delta \dot{U}_F$ 和 $\dot{U}_{set}$ 绝对值比较，即可确定短路点 F 是在区内或区外。于是工频变化量阻抗继电器动作方程即可写为：

$$|\dot{U}_m - \dot{I}_m Z_F| \leqslant |\dot{U}_m - \dot{I}_m Z_{set}| \qquad (3-122)$$

但是式（3-118）中所定义的 $\Delta \dot{U}_F$ 既不能计算出也不能测量出，因为至此为止，短路点 F 是待求量。所以式（3-118）虽有明显的物理意义，但却无法实现。于是，只有借助于工程上常用的实用方法，或称近似的方法，以近似求解。

故障发生后，线路上出现的电流 $\dot{I}_m$ 是比较大的数值，且为感性，故流过线路阻抗上电压降大。但在正常运行时，线路电流 $\dot{I}_m$ 较小，且偏于电阻性，故压降不大，基本上线路各点电压都接近相等。可以以正常运行时，保护区末端 Z_{set} 处电压的计算值，代替正常运行时，将会发生故障的 F 点电压。而式（3-114）可知此值就是故障后工频电压变化值 $\Delta \dot{U}_F$。此值可通故障前电流 $\dot{I}_m$ 和电压 $\dot{U}_m$ 量按下式算出，并加记忆，以供故障后进行动作状态的判断，即：

$$\Delta \dot{U}_{\mathrm{F}} = \dot{U}_{\mathrm{m|0|}} - \dot{I}_{\mathrm{m|0|}} Z_{\mathrm{set}} \tag{3-123}$$

式中：$\dot{U}_{\mathrm{m|0|}}$ 为故障前阻抗继电器测量电压；$\dot{I}_{\mathrm{m|0|}}$ 为测量电流。

于是得工频变化量阻抗继电器动作方程为：

$$|\dot{U}_{\mathrm{m|0|}} - \dot{I}_{\mathrm{m|0|}} Z_{\mathrm{set}}| \leqslant |\dot{U}_{\mathrm{m}} - \dot{I}_{\mathrm{m}} Z_{\mathrm{set}}| \tag{3-124}$$

式 (3-123) 两侧电压均为计算值。

四、工频变化量阻抗继电器在复平面上动作特性

式 (3-123) 为实用的近似动作方程，为了推导动作特性，可从更严格的动作条件出发。

1. 正向短路时动作特性

正向短路时，系统等值电路图如图 3-49 所示，相应的动作条件可从式 (3-117) 和式 (3-119) 列出，即：

$$|\dot{U}_{\mathrm{m}}| \leqslant |\Delta \dot{U}_{\mathrm{set}}|$$

或

$$|Z_{\mathrm{S}} + Z_{\mathrm{F}}| \leqslant |Z_{\mathrm{S}} + Z_{\mathrm{set}}| \tag{3-125}$$

式中：Z_{S}、Z_{set} 为给定值；Z_{F} 为故障阻抗为任意值。

根据复变函数知识，式 (3-124) 在复复数平面上轨迹为一圆，圆心在 $-Z_{\mathrm{S}}$ 处，半径为 $Z_{\mathrm{S}} + Z_{\mathrm{set}}$，如图 3-51 中圆 1。

2. 反向短路时动作特性

反向短路时系统等值电路图如图 3-50 所示，有：

$$\Delta \dot{U}_{\mathrm{F}} = -\Delta \dot{I}_{\mathrm{m}}(Z_{\mathrm{S}}' + Z_{\mathrm{F}}) \tag{3-126}$$

$$\Delta \dot{U}_{\mathrm{set}} = -\Delta \dot{I}_{\mathrm{m}}(Z_{\mathrm{S}}' - Z_{\mathrm{set}}) \tag{3-127}$$

相应的动作方程为：

$$|Z_{\mathrm{S}}' + Z_{\mathrm{F}}| \leqslant |Z_{\mathrm{S}}' - Z_{\mathrm{set}}| \tag{3-128}$$

式中：Z_{S}' 为自继电器装设处到对侧电源内阻抗。

背后短路时，阻抗继电器动作轨迹亦为一圆，圆心在 $+Z_{\mathrm{S}}'$ 处，半径为 $Z_{\mathrm{S}}' - Z_{\mathrm{set}}$，如图 3-51 中圆 2 所示。

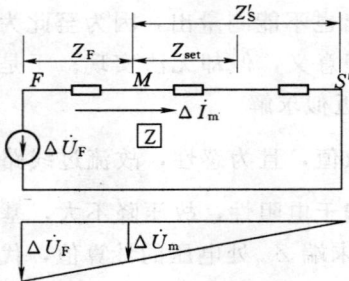

图 3-50 反向短路时工频
变化量电压分布图

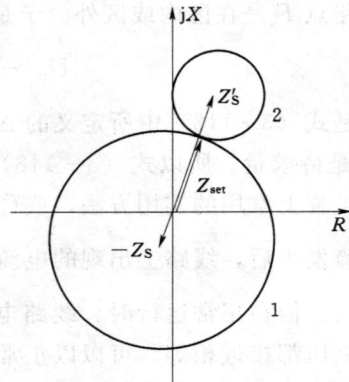

图 3-51 工频变化量阻抗继电器工作特性
1—正方向短路；2—反方向短路

五、工频变化量阻抗继电器的优点和特点

工频变化量阻抗继电器应具有以下优点。

1. 电气量关系简单，受系统运行方式影响小，容易整定，工作可靠

工频变化量阻抗继电器是以系统故障后（扰动后）电气量的变化量为输入信息，系统扰动后，阻抗继电器将工频变化量检出，继电器的工作状态就同系统故障前稳定运行状况无关，继电器进行运算和处理的只是检出的工频变化量。读者将本节所分析的电量关系同前面分析的交叉极化阻抗继电器的特性，特别是多相补偿阻抗继电器特性分析，可以充分看出工频变化量阻抗继电器的这一优点。

2. 有较稳定的反应弧光电阻的能力

首先，从图 3-51 工频变化量阻抗继电器正向短路动作特性可以看出，它与交叉极化和记忆特性阻抗继电器一样，特性同电源阻抗有关，具有可变性能。除此之外，阻抗继电器在避开弧光电阻能力方面最大问题就是对侧助增改变了电阻性质，变成带感性或容性，因而引起动作超越或拒动，而在工频变化量阻抗继电器中，由于在工频变化量网络中，各分支中的电流都是由故障点电压 $\Delta \dot{U}_F$ 产生的，故基本上是同相位，分流（即相当于助增）的影响只是改变弧光电阻 R_{arc} 被感受的大小。图 3-52 表明工频变化量网络中有电流分流的情况。由图 3-52 可以知，被阻抗继电器 Z 感受到的弧光电阻 Z'_{arc} 为：

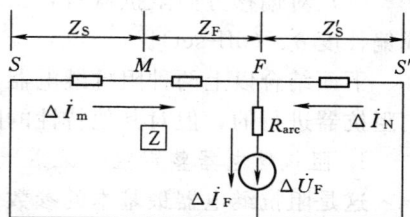

图 3-52　计及分支电路及弧光电阻的工频变化量网络

$$Z'_{arc} = \frac{\Delta \dot{I}_F}{\Delta \dot{I}_m} R_{arc} \qquad (3-129)$$

由于 $\Delta \dot{I}_F$ 同 $\Delta \dot{I}_m$ 基本同相，故 Z'_{arc} 基本为电阻性。

3. 被保护线路出口三相金属性短路继电器有较好的动态性能

在短路点 $\Delta \dot{U}_F$ 最大，故被保护线路出口短路时能可靠动作。并可取得较快的动作速度，这点同反应负序电压和零序电压的继电器有共同之处，但后者只是在不对称短路时才能动作，而工频变化量阻抗继电器在三相金属性短路时也能很快的可靠动作。因而工频变化量阻抗继电器对这种系统安全运行破坏最大的故障能起快速切除作用。

4. 系统振荡时能可靠不误动

由于以上这些优点，所以由我国专家所发展的这种新型阻抗继电器在国内高压和超高压电网上得到广泛的应用。

在使用这种工频变化量阻抗继电器时应考虑它还具有以下特点：

（1）感受阻抗概念同前面分析的以工频量为测量信息的阻抗继电器不同，须加注意。

（2）动作实用判据式（3-122）有一定的近似性，因而在实际工作中会引起一些测距误差。

（3）为了取得变化量并取得变化量中的工频分量，须有性能良好的滤过器和滤波器。

由于工频变化量是时间函数，所以这种阻抗继电器只有用数字采样技术才能实现。

第十节　阻抗继电器的参数和指标

一、阻抗继电器的参数

阻抗继电器的参数是从距离保护的功能出发，对阻抗继电器提出的定量要求，包括：

（1）阻抗继电器在复复平面上的边界动作特性，这些特性在本章前几节中已有详细讨论。

（2）对方向阻抗器而言，有以下定量要求：①整定值 Z_{set}；②最大灵敏角 φ_{sen}；③补偿阻抗角 φ_{comp}。

（3）对偏移方向阻抗器有：①正向整定值 Z_{set}；②最大灵敏角 φ_{sen}；③反向动作阻抗或偏移度 δ_{os}（off-set）。

下面结合以上两种阻抗继电器，分析其主要参数，分析虽是针对方向阻抗器和偏移方向阻抗器进行的，但对其他特性的阻抗继电器也是有用的。

1. 阻抗继电器整定阻抗 Z_{set}

这是阻抗继电器最基本的参数，它是根据距离保护原理提出的。阻抗继电器应能以足够的准确度保证这一参数的稳定。

阻抗继电器整定值的定义是沿补偿阻抗角方向上阻抗器的动作阻抗值。

式（3-33）给出了方向阻抗继电器的动作量，其中式（3-33a）

$$\dot{E}_x = \dot{I}_m Z_{comp} - K_u \dot{U}_m$$

决定了阻抗继电器的临界动作状态，如阻抗继电器工作于补偿阻抗的阻抗角 φ_{comp}，即：

$$\arg(\dot{U}_m / \dot{I}_m) = \varphi_{comp} \tag{3-130}$$

则由式（3-33a）所决定的临界动作状态可确定阻抗继电器的整定值。当满足式（3-130）的关系时，式（3-33a）中 $\dot{I}_m Z_{comp}$ 与 $K_u \dot{U}_m$ 同相，令 $\dot{I}_m Z_{comp} - K_u \dot{U}_m = 0$，得阻抗继电器的整定阻抗 Z_{set}，为：

$$Z_{set} = Z_{comp} / K_u \tag{3-131}$$

式（3-33）不但适用于模拟式阻抗器，而且也适用于数字式阻抗继电器。

从本章分析可知，阻抗继电器工作于补偿阻抗角时，故障定位主要是依靠式（3-33a）中 $\dot{E}_x$ 的变号，其中 $K_u \dot{U}_m$ 正比于故障线路上电压降落，而 $\dot{I}_m Z_{comp}$ 则正比于保护区末端短路时，故障线路上的电压降落，所以式（3-33a）中补偿阻抗应能较精确的模拟线路参数。

在忽略线路参数的分布性和分布电容的情况下，架空输电线由电感 L 和电阻 R 串联而成。在电网频率作用下其等值电路如图 3-53（a）所示，Z_l 为工频下的线路阻抗。图 3-53（b）为一种由电流互感器 TA 构成的补偿电压形成回路，它能较真实地模拟实际线路的情况。而图 3-53（c）为模拟式阻抗继电器中更常用的电路，TR 为电抗变压器。

电抗变压器是继电保护中常用的一种铁心元件，实际上是一个带有二次绕组的电抗器，它的励磁阻抗很小，所以它串入一次系统中不影响回路电流，二次绕组基本上工作于

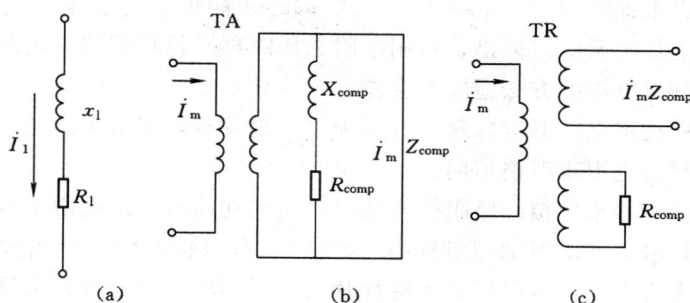

图 3－53　两种补偿电压形成回路

（a）等值电路；（b）补偿回路；（c）模拟式阻抗继电器常用电路

开路状态，开路电压即为 $\dot{I}_m X_{comp}$。为了模拟线路电阻，TR 设有第三绕组，它由电阻 R_{comp} 短接。故忽略励磁电流有功分量时从 TR 一次回路看去，其等值阻抗为：

$$Z_{comp} = \frac{R_{comp} \cdot jX_{comp}}{R_{comp} + jX_{comp}}$$

$$= \frac{R_{comp} X_{comp}}{R_{comp}^2 + X_{comp}^2}(X_{comp} + jR_{comp})$$

$$= Z_{comp} e^{j\varphi_{comp}} \tag{3-132}$$

其中

$$Z_{comp} = \frac{R_{comp}}{\sqrt{R_{comp}^2 + X_{comp}^2}} \cdot X_{comp}$$

$$\varphi_{comp} = \arctan \frac{R_{comp}}{X_{comp}}$$

所以在一定条件下，只要整定适当，用电抗变压器来模拟被保护线路的参数是可以的，但是存在以下问题：

在静态情况下，电网频率变化时，两者有不同特性。

就补偿阻抗值而言两者接近，从式（3-132）可以看出，由于高压输电线阻抗角较大，所以式中 φ_{comp} 较大。如果 $R_{comp} \gg X_{comp}$，则 Z_{comp} 与实际架空线一样，基本同频率变化量成比例。但阻抗角却有完全不同的变化规律。当频率增高时，架空线阻抗角增大，以电抗变压器模拟时，φ_{comp} 反而减小。

更重要的不同是动态性能不同，这一点可从电路结构上看出。在分析阻抗动作行为时，认为送入继电器的电流、电压是正弦波。而实际上，特别是模拟式阻抗继电器，工作时形成的比较电压（$\dot{E}_x$、$\dot{E}_y$ 等）同正弦波相差很大。如补偿电压形成回路同架空线特性接近，则一次系统中电流中非周期分量和谐波分量流过 Z_{comp} 所产生的效应与实际架空线产生的效应相同，阻抗继电器的动作较少受到影响。

从以上两点来看，以电抗变压器实现的电流补偿是有不足的地方。要说明的是，上面所提到的第二个问题涉及到 $\dot{I}_m$ 非正弦波的问题，在这里，并不是说本章中分析阻抗继电器的方法能适用于非正弦波。在电压、电流为非正弦波的情况下，本章中有关的分析方法并不适用，本节也未证明用图 3-53（a）的模拟方法能更好的适应电流为非正弦波的情况，只能从概念上提出看法。但是，对用电阻上压降再进行移相的方法产生补偿电压肯定对包含非正弦波分量电流的方法适应性会差。

事实上，工程技术上问题应以理论分析为主要出发点，但很多问题还需从实验上加以辅佐论证。有些问题也很难严格证明。

既然以电抗变压器来模拟线路阻抗有缺点，为何在模拟式阻抗继电器中仍得到广泛采用？其主要原因是电抗变压器励磁阻抗小（数欧），所以铁心带有相当大的气隙，工作范围大。同时，因为有气隙，可以用插入磁性片（有时用波模合金片）来进行线性补偿，降低阻抗继电器的最小精确工作电流。

除上面分析的两种补偿方法外，在微机保护中多用 $\dot{I}_m$ 流过电阻产生压降，再进行移相的方法。对微机保护而言，输入的 I_m 可先行滤波而保留基波 $\dot{I}_m$，在此情况下，自然也就不必考虑 I_m 中非正弦波的影响。

阻抗继电器整定阻抗由式（3-131）定义。它可由两个参数来确定：Z_{comp} 及 K_u，Z_{comp} 和 K_u 配合应计及阻抗继电器的工作条件。

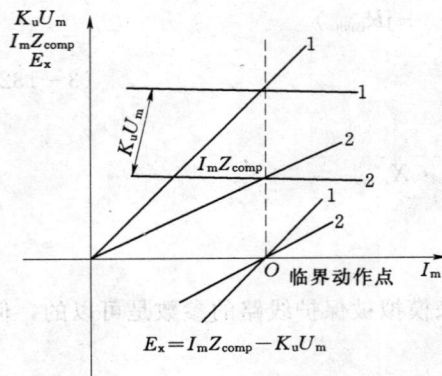

图 3-54 Z_{comp} 和 K_u 的选择对 E_x 变化的影响（O 为临界动作点）
1—对应 $Z_{comp}=2\Omega$；2—对应 $Z_{comp}=1\Omega$

图 3-54 表明不同 Z_{comp} 和 K_u 配合时 $\dot{I}_m Z_{comp}$ 和 $K_u U_m$ 随 $\dot{I}_m$ 变化的规律。其中 $\dot{I}_m Z_{comp}$ 随 I_m 直线上升，$K_u U_m$ 则随 I_m 的增加而下降，其下降程度由系统电源阻抗而定。图 3-54 中表明，Z_{comp}、K_u 的选择可以影响比较量 E_x 过零的变化斜率，从而改变阻抗继电器在保护区末端动作时的明确性，当 Z_{comp} 取值较大时，在临界动作点（O 点）前后 E_x 有较大的变化陡度，从而使阻抗继电器动作状态明确，相应的动作准确度可以提高。

一般在阻抗继电器整定时 K_u 取值在 $0.5\sim0.7$ 之间为宜，相应地 $Z_{comp}=(0.5\sim0.7)Z_{set}$。在设计时，$Z_{comp}$ 选定的范围应考虑到电压形成回路对电压的上限值，否则会招致比较器或数据处理元件不能正常工作。

在模拟式阻抗继电器中有时Ⅰ、Ⅱ段共用一个阻抗继电器，通过逻辑切换，实现Ⅰ、Ⅱ段测量。一般是通过改变 K_u 实行定值切换的。此时应考虑 K_u 合适的工作范围。

2. 带有方向性的阻抗继电器的最大灵敏角 φ_{sen} 与补偿阻抗角 φ_{comp}

带方向性的阻抗继电器动作阻抗值同阻抗角有关，相对于动作阻抗值最大的阻抗角称之为灵敏角 φ_{sen}。根据本章第四节的分析，当以

$$\dot{E}_x = \dot{I}_m Z_{comp} - K_u \dot{U}_m$$

$$\dot{E}_y = K_p \dot{U}_m = \dot{U}_p$$

为比较量，以

$$+90° \geqslant \arg \frac{\dot{E}_{\text{x}}}{\dot{E}_{\text{y}}} \geqslant -90°$$

当动作条件，且 K_{u}、K_{p} 均为实数时，阻抗继电器感受阻抗 Z_{m} 在复平面上动作特性为以 $\dfrac{Z_{\text{comp}}}{K_{\text{u}}}$ 为直径的圆，如图 3-55 中圆 1 所示，在此情况下

$$\varphi_{\text{sen}} = \varphi_{\text{comp}}$$

阻抗器最大灵敏角即为补偿阻抗角。

但在实际阻抗继电器中，式（3-33b）中 $\dot{E}_{\text{y}}$ 不全是直接取自测量电压 $\dot{U}_{\text{m}}$，而是通过交叉极化方式取自邻相，并且通过移相使 $\dot{E}_{\text{y}}$ 与 $\dot{U}_{\text{m}}$ 同相。既然是移相，总会有相位上的差异。以图 3-18 所示模拟式阻抗继电器为例，当电网频率变化下降时，流过 R_{p} 上的电流就

图 3-55　$\arg \dfrac{\dot{U}_{\text{p}}}{\dot{U}_{\text{m}}} = \delta$ 变化时对阻抗继电器动作特性的影响

偏于容性，使所得的极化电压 $\dot{U}_{\text{p}}$ 超前。在一般情况下，K_{p} 为复数 $K_{\text{p}} \angle \delta_{\text{p}}$，由于 K_{u} 为实数，故

$$\arg \frac{K_{\text{p}}}{K_{\text{u}}} = \delta$$

因

$$\arg \frac{Z_{\text{x}}}{Z_{\text{y}}} = \arg \frac{\dot{E}_{\text{x}}/K_{\text{u}} \dot{I}_{\text{m}}}{\dot{E}_{\text{y}}/K_{\text{p}} \dot{I}_{\text{m}}} = \arg \frac{\dot{E}_{\text{x}}}{\dot{E}_{\text{y}}} + \arg \frac{K_{\text{p}}}{K_{\text{u}}}$$

故式（3-33c）可写成：

$$90° + \delta \geqslant \arg \frac{Z_{\text{x}}}{Z_{\text{y}}} \geqslant -(90° - \delta)$$

如 $\delta \neq 0$，则动作特性为以 $Z_{\text{comp}}/K_{\text{u}}$ 为弦的圆，圆直径与 R 轴夹角为 $\varphi_{\text{comp}} - \delta$。

图 3-55 中给出了几个不同 δ 时，动作特性的形状。可以看出，当 $\delta \neq 0$ 时，阻抗继电器动作特性将扩大，最大灵敏角变为 $\varphi_{\text{com}} - \delta$。当 $\dot{U}_{\text{p}}$ 超前 $\dot{U}_{\text{m}}$ 时，δ 为正。

所以，可以得出结论：带有方向性的阻抗继电器的动作特性其中 φ_{comp} 是固定不变的，而最大灵敏角 φ_{sen} 会随极化电压的移相而变化，特别有实际意义的是，当电网频率变化时，移相特性会发生变化，而使 φ_{sen} 有一定的变化。因此应按以下原则整定其角度特性：

（1）带有方向性的阻抗继电器应使 Z_{com} 的阻抗角等于线路阻抗角 Z_{l}。

（2）在电网频率为额定值的条件下，使阻抗继电器最大灵敏角 φ_{sen} 等于 φ_{comp}。

这样能保证在电网事故情况下，电网频率略有变化时，阻抗继电器整定阻抗为 Z_{set} 不变。

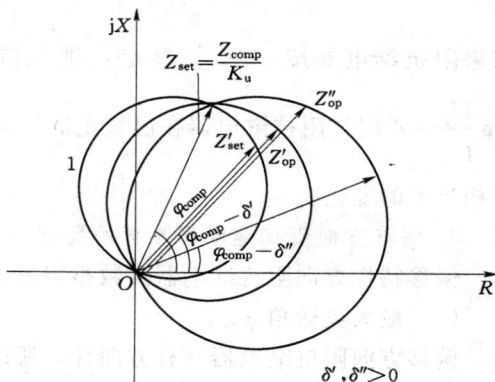

如补偿电压是通过 $\dot{I}_m$ 在电抗上压降产生，则即使线路阻抗 Z_L 值因电网频率变化而变，Z_{comp} 也能跟随这一变化使保护区不变。

与此相反，如极化电压移相不正确，$\arg \dfrac{\dot{U}_P}{\dot{U}_m} = \delta' \neq 0$，在此情况下，$\varphi'_{sen} = \varphi_{comp} - \delta'$。如果阻抗继电器按 $\varphi_1 = \varphi'_{sen}$ 整定，则阻抗继电器整定阻抗为 Z'_{set}。当电网频率变化，$\arg \dfrac{\dot{U}_P}{\dot{U}_m} = \delta''$ 时，阻抗继电器在已整定的最大灵敏角 φ'_{sen} 方向上，动作阻抗变为 φ''_{op}，保护区有相当大的变化。

3. 偏移方向阻抗继电器参数的整定

偏移特性方向阻抗继电器参数整定基本上同方向阻抗继电器。

（1）最大灵敏角 φ_{sen}。

偏移方向阻抗继电器具有方向性，所以也有最大灵敏角的整定问题，但是由于偏移方向阻抗继电器不存在交叉极化问题，因而在比较电压形成回路中无移相回路，因此补偿阻抗角 φ_{com} 就是最大灵敏角 φ_{sen}。

（2）反向整定阻抗 Z'_{set}。

偏移方向阻抗继电器比较量和动作条件为：

$$\dot{E}_x = \dot{I}_m Z_{com} - K_u \dot{U}_m$$

$$\dot{E}_y = \dot{I}_m Z'_{com} + K'_u \dot{U}_m$$

$$90° \geqslant \arg \frac{\dot{E}_x}{\dot{E}_y} \geqslant -90°$$

其中 Z_{com} 和 Z'_{com} 有相同的阻抗角。

与方向阻抗继电器不同的是，比较量 $\dot{E}_y$ 中包含有补偿电压 $\dot{I}_m Z'_{com}$ 一项，它决定了偏移方向阻抗器的反向整定阻抗 $Z'_{set} = \dfrac{Z'_{com}}{K'_u}$。

与正向整定阻抗不同，偏移阻抗继电器反向整定阻抗对其动作精确程度并无太大要求，因为引入偏移的目的是消除出口动作死区，而不是保持一定的反向动作区。

在早期的模拟式偏移方向阻抗继电器多以偏移度 δ_{os} 表示其偏移特性。

$$\delta_{os} = \frac{Z'_{set}}{Z_{set}} \times 100\%$$

一般 δ_{os} 不需多大，$10\% \sim 20\%$ 已足，它是一个不需要很精确的数字。

在绝对值比较方式工作的模拟偏移方向阻抗继电器中，偏移特性可通过人为改变方向阻抗继电器中动作量和制动量回路阻抗不平衡方式而获得，实际上是有意制造方向阻抗继电器的潜动。

二、阻抗继电器的技术指标

阻抗继电器的参数是从距离保护完成其动作出发，对阻抗继电器提出的定量要求，是阻抗继电器必须能具备的定值、参数。而技术指标是表明其特性的指标。包括：①精确工作电流；②精确工作电压；③动作速度；④动态超越。

这些技术指标有些可以从理论上分析，有些则只能从试验上才能确定。

（一）阻抗继电器的精确工作电流（Accurate Operating Current）

1. 最大精确工作电流 $I_{acc.max}$ 与最小精确工作电流 $I_{acc.min}$

阻抗继电器作为一个测量元件自然要对它提出精确度的要求。根据对继电器测量精确度的要求，在继电器工作范围内，其阻抗测量误差（静态误差）不能超过 10%。

10% 误差是对阻抗继电器规定的必须达到的要求，它不是作为表征阻抗继电器好坏的性能指标，但它能规定精确度的工作范围的性能指标，这个工作范围可以用电流表示，也可以由电压表示。

图 3-56 为常用的表明能保证阻抗继电器测量准确度的电流工作范围的曲线，称之为测量阻抗与电流关系曲线，$Z_m = f(I_m)$。对带有方向性的阻抗继电器来说，曲线是在以下条件下绘制的：

（1）阻抗继电器工作于补偿阻抗角 φ_{comp}（或最大灵敏度 φ_{sen}）方向上。

（2）标定的测量阻抗为继电器的整定阻抗 Z_{set}。

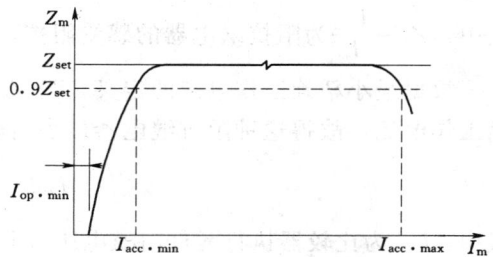

图 3-56 $Z_m = f(I_m)$ 曲线

（3）继电器测量电压保持为 $U_m = Z_{set}I_{mN}$，I_{mN} 为继电器测量电压额定值（1A 或 5A）。

从图 3-56 可以看出，在电流过大的部分和电流过小的部分阻抗继电器测量阻抗准确度均要下降，出现误差。为能表明阻抗继电器能正确测量的范围，给出最大精确工作电流 $I_{acc.max}$ 和最小精确工作电流 $I_{acc.min}$ 两个性能指标，它们是 $Z_m = f(I_m)$ 曲线同 $Z_m = 0.9Z_{set}$ 相交的电流，当 I_m 在以下范围内时，阻抗继电器能进行规定精确度下的阻抗测量。

$$I_{acc.max} \geqslant I_m \geqslant I_{acc.min}$$

$I_{acc.max}$ 显然是由于测量回路非线性决定的，在模拟式阻抗继电器中主要是由于铁心元件磁路饱和，数字阻抗继电器中除铁心饱和外，还会有 A/D 变换器数据溢出的影响。

在电力系统不断扩大的情况下，短路电流水平不断提高，$I_{acc.max}$ 从一个侧面上反应阻抗继电器在大电流情况下的工作条件，但阻抗继电器测量精确度对测距起实际作用的只是保护区末端附近短路，在此情况下短路电流比出口短路时要小，所以 $I_{acc.max}$ 对距离保护实际工作不起太大作用，只是作为阻抗继电器性能指标之一。

与 $I_{acc.max}$ 相比阻抗继电器最小精确工作电流 $I_{acc.min}$，实际意义更大一些，影响它的因素也更复杂，下面对它进行较多的分析。

2. 阻抗继电器最小精确工作电流分析

影响阻抗继电器最小精确工作电流主要有以下因素：

（1）铁心元件（中间电流互感器或电抗变压器）铁心起始部分非线性特性。

（2）模拟式阻抗继电器电压形成回路的非线性及比较器执行回路的灵敏性。

（3）数字式阻抗继电器数据形成回路的分辨率。

因此，不同类型的阻抗继电器确定 $I_{acc.min}$ 的因素有所不同，需分开进行分析。

（1）绝对值比较模拟式方向阻抗继电器。

按相位比较方式工作的方向阻抗继电器比较量和动作条件见式（3-33），按式（3-17）将其换算为按绝对值比较方式工作的比较量 $\dot{E}_1$、$\dot{E}_2$。其动作条件为式（3-16）。在实际阻抗继电器中为了提高抗干扰能力，比较器的执行元件有一定的门槛电压 U_0，故方向阻抗继电器的动作方程为：

$$|\dot{U}_{\mathrm{p}} - (K_{\mathrm{u}}\dot{U}_{\mathrm{m}} - \dot{I}_{\mathrm{m}}Z_{\mathrm{comp}})| - |\dot{U}_{\mathrm{p}} + (K_{\mathrm{u}}\dot{U}_{\mathrm{m}} - \dot{I}_{\mathrm{m}}Z_{\mathrm{comp}})| \geqslant U_0 \quad (3-133)$$

当工作于最大灵敏角（即 φ_{comp}）时，式中各量均在一直线上，故得临界动作状态为：

$$2K_{\mathrm{u}}I_{\mathrm{m}}\left[\frac{Z_{\mathrm{comp}}}{K_{\mathrm{u}}} - Z_{\mathrm{m}}\right] = U_0$$

式中：$Z_{\mathrm{m}} = \dfrac{U_{\mathrm{m}}}{I_{\mathrm{m}}}$ 为阻抗继电器的感受阻抗，$\dfrac{Z_{\mathrm{comp}}}{K_{\mathrm{u}}}$ 为 Z_{set}。

根据最小精确工作电流的定义，当 $Z_{\mathrm{set}} - Z_{\mathrm{m}} = 0.1Z_{\mathrm{set}}$ 时，继电器电流 I_{m} 即为最小精确工作电流，故得这种阻抗继电器最小精确工作电流为：

$$I_{\mathrm{acc \cdot min}} = \frac{U_0}{0.2Z_{\mathrm{comp}}} \quad (3-134)$$

式中：U_0 为比较器执行元件门槛电压（Threshold Voltage）。

U_0 越小，$I_{\mathrm{acc \cdot min}}$ 就越小，但为了保证动作可靠性，也不能太小，一般取 0.1V。还可以看出补偿阻抗 Z_{comp} 越大，$I_{\mathrm{acc \cdot min}}$ 越小。在 Z_{set} 一定的情况下，同 K_{u} 无关。这也论证了图 3-54 对 K_{u}、Z_{comp} 配合的意见。

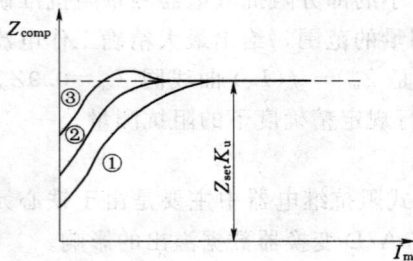

图 3-57　电抗变压器
铁心磁路补偿

由式（3-134）给出的 $I_{\mathrm{acc \cdot min}}$ 是理论上的，因为式中 Z_{comp} 被认为是给定值，而实际上 Z_{comp} 和电抗变压器磁路特性有关。在励磁电流较小的情况下，铁心工作于起始非线性区，导磁率较小，Z_{comp} 要下降，不能保证感受阻抗 Z_{m} 90%的准确性。图 3-57 表明与图 3-56 对应的 Z_{comp} 和 I_{m} 之间关系。

计及 Z_{com} 非线性特性后，$I_{\mathrm{acc \cdot min}}$ 要提高，其数值由试验决定。

图 3-57 为经铁心补偿和未经补偿的 $Z_{\mathrm{comp}} = f(I_{\mathrm{m}})$ 特性，曲线①为未经补偿的特性；曲线②为经补偿的特性，可以看出经补偿后 Z_{comp} 线性范围扩大了。

铁心补偿是通过在电抗变压器铁心气隙中插入导磁片实现的。有经验的调试人员，可通过适当的过补偿（特性③）使 $I_{\mathrm{acc \cdot min}}$ 进一步降低，甚至低于当 Z_{comp} 为额定值（$K_{\mathrm{u}}Z_{\mathrm{set}}$）时由式（3-134）所决定的值。但是这种做法只是提高了这一技术指标，对阻抗继电器工作并无实际意义。模拟式静态阻抗继电器 $I_{\mathrm{acc \cdot min}}$ 可达 0.2A 左右（Z_{comp} 为 4Ω 时）。

以 $I_{\mathrm{acc \cdot min}}$ 为阻抗继电器性能指标也是一种习惯，前苏联继电保护界很重视这一技术指标，我国也沿用至今。有些欧美国家继电器制造厂家不太用这一指标而用最小动作电流 $I_{\mathrm{op \cdot min}}$（Minimun Operating Current）表示其灵敏性，图 3-56 中也给出了这一电流，它大约为 $I_{\mathrm{acc \cdot min}}$ 的 50%左右。

（2）相位比较模拟式方向阻抗继电器最小精确工作电流。

按相位比较方式工作的模拟式阻抗继电器确定阻抗继电器最小精确工作电流稍有困难，因为在相位比较式阻抗继电器中参与比较的是 $\dot{E}_x$、$\dot{E}_y$ 之间相位，不直接反映电流、电压的大小，但是根据定义，可以求出其最小精确工作电流。

下面以极性重叠时间判别的阻抗继电器为例来确定其 $I_{acc \cdot min}$，所用的方法亦可用于方波—脉冲比相的阻抗继电器。

在本章第二节中介绍了极性重叠时间判别原理构成的方向阻抗继电器。其中比较量为：

$$\dot{E}_x = \dot{I}_m Z_{comp} - K_u \dot{U}_m$$

$$\dot{E}_y = \dot{U}_p$$

动作条件为：

$$-90° \leqslant arg(\dot{E}_x / \dot{E}_y) \leqslant 90°$$

比相前 $\dot{E}_x$、$\dot{E}_y$ 要变换成方波 U_x、U_y。图 3-58 为工作于最大灵敏角下比较电压的波形。

采用脉冲—方波或极性重叠时间比相器构成的阻抗继电器的最小精确工作电流，取决于方波变换器变换的灵敏性。图 3-58 中方波变换器的门槛电压为 U_0，由于 U_0 的存在使得形成的方波比理论上的要窄，特别对幅值较小的正弦波影响更大。这就产生测量上的误差。

结合到极性重叠时间测定比相器的工作原理，极性重叠时间为 $T \cdot \dfrac{90}{360} = 5ms$ 时，处于临界动作状态。在临界工作状态下极化电压 E_y 仍保持相当大的值，而 E_x 幅值很小，最小精确工作电流是由 U_x 变窄，使比相器处于临界动作状态条件决定的。

当阻抗继电器工作于最大灵敏角（即 φ_{comp}）时，E_x 可写成：

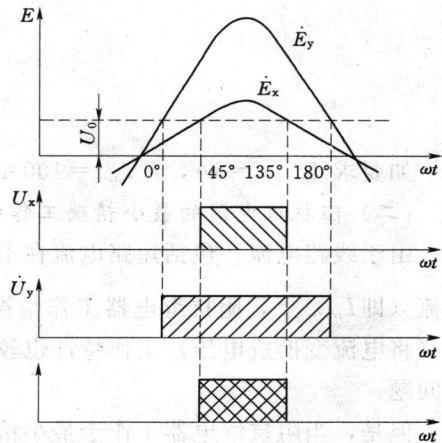

图 3-58 极性重叠时间测定比相阻
抗继电器最小精确工作电流的确定

$$E_x = K_u I_m (Z_{set} - Z_m)$$

令 $Z_{set} - Z_m = 0.1 Z_{set}$，并使比相器处于临界动作状态，则 I_m 即为 $I_{acc \cdot min}$。

根据临界动作状态的要求，可令由 U_0 为门槛电压所形成的方波 U_x 的宽度缩小到 90°，为此令

$$\sqrt{2}(0.1 \cdot Z_{comp} \cdot I_{acc \cdot min}) \sin 45° = U_0$$

即

$$I_{acc \cdot min} = \frac{10 U_0}{Z_{comp}} \tag{3-135}$$

式（3-135）给出的 $I_{acc \cdot min}$ 仍为理论值，它要求 Z_{comp} 为标称补偿阻抗值，即（$K_u \cdot$

Z_{set}），所以为了保证 $I_{acc \cdot min}$ 为式（3 - 135）决定的值，电抗变压器铁心仍需进行线性补偿。

（3）数字式阻抗继电器最小精确工作电流。

最小精确工作电流（包括最大精确工作电流）是针对模拟式阻抗继电器提出的，在这类阻抗继电器中引起测量误差的原因有电压形成回路铁心元件的非线性和比较器的门槛电压。

数字式阻抗继电器测量方式与此不同：首先，电压形成回路很简单，其补偿电压是 $\dot{I}_m$ 流经电阻上产生的，不存在非线性问题，比较器按数字比较方式工作，事实上也不存在数值误差。所以精确工作电流具有不同的含义。

数字式阻抗继电器精确工作电流主要是由数字量转换系统决定的，它由以下两个因素决定。

1）当 I_m 自最小 $I_{m \cdot min}$ 到最大 $I_{m \cdot max}$ 变化时，在模拟线路阻抗的电阻 R 上产生的电压范围应与 A/D 变换器工作范围匹配。

2）A/D 变换器的位数要足够大，设 M 为线性变换要求的位数，则：

$$2^{M-1} \geqslant \frac{I_{m \cdot max}}{I_{m \cdot min}}$$

或

$$M \geqslant 1 + \frac{\lg \dfrac{I_{m \cdot max}}{I_{m \cdot min}}}{\lg 2}$$

如要求 $I_{m \cdot min} = 5A$，$I_{m \cdot max} = 100A$，则 M 应大于 816，可取 12 位 A/D 变换器。

（二）阻抗继电器的最小精确工作电压

由于线路电流，包括短路电流在不同运行方式下变化很大，所以重点分析在不同输入电流（即 $\dot{I}_m$）下，阻抗继电器工作情况是很有必要的，同时在电压形成回路中电流变换器（将电流变换成电压）工作特性也较为复杂，所以第九节只重点分析了最小精确工作电流问题。

但是，当阻抗继电器工作于最小精确电流，且阻抗继电器处于临界动作状态时，阻抗继电器外加电压情况如何也是应探讨的。虽然上述工作状态在实际中很难出现，但分析它可从另外一个侧面了解阻抗继电器工作特性。

阻抗继电器最小精确工作电压 $U_{acc \cdot min}$ 是一个定义电压：当阻抗继电器工作于最大灵敏角，通入 $I_{acc \cdot min}$ 且阻抗继电器处于临界动作状态时，阻抗继电器所施加的电压。在此情况下，阻抗继电器感受到的阻抗仍定义为 Z_{set}。故：

$$\frac{U_{acc \cdot min}}{I_{acc \cdot min}} = Z_{set}$$

即

$$U_{acc \cdot min} = I_{acc \cdot min} Z_{set} = \frac{I_{acc \cdot min}}{K_u} Z_{comp} \tag{3 - 136}$$

将前面求取的 $I_{acc \cdot min}$ 关系带入，即可得 $U_{acc \cdot min}$ 的表达式。

例如，对绝对值比较方向阻抗继电器，$U_{acc \cdot min}$ 为：

$$U_{acc \cdot min} = \frac{U_0}{0.2 \cdot K_u} \qquad (3\text{-}137)$$

与式（3-134）对比，可以看出当 U_0 一定时，$U_{acc \cdot min}$ 只同 K_u 有关，与 Z_{comp} 无关；相反 $I_{acc \cdot min}$ 同 Z_{comp} 有关而同 K_u 无关。

当 $I_{acc \cdot min}$ 为 0.2A，$Z_{set} = 10\Omega$ 时，$U_{acc \cdot min} = 2V$，是一个很小的数字。

当弱馈线路末端短路时，$I_{acc \cdot min}$ 有意义；而强馈线路出口短路时，$U_{acc \cdot min}$ 有意义，这一点将在下一节讨论。

（三）阻抗继电器的最小动作电流 $I_{op \cdot min}$ 和最小动作电压 $U_{op \cdot min}$

从图 3-56 中可以看出，当 I_m 小于 $I_{acc \cdot min}$ 到一定值时，阻抗继电器动作阻抗即为零，即阻抗继电器不能动作，相应的该电流称阻抗继电器最小动作电流 $I_{op \cdot min}$。当 $I_m < I_{op \cdot min}$ 阻抗继电器不能动作。

一般 $I_{op \cdot min}$ 比 $I_{acc \cdot min}$ 数值相差很小，如 $I_{acc \cdot min}$ 为 0.25A，$I_{op \cdot min}$ 亦不过约为 0.1～0.15A。$I_{op \cdot min}$ 亦由 U_0 决定。

与 $I_{op \cdot min}$ 相比，方向阻抗继电器最小动作电压 $U_{op \cdot min}$ 实际意义更大一些，因它同"动作死区"有关。当被保护线路出口金属性短路时，母线电压很低，此时感受阻抗虽然很小，因电压很低，阻抗继电器不能动作，形成"动作死区"。如方向阻抗继电器有足够小的动作电压，不依靠记忆作用，也可以消除出口短路动作死区。

$I_{op \cdot min}$ 和 $U_{op \cdot min}$ 类似，都同比较器执行元件门槛电压 U_0 有关，其值多由试验决定。两者近似有以下关系：

$$U_{op \cdot min} = I_{op \cdot min} Z_{set} \qquad (3\text{-}138)$$

如 $I_{op \cdot min} = 0.25A$，则 $U_{op \cdot min}$ 在 1～2V 之间，是一个很小数值。由于所谓被保护线路出口短路是指电流互感器后短路，电流互感器一次侧具有一定阻抗值，短路电流流过时有压降，依靠这一电压，距离保护中方向阻抗有可能动作。

有些制造厂家在其产品说明书上称他们出产的距离保护装置在不依靠记忆作用下出口三相金属性短路时无动作死区，以表明其方向阻抗继电器很灵敏，具有很小 $U_{op \cdot min}$。

三、阻抗继电器的动作时间

继电保护的主要任务之一是要快速发现系统故障，所以从原则上说要求阻抗继电器动作快速，但对阻抗继电器快速性要求也要有科学分析，不是越快越好。

下面从电力系统安全运行来看，分析对继电保护动作快速性要求。

早期电网保护设备快速性的要求是从电网失电对用电设备影响和短路对设备造成的热损伤要小。从这一要求出发，要求故障发生后 0.5s 左右切除短路。

目前电力系统主要是从大扰动后保证电力系统暂态稳定出发，短路发生后要求 0.1s 左右切除短路，其中包括目前高压断路 2～3 周波的全部断路时间，这一时间，对目前高压断路器来说也很难突破；所以对继电保护来说要求有 1.5～2 周波整体动作时间，相应的要求阻抗继电器在 20～30ms 动作就可以了。下面再从理论上分析阻抗继电器能做到的快速动作。

阻抗继电器是一个定量测量装置。对定性测量来说可以快速到几个毫秒，但定量测量根据被测的量，测量时间一定要在理论范围内。所谓阻抗继电器测量的量是阻抗，是电网频率的正弦电流在元件（线路）自感和互感上的反应，所以它测的是工频量，不管采用哪种算法，可靠算出工频量至少需半个周波（10ms）时间，所以阻抗继电器最小动作时间应考虑为10ms。所谓在几个毫秒内能进行阻抗计算，只能认为是在特定条件下的估算，这个特定条件是已确定电压电流为正弦波。总的来说阻抗继电器动作时间在一周波即20ms左右是恰当而可行的。

阻抗继电器动作时间虽然有理论上的范围，但根据测量方法上的不同，动作时间也有不同的特点。

（一）以零指示器为比较器执行元件的阻抗继电器动作时间

这种阻抗继电器测量由比较器送出的电压的平均值决定动作与否，所以动作时间离散性很大。

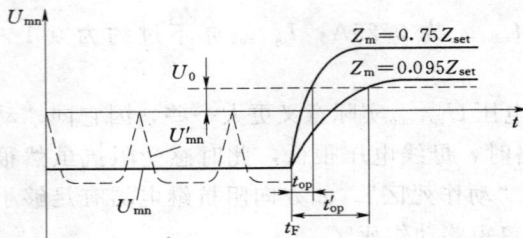

图 3-59　以零指示器为执行元件
阻抗继电器动作时间分析

图 3-59 表明为以环形调制器为比较量形成回路的绝对值比较阻抗继电器动作时间 t_{op} 分析，这种比较器以环形调制器输出电压 U'_{mn} 的平均值 U_{mn} 为检测量，U_0 为执行元件门槛电压。在故障前 U_{mn} 为负，是制动量。F 点发生故障，U_{mn} 变正，但因滤波回路惯性关系 U_{mn} 上升有过渡过程，图中表明在 $0.75\,Z_{set}$ 短路时，因故障后 U_{mn} 值较高，故相应动作时间 t_{op} 要比 $Z_m = 0.95\,Z_{set}$ 附近短路时（t'_{op}）要快。

以零指示器为执行元件的阻抗继电器，执行元件反应的是比较器输出平均值，输出回路需要有滤波器，它的设计对阻抗继电器动态性能影响很大，从提高动作速度来讲，要求时间常数小一些，但从减小阻抗继电器的动态超越出发却要求滤波性能要好，相应的时间常数要大。这一点将在后面进行讨论。

以零指示器为执行元件的模拟式阻抗继电器动作时间在 $10 \sim 30$ms 之间。

（二）相位比较式阻抗继电器动作时间

按相位比较原理工作的阻抗继电器动作时间同绝对值比较式有所不同。

不管是模拟式或是数字式阻抗继电器，凡是按相位比较方式工作的，动作时间都由两部分组成：①比相时间 T_C；②等待时间 T_w，即故障开始到开始比相一段时间。

阻抗继电器动作时间由两者之和所组成：

$$T_{op} = T_C + T_w \tag{3-139}$$

本章第二节介绍了极性重叠时间测定和脉冲—方波比相两种基本方法，现分析由它们构成的相位比较式阻抗继电器动作时间。

不管采用哪种比相方式，等待时间都是相同的。下面先分析两种比相方式的比相时间。

1. 比相时间

（1）方波—脉冲比相。

参看图 3-2（b），图中 U_x、U_y 为比较电压 $\dot{E}_x$、$\dot{E}_y$ 变换成的方波。U_y 由负变正过零

时发出脉冲 U'_y，当 U'_y 在方波 U_x 范围内产生时，则比相器处于动作状态。

所以这种比相方式，比相时间 $T_c=0$，一旦脉冲 U'_y 形成就开始比相，并且立即完成比相。

（2）极性重叠时间测定比相。

方波重叠时间测定比相构成的是对称特性，动作条件为：

$$-\theta \leqslant \arg(\dot{E}_x/\dot{E}_y) \leqslant \theta$$

当 $\theta=90°$ 时，构成的特性为一圆，相应的比相时间为 5ms。

参看图 3-2（a），当方波 U_x、U_y 重叠时开始比相，直到满足式规定的临界动作条件时，发动作信号。

2. 等待比相时间

同比相时间不同，等待时间差别很大。

（1）方波脉冲比相等待时间。

图 3-60 为半波方波—脉冲比相等待时间分析。

该比相动作条件为：

$$0° \leqslant \arg(\dot{E}_x/\dot{E}_y) \leqslant 180°$$

即 $\dot{E}_x$ 超前 $\dot{E}_y$ 时动作。

在系统正常情况下，$\dot{E}_y$ 超前 $\dot{E}_x$，比相器不动作。在 F 点发生区内短路，阻抗器将处于动作状态。图 3-60 只画出故障后状态。设故障后 $\arg(\dot{E}_x/\dot{E}_y)=\theta_m$，故障发生时刻 $\dot{E}_x$ 相位角为 α，则在故障后，经 $(\theta_m-\alpha)$ 后才会动作，故等待时间为：

$$T_W = \frac{\theta_m-\alpha}{\omega}$$

当 $\alpha=\theta_m$ 时，$T_W=0$。

如故障点在 F' 处 α 略大于 $180°$，故障后 θ_m 略大于临界值 $0°$，则 T_W 有最大数值 20ms。故方波—脉冲比相阻抗继电器动作时间在 0～20ms 之间。

图 3-60 是采用半波比相，如采用双半波比相，则最大等待时间可缩短一半，动作时间 T_{op} 在 0～10ms 之间。

（2）重叠时间测量比相等待时间。

重叠时间测量比相方向阻抗继电器临界动作条件为：

$$\theta_m=\pm 90°$$

图 3-60 中表明故障后 U_x、U_y 的波形，设 $\dot{E}_x$ 超前 $\dot{E}_y$ 为 θ_m，短路发生在 $\dot{E}_x$ 角度为 α 处，则等待时间为 $\dfrac{\theta_m-\alpha}{\omega}$。

当 θ_m 略小于 $90°$，故障发生在 $\dot{E}_x$ 前一周角度稍大于 $90°$ 时，则等待时间最长，为 20ms。

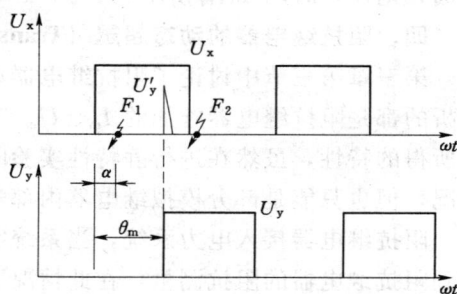

图 3-60 方波—脉冲比相器
阻抗元件动作时间分析

　　故波形重叠时间测定比相方式的等待时间在 0～20ms 之间，相应的，以 ±90° 为动作条件的阻抗继电器总动作时间在 5～25ms 之间。

　　如采用双半波比相，则 T_C 不变，T_W 可缩短一半。

　　第三章第二节中分析的方波平均比相是一种特殊的比相方式，它与上述波形重叠时间测定比相方式有以下不同点：①它适合于 θ_m 以 ±90° 为动作条件的比相方式；②除非 $\theta_m=0$，比相结果要通过多次比相才能完成。

　　因而它的动作时间可在相当大的范围内变化，参看图 3-4（c）。当 $\theta_m=0$，则比相可一次完成，故 T_C 最小为 10ms。

　　由于它是双半波比相，故等待时间为 10ms。

　　上面讨论了相位比较式阻抗继电器动作时间。要注意的一点是相位比较，特别是方波—脉冲比相，对干扰很敏感。有时需要在比相前对电流、电压实现滤波，这就会使动作时间出现一定的延长。

　　（三）数字式阻抗继电器动作时间

　　数字式阻抗继电器动作时间由两部分组成：①数字滤波所需时间 T_f；②计算所需时间 T_{cal}。

　　在数字式阻抗继电器中，电流、电压的数据在进行采样，计算前必须进行滤波，以保证进行计算的是工频分量的正弦波。

　　数字式保护对滤波器的要求很高。滤波器有很多种算法，其滤波特性也有所不同。一般而言，数据窗较长的，滤波效果较好，用工频带通滤波器滤波效果很好，但数据窗长度要为一个周期。相应的 T_f 为 20ms，如再加上差分滤波以消除非周期分量影响则 $T_f=21.67$ms，可认为这是数字阻抗继电器所需最长的滤波时间。

　　数字式阻抗继电器一般都用相位比较方式。相位比较有好几种算法，它们对滤波器的要求也有不同，如用两点乘积算法，则比相时间 T_{cal} 略大于 5ms，但对滤波要求要高，阻抗继电器动作时间：

$$T_{op}=T_f+T_{cal}=21.67+5=25.7（ms）$$

　　若比相采用付氏全波算法，则滤波器可以简化，只采用差分滤波即可，在此情况下，T_{op} 约为 22ms，所以同模拟式相比，数字式阻抗继电器在动作速度上并不占有优势。

　　本节讨论的是圆特性阻抗继电器，它们比相范围是 180° 或 2×90°，如果动作特性不是圆，则比相时间 T_C 有所不同。

四、阻抗继电器的动态超越（Transient Overreach）

　　第三章第三节中讨论了阻抗继电器动作特性，不管是静特性、工作特性或过渡特性，分析的都是阻抗继电器施加的 I_m、U_m 为稳定的正弦波情况。静特性是阻抗继电器室内试验所得的特性，虽然在进行静特性实验时，可以出现模拟电压突然降低、电流突然增大的情况，但也只能是部分模拟继电器内部过渡过程。

　　阻抗继电器接入电力系统，当系统突然短路时，系统电流、电压将出现过渡过程，影响到阻抗继电器的阻抗测量，在此情况下，阻抗继电器动作阻抗会大于静态动作阻抗，称之为超越动作，动态超越的大小用百分数表示。

　　方向阻抗继电器动态超越定义为：阻抗继电器工作于最大灵敏角时，动态超越

K_{or}为：

$$K_{or} = \frac{Z_{or} - Z_{set}}{Z_{set}} \times 100\%$$

式中：Z_{or}为电力系统突然短路时，阻抗器动作阻抗；Z_{set}阻抗继电器静态整定阻抗。

阻抗继电器整定时要考虑动态超越，距离保护Ⅰ段Z_{set}按线路阻抗85％整定，就是除计及继电保护10％静态误差外，再考虑5％动态超越。

阻抗继电器实际动态超越是很难确定的。在实验室中测出的动态超越，与在系统实际运行时是不同的，除非在动模实验室上模拟实际情况来测定。一般为了保证阻抗继电器在系统实际工作时动态超越不超过5％，实验室中测试时要求不超过2％～3％。

从概念上找出阻抗继电器出现动态超越的原因是不难的，但进行理论上的定量却很困难。因为产生动态超越的原因是随机性的。

产生动态超越的原因是一次系统发生短路后引发的电流、电压暂态分量，及由此而出现的继电器回路过渡过程。当阻抗继电器工作于最大灵敏角（或补偿阻抗角φ_{comp}）时，阻抗继电器的动作是由比较量$\dot{E}_x = \dot{I}_m Z_{comp} - K_u \dot{U}_m$变号决定的。当处于临界动作状态时工频分量$\dot{I}_m Z_{comp}$与$K_u \dot{U}_m$相互抵消，于是$E_x$中只留下非工频分量，包括非周期分量及高频分量、谐波分量等，就是这些分量的存在引起阻抗继电器的动态超越。

通过对波形观察，阻抗继电器接近临界动作时，e_x的波形是杂乱无章的。自然，在假定这些暂态分量为某些规律条件下，容易推导出动态超越的表达式。的确某些文章也做了这方面工作，但是在基于某些假定作出的分析，往往同实际相差甚远。

由此，可对减小阻抗继电器动态超越提出以下方法：

首先，加强滤波以减小电流、电压暂态分量对继电器的影响。这时减小动态超越的根本方法。

一般而言在模拟式阻抗继电器中，按绝对值的比较方式工作的，可以通过加大比较器输出回路滤波器时间常数以减小动态超越，这种阻抗继电器动态超越一般比较小，但增加滤波器时间常数后，阻抗继电器动作时间要增加。

相位比较式阻抗继电器动态超越相对较大，尤以方波—脉冲比相方式为甚，相对来说极性重叠时间测定比相方式动态超越较小。

由于系统故障时，暂态分量频谱复杂，所以以采用带通滤过器降低动态超越效果好。

动态超越同继电器动作速度有相反的关系，所以对号称动作速度快的阻抗继电器特别要注意其动态超越。

比较器执行元件的灵敏性［即式（3-133）中的U_0］对动态超越关系很大，提高U_0可减小动态超越。

阻抗继电器工作时阻抗角对动态超越关系也很大，当阻抗继电器工作于φ_{comp}（方向阻抗继电器可认为工作于φ_{sen}）时动态超越最小。因为不管是相位比较或绝对值比较，它的动作都是以E_x（即补偿电压）变号为标志，动作明确不易受波形的影响。

第四章　距离保护装置分析

第一节　三段式距离保护结构原理

本书前三章对距离保护基本原理、以阻抗测量构成的距离保护以及阻抗继电器做了系统性分析，本章将对距离保护装置的构成进行分析。

第一章中指出距离保护与电流保护一样，是以定量测量来进行故障判别和定位的，综合考虑快速性和灵敏性要求，它应该是三段式的。但是，由于距离保护通常都是用在电压等级较高、负荷较重的输电线上，加上阻抗继电器同电流继电器相比复杂得多。所以距离保护装置比电流保护装置结构要复杂。

图 4-1 给出了三段式距离保护装置一种原理图。各制造厂家的距离保护装置各不相同，各有一定特点，但它们基本构成都是相似的。图 4-1 中只给出了距离保护的基本结构，简化了一些次要或辅助部分。

一、三段式距离保护装置基本元件

1. 测量元件

测量元件是距离保护最基本的元件，它的任务是正确的确定继电保护装设处到故障点的距离。

距离保护对距离测量是很严格的，测量元件是由阻抗继电器完成的。本书第三章对阻抗继电器进行了较详细的分析，本章将利用这些分析选用合适的阻抗继电器。

图 4-1 中 Z_I、Z_{II}、Z_{III} 为三段阻抗继电保护装置，它们可用硬件也可用软件构成。按前面分析，反应相间短路和接地短路要用不同的阻抗继电器，所以 Z_I、Z_{II}、Z_{III} 各由 6 个阻抗继电器（单元）来构成，其中 3 个反应接地短路，3 个反应相间短路，在模拟式距离保护中，为了节省阻抗继电器，往往"接地距离"和"相间距离"分开，以便可用另外较简单的保护，例如零序电流保护同相间距离保护配合以构成线路全套后备保护。但在微机保护中，由于阻抗继电器功能是由软件完成的，现代微型计算机芯片功能强大，由一台距离保护装置同时实现各种故障的保护已很容易。所以，目前计算机距离保护装置同时实现相间和接地距离保护功能已无问题。

图 4-1 中各段距离保护均由接地阻抗继电器和相间阻抗继电器组成。

距离保护 I、II 段是距离保护装置的基本段，它们都应具有方向性。距离保护 III 段是后备段，对它主要要求是灵敏，整定条件是避开最小负荷阻抗。为了兼顾这两个要求，应采用相位特性较强的阻抗继电器。三段阻抗继电器不一定具有方向性。

2. 选相元件

当距离保护装置用在高压输电线路上时，因线路断路器往往是分相操作的，有条件单

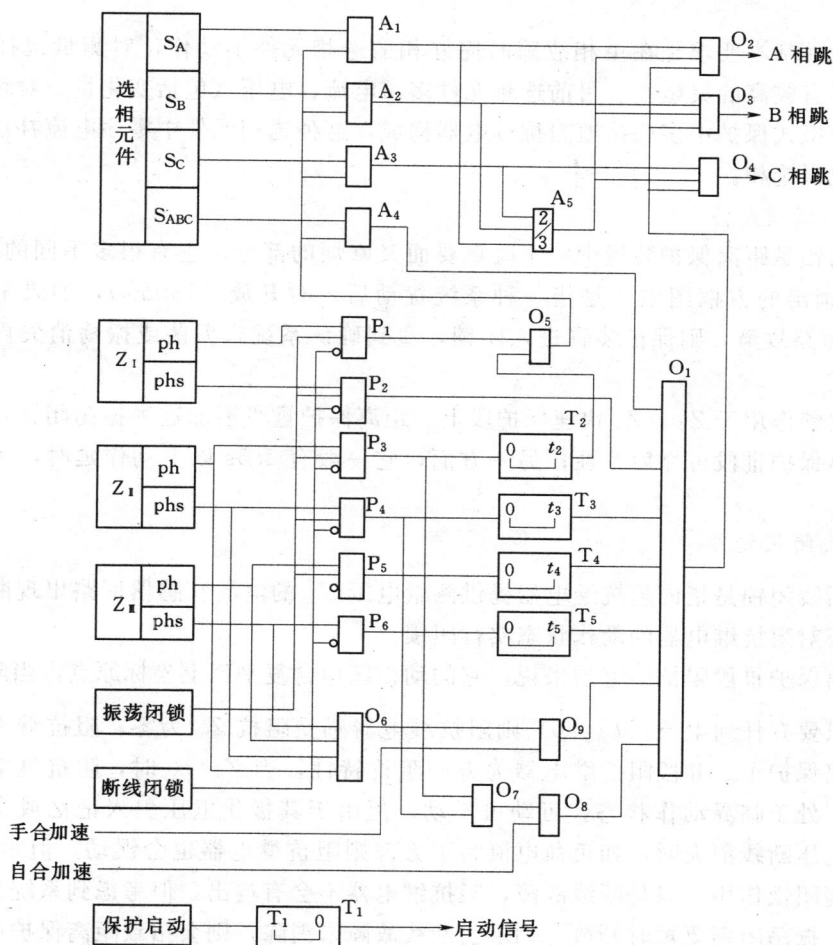

图 4-1　三段式距离保护装置原理方框图
A—与门；O—或门；P—禁止门；T—时间元件

相短路时单相跳闸。这就需要距离保护有分相跳闸的能力。自然，从原理上讲，接地距离保护装置可能有判相能力，但从阻抗继电器特性来讲，有些情况下，判断接地位置和判断故障相别不能很好兼顾。所以在模拟式线路保护装置中，往往单独设置综合重合闸装置，在不同短路情况下采用分相跳闸或三相跳闸以及实施重合。而在新型微机距离保护中，可以成套的实施综合跳闸。在此情况下，距离保护装置中就设置选相元件。

　　图 4-1 中 S_A、S_B、S_C、S_{ABC} 及相应的逻辑电路接在跳闸回路中用来实现综合跳闸任务。图 4-1 中可以看出当 Z_I 或 Z_{II} 区内发生单相短路时，由于只有相应的选相元件动作，故障相单相跳闸，而当距离Ⅲ段动作，不管是相间短路还是单相短路均能通过或门 O_1，及 $O_2 \sim O_4$ 实现三相跳闸。当发生距离 Z_I 或 Z_{II} 区内相间故障时，也通过 O_1，实现三相跳闸。如两相接地短路，通过相间阻抗继电器动作，经 O_1 而三相跳闸，或者通过Ⅰ段或Ⅱ段相应两个相阻抗继电器和相应的选相元件动作，经按 2/3 条件动作的与门 A_5 而实现三

相跳闸。

选相元件基本要求是在单相故障时完好相的选相元件不动作，对测量选择性要求不高，但要求有较高的灵敏性。目前选相元件多由电流、电压（包括变化量，对称分量）构成。过去模拟式保护中多用接地阻抗继电器构成，这种选相元件中零序电流补偿量的引入往往会造成误选相。

3. 振荡闭锁元件

振荡闭锁是距离保护装置中一个既重要而又麻烦的部分，它有很多不同的构成方式。图 4-1 中画出的方框图主要是指一种系统扰动后短时开放（160ms），如果未发现 Z_I、Z_{II} 段区内短路故障，则保护装置进入闭锁，直到确认系统未振荡或振荡消失再复归的振荡闭锁方式。

振荡闭锁作用于 Z_I、Z_{II} 快速保护段上。距离保护Ⅲ段不加这种振荡闭锁，一方面可以保持距离保护Ⅲ段可靠后备性；另一方面，它一般有 1.5s 以上动作延时，可避开振荡时误动作。

4. 断线闭锁元件

所谓断线闭锁是指向阻抗继电器提供测量电压 $\dot{U}_m$ 的电压互感器回路出现断线失压的故障时，要对阻抗继电器的动作状态实行闭锁。

对距离保护Ⅲ段阻抗继电器来说，它的动作区包含复平面上坐标原点，当阻抗继电器失压后，只要有任何电流（$\dot{I}_m \neq 0$）则阻抗继电器感受阻抗 Z_m 为零，阻抗继电器就要误动作。距离保护Ⅰ、Ⅱ段阻抗继电器为方向阻抗特性，当 $Z_m = 0$ 时，阻抗继电器静特性因过原点，处于临界动作状态，可动可不动，但由于其极化电压引入记忆或交叉极化电压，故当电压断线消失时，如负荷电流为正方向则阻抗继电器也会误动。但距离保护Ⅰ、Ⅱ段受振荡闭锁作用，只是断线故障，阻抗继电器不会有输出，但考虑到系统扰动（包含区外短路）振荡闭锁要短时开放，如事前断线故障未消除，则会招致距离保护误动作。故距离保护Ⅰ、Ⅱ段也应加断线闭锁。

5. 启动元件

对模拟式阻抗继电器来说，距离保护装置启动元件要完成以下功能：

（1）启动保护逻辑电路，对Ⅰ、Ⅱ段动作时间进行计时，切换 Z_I、Z_{II} 动作输出信号通路。由于模拟式距离保护中 Z_I、Z_{II} 往往共用一套阻抗继电器，与上述动作同时，同步的将阻抗继电器动作定值由Ⅰ段切换到Ⅱ段。

（2）启动振荡闭锁回路程序。在模拟式距离保护装置中，以上两个启动任务往往分别由两个启动元件担任，启动逻辑电路可由Ⅲ段阻抗继电器（加断线闭锁）担任，而振荡闭锁启动任务由更灵敏的启动元件担任。

在微机距离保护中，动作过程是由事先设计的软件按序实现的，所以微机距离保护装置中启动元件的主要任务就是启动程序。自然，也可将振荡闭锁元件单设启动元件。

为了提高可靠性，保护跳闸出口也可由启动元件开放。

二、距离保护装置典型动作

系统正常运行情况下，图 4-1 所示的距离保护装置是不启动的，处于等待状态。当系统发生扰动时，保护的启动元件和振荡闭锁元件动作。

启动元件动作后经时间元件 T_1，自保持动作信号约 7s。振荡闭锁元件动作后开放 160ms，然后闭锁，确认系统振荡消失后再复归。

自启动元件启动到 7s 后如振荡消失距离保护恢复到等待状态的这一段时间，定义为距离保护工作状态。

所谓扰动含意很广，区内、区外，包括背后短路、邻线短路、重负荷的接入以及带有一定负荷的断路器的操作，都是扰动，可以说扰动就是系统上出现"风吹草动"。

下面分析距离保护装置启动后，可能发生的动作状态。

1. Ⅰ段区内单相短路

Z_I 某一相阻抗继电器动作，选相元件中相应相选相元件动作，经与门 A_1 或 A_2、A_3 及或门 O_2 或 O_3、O_4 向故障相断路器发出跳闸命令，完成保护任务。

2. Ⅱ段区内单相短路

Z_{II} 某一相阻抗器动作，经 T_2 时间元件计时，延时 $t_{2\varphi}$ 后经或门 O_1，与选相元件相应相选相动作信号配合，经 A_1 或 A_2、A_3 及或门 O_2 或 O_3、O_4 向断路器相应相发出跳闸命令。

Z_{II} 阻抗继电器动作后有振荡闭锁开放 160ms 后重新闭锁问题，显然 $t_{2\varphi} > 160$ms。为了保证 T_2 启动后保护其计时状态，应采取自保持或其他措施，这些将在本章第三节中讨论。

3. 区内相间短路

区内相间短路包括Ⅰ段、Ⅱ段、Ⅲ段区内两相，两相接地和三相短路时，Z_I、Z_{II}、Z_{III} 相应的相间阻抗器动作，经或门 O_1 和保护出口或门 $O_2 \sim O_4$ 同时跳三相断路器。

如 Z_I、Z_{II} 区内发生两相接地短路时，除通过上述通道实行三相跳闸外，还有一路跳闸通道；发生两相接地短路后，Z_I 或 Z_{II} 两个相阻抗继电器动作，经时延（Ⅱ段）或不经时延，通过 O_1 与选相元件相应两个选相元件动作配合，启动 2/3 与门 A_5 实行三相跳闸。

4. 系统振荡，区内无故障

系统振荡可能会使阻抗元件动作，但依靠振荡闭锁和保护的动作延时（对距离Ⅲ段来说）距离保护不会动作，这一问题将在本章第三节中详细分析。

在系统振荡过程中，区内再发生短路，振荡闭锁元件应再次开放，这一情况亦在该节中讨论。

5. 重合加速和手动合闸加速

线路保护中，当重合闸动作重合了永久故障线路上或是手动合闸故障线路上时，相应的继电保护装置要加速动作，快速切除故障线路。这一动作状态要同重合闸装置配合。图 4-1 中也简单给出了相应的加速动作回路。

图 4-1 中可以看出，当手动合闸时，只要 Z_{II}、Z_{III} 中有一个阻抗继电器动作，立即通过 O_6、O_4、O_1 启动三相跳闸。

当自动重合闸动作，实现重合时，只要 Z_{II} 中有一个阻抗继电器动作，即通过 O_7、O_8、O_1 启动三相跳闸，在此情况下，要与重合闸装置配合，因为 Z_{II} 加速动作信号是受振荡闭锁信号控制的，重合闸动作时，可能已超过 160ms 开放时间，此时两侧系统间角度已拉大，应具备一定条件才能重合。这一问题请参看本书第七章中典型装置分析，在第七章中将结合实例讨论。

第二节　三段式距离保护装置阻抗继电器

本书第二章对影响距离保护阻抗继电器正确进行距离测量的主要因素进行了分析，第三章又对各种阻抗继电器的特性做了分析，就有条件对距离保护中阻抗继电器进行选择。

一、Ⅰ、Ⅱ段阻抗继电器

在模拟式距离保护中，Ⅰ、Ⅱ段阻抗继电器多是共用的，通过启动元件，定时切换其整定值。而在微机保护中，它们都是通过预设的程序分开实现的，如果把它们看成是"器"，可以认为，Ⅰ、Ⅱ段阻抗继电器是分开设置的。

距离保护装置对Ⅰ、Ⅱ段阻抗继电器的要求是基本相同的，但对其中相阻抗继电器（图4-1中以 ph 符号表示）和相间阻抗继电器（图中以 phs 表示）要求有些不同。下面给出对Ⅰ、Ⅱ段阻抗继电器提出的共同要求。

（1）应具备可靠的方向性，即正方向区内短路时，应可靠动作，反方向短路时，在短路后的任何时刻都不应动作。

（2）应有良好的避开故障点弧光电阻对测量影响的能力。

（3）系统振荡时尽可能不误动，即使会误动，持续时间愈短愈好。

（4）整定方便，需整定的参数要少一些。

（5）最好有自适应的可变特性。

1. 相阻抗继电器

由于电弧短路多发生于接地短路情况下，所以，对相阻抗继电器避开电弧电阻对测量的影响就更为重要。

具有记忆性能交叉极化阻抗继电器，包括具有记忆性能以正序电压为极化量的阻抗继电器长期以来作为相阻抗继电器的首选，在目前微机距离保护中仍经常采用。图4-2（a）中画出了它们的静特性。

具有记忆性能的交叉极化阻抗继电器，包括正序电压为极化电压的方向阻抗继电器基本能满足距离保护装置相阻抗继电器的要求，而且整定方便，整定参数只有正方向整定阻抗值 Z_{set}、最大灵敏角 φ_{sen} 或补偿阻抗角 φ_{comp}。但避开弧光电阻对测量的影响的能力并不理想。

图4-2（a）中以 Z_I 阻抗继电器为例，在区内短路时阻抗继电器避开弧光电阻的能力随故障点在动作区内位置而定，图上可以看出在被保护区末端附近避开弧光电阻能力较小，而对弧光电阻而言，在对侧附近短路时，对侧助增系数较大，参看式（2-22）可知在此情况下，弧光电阻的值较大。同样由于对侧助增的影响，对装在功率受端的阻抗继电器来说，弧光电阻呈感性，加大了误动作的可能。

根据第三章第七节的分析，如配合以零序电流为极化量的直线特性阻抗继电器共同工作，构成如图4-2（b）的复合特性，则在被保护线路末端短路时，可取得更好的避开弧光电阻（阻抗）的能力，且对对侧助增电流的相位变化有自适应性。

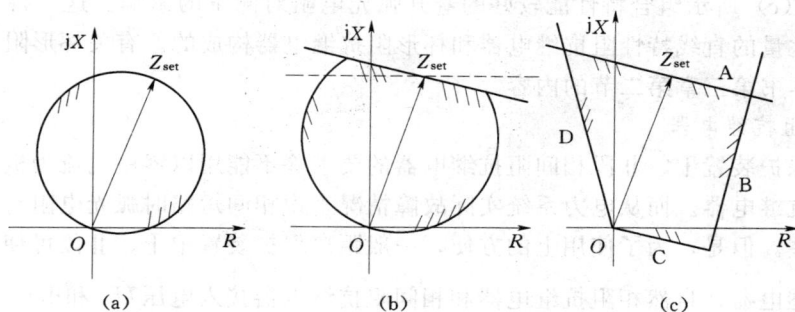

图 4-2　以静特性表示的几种距离保护Ⅰ、Ⅱ段的阻抗继电器

(a) 方向阻抗继电器；(b) 组合特性（方向阻抗与直线特性组合）；

(c) 组合特性（杯形特性与直线特性组合）

图 4-3 表明图 4-2（b）组合特性阻抗继电器的构成原理图。其中以零序电流为极化量的直线特性阻抗继电器的构成及其特性参看第三章第七节，对它的基本要求是：在区内单相接地短路情况下，如对侧无助增，则直线特性与电抗特性之间存在 θ_0 角。

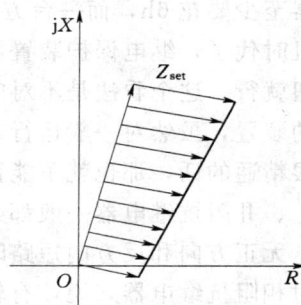

$$\theta_0 = \arg \frac{\dot{I}_0}{\dot{I}_m}$$

严格来说 θ_0 应为故障点零序电流与送入继电器测量电流 $\dot{I}_m$ 之间的角，但可认为就是继电器装设侧零序电流与 $\dot{I}_m$ 之间的角。如 $\theta_0 = 0$，则图中实线特性就是电抗继电器特性。

为了清晰，图 4-2 中未画出在有对侧助增时，直线动作特性自适应的旋转。读者可参看第三章中有关分析。

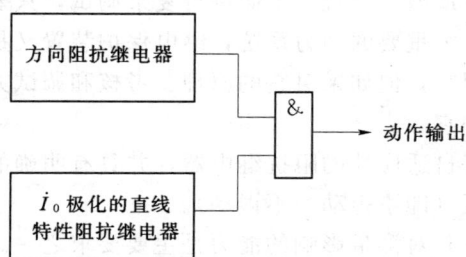

图 4-3　图 4-2（b）组合特性阻抗

继电器的构成原理图

图 4-4　具有对侧助增时

送电侧阻抗继电器感受

到的弧光阻抗

图 4-2（b）所示的组合特性在避开弧光电阻对测量的影响上仍有缺点，除在保护区末端附近这一性能较好，在区内其他位置短路，动作区与弧光电阻特性不太一致。图 4-4 表明了有对侧电源助增时送电侧距离保护阻抗继电器感受到的电弧阻抗，可见图 4-2（b）组合特性并不能完全适应这一特性，特别是在线路起始点附近短路时，差别更大。

图 4－2（c）所示组合特性能较好的避开弧光电阻对测量的影响。这一特性是由以零序电流为极化量的直线特性阻抗继电器和杯形阻抗继电器构成的。有关杯形阻抗继电器的构成可参阅本书第三章第二节的内容。

2. 相间阻抗继电器

对距离保护装置Ⅰ、Ⅱ段相间阻抗继电器的要求除不能用以零序电流为极化量外，基本上同相阻抗继电器。而从电力系统实际故障情况来说相间短路时弧光电阻对阻抗测量的影响要小一些。但是，为了使用上的方便，一般距离保护装置中Ⅰ、Ⅱ段可使用同一类型特性的阻抗继电器，自然相阻抗继电器和相间阻抗继电器接入电压 $\dot{U}_m$ 和电流 $\dot{I}_m$ 要按表 2－2 和表 2－3 的规定进行。

3. 距离保护装置Ⅰ、Ⅱ段阻抗继电器综述

距离保护装置中Ⅰ、Ⅱ段是距离保护装置的主要部分，被保护线路全长上发生故障主要依靠它作为后备保护予以切除。构成距离保护Ⅰ、Ⅱ段的主要考虑问题是选用哪种阻抗继电器（元件）。

随着继电保护装置生产技术的发展，阻抗继电器的选用余地也愈求愈广。为了开发新产品，制造商乐于选用新发展的或改进的阻抗继电器。但是，选择继电保护装置的原则，是基本上不变的。

对距离保护Ⅰ段来说，比Ⅱ段要求相对高一些，但为了维护和掌握简单，同时考虑Ⅰ、Ⅱ段更好的配合，它们尽量采用结构相同的阻抗元件。另外，要求整定方式和技术要求要简单些。一套保护装置如果整定很复杂，计算要求很精确，那它工作可靠性一定相对较差。例如，多相阻抗继电器一个继电器能反应多种故障，但整定较复杂，特别是调试麻烦，要通三相电源，我国早期 330kV 线路静态距离保护 JJL－11 中，距离Ⅰ、Ⅱ段是用一个序分量式多相补偿阻抗继电器和一个方向阻抗继电器实现的。调试一台多相补偿阻抗继电器至少要花 6h，而一台方向阻抗继电器花不了 0.5h。自然现在有一种看法：已进入计算机时代了，继电保护装置可以当作一个"傻瓜型"装置，不需进行复杂调试，只要会按按钮就行。这个看法是不对的。电力系统是一个重要的动力系统，继电保护装置又是很复杂的装置，虽然对一般运行人员主要是会使用它，但如果对它的原理、考核和调试方法不是很精通的话，那也就不能很好的使用和维护它。

Ⅰ、Ⅱ阻抗继电器一般都必须采用具有较好自适应性的阻抗继电器，并具有明确的方向性，无正方向和反方向短路时的动作不确定区（即不拒动，不误动）。

对相阻抗继电器来说，有较强的避开弧光电阻对测量影响的能力是主要要求之一。相对来说，在图 4－1 所示的三段式距离保护装置中，由于保护装置已配备有较完善的振荡闭锁功能，避开系统振荡对阻抗继电器来说倒是较为次要的。

综上所述，从Ⅰ、Ⅱ段基本要求出发，图 4－2（c）所示组合特性应该更为理想，因为它有较完善的避开弧光电阻对测量影响的能力。该特性中关键的是边界 B 和边界 A，特别是边界 A，构成四边形特性自然有几种方案，例如用一个元件实现四边形特性，图 3－45 和以式（3－109）为比较量构成的阻抗继电器和用双折线构成的四边形方案，但不如图 4－2（c）所示的方案好，适用于反应接地短路的相阻抗继电器，因为它可用零序电流为极化量的直线特性阻抗继电器构成 A 边界，具有较稳定的避开末端短路时，弧光电

阻影响的能力而且能兼顾全线弧光电阻的特性。

　　同图 4-2（c）相比，图 4-2（b）方案在避开弧光电阻影响方面不如前者完善，但由于方向阻抗继电器长期以来就被采用，整定条件简单，运行理论成熟，也不失为一个好的方案。所用的方向阻抗继电器一般为具有记忆性能的交叉极化阻抗继电器，包括以正序电压为极化量的方向阻抗继电器。

　　以上的讨论是结合图 4-1 所示三段式距离保护装置进行的，第三章中讨论的阻抗继电器有很多都可作为Ⅰ、Ⅱ段阻抗继电器。特别要指出的是系统振荡时不会误动的阻抗继电器如多相补偿阻抗继电器、工频变化量阻抗继电器都可以采用。但由于其性能不同，距离保护整体结构有其特殊性。

二、Ⅲ段阻抗继电器

　　距离保护第Ⅲ段是后备段，对距离保护而言，Ⅲ段是Ⅰ、Ⅱ段区内故障的最终后备，同时它还担任系统内远后备的作用。对图 4-1 所示三段式距离保护装置来说，还起着手动合闸加速保护的启动元件作用。对它主要要求是灵敏性。在有的距离保护中，特别是模拟式距离保护中它还起着保护启动元件的作用，有时还用它来固定弧光电阻短路时Ⅱ段阻抗继电器的动作状态（瞬时固定）。对Ⅲ段阻抗继电器的要求可归结为：

　　（1）灵敏性好，避开负荷阻抗能力要好。

　　（2）动作可靠，包括在出口三相金属性短路时，不依靠记忆也没有动作死区。

　　（3）由于它保护区长，动作阻抗大，故固有的避开电弧电阻对测量影响能力强，即使是Ⅲ段相阻抗继电器也不必考虑避开弧光电阻影响问题。

　　图 4-5 表明两种性能较好的Ⅲ段阻抗继电器。

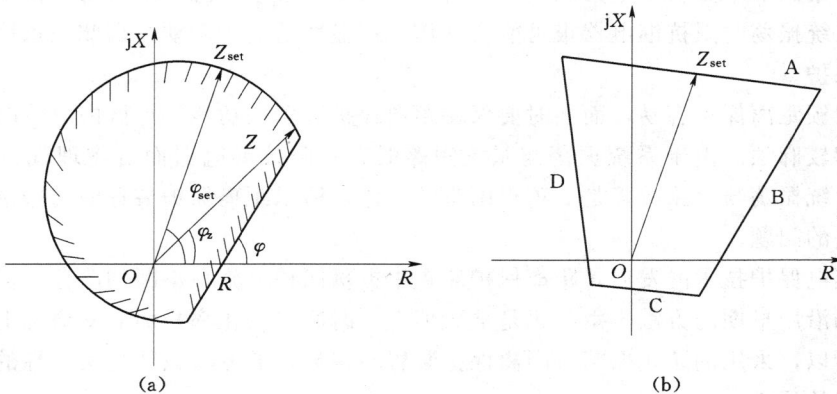

图 4-5　距离Ⅲ段可选用的阻抗继电器特性
(a) 圆特性构成；(b) 四边形特性

　　图 4-5（a）为由偏移方向阻抗继电器和直线特性阻抗继电器构成的复合特性，同图 4-2（b）不同的是图 4-5 中直线特性用来避开负荷阻抗，它是以电流 $\dot{I}_m$ 为极化量的直线特性。根据第三章第三节中的讨论，由直线上的给定两点 Z 与 R，即可以式（4-1a）和式（4-1b）为比较量，以式（4-1c）为动作条件，用比相方法即可实现这一特性。

$$\dot{E}_x = \dot{I}_m Z \qquad\qquad (4-1a)$$

$$\dot{E}_y = \dot{I}_m R \qquad\qquad (4-1b)$$

$$-180° \leqslant \arg\frac{\dot{E}_x}{\dot{E}_y} \leqslant 0° \qquad\qquad (4-1c)$$

图 4-5（a）中，φ 为直线特性与 R 轴夹角，为了兼顾避开弧光电阻的影响，φ 应略小于 φ_{set}。根据图上相量关系，有：

$$Z\cos\varphi + R = Z\cos\varphi_Z$$

解之得：

$$\varphi_Z = \cos^{-1}\left(\cos\varphi + \frac{R}{Z}\right)$$

整定此直线特性，主要参数是 R 和 φ，步骤是：根据最小负荷阻抗 $Z_{L.min}$ 确定 R，φ 可取 60°～70°，然后选择适当的 Z，从而算出阻抗角 φ_Z。

图 4-5（b）为另一种可选用的四边形组合特性，结合对Ⅲ段阻抗继电器特性的要求，它可由杯形特性和直线特性构成，同图 4-2（c）相比，杯形特性构成 A、C、D 边，以式（4-1）比较量构成的直线特性构成 B 边。

第三节　距离保护装置的振荡闭锁

一、距离保护振荡闭锁目的和要求

第二章第四节中分析了电力系统振荡时距离保护装置中阻抗继电器的动作情况，分析表明电力系统振荡时阻抗继电器很可能会动作，这显然是属于误动，因此在系统振荡时应闭锁距离保护。

但是闭锁距离保护容易，而同时要保持距离保护装置的功能，即区内故障时，保护应可靠动作却较麻烦。由于系统振荡与系统短路时，对阻抗继电器而言物理现象是很近似的，区别系统振荡与短路故障是一项很困难的工作，所以距离保护装置中的振荡闭锁是一项较难解决的问题。

随着继电保护技术的发展，距离保护装置中振荡闭锁措施在不断的改善，但是从基本原理来说仍沿用早期的方法。由于仍是从数值上（时间、变化率）而非从概念上识别故障与振荡。所以，采用的防止振荡时距离保护装置不误动作的方法只能是实用性的，自然也存在不完善的地方。

第二章中把系统振荡分成三种类型：自发振荡、摇摆与失步，距离保护装置在任何一种振荡下都不应误动。振荡闭锁元件应满足以下要求：

（1）在任何一种振荡模式下，距离保护不应动作，包括因自发振荡引起系统静态稳定破坏，或因爬行失稳引起系统失步运行的整个过程，距离保护都不应动作。为此在系统正常运行时，距离保护都处于等待状态，即不启动。

（2）由于系统短路故障是一个大扰动，而大扰动必会引起系统摇摆，故系统短路故障与振荡多是相继发生的。所以大扰动后一定要开放保护，然后尽可能快的再实现闭锁。

（3）系统在振荡过程中，如确认系统中又发生故障，应再次开放保护。

（4）由于采用上述措施都可能会使距离保护装置可靠性降低，故如确认在系统振荡中阻抗继电器不会误动，或能依靠整定的延时躲过，则不应加上述振荡闭锁。

二、振荡闭锁要考虑的主要问题及其解决方法

上面讨论了防止电力系统振荡时距离保护装置误动的问题，其中最麻烦的是从动作逻辑上避免振荡时保护装置误动作的振荡闭锁如何实现。下面讨论采用系统扰动后距离保护装置短时开放，长时闭锁，振荡结束整组复归的振荡闭锁回路设计和运行中的几个主要问题。

1. 振荡闭锁启动问题

在系统正常运行情况下，距离保护装置中振荡闭锁是不开放的，当系统发生扰动时为了能及时进入保护程序，必须开放保护，同时为了防止扰动后引发系统摇摆或振荡引起误动，又必须及时闭锁保护。

对振荡闭锁启动第一个要求就是灵敏。如灵敏性不够，系统发生短路故障不启动就会使距离保护失去工作的机会，为了使启动灵敏首先是启动量的选择。为了能避开负荷电流变化的干扰和对称性质振荡电流的干扰，过去曾采用负序电流、零序电流为启动量，它能有效的避开负荷电流和振荡电流，但对三相扰动不敏感，影响区内对称短路时可靠开放。目前多利用电量的变化速率大小来区别振荡、负荷变化与扰动。系统振荡电流和负荷电流变化同短路电流相比是慢速的。利用电流变化速率作为启动量更能突出（短路）故障的发生。所采用的电流可以是相电流 ΔI_φ 也可以是相间电流 $\Delta I_{\varphi-\varphi}$ 或是负序电流 ΔI_2、零序电流 ΔI_0 等。

振荡闭锁启动元件可以是单独的，也可与距离保护启动元件合用。振荡闭锁启动元件不宜引入电压量，以避免受电压回路断线的影响。

2. 振荡闭锁开放时间问题

系统扰动后，振荡闭锁开放一段时间。从保证不误动的要求来说，这一段时间愈短愈好。其时间上限为系统扰动后 δ 自负荷状态运行时的约为 $30°$ 增大到 $120°\sim140°$（参看第二章第四节）所需的时间，过去认为这一时间约在 $0.5\sim0.8\text{s}$ 之间。

在模拟式距离保护装置中，特别是 Z_I、Z_{II} 共用一组阻抗器按切换方式工作时，为了保证区内故障时，Z_I 可靠动作并保证 Z_{II} 可靠启动，振荡闭锁开放时间为 $2\times(0.15\sim0.2)\text{s}$，这一时间基本上也是极限了。目前，新型距离保护特别是微机保护 Z_I、Z_{II} 阻抗继电器分开设置，所以只要计及阻抗继电器动作的固有时间即可。目前新型距离保护开放时间取 160ms 左右。

3. 系统先发生振荡，振荡闭锁误启动问题

振荡闭锁最主要的一点就是在系统已发生振荡的过程中不能再开放，因为如系统已经振荡且使阻抗继电器已动作，如果由于其他原因使振荡闭锁错误开放，则一经开放，距离保护就要误动作。

造成振荡闭锁误开放的原因多数是系统静态稳定破坏后引发振荡或失步，电流加大，振荡闭锁启动元件因不平衡电流增大而误动作，所以振荡闭锁起动信号往往加电流或正序电流闭锁。

4. 振荡过程中系统相继故障振荡闭锁再开放问题

在振荡闭锁过程中，如被保护线路发生或相继发生故障，则因快速 Ⅰ、Ⅱ 段属于闭锁状态，距离保护只有依靠长延时的第三段来跳闸。对电力系统稳定来说，往往是不容许的。对电力系统安全运行影响就很大。

第一，现代大系统，阻尼软弱，一经大扰动，可能会招致较长时间的摇摆，须待摇摆消失后再经一段时间，振荡闭锁回路才会复归，距离保护才能再次开放。由于在摇摆的暂态过程中，电力系统发生故障的几率较大，所以这一情况必须考虑。

第二，现代大系统联系紧密，一旦发生扰动，涉及范围较大，加上新型距离保护振荡闭锁启动元件灵敏。扰动后将招致相当多的距离保护振荡闭锁启动。即使扰动未引发振荡，振荡闭锁回路也要闭锁一段时间才能复归。在振荡闭锁时间内发生故障，如闭锁回路不能及时再开放，只能依靠距离三段慢速跳闸，将使距离保护失去动作快速性，这对电力系统稳定性来说是不容许的。

此外，如线路上采用单相重合闸，一相断开转入两相运行时，如发生不对称振荡，阻抗元件会误动，所以要闭锁，在此期间如工作相发生故障，亦应再启动。所以，在振荡闭锁过程中，距离保护再启动是用于超高压电网的距离保护中一个必须解决的问题。

由于系统振荡时电流是对称的，所以，振荡过程中如发生不对称短路问题较易解决。当发生不对称短路时，不管是区内、区外，线路上都出现负序、零序电流。故当发生振荡，保护闭锁后，又出现负序电流或负序加零序电流时，可以判为可能出现了不对称短路，可以开放保护。

但是只是出现负序电流、零序电流不一定是区内不对称短路，如果是不对称短路仍伴随振荡，则保护的开放可能招致区外不对称短路时因振荡而误动。所以，同振荡闭锁第一次扰动时的开放不同，具有以下特点：

(1) 振荡闭锁不是持续定时开放，而是确认无振荡或振荡时两侧角度拉开不大时再开放，如角度拉大，可能使阻抗继电器误动时，即停止开放，恢复闭锁。

(2) 为了基本上做到以上要求，在启动条件上要引入表明系统振荡强度的正序电流作为制动量，即开放的动作判据为：

$$| \dot{I}_2 | + | \dot{I}_0 | \geqslant m | \dot{I}_1 | \qquad\qquad (4-2)$$

$m < 1$，一旦满足上列条件，立即开放保护。而且只有上述条件满足时，才一直开放保护，上述条件不满足时，就将保护闭锁。

这种振荡闭锁期间保护再开放程序的设计的道理是显而易见的，但是需用正确的整定来保证，整定时要考虑某些不确定因素，还得用经验来辅助。

振荡闭锁期间发生对称短路时开放保护的问题要复杂些。

由于三相短路和系统振荡一样，系统都处于三相对称状态，所以不能从是否出现负序、零序电流来判断系统是否又发生短路，再开放保护。

目前常用来判别系统振荡与发生短路之间的差别的方法是系统某点电压是周期变化，还是持续降低。当系统振荡时，系统各点电压均周期性的变化，其频率为 $\omega_s/2$，而系统发生三相短路时，电压要持续降低，且如不计及励磁调节器的影响、电压的周期性分量，即正序电压，只要短路状态不改变，其值是不变的。所以，通过对电力系统某点电压变化性质，可以判断：①系统是否发生振荡；②振荡情况如何，相应的 δ 是否会使阻抗继电器误动，振荡闭锁应在何时间段内开放。

由于系统振荡中心的电压对振荡最敏感，因此目前多用振荡中心电压的变化规律来判断是否发生振荡，在什么范围内能开放保护不至引起距离保护因振荡而误动作。

问题在于如何能在距离保护装设处测出振荡中心电压的变化。

图 4-6（a）为两侧电源的电力系统，分析的距离保护装在线路 M 点。$\dot I_M$ 为系统振荡电流。假设系统振荡时，两侧电势相等。为了简化起见认为线路各阻抗角相等，则系统振荡时，电压，电流相量图如图 4-6（b）所示。

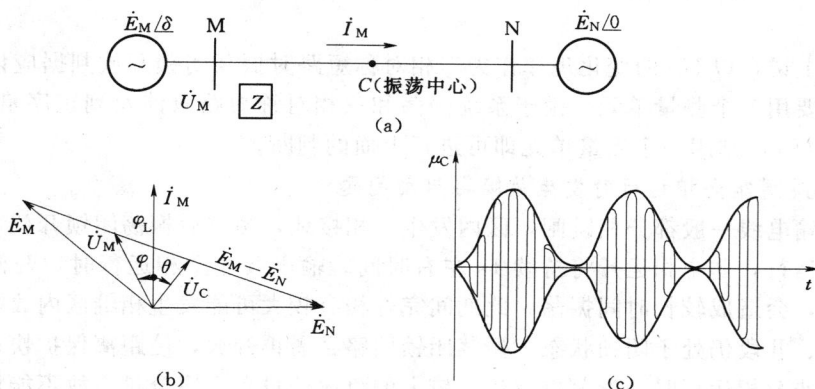

图 4-6　系统振荡时，振荡中心的确定
（a）系统图；（b）电压相量图；（c）C 点振荡电压波形

图 4-6（a）中 M 点为继电器安装处，其电压（正序电压）为 $\dot U_{M1}$，C 为阻抗线中点，因 $E_M=E_N$，它即为振荡中心，其电压为式中 $\dot U_C=\dot U_{C1}$。从相量图上可以看出：

$$\dot U_C = \dot U_M \cos(\varphi+\theta) \qquad (4-3)$$

式中：φ 为 $\dot U_M$ 超前 $\dot I_M$ 的角；θ 为线路阻抗角 φ_L 的余角，即 $\theta=90°-\varphi_L$。

由于 φ_L 已知，故 θ 已知，φ 可以测出，故可由继电保护装设处的电压 $\dot U_M$ 算出荡中心电压 $\dot U_C$。

需要指出，图 4-6（b）中除 $\dot E_M$ 和 $\dot E_N$ 外，都不是正弦量，按理 $\dot U_C$、$\dot U_M$ 都不能用相量表示，式（4-3）中它们都用相量（上面加"·"），只能理解为，当 δ 一定时，它们可用相量表示，实际上它们都不是正弦波。图 4-6（c）表明振荡中心电压 $\dot U_C$ 的变化波形，它的振幅按 $\cos\dfrac{\delta}{2}$ 规律变化，有了振荡中心电压 $\dot U_C$ 的变化规律，就可用它作为三相短路时，振荡闭锁再开放的信号。

用 $\dot U_C$ 的变化规律来确定振荡闭锁回路在系统已发生振荡的过程中是否应再开放有两种方法：

第一种方法是从 U_C 降低的持续时间来判断。当系统振荡时，U_C 是周期性变化，如 U_C 低于门槛值持续时间小于某一时段，则认为是振荡，而大于这一时段就认为是短路，应再开放保护。采用这一方法有两个缺点：开放要有延时，门槛值不易整定。当三相短路带弧光电阻时，即使是三相短路，所测的 U_C 也有相当值。例如 $0.06U_N$。用这种方法整定较困难，要凭经验。

第二种方法是根据 U_C 变化速率来判断。短路后的状态下，$dU_C/dt=0$ 不开放保护，而系统振荡时，dU_C/dt 不持续为零。这一种方法整定较简单，用的较多。但即使是系统振荡，当 $\delta=0$ 时，dU_C/dt 也接近为零（此时 U_C 最大），同时三相短路一瞬间，dU_C/dt 也可能有相当大的数值，故以 dU_C/dt 作为开放判据也要配合一定的逻辑电路，并引入一定动作时延。

从原则上讲，以 U_C 的变化规律作为三相对称短路时振荡闭锁开放判据应该用三相电压，但这样要用三个测量单元。由于系统振荡和三相对称短路只涉及到正序量，如用 U_C 的正序分量 U_{C1}，则用一个测量单元即可进行上面的判断。

5. 一相跳闸非全相运行时发生故障再启动问题

超高压输电线一般都分相跳闸，区内发生一相接地，短路后振荡闭锁开放，跳开一相转入非全相运行，非全相运行将持续 1s 左右时间。输电线非全相运行时，两侧电势间转移阻抗增大，会造成较长时间振荡，此期间完好相有较大可能发生相继区内故障，但此时距离保护Ⅰ、Ⅱ段仍处于闭锁状态，振荡闭锁回路必需再开放，使距离保护快速跳闸。

在系统非全相运行时，振荡电流包含较大的负序分量和零序分量，故不能用出现负序和零序电流按式（4-2）判据开放保护。可行的办法是根据已跳开一相的动作记录，用电流变化量元件开放保护。也可用前节所述振荡闭锁期间发生三相短路的方法开放保护。

振荡闭锁及其开放涉及很多系统运行状态计算问题，它们之间也相互有矛盾，依靠复杂计算才能取得的整定，其动作可靠性往往不能得到保证，这一点读者应加以注意。

三、距离保护装置几种振荡闭锁电路

下面分析几种距离保护Ⅰ、Ⅱ段防止振荡时误动的例子。距离保护Ⅲ段依靠时限防止振荡时误动作，不在分析范围之内。

1. 结构一

图 4-7 所示一种振荡闭锁回路是一种模拟式距离保护装置中所用的振荡闭锁方案。图 4-7 中距离保护装置中其他部分进行了简化，只给出了 $Z_Ⅰ$、$Z_Ⅱ$ 跳闸通路。

S 为振荡闭锁启动元件，它是负序电流元件，当作为接地距离保护时，启动量可加入零序电流以提高接地或两相接地短路时启动灵敏性，在此情况下，启动电流 $I_S=I_2+I_0$。

当系统发生扰动时，S 动作，首先，通过或门 O_1，禁止门 P_7 保持其动作状态，并通过禁止门 P_4，开放 $Z_Ⅰ$、$Z_Ⅱ$。

如为Ⅰ段区内故障，则瞬时发出跳闸信号。故障切除后，$Z_Ⅲ$ 段及电流元件 I_φ 返回，开放了禁止门 P_6，当 t_0 时限结束后，启动信号解除自保持，t_0 为振荡闭锁开放时间。

如故障发生在 $Z_Ⅱ$ 区内，则 $Z_Ⅰ$ 不动作，$Z_Ⅱ$ 启动，但 $Z_Ⅱ$ 动作需要经Ⅱ段时限（0.3～0.5s）才能发跳闸信号，由于 t_0 时限小于Ⅱ段时限，故 $Z_Ⅱ$ 启动后，通过禁止门 P_5，阻止 $Z_Ⅱ$ 启动信号返回。

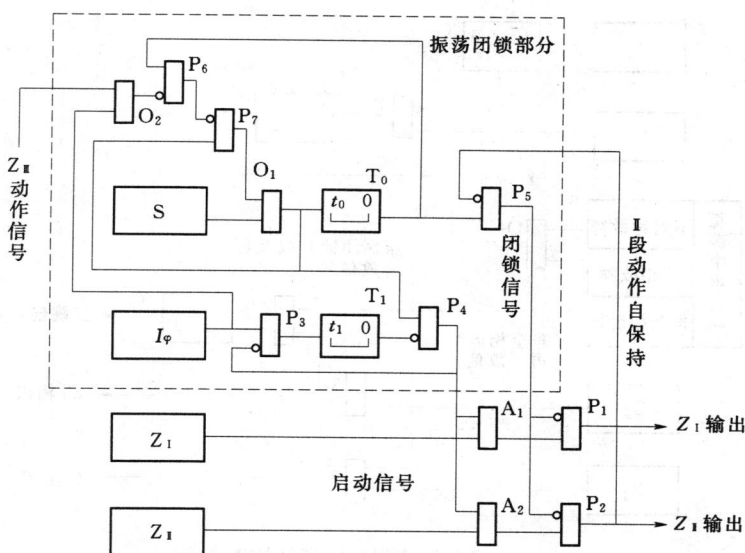

图 4-7 振荡闭锁原理结构图一

如为区外故障，则扰动发生后 S 启动，但 Z_I、Z_{II} 均不动作，经过开放时间 t_0 后通过 P_5 及 P_1、P_2，距离保护进入闭锁状态。如系统发生振荡，则 Z_{II} 和 I_φ 不返回，启动信号也不返回，振荡闭锁一直处于闭锁状态，当振荡平息后 t_0 时间元件返回，振荡闭锁复归，进入等待状态。

图 4-7 中电流元件起着两个作用：同 Z_{III} 一样判断系统故障是否切除，振荡是否平息。同时，它防止系统静稳破坏引发振荡后因电流大，启动元件因不平衡电流而会误启动。当静稳破坏振荡逐步发展时，先动作，通过 P_4 阻止因振荡进一步发展，启动元件 S 误动作而使振荡闭锁回路误开放。

系统发生短路时，I_φ 元件也要动作，为了防止因 I_φ 元件动作，而使振荡闭锁元件不能开放，引入时间元件 t_1，使在 P_4 上 S 启动开放信号先于 I_φ 经 t_1 送来的闭锁信号起作用，保证回路能正常开放。

图 4-7 所示振荡闭锁回路虽用在模拟式距离保护装置中，但运行表明了其可靠性，实际上新型微机保护发生相继故障中也用了类似的原理。不足之处是它没有考虑到振荡过程中发生相继故障再开放的问题。

2. 结构二

图 4-8 所示的振荡闭锁为一种微机距离保护所用的振荡闭锁回路。

从基本原理来说它同图 4-7 大致是相同的，除所用的元件反应的量可能有所不同外，最大的差别是具有振荡过程中再启动的启动元件 S_2。

图 4-8 中 S_1 是系统扰动后第一次启动的启动元件，S_1 启动后经过禁止门 P，通过记忆 160ms 时间元件 t_0，将振荡闭锁信号保持 160ms，经或门 O_2 开放 Z_I，Z_{II} 出口通路。在此期间内如为 I 段区内故障，则通过 Z_I 输出启动 Z_I 动作程序。如为 II 段区内故障，则通过 Z_{II} 输出启动 II 段时间回路。同图 4-7 中不同的是，在 II 段计时期间 II 段动作信号不

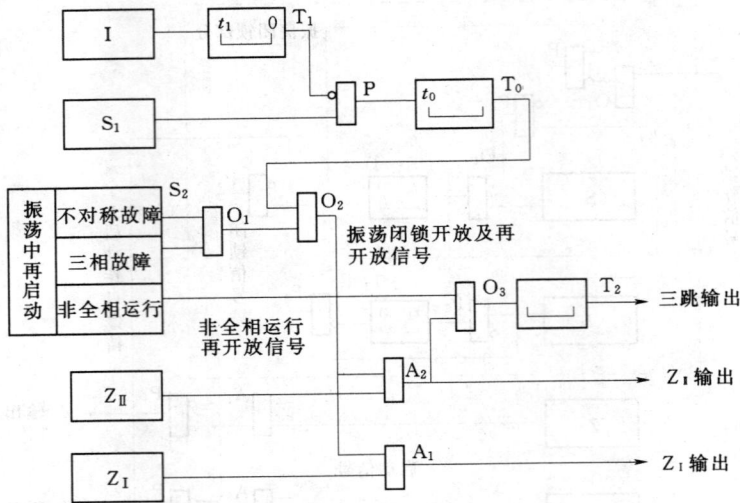

图 4-8 振荡闭锁原理结构图二

是由动作信号自保持来维持而是由 S_2 中对称故障或不对称故障再启动信号维持与门 A_2 的开放，因为此时Ⅱ段区内故障并未消除，所以上述各元件都处于开放状态。

图 4-8 中 S_1 不管是区内故障还是未发生故障只是扰动引发振荡都只是扰动开始时起作用，因为只要电流元件Ⅰ动作，经 t_1（10ms）就将 S_1 动作信号通过 P 而闭锁，这样就保证在扰动引发的振荡未消失前由 S_1 启动的振荡闭锁只开放一次（160ms），当振荡或故障消除后才复归。

同图 4-7 中 $I_φ$ 元件一样，电流元件Ⅰ可防止系统静稳定破坏时，因 S_1 误启动而使距离保护误动作。Ⅰ元件输入电流可为相电流或正序电流。

图 4-8 中 S_2 为振荡过程中再开放的启动元件，由三部分组成，其中不对称短路启动开放的信号由式（4-2）所构成，对称故障开放信号由式（4-3）决定的 U_C 或 U_{C1} 构成启动量。也可由 dU_C/dt 或 dU_{C1}/dt 来启动，参看本章第三节"振荡闭锁要考虑的主要问题及其解决方法"中有关内容。非全相运行时再开放的启动元件并参看中有关内容构成，需要判别是否已单相跳闸时，应引入相应开关位置信号。

四、另一种防止距离保护Ⅰ、Ⅱ段在系统振荡时误动作的方法

本章第三节介绍的是在距离保护中设置单独的振荡闭锁回路对距离保护Ⅰ、Ⅱ段实行闭锁，这种防止误动的方案相当巧妙，但它的动作方式需要仔细的整定，有时要通过复杂的计算，因而其可靠性也存在问题。

长期以来距离保护装置就常用一种防止系统振荡时误动作的措施，通过判断灵敏性即定值不同的阻抗继电器动作先后的时间差别来判断系统上出现振荡或是发生区内故障。

图 4-9 表明这种区别系统振荡与短路的方法。图 4-9 中有三组阻抗继电器，其中 $Z_Ⅰ$、$Z_Ⅱ$ 可为Ⅰ、Ⅱ段阻抗继电器而 Z 可为Ⅲ段阻抗继电器也可为专设的辅助继电器。图 4-9 中还给出了两根系统区内短路时，阻抗继电器感受阻抗变化轨迹和系统振荡时轨迹。图中可以看出由于系统振荡时感受阻抗 Z_m 变化较慢，而短路时 Z_m 变化快得多，由此很

容易区分短路与振荡。

图 4-10 为按此原理构成的动作原理图。图 4-10 中 Z_I、Z_{II} 为距离保护装置 I、II 段阻抗继电器，Z 可为 III 段阻抗继电器也可为专用的阻抗继电器。t_0 为时间继电器，它相当于图 4-7、图 4-8 中振荡闭锁开放时间继电器。

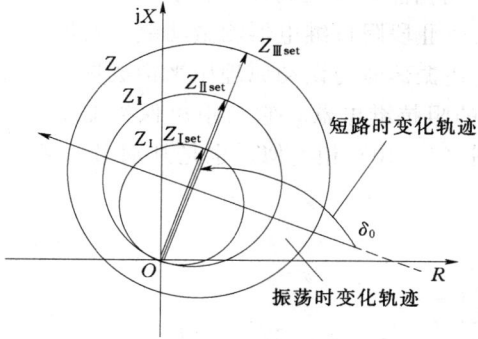

图 4-9　系统振荡与短路时阻抗继电器
感受阻抗变化的规律

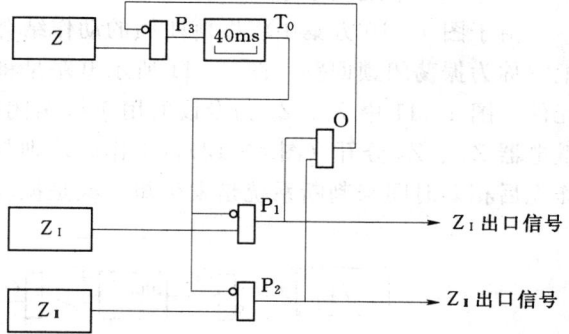

图 4-10　按图 4-9 原理构成的振荡闭锁

当 I、II 段区内短路时，Z_I、Z_{II}（I 段区内）或 Z_{II}（II 段区内）迅速动作，此时 Z 虽然也动作，但因 t_0 有 40ms 延时，来不及闭锁 P_1、P_2，故保护发出动作信号。如 I 段区内故障，通过保护出口回路发出跳闸命令，如 II 段区内故障，发出启动信号，启动 II 段时间继电器。由于 t_0 仅为 40ms，故通过或门 O 对动作状态自保持。由于 P_1、P_2 输出都实现自保持，故只有当故障切除，Z_I、Z_{II} 返回后，动作状态才复归。

如系统发生振荡，且振荡发生后振荡阻抗线依次穿过 Z、Z_I、Z_{II}。由于 Z 先动作，经 40ms 后，将 P_1、P_2 闭锁，故即使振荡发展，致使 Z_I、Z_{II} 阻抗继电器动作，也不会使距离保护装置误动作。当振荡逐渐减弱而消失时，阻抗继电器按 Z_I、Z_{II}、Z 顺序返回，最后保护复归。

如系统振荡较弱，未能使 Z、Z_I、Z_{II} 动作，则振荡对距离保护无影响，距离保护不启动。系统正常操作时一般也不会启动。

图 4-9 所示距离保护判断振荡与短路故障方法，过去有个形象化名词"大圆套小圆"。实际上不一定是圆，可用其他类型阻抗继电器，如四边形阻抗继电器。

这种防止振荡时误动的方法具有较大优点。

首先是结构简单，图 4-10 中 Z_I、Z_{II} 本身就是 I、II 段测量继电器，阻抗继电器 Z 可以认为是闭锁启动元件，按避开最小负荷阻抗整定。如用 III 段阻抗器，则基本上不增加测量元件。

第二，工作原理概念明确，所以整定方便。同用 dZ/dt 原理构成的振荡闭锁回路相比，虽然都是根据测量阻抗变化速度区分振荡与短路，但后者需通过计算来整定，而且 Z 变化律的测量也很麻烦，本方法是根据事前形成的动作特性的动作顺序来判断，是定性测量而不是定量测量。所用的经验数字是 t_0，它容易确定。图中 Z 与 Z_I、Z_{II} 直径相比均在 1.5～2.0 之间，在此情况下，t_0 一般取 40ms 即可。

第三个优点是一般振荡闭锁回路一旦系统发生扰动，包括重负荷线路操作都要启动然后再闭锁，闭锁期间区内发生故障有再启动问题。而图（4-10）所示回路不但一般扰动下不会启动，即使扰动后引发振荡，只要不引发 Z 动作，再发生 I、II 段区内故障也可直接动作跳闸，不存在再启动问题。

图 4-10 中阻抗继电器 Z 如用 III 段阻抗元件，则仍能完成距离保护 III 段的保护功能。

由于图 4-10 方案中将振荡闭锁的动作结合 I、II 段阻抗继电器测量功能，所以没有把它称为振荡闭锁回路。图 4-11 所示电路是将上述振荡时防误动原理用来构成振荡闭锁元件。图 4-11 中 Z_1、Z_2 为专设的用于振荡闭锁的阻抗继电器，它与距离保护测量阻抗继电器 Z_I、Z_{II} 分开（图 4-12），工作原理则与图（4-10）相类似，也是判别 Z_1、Z_2 动作先后相差时间来判断系统是发生短路或是振荡。

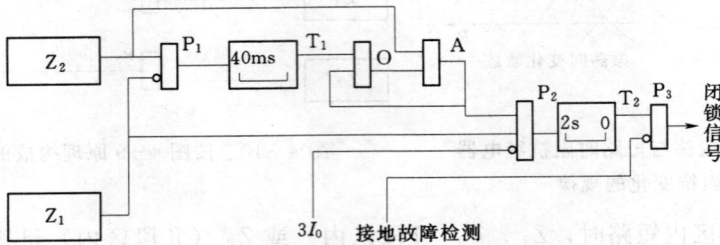

图 4-11 利用阻抗继电器动作间隔时间实现的振荡闭锁回路

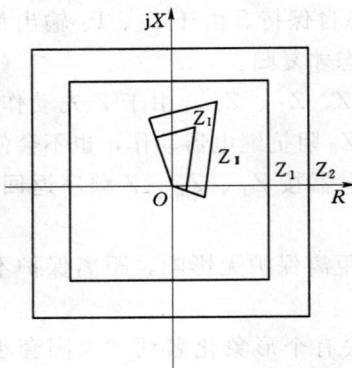

图 4-12 图 4-11 中 $Z_1 \cdot Z_2$ 动作特性

当系统振荡且振荡轨迹穿过 Z_1、Z_2 动作区时，Z_2 先工作，经 t_1 提供的 40ms 延时开放或门 O，经与门 A 首先实现自保持，随后 Z_1 也动作，禁止门 P_2 立即动作，记忆回路 t_2 动作，通过 P_3 发出持续 2s 的闭锁信号，闭锁距离保护 I、II 段。只要 Z_2 不返回，A 输出信号一直保持，继续闭锁。

如果是短路故障，则 Z_2 动作后 Z_1 很快跟着动作。一开始虽然因 Z_2 动作，通过 P_1 启动 t_1 计时，但等不及 t_1 动作，P_1 就因 Z_1 动作而撤消输出信号，t_1 返回，故 A 不会动作，即使随后 Z_1 动作，动作信号也不会使 P_2 动作，P_3 输出闭锁信号一直为零态，不发闭锁信号。

同图 4-10 不同的是，再振荡闭锁期间，如发生接地短路故障，则通过"接地故障检测"动作信号，经 P_3，闭锁闭锁信号而开放闭锁。当发生非全相振荡时，即使振荡尚未消除，Z_2 不返回，因非全相运行时总有 $3I_0$ 存在，通过 "$3I_0$" 动作信号，闭锁 P_2，使最多经 2s 后，解除闭锁，开放距离保护 I、II 段，区内故障可延时跳闸。

五、距离保护防护系统振荡时误动作措施评述

系统振荡时以阻抗继电器进行故障测量的距离保护会误动作的问题是一个既难解决而又必须解决的问题。

系统振荡与区内短路故障从阻抗继电保护装置看来它们表现出的现象大致是相同的，

都是节点电压降低，线路电流增大，不同的是变化速度和变化轨迹有所不同，但是，它们只是量的不同，而非质的不同，所以区分起来很困难，只有依靠定值整定。

对距离保护Ⅲ段来说是依靠其动作时间定值（例如 1.5s）来避开振荡时误动。这一方法纯属经验性的。大扰动后的摇摆振荡频率接近系统自然频率，问题不大，但对系统失步后依靠安全自动措施拉回到再同步的过程中，最终会出现滑差很小的情况。由此引发的"振荡"频率可能就很低，1.5s 的动作延时不一定就能躲过。

本章第三节所分析防止系统振荡时距离保护误动作的方法是同距离Ⅰ段和Ⅱ段配合工作的，这两种方法一般均称为是振荡闭锁措施，但仔细分析起来它们有不同的地方。

"距离保护装置几种振荡闭锁电路"中所介绍的方法有共同的特点，它们有专设的启动元件，对启动元件的基本要求是灵敏，为了避免区内短路时不启动而招致拒动，要求系统一有过流、过载就要启动，所以启动元件整定值一般较低，这就造成在无区内短路的情况下频繁启动。由于一经启动，短时开放之后就要进入较长时间的闭锁，在闭锁期间距离保护是退出工作的。所以这种振荡闭锁回路在振荡期间再开放的问题就很重要，而再开放的判据较为复杂，保证其可靠性也是一个难题。

"另一种防止距离保护Ⅰ、Ⅱ段在系统振荡时误动作的方法"中所介绍的方法根据系统振荡或短路时，各阻抗继电器阻抗感受特性来判断的，没有专设的灵敏启动元件，即使系统发生大扰动后的振荡，振荡后感受阻抗不进入两个阻抗继电器（图 4-10 中 Z 及 $Z_Ⅰ$、$Z_Ⅱ$，图 4-11 中 Z_1 及 Z_2）的动作区内，防止振荡误动的电路不投入工作，也不出现距离保护被闭锁问题，因而，因系统扰动距离保护被频繁闭锁的情况较少发生，系统振荡过程中发生故障的保护问题也较易解决。

第四节　距离保护装置的选相元件

一、距离保护装置中选相元件的作用及要求

三相系统有多种可能发生的短路故障，单就简单短路故障来说就有 10 种。为了最大发挥继电保护作用，并使继电保护装置的工作方式更合理，有必要在正确确定故障位置的前提下确定发生故障的相别。所谓继电保护装置的选择性有两个内容：确定故障在被保护线路上的位置和确定故障的类型，即故障发生在哪一相或哪些相上。

选相元件具有以下两个作用。

1. 确定短路故障发生的相别，以便确定线路跳闸方式（基本选相功能）

由于高压输电线路最常发生的短路故障是单相瞬时短路，为保证系统暂态稳定性，发生单相接地短路时单相跳闸然后快速重合是保证第一摆（First Swing）稳定性的最简单而有效的措施。因此，必须对短路故障的类型和相别作出正确判断。如果是单相短路则保护装置只对故障相发出跳闸信号并启动重合闸，如为相间（包括三相）短路，则发出三相跳闸信号，启动或不启动重合闸（由综合重合闸选择工作方式而定）。

确定故障发生相别的功能就是选相功能。

从距离保护本身来说，测量元件应可具备选相功能。距离保护装置因第二章第二节所述的原因，相阻抗继电器和相间阻抗继电器要分开设置，其中三个相阻抗继电器从理论上

来说就应当具备判别故障相的功能，但实际上距离保护中作为测量用的阻抗继电器主要任务是判断故障距离，为了达到这一目的，采取了不少措施，能保证故障相距离测量准确性，但单相短路时完好相的相阻抗继电器和有关联的相间阻抗继电器却可能误动作，只要其中有一个不正确动作，就破坏了选相，因此对距离保护来说必须有一套专用于选相的选相元件，不要求它精确测距，但能正确选相，它可以装在重合闸装置中，也可以构成距离保护装置的一部分（如图 4－1 所示）。

对这种选相元件来说，应具备以下性能：

（1）当装设相发生单相接地短路时，它比该相测量阻抗继电器有较高的灵敏性，例如具有 1.6 倍的灵敏性。

（2）系统发生单相短路时，包括近距离单相短路，完好相选相元件不能动作。

（3）负荷电流流过时不应动作。

2.确定短路故障发生的相别以确定阻抗继电器的加工相（综合选相功能）

根据第二章第二节的分析，要实现距离保护对可能发生的线路短路故障的保护，至少必须有 6 个阻抗继电器。而在实际短路时只有其中一个或两个阻抗继电器起测量作用。在模拟式距离保护中一个阻抗继电器就是一个单个硬件，而微机保护中一个阻抗继电器实际上只是一套软件程序，输入的比较量不同，就可以表现出不同的动作特性，但条件是必须先选定故障相，再给比较器程序输入相应的比较量。这样就在很大程度上减少了计算量，而且提高了距离保护工作可靠性。

这样就给选相元件提出一个新任务，即故障发生后，保护装置先进行选相然后再进行保护测量加工。这一任务比先测量后选相以确定跳闸方式的要求高，后者选相错误后果是跳三相和跳单相的问题，而前者就影响到故障测量的正确性，引起拒动的问题。

对这种选相元件的要求除选相可靠性更高外，选相速度要快。

二、阻抗继电器选相

（一）单相接地时故障点电压和电流相量图

距离保护装置中阻抗继电器是基本测量元件，其中相阻抗继电器专门用来反应单相接地短路，因此，以相阻抗继电器完成选相功能是很容易被接受的，过去在静态综合自动重合闸装置中很多也是用阻抗继电器作为选相元件。但是，在先选相后测量的距离保护中就不可能用阻抗继电器先进行选相。另外，阻抗测量也较费时，动作速度相对要慢些，更主要的是在单相接地短路时，完好相的阻抗继电器有误动作的情况，这就在很大程度上影响选相的可靠性，下面就分析这一问题。

分析的目的是确定被保护线路一相接地短路时完好相相阻抗继电器和与故障相有关联的相间阻抗继电器的感受阻抗，以及它们是否会误动。分析是定性的，所以对故障状态的假设和系统故障分析中采用的假定应简单些，以突出定性的结果。

分析被保护线路出口 A 相发生金属性短路的情况。

分析出口短路是因为出口短路时对完好相阻抗继电器影响较大，另外，阻抗继电器感受到的电压即为短路点的电压，相量关系较确定。

分析时还假定：线路为单侧电源，对侧无电源，不计负载电流，对侧变压器中点不接地，故短路点各序电流只流过继电器保护装设侧，流入继电器的电流分配系数均为 1。同时为了电压相量图清晰，阻抗虽以 Z 表示，实际上忽略其电阻分量。但为了读者对短路时线路上电流分布有较全面认识，第一章第二节中给出较严格的电流分布及其分析方法，以供参考。

图 4-13 为继电器装设侧（M 侧）出口 F 点 A 相单相金属性短路的电压、电流相量图。

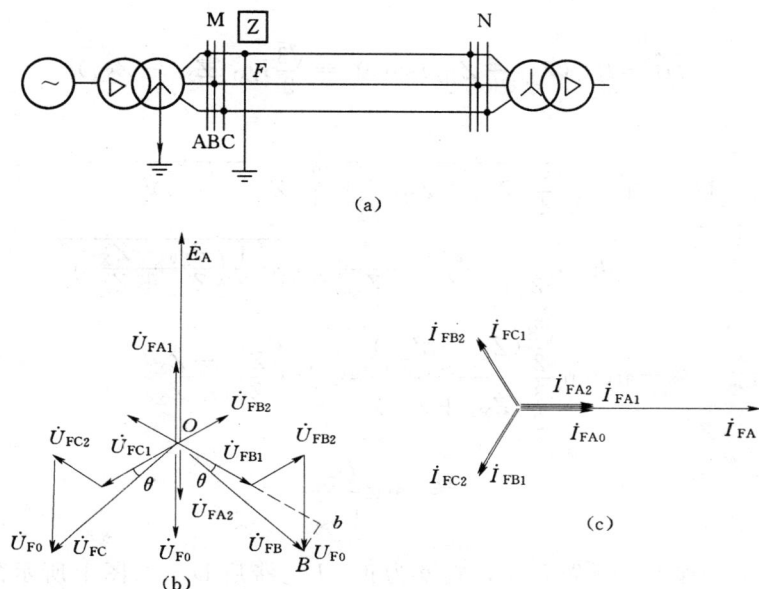

图 4-13　F 点 A 相单相短路时故障点电压电流相量图
(a) 系统图；(b) 电压相量图；(c) 电流相量图

根据故障分析，可知在 A 相短路时有以下关系：

$$\dot{I}_{FA1} = \dot{I}_{FA2} = \dot{I}_{FA0} = \frac{1}{3}\dot{I}_{FA} \qquad (4-4a)$$

$$\dot{U}_{FA1} + \dot{U}_{FA2} + \dot{U}_{FA0} = 0 \qquad (4-4b)$$

$$\dot{I}_{FA1} = \frac{\dot{E}_A}{Z_{\Sigma1} + Z_{\Sigma2} + Z_{\Sigma0}} \qquad (4-4c)$$

$$\dot{U}_{FA1} = \dot{E}_A - \dot{I}_{FA1}Z_{\Sigma1} = \dot{I}_{FA1}(Z_{\Sigma2} + Z_{\Sigma0}) \qquad (4-4d)$$

$$\dot{U}_{FA2} = -\dot{I}_{FA1}Z_{\Sigma2} \qquad (4-4e)$$

$$\dot{U}_{FA0} = -\dot{I}_{FA0}Z_{\Sigma0} \qquad (4-4f)$$

从而可得出图 4-13 所示的 F 点电压电流相量图。

以上 $Z_{\Sigma1}$、$Z_{\Sigma2}$、$Z_{\Sigma0}$ 为自故障点向系统看去的正序、负序和零序总阻抗，在所采取的假定条件下，即为继电器装设处电源的正序、负序和零序总阻抗。由于同样的假定，故障点各电流即为 M 侧流向线路的电流。

从电压相量图上 B 相电压多边形中可知：

$$U_{FB} = \sqrt{\overrightarrow{OB}^2 + \overrightarrow{bB}^2}$$

$$\overrightarrow{OB} = U_{FB1} + (U_{FB2} + U_{FB0})\cos 60°$$

$$= I_{FA1}\left(1 + \frac{1}{2}\right)\left(Z_{\Sigma 2} + Z_{\Sigma 0}\right)$$

$$= \frac{3}{2} I_{FA1}(Z_{\Sigma 2} + Z_{\Sigma 0})$$

$$\overrightarrow{bB} = I_{FA1}(Z_{\Sigma 0} - Z_{\Sigma 2})\sin 60° = \frac{\sqrt{3}}{2} I_{FA1}(Z_{\Sigma 0} - Z_{\Sigma 2})$$

故得：

$$U_{FB} = I_{FA1}\sqrt{\frac{9}{4}(Z_{\Sigma 2} + Z_{\Sigma 0})^2 + \frac{3}{4}(Z_{\Sigma 0} - Z_{\Sigma 2})^2}$$

$$= \frac{3}{2} E_A \cdot \frac{Z_{\Sigma 2}}{Z_{\Sigma 1} + Z_{\Sigma 2} + Z_{\Sigma 0}} \sqrt{1 + \frac{1}{3}\left(\frac{Z_{\Sigma 0} - Z_{\Sigma 2}}{Z_{\Sigma 2} + Z_{\Sigma 0}}\right)^2} \qquad (4-5)$$

$$\theta = \arctan \frac{\frac{\sqrt{3}}{2}(Z_{\Sigma 2} - Z_{\Sigma 0})}{\frac{3}{2}(Z_{\Sigma 2} + Z_{\Sigma 0})} = \frac{1}{\sqrt{3}} \cdot \frac{Z_{\Sigma 2} - Z_{\Sigma 0}}{Z_{\Sigma 2} + Z_{\Sigma 0}} \qquad (4-6)$$

图中

$$\theta = \arg \frac{\dot{U}_{FB}}{\dot{U}_{FB1}}$$

在相量图上，如 $\dot{U}_{FB}$ 领先 $\dot{U}_{FB1}$，则 θ 为正，$\dot{U}_{FB}$ 滞后 $\dot{U}_{FB1}$（图上所示的情况）则 θ 为负。

$\dot{U}_{FC}$ 的幅值与 $\dot{U}_{FB}$ 相同，但 θ 为正。

（二）完好相阻抗继电器感受阻抗

1. B 相阻抗继电器感受阻抗

图（4-13）相量图中各相量以 $\dot{E}_A$ 为参考相，故对 B 相而言

$$\dot{U}_{mB} = \dot{U}_{FB}$$

$$= \frac{3}{2}\dot{I}_{FA1}(Z_{\Sigma 2} + Z_{\Sigma 0})\sqrt{1 + \frac{1}{3}\left(\frac{Z_{\Sigma 2} - Z_{\Sigma 0}}{Z_{\Sigma 2} + Z_{\Sigma 0}}\right)} \cdot e^{j(-120° + \theta)} \qquad (4-7)$$

由于不计负荷电流，故 $\dot{I}_B = 0$

$$\dot{I}_{mB} = \dot{I}_B + 3K\dot{I}_0 = 3K\dot{I}_{FA1} = 3KI_{FA1}e^{j(-90°)} \qquad (4-8)$$

B 相阻抗继电器感受阻抗为：

$$Z_{mB} = \frac{\dot{U}_{mB}}{\dot{I}_{mB}} = \frac{Z_{\Sigma 2} + Z_{\Sigma 0}}{2K}\sqrt{1 + \frac{1}{3}\left(\frac{Z_{2\Sigma} - Z_{0\Sigma}}{Z_{2\Sigma} + Z_{0\Sigma}}\right)} \cdot e^{j(-30° + \theta)} \qquad (4-9)$$

它为容性阻抗，阻抗角为（$-30° + \theta$）。为了估计此阻抗的大小，令 $Z_{2\Sigma} = Z_{0\Sigma} = Z_{1\Sigma}$，则 $Z_{mB} = \frac{Z_{1\Sigma}}{K}$。如 $Z_{\Sigma 1}$ 为一不大的数值，则 Z_{mB} 的值也不大。

式中 $K = \dfrac{Z_0 - Z_1}{3Z_1}$，其中 Z_0、Z_1 为输电线单位长度零序阻抗和正序阻抗，而 $Z_{\Sigma 1}$、$Z_{\Sigma 0}$ 为从故障点向系统看去的总阻抗值，故令 $Z_{\Sigma 1} = Z_{\Sigma 2} = Z_{\Sigma 0}$，并不影响 K 的取值，K 并不为零。

2. C 相阻抗继电器感受阻抗

从图 4-13 可以看出，$\dot{U}_{FC}$ 与 $\dot{U}_{FB}$ 大小相等只是相位角不同，故根据 Z_{mB} 的分析，知

$$Z_{mC} = \frac{\dot{U}_{mC}}{\dot{I}_{mC}} = \frac{Z_{\Sigma 2} + Z_{\Sigma 0}}{2K} \sqrt{1 + \frac{1}{3}\left(\frac{Z_{\Sigma 2} - Z_{\Sigma 0}}{Z_{\Sigma 2} + Z_{\Sigma 0}}\right)^2} \cdot e^{j(-150° - \theta)} \tag{4-10}$$

图 4-14 表明，由式（4-9）和式（4-10）所确定的 Z_{mB}、Z_{mC} 的相对位置。

（三）单相短路相间阻抗继电器感受阻抗

仍分析 A 相单相短路的情况，也采用上一节分析时各项假定。

A 相单相短路时，$\dot{I}_{mBC}$ 为：

$$\dot{I}_{mBC} = \dot{I}_B - \dot{I}_C = 0$$

故 BC 相相间阻抗继电器感受阻抗为无限大，阻抗继电器不会动作。

对 AB 相阻抗继电器而言，$\dot{U}_{mAB}$ 为：

$$\dot{U}_{mAB} = \dot{U}_{FA} - \dot{U}_{FB} = -\dot{U}_{FB} \tag{4-11}$$

同式（4-7）所示，但为"一"号。

图 4-14 A 相单相短路时 Z_{mB}、Z_{mC}、Z_{mAB}、Z_{mCA} 相对位置

$$\dot{I}_{mAB} = \dot{I}_{FA} - \dot{I}_{FB} = \dot{I}_{FA} = 3\dot{I}_{FA1} = 3I_{FA1}\, e^{j(-90°)} \tag{4-12}$$

故得 AB 相相间阻抗继电器感受阻抗为：

$$Z_{mAB} = \frac{\dot{U}_{mAB}}{\dot{I}_{mAB}} = -\frac{\dot{U}_{FB}}{\dot{I}_{FA}} = -\frac{Z_{\Sigma 2} + Z_{\Sigma 0}}{2} \sqrt{1 + \frac{1}{3}\left(\frac{Z_{\Sigma 2} - Z_{\Sigma 0}}{Z_{\Sigma 2} + Z_{\Sigma 0}}\right)^2} \cdot e^{j(-30° + \theta)} \tag{4-13}$$

对 CA 相阻抗继电器来说，$\dot{U}_{mCA}$ 为：

$$\dot{U}_{mCA} = \dot{U}'_{FC} - \dot{U}_{FA} = \dot{U}_{FC}$$

其中

$$\dot{U}_{FC} = \frac{3}{2} I_{FA1}(Z_{\Sigma 2} + Z_{\Sigma 0}) \sqrt{1 + \frac{1}{3}\left(\frac{Z_{\Sigma 2} - Z_{\Sigma 0}}{Z_{\Sigma 2} + Z_{\Sigma 0}}\right)^2} \cdot e^{j(120° - \theta)} \tag{4-14}$$

$$\dot{I}_{mCA} = \dot{I}_{FC} - \dot{I}_{FA} = -3\dot{I}_{FA1} = -3I_{FA1}\, e^{j(-90°)} \tag{4-15}$$

故得 CA 相相间阻抗继电器感受阻抗为：

$$Z_{mCA} = \frac{\dot{U}_{mCA}}{\dot{I}_{mCA}} = \frac{\dot{U}_{FC}}{-3\dot{I}_{FA1}} = -\frac{Z_{\Sigma 2} + Z_{\Sigma 0}}{2} \sqrt{1 + \frac{1}{3}\left(\frac{Z_{\Sigma 2} - Z_{\Sigma 0}}{Z_{\Sigma 2} + Z_{\Sigma 0}}\right)^2} \cdot e^{j(-150° + \theta)} \tag{4-16}$$

Z_{mAB}、Z_{mCA} 也画在图 4-14 上。

（四）阻抗继电器选相评价

上面对以阻抗继电器进行选相时，对完好相阻抗继电器的感受阻抗进行了分析。分析

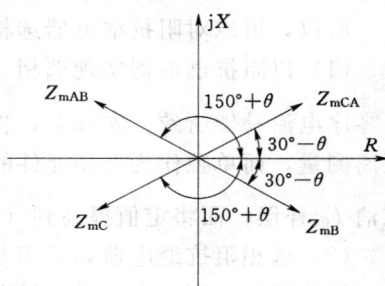

中难免采取了简化和假定，但对以阻抗继电器进行比相可能会引起的问题可以得出定性结论。

作为选相的阻抗继电器，不管其动作特性为何，都应带有偏移特性，为了能适应带弧光电阻的短路情况，沿 R 轴方向要有一定宽的动作区。所以，从图 4-14 可以看出，当 A 相发生单相短路时，B 相、C 相相阻抗继电器有可能误动作，由于选相阻抗继电器阻抗整定值较大，特别靠近被保护线路起始端附近短路，且电源阻抗较小时，误动可能性较大，完好相只要有一个阻抗继电器误动作，选相就要失效。

图 4-14 中也给出了 A 相单相短路，AB 相和 CA 相相间阻抗继电器的感受阻抗，可以看出这两个阻抗继电器动作的可能性更大，相间阻抗继电器不是选相继电器，它的动作同选相无关，但只要有一个相间阻抗继电器动作，则距离保护装置就要跳三相。

所以，可以对阻抗继电器选相方法作出以下结论：

（1）以阻抗继电器实现选相，选相效果不太可靠。其原因主要是相阻抗继电器中引入了零序电流补偿所致。实际上，相阻抗继电器中测量电流进行 $\dot{I}_0$ 补偿为的是能较精确的距离测量，而单独作为选相元件的阻抗继电器并不需要进行精确的距离测量，所以，可以取消 $\dot{I}_0$ 补偿，而将定值提高到（1+K）倍。这样一来选相可靠性就可以提高。

（2）选相阻抗继电器如采用方向阻抗继电器，在选相可靠性方面虽然可以提高，但有出口短路死区问题，必须增加低电压继电器以消除出口三相短路时动作死区，所以阻抗继电器选相在微机距离保护中较少采用。

三、电流测量的选相方式

电流测量是电力系统的基本量也是最容易实现的一种测量。所以，以电流测量为基础的选相方式应该是最合理的。但是，当系统发生故障时，电流的变化受系统结构和运行方式影响很大。所以，简单地依靠电流大小和方向较难对系统故障状态作出精确的判断。在继电保护的实践中，找出以故障状态下电流的某一分量作为测量判据，能更好地对故障状态和性质作出判断。在距离保护的选相方式上，也可采用这一方法，于是就出现：电流变化量选相与对称分量电流选相。

（一）两相电流差变化量选相元件

1. 电流变化量的选取

电力系统发生故障，故障相的电流就要增大，利用这一现象理论上可以判断故障相别。但是，如第二章第二节所分析的那样，系统电流受系统运行方式影响很大，从电流的大小来判断发生故障与否往往很困难，目前用故障后故障分量代替全电量的技术已得到较完善的发展，所以，选相元件中宜于用电流变化量代替电流量。

为了了解电流变化量继电器选相性能，需分析发生故障时，线路上电流变化量的分布。

图 4-15 为线路 MN 上 F 点发生短路时电流分布。

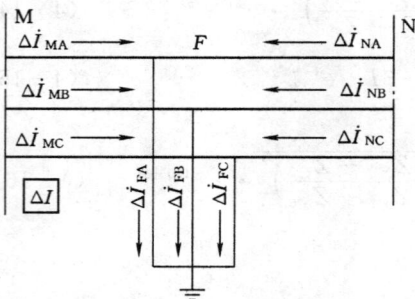

图 4-15　线路上电流分布原理图

当 F 点发生 A 相单相短路时，对短路支路而言，有

$$\Delta \dot{I}_{FA} = \Delta \dot{I}_{FA1} + \Delta \dot{I}_{FA2} + \Delta \dot{I}_{FA0} \qquad (4-17\text{a})$$

其中 $\Delta \dot{I}_{FA1} = \Delta \dot{I}_{FA2} = \Delta \dot{I}_{FA0}$

而

$$\Delta \dot{I}_{FB} = a^2 \Delta \dot{I}_{FA1} + a\Delta \dot{I}_{FA2} + \Delta \dot{I}_{FA0} = (a^2 + a + 1)\Delta \dot{I}_{FA1} = 0 \qquad (4-17\text{b})$$

$$\Delta \dot{I}_{FC} = a\Delta \dot{I}_{FA1} + a^2 \Delta \dot{I}_{FA2} + \Delta \dot{I}_{FA0} = (a + a^2 + 1)\Delta \dot{I}_{FA1} = 0 \qquad (4-17\text{c})$$

如各序电流变化量对 M 侧分配系数相等，均为 C，则可求出 M 侧线路上各相电流。

A 相：

$$\Delta \dot{I}_{MA} = C\Delta \dot{I}_{FA} \qquad (4-18\text{a})$$

而完好相 B、C 相中由故障点电流引起的电流分量为零，但存在由 A 相电流通过互感所感应的电流：$-\Delta \dot{I}_{MA}K_{M}$，$K_{M}$ 由线间互感系数及回路阻抗决定。

故

$$\Delta \dot{I}_{MB} = -\Delta \dot{I}_{MA}K_{M} \qquad (4-18\text{b})$$

$$\Delta \dot{I}_{MC} = -\Delta \dot{I}_{MA}K_{M} \qquad (4-18\text{c})$$

但实际电路中正序、负序电流分配系数虽接近相等，为 C_1，而零序电流分配系数 C_0 与 C_1 一般不相等。故 M 侧 B、C 相电流中也存在故障点电流分量，当 $\Delta \dot{I}_{MA}$ 以下式表示时：

$$\Delta \dot{I}_{MA} = (2C_1 + C_0)\Delta \dot{I}_{FA1} \qquad (4-19\text{a})$$

B、C 相中电流为：

$$\Delta \dot{I}_{MB} = [(1 - K_{M})C_0 - (1 + 2K_{M})C_1]\Delta \dot{I}_{FA1} \qquad (4-19\text{b})$$

$$\Delta \dot{I}_{MC} = [(1 - K_{M})C_0 - (1 + 2K_{M})C_1]\Delta \dot{I}_{FA1} \qquad (4-19\text{c})$$

故可以看出当被保护线路发生单相短路时虽然故障相线路上电流较大，但非故障相电流亦可以有相当数值，影响选相的正确性和灵敏性。实际上可用相电流差变化量来选相。

2. 相电流差变化量的选相作用分析

现分析单相短路时相电流差变化量，根据式（4-19）得：

$$\Delta \dot{I}_{MAB} = |\Delta \dot{I}_{MA} - \Delta \dot{I}_{MB}| = |(3 + 2K_{M})C_1 + K_{M}C_0|\dot{I}_{FA1} \qquad (4-20\text{a})$$

$$\Delta \dot{I}_{MBC} = |\Delta \dot{I}_{MB} - \Delta \dot{I}_{MC}| = 0 \qquad (4-20\text{b})$$

$$\Delta \dot{I}_{MCA} = |\Delta \dot{I}_{MC} - \Delta \dot{I}_{MA}| = -|(3 + 2K_{M})C_1 + K_{M}C_0|\dot{I}_{FA1} \qquad (4-20\text{c})$$

故以相电流差变化量的绝对值为选相判据时，故障相与非故障相有明显的差别；同故障相有关的相别（AB、CA 相）相电流差变化量的绝对值相等，同故障相无关的相别（BC 相）相电流差变化量的绝对值为零。

但是为了正确选相尚需分析另外类型短路的情况，现分析图 4-15 中 F 点发生 BC 相两相短路情况。

当 BC 相相间短路时，故障点支路有以下关系：

$$\Delta \dot{I}_{FA1} = -\Delta \dot{I}_{FA2}$$

$$\Delta \dot{I}_{FA0} = 0$$

故：

$$\Delta \dot{I}_{FA} = \Delta \dot{I}_{FA1} + \Delta \dot{I}_{FA2} = 0$$

$$\Delta \dot{I}_{FB} = a^2 \Delta \dot{I}_{FA1} + a \Delta \dot{I}_{FA2} = (a^2 - a) \Delta \dot{I}_{FA1} = -j\sqrt{3} \Delta \dot{I}_{FA1}$$

$$\Delta \dot{I}_{FC} = a \Delta \dot{I}_{FA1} + a^2 \Delta \dot{I}_{FA2} = (a - a^2) \Delta \dot{I}_{FA1} = j\sqrt{3} \Delta \dot{I}_{FA1}$$

设正序、负序电流对 M 侧分配系数相等，均为 C_1，则：

$$\Delta \dot{I}_{MB} = -j\sqrt{3} C_1 \Delta \dot{I}_{FA1} \tag{4-21a}$$

$$\Delta \dot{I}_{MC} = j\sqrt{3} C_1 \Delta \dot{I}_{FA1} \tag{4-21b}$$

由于 $\Delta \dot{I}_{MB}$ 与 $\Delta \dot{I}_{MC}$ 大小相等方向相反，故 BC 相短路电流在 A 相中不感应电流，故：

$$\Delta \dot{I}_{MA} = 0 \tag{4-21c}$$

根据式（4-21）可得：

$$\Delta \dot{I}_{MAB} = |\Delta \dot{I}_{MA} - \Delta \dot{I}_{MB}| = |\sqrt{3} C_1 \Delta \dot{I}_{FA1}| \tag{4-22a}$$

$$\Delta \dot{I}_{MBC} = |\Delta \dot{I}_{MB} - \Delta \dot{I}_{MC}| = |2\sqrt{3} C_1 \Delta \dot{I}_{FA1}| \tag{4-22b}$$

$$\Delta \dot{I}_{MCA} = |\Delta \dot{I}_{MC} - \Delta \dot{I}_{MA}| = |\sqrt{3} C_1 \Delta \dot{I}_{FA1}| \tag{4-22c}$$

故被保护线路发生两相短路时，三相电流差均相当大，而故障相相间电流差为非故障相间电流差的两倍。

现分析 F 点发生 BC 相两相短路接地情况。

当 BC 相两相接地短路时，故障点支路电流有如下关系：

$$\Delta \dot{I}_{FA1} + \Delta \dot{I}_{FA2} + \Delta \dot{I}_{A0} = 0$$

即

$$\Delta \dot{I}_{A0} = -(\Delta \dot{I}_{FA1} + \Delta \dot{I}_{FA2})$$

设正序、负序电流对 M 侧分配系数相等，为 C_1，而零序电流分配系数为 C_0。则在三相线路上，由故障点电流引起的电流分量为：

$$\Delta \dot{I}_{mA} = \Delta \dot{I}_{FA1} + \Delta \dot{I}_{FA2} + \Delta \dot{I}_{FA0} = (C_0 - C_1) \Delta \dot{I}_{FA0} \tag{4-23a}$$

$$\Delta \dot{I}_{mB} = (a - a^2) C_1 \dot{I}_{FA2} + (C_0 - a^2 C_1) \Delta \dot{I}_{FA0} \tag{4-23b}$$

$$\Delta \dot{I}_{mC} = (a^2 - a) C_1 \dot{I}_{FA2} + (C_0 - a C_1) \Delta \dot{I}_{FA0} \tag{4-23c}$$

由于只考虑相电流差变化量的选相特性，故可以忽略 $\Delta \dot{I}_{mB}$、$\Delta \dot{I}_{mC}$ 通过互感在 A 相线路中感生的电流分量 $-K_M(\Delta \dot{I}_{MB} + \Delta \dot{I}_{MC})$。可得三个相电流差变化量为：

$$\Delta I_{MAB} = |\Delta \dot{I}_{MA} - \Delta \dot{I}_{MB}| = |(1-\alpha) C_1 \dot{I}_{FA2} + (1-\alpha^2) C_1 \Delta \dot{I}_{FA1}| \tag{4-24a}$$

$$\Delta I_{MBC} = |\Delta \dot{I}_{MB} - \Delta \dot{I}_{MC}| = |(\alpha-\alpha^2) C_1 \dot{I}_{FA2} + (\alpha^2-\alpha) C_1 \Delta \dot{I}_{FA1}| \tag{4-24b}$$

$$\Delta I_{MCA} = |\Delta \dot{I}_{MC} - \Delta \dot{I}_{MA}| = |(\alpha^2-1) C_1 \dot{I}_{FA2} + (\alpha-1) C_1 \Delta \dot{I}_{FA1}| \tag{4-24c}$$

从式（4-24）中可以看出三个相电流差变化量之间大小关系类似两相短路时的情况，其中短路相间电流差（BC 相）变化量最大，而非故障相间（AB、CA 相）电流差变化量较小，且基本相等。

最后考虑三相对称短路情况。在三相对称短路情况下，只有正序电流分量，故三个相电流差变化量为：

$$\Delta I_{AB} = \Delta I_{BC} = \Delta I_{CA} = |\sqrt{3} C_1 \Delta \dot{I}_{FA1}| \tag{4-25}$$

三相相间电流差变化量相等。

3. 以相电流差变化量作为选相功能分析

（1）由于采用故障前后电流变化量作为测量量，所以可以避开负荷电流的影响，而且所反应的是电流在较短时间的变化量，所以对系统振荡时相对慢速的变化不敏感，故它不受系统振荡的影响。

（2）对基本选相功能，即选相跳闸功能，性能良好，判断明确。

从式（4-20）可以看出，所比较的三个相电流差变化量在单相短路情况下，有确定的定性差别：完好相相间电流差变化量为零，其他两相间电流差变化量相当大，且基本相等。所以很容易区别是哪一相短路。

$\Delta \dot{I}_{MAB}$、$\Delta \dot{I}_{MCA}$不为零且基本相等，$\Delta \dot{I}_{MBC}=0$，则为 A 相单相短路。

$\Delta \dot{I}_{MAB}$、$\Delta \dot{I}_{MBC}$不为零且基本相等，$\Delta \dot{I}_{MAC}=0$，则为 B 相单相短路。

$\Delta \dot{I}_{MBC}$、$\Delta \dot{I}_{MCA}$不为零且基本相等，$\Delta \dot{I}_{MAB}=0$，则为 C 相单相短路。

而任何相间短路，包括三相对称短路，则 $\Delta \dot{I}_{MAB}$、$\Delta \dot{I}_{MBC}$、$\Delta \dot{I}_{MCA}$均不为零而有相当大数值，表明在此情况下，决不是单相短路。

所以，对基本选相功能来说，相电流差变化量选相具有良好性能。它不需要进行精确的动作值整定，不但能用于数字式距离保护中，而且也易于在模拟式距离保护中采用。

（3）综合选相功能，即先选相再确定阻抗继电器工作相别，这只有在微机距离保护中才有这种需要。

对单相短路来说，这点容易做到，只要判断出是哪一相短路，就可使阻抗继电器按那一相接地阻抗继电器方式工作，但对于其他相间短路来说，就没有这样明确，必须通过数值比较，才能判断。

两个相电流差变化量基本相等，另一个电流差变化量约大一倍，且无 $\dot{I}_0$，则为相间短路。

例如 $\Delta \dot{I}_{MAB}$、$\Delta \dot{I}_{MCA}$基本相相等，而 $\Delta \dot{I}_{MBC}$约大一倍，且 $\dot{I}_0$ 为零，则可判为 BC 相两相短路。

两个相电流差变化量基本相等，另一个相电流差变化量约大一倍，且出现相当大的 $\dot{I}_0$，则可判为两相短路接地。

例如 $\Delta \dot{I}_{MAB}$、$\Delta \dot{I}_{MCA}$基本相等，而 $\Delta \dot{I}_{MBC}$约大一倍，且出现相当大的 $\dot{I}_0$，则可判为 BC 两相接地短路。

三个相电流差变化量基本相等，则可判为三相短路。

可以看出进行综合选相时，必须进行数值计算和数值比较，由于要进行定量的比较，其选相可靠性就不如其基本选相功能。

（二）$\dot{I}_0$、$\dot{I}_2$ 比相选相元件

相电流差变化量选相元件中，由于采用了故障前后电流变化量作为比相依据，所以不受负荷电流影响，提高了灵敏性，并且避开了相对慢速变化的系统振荡的影响。

如果采用对称分量，也可取得相应的优点，电流中的零序分量 $\dot{I}_0$ 和负序分量 $\dot{I}_2$ 也具有相似的特点：负荷电流中无 $\dot{I}_0$、$\dot{I}_2$ 分量，系统振荡时也不出现 $\dot{I}_0$、$\dot{I}_2$ 分量，所以 $\dot{I}_0$、$\dot{I}_2$ 作为选相时所用的电量就可以避开负荷电流和系统振荡的影响。

只要不对称故障存在，$\dot{I}_0$、$\dot{I}_2$ 就一直存在，不像电流变化量只在变化过程中才出现，所以以 $\dot{I}_0$、$\dot{I}_2$ 作为比相量在故障过程中，包括进入稳态后一直存在，因此增大了比相的可靠性。

$\dot{I}_0$ 只在接地短路时才出现，所以相间不接地短路，包括三相短路时不能实现选相。但这并不构成缺点，因为实现基本选相功能只在单相接地故障时才有意义，任何相间短路时都要跳三相，不需要进行跳闸选相。

1. 不对称接地短路时，$\dot{I}_0$ 和 $\dot{I}_2$ 之间相位关系

先分析单相短路时情况。

系统发生单相接地短路时，电流相量有最简单的关系。图 4-16（a）为 A 相短路各电流分量相量图。三个电流分量 $\dot{I}_{FA1}$、$\dot{I}_{FA2}$、$\dot{I}_{FA0}$ 大小相等，方向相同。

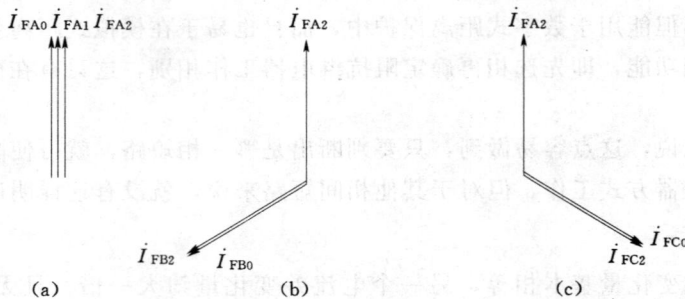

图 4-16 单相接地短路时 $\dot{I}_{F0}$ 与 $\dot{I}_{FA2}$ 间相位关系

（a）A 相短路 $\arg \dfrac{\dot{I}_{F0}}{\dot{I}_{FA2}} = 0°$；（b）B 相短路 $\arg \dfrac{\dot{I}_{F0}}{\dot{I}_{FA2}} = 120°$；

（c）C 相短路 $\arg \dfrac{\dot{I}_{F0}}{\dot{I}_{FA2}} = 240°$

B、C 相单相短路时，相应相电流分量关系与 A 相同。对比各相 $\dot{I}_0$ 与 $\dot{I}_2$ 之间相位关系，看它们是否同相，就可以判别故障的相别，但由于三相负序电流 $\dot{I}_{FA2}$、$\dot{I}_{FB2}$ 和 $\dot{I}_{FC2}$ 是对称三相电流，故为了简化计算可以 $\dot{I}_{FA2}$ 为参据判断 $\dot{I}_0 = \dot{I}_{FA0} = \dot{I}_{FB0} = \dot{I}_{FC0}$ 之间相位关系，这样在一次选相时，只要算出 $\dot{I}_{FA2}$ 即可，方便了计算。

图 4-16（b）和图 4-16（c）表明在 B、C 相单相接地短路时，$\dot{I}_{F0}$ 与 $\dot{I}_{FA2}$ 之关系。

从图 4-16 可以看出，在发生单相接地短路时，根据 $\arg \dfrac{\dot{I}_0}{\dot{I}_{FA2}}$ 之间相位关系能进行明确的选相。

但在两相短路接地的情况下，也会出现 $\dot{I}_0$ 及 $\dot{I}_2$，在此情况下，选相元件如何反映，必须加以考虑。

图 4-17 表明两相短路接地时，$\dot{I}_{FA2}$ 与 $\dot{I}_{F0}$ 之间相位关系，可以看出，如不采取另外的判别，这种选相元件不能进行在两相接地短路时正确的选相，例如线路发生 BC 两相接地短路会误判为 A 相单相短路。因此，必须增加另外的判别依据，最简单的方法就是配合测量用阻抗继电器动作状态来综合判别。

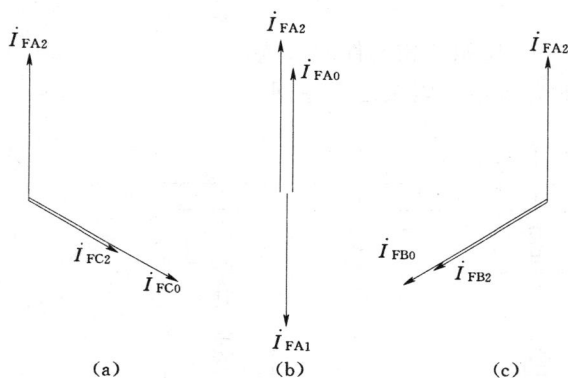

图 4-17　两相短路接地时 $\dot{I}_{F0}$ 与 $\dot{I}_{FA2}$ 的相位关系

（a）AB 两相接地短路 $\arg \dfrac{\dot{I}_{F0}}{\dot{I}_{FA2}} = 240°$；（b）BC 两相接地短路

　　$\arg \dfrac{\dot{I}_{F0}}{\dot{I}_{FA2}} = 0°$；（c）CA 两相接地短路 $\arg \dfrac{\dot{I}_{F0}}{\dot{I}_{FA2}} = 120°$

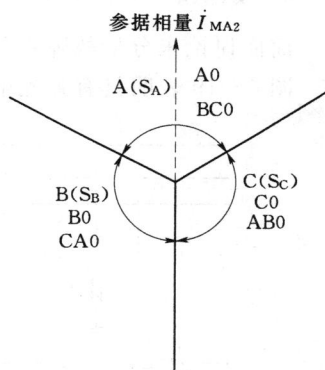

图 4-18　不同接地短路时 $\arg \dfrac{\dot{I}_{M0}}{\dot{I}_{MA2}}$ 的动作区

图 4-16 和图 4-17 中各电流分量均为短路点短路支路中的电流量，实际上线路上流过的负序、零序电流 $\dot{I}_{MA2}$、$\dot{I}_{MA0}$ 的相位关系与短路支路中电流各分量相同。图 4-18 给出以线路 M 侧负序电流为参据值，对应各种不同接地短路时零序电流 $\dot{I}_{M0}$ 所在的范围。该范围是以图 4-15、图 4-16 $\arg \dfrac{\dot{I}_{F0}}{\dot{I}_{FA2}}$ 为中心值表示的。

2. $\dot{I}_0$、$\dot{I}_2$ 比相选相元件动作判别方法

$\dot{I}_0$、$\dot{I}_2$ 比相选相元件必须配合阻抗继电器动作状态才能确定短路故障种类和相别。实际上距离保护选相元件都是同阻抗测量元件共同工作的。以下结合图 4-1 所示三段距离保护装置原理图。分析 $\dot{I}_0$、$\dot{I}_2$ 比相选相元件（相当于图中 S_A、S_B、S_C）和 I、II 段阻

抗测量元件配合动作情况，为了简便起见，只分析选相落在 A 区（S_A）的情况；

当 $\dot{I}_{M0}$ 落在 A 区时，S_A 动作，如 Z_{IA} 或 Z_{IIA}（下面统称为 Z_A）动作，则判为 A 相单相接地故障，经与门 A_1 发出 A 相跳闸信号。

如 Z_A 不动而相间阻抗继电器 Z_{BC} 动作，则判为 BC 两相或两相接地故障，经或门 O_1 发出三相跳闸信号。

如选相元件还要实现综合选相（选择阻抗继电器工作相）功能，则动作程序如下：

当 $\dot{I}_{M0}$ 落在 A 区时，阻抗继电器（程序）切换至 A 相相阻抗继电器方式工作，如阻抗继电器动作，则判为 A 相接地短路，如阻抗继电器不动作，则将阻抗继电器切换到 B 相阻抗继电器方式工作，如阻抗继电器动作则判为 BC 相两相接地短路。

当 $\dot{I}_{M0}$ 落在 B 区时，工作情况类似，不另分析。

3. 接地弧光电阻对 $\dot{I}_0$、$\dot{I}_2$ 比相选相元件工作的影响

前面讨论未分析故障点弧光电阻对 $\dot{I}_0$、$\dot{I}_2$ 比相选相元件的影响。

图 4-19 表明具有弧光电阻接地短路时，等值电阻及复合序网。

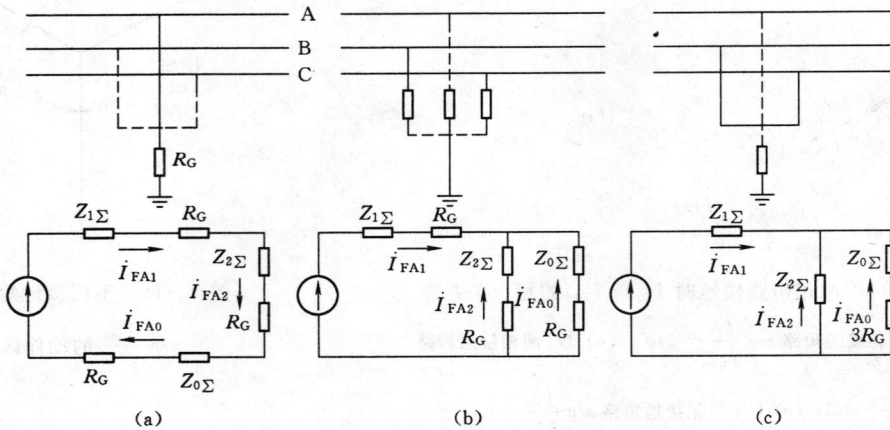

图 4-19　几种经弧光对地短路的情况

(a) A 相经 R_G 单相短路；(b) BC 相经 R_G 短路接地；(c) BC 相短路经 R_G 接地

图 4-19 为单相经弧光电阻短路的情况。在此情况下，弧光电阻的出现只影响回路总阻抗及阻抗角及 $\dot{I}_{F1}$ 与 $\dot{E}$ 之间相角，而 $\dot{I}_{F2}$ 与 $\dot{I}_{F0}$（包括 $\dot{I}_{F1}$）之间相对角不变，故不管弧光电阻 R_G 有多大，不影响 $\dot{I}_0$、$\dot{I}_2$ 之间比相结果。

图 4-19（b）为 BC 两相分别对地带弧光电阻 R_G 短路情况，由于在等值电路中，正序、负序、零序电流均流过 R_G，故 R_G 的出现不影响它们之间相位，对 $\dot{I}_0$、$\dot{I}_2$ 比相无影响。可认为图 4-19 中 B 相和 C 相接地弧光电阻相等均为 R_G，故系统三相参数是对称的，如两相对地弧光电阻不等，分析起来较为困难，但对比相影响不会太大。

问题较大的是图 4-19（c）的情况，BC 两相短路后再经弧光电阻 R_G 接地，此时参

考相 $\dot{I}_0$、$\dot{I}_2$ 之间相位相差可能很大，影响比相结果。

根据图 4-19 (c) 得：

$$\dot{I}_{FA1} = \frac{\dot{E}}{Z_{1\Sigma} + \dfrac{Z_{\Sigma2}(Z_{\Sigma0} + 3R_G)}{Z_{\Sigma2} + Z_{\Sigma0} + 3R_G}} \qquad (4-26)$$

$$\dot{U}_{FA1} = \dot{I}_{FA1} \cdot \frac{Z_{\Sigma2}(Z_{\Sigma0} + 3R_G)}{Z_{\Sigma2} + Z_{\Sigma0} + 3R_G} \qquad (4-27)$$

故得：

$$\dot{I}_{FA2} = \frac{-\dot{U}_{FA1}}{Z_{2\Sigma}} = |\dot{I}_{FA2}| e^{j\theta_2} \qquad (4-28)$$

$$\dot{I}_{FA0} = \frac{-\dot{U}_{FA1}}{Z_{\Sigma0} + 3R_G} = |\dot{I}_{FA0}| e^{j\theta_0} \qquad (4-29)$$

其中 θ_2 基本为感性，而当 R_G 相当大时，θ_0 接近电阻性，θ_2 和 θ_0 相差很大。

图 4-20 为依据以上分析所得的相量图，图 4-20 中可以看出，由于 θ_2 与 θ_0 不同，故 $\dot{I}_{FA2}$ 与 $\dot{I}_{FA0}$ 不再同相。

$$\arg \frac{\dot{I}_{FA0}}{\dot{I}_{FA2}} = \theta_2 - \theta_0$$

相应的，$\dot{I}_{M0}$ 超前 $\dot{I}_{FA2}(\theta_2 - \theta_0)$ 角，对应图 4-19 中三种两相短路经 R_G 接地短路，$\dot{I}_{M0}$ 的位置要正向旋转角为 $\theta_2 - \theta_0$。虽然，图 4-18 的动作区，以 $\arg \dfrac{\dot{I}_{M0}}{\dot{I}_{M2}} = 0$ 为中

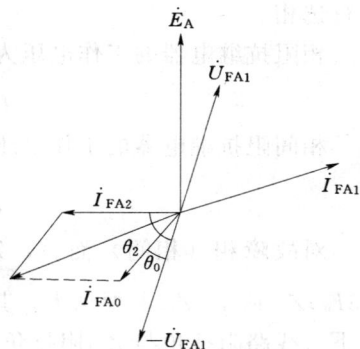

图 4-20 BC 相短路经 R_G
接地相量图

心值，有 $\pm60°$ 的裕度，但当 $\arg \dfrac{\dot{I}_{M0}}{\dot{I}_{M2}} > 60°$ 时，动作区就会发生变化，例如 AB 两相接地短

路时，$\dot{I}_{M0}$ 处于 C 区，但如 R_G 相当大，则发生 AB 两相短路经 R_G 接地时，$\dot{I}_{M0}$ 可能由 C 区进入 A 区，故选相判断要计及这一情况。

四、补偿电压变化量选相元件

线路发生短路时，电压要降低，由此可以判断故障相别，从而实现选相。电压选相实现起来简单。因而，在模拟式综合自动重合闸中，优先加以采用，在 20 世纪 60 年代中发展了以电压比值作为判据的选相元件，其选相判据如下：

当 $\left| \dfrac{\dot{U}_A}{\dot{U}_{BC}} \right| \leqslant K$ 时，判为 A 相故障。

$\left| \dfrac{\dot{U}_B}{\dot{U}_{CA}} \right| \leqslant K$ 时，则判为 B 相故障。

$\left| \dfrac{\dot{U}_{\mathrm{C}}}{\dot{U}_{\mathrm{AB}}} \right| \leqslant K$ 时，则判为 C 相故障。

这种电压选相元件除了实现起来简单外，它不受系统振荡的影响。但也有一定的缺点，当在单相重合闸动作方式下，三相电压要发生畸变，加上负荷电流的影响，$\left| \dfrac{\dot{U}_{\mathrm{A}}}{\dot{U}_{\mathrm{BC}}} \right|$ 等比值要发生变化，K 值为了避开这一影响，降低了选相的灵敏性，当电源容量较大时往往不能保证动作灵敏度，所以在超高压线路中，目前这种选相方式用得较少。

目前在我国，以反映系统发生故障时，系统出现的故障分量来反映故障性质构成保护已处于领先地位。利用电压故障分量构成保护可以利用重叠定理来分析，概念明确，在故障后的一段时间内，保护性能不受电源电势、负荷状态的影响。所以，以电压故障分量代替电压量进行选相具有很大的优点。

在阻抗继电器中，以式（3-11）表示的工作电压 $\dot{U}_{\mathrm{op}}$ 对故障更为敏感，可以更可靠地进行选相。

相阻抗继电器的工作电压为：

$$\dot{U}_{\mathrm{op}} = \dot{U}_{\varphi} - (\dot{I}_{\varphi} + K3\dot{I}_0)Z_{\mathrm{set}}$$

相间阻抗继电器的工作电压为：

$$\dot{U}_{\mathrm{op}} = \dot{U}_{\varphi\varphi} - \dot{I}_{\varphi\varphi}Z_{\mathrm{set}}$$

对故障相（相间）而言，发生故障后 $\dot{U}_{\varphi}$ 或 $\dot{U}_{\varphi\varphi}$ 要下降，而补偿电压 $\dot{U}_{\mathrm{comp}}$ [$(\dot{I}_{\varphi} + K3\dot{I}_0)Z_{\mathrm{set}}$ 或 $\dot{I}_{\varphi\varphi}Z_{\mathrm{set}}$] 要增大，其差值 $\dot{U}_{\mathrm{op}}$ 将有很大变化，如在保护区末端短路，在理想情况下（线路阻抗角与 Z_{set} 阻抗角相等）将变为零，故以阻抗继电器的工作电压代替线路电压判断选相有较高的灵敏度。

同样，如用工作电压的变化量来判断则有更大的优点，它可以不受两侧电压电源电势和负荷的影响而且不反应系统振荡。这就是补偿（工作）电压变化量选相。

在补偿电压变化量选相元件中，用来选相的电压为：

$$\Delta\dot{U}_{\mathrm{op}\cdot\varphi} = \Delta\dot{U}_{\varphi} - (\Delta\dot{I}_{\varphi} + K3\Delta\dot{I}_0)Z_{\mathrm{set}} \qquad (4-30)$$

$$\Delta\dot{U}_{\mathrm{op}\cdot\varphi\varphi} = \Delta\dot{U}_{\varphi\varphi} - (\Delta\dot{I}_{\varphi\varphi} + K3\Delta\dot{I}_0)Z_{\mathrm{set}} \qquad (4-31)$$

下面讨论故障时补偿电压及工作电压变化量的计算。

故障时补偿电压及工作电压变化量 $\Delta\dot{U}_{\mathrm{comp}\cdot\varphi}$ 及 $\Delta\dot{U}_{\mathrm{op}}$ 是由故障点叠加故障电压 $\Delta\dot{U}_{\mathrm{F}}$ 所引起的。

设 F 点发生金属性单相 A 相短路，则在短路后一段时间内：

$$\dot{U}_{\mathrm{FA|0|}} + \Delta\dot{U}_{\mathrm{F}} = 0 \qquad (4-32)$$

故

$$\Delta\dot{U}_{\mathrm{F}} = -\dot{U}_{\mathrm{FA|0|}} \qquad (4-33)$$

下面要讨论的 $\Delta U_{\mathrm{comp}\cdot\varphi}$ 和 $\Delta\dot{U}_{\mathrm{op}}$ 均由 $\Delta\dot{U}_{\mathrm{F}}$ 产生，$\Delta\dot{U}_{\mathrm{F}}$ 与故障前 F 点电压 $\dot{U}_{\mathrm{FA|0|}}$ 相等，

但为负号。要注意的是 $\Delta \dot{U}_F$ 不是瞬时值而是交流相量，由故障前 F 点交流工频电压相量而定，所以由 $\Delta \dot{U}_F$ 产生的电压和电流变化量也是工频交流量，因而线路上基本参数仍可用阻抗 Z 表示。

图 4-21 为系统 F 点发生 A 相单相短路时原理电路图，图 4-21（a）为系统原理图，F 点发生 A 相金属性短路，故 $\Delta \dot{U}_{FA}=0$，图中以式（4-32）的叠加关系表示，各电流电压量均以实际量表示。

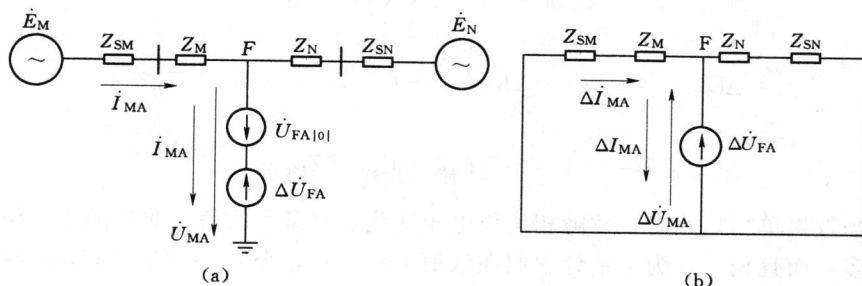

图 4-21　F 点 A 相单相短路时原理电路图
(a) 系统原理图；(b) 故障分量原理图

图 4-21（b）为故障分量原理图。图中唯一的一个电源是由式（4-33）定义的叠加电压，图 4-21 中各电流、电压均由此叠加电压产生同电源电势 $\dot{E}_M$、$\dot{E}_N$ 无关。

由于 $\Delta \dot{U}_F$ 为正弦电压相量，故在 F 点可用对称分量将其分解为正序、负序与零序电压，相应的 F 支路中三相电流亦可用正序、负序和零序电流表示。

设对 M 侧正序、负序、零序电流的分配系数为 C_{M1}、C_{M2}、C_{M0}，由于分析是变化量可认为 $C_{M1}=C_{M2}$。当 A 相单相短路时，有：

$$\Delta \dot{I}_{FA1} = \Delta \dot{I}_{FA2} = \Delta \dot{I}_{FA0} = \frac{\Delta \dot{I}_{FA}}{3}$$

故得式（4-30）中补偿电压变化量为：

$$\Delta \dot{I}_{MA} + K3\Delta \dot{I}_{M0} = C_{M1}(\Delta \dot{I}_{FA1} + \Delta \dot{I}_{FA2}) + C_{M0}(1+3K)\Delta \dot{I}_{FA0}$$
$$= [2C_{M1} + (1+3K)C_{M0}]\frac{1}{3}\Delta \dot{I}_{FA} \qquad (4-34a)$$

$$\Delta \dot{I}_{MB} + K3\Delta \dot{I}_{M0} = C_{M1}(a^2\Delta \dot{I}_{FA1} + a\Delta \dot{I}_{FA2}) + C_{M0}(1+3K)\Delta \dot{I}_{FA0}$$
$$= [(1+3K)C_{M0} - C_{M1}]\frac{1}{3}\Delta \dot{I}_{FA} \qquad (4-34b)$$

$$\Delta \dot{I}_{MC} + K3\Delta \dot{I}_{M0} = C_{M1}(a\Delta \dot{I}_{FA1} + a^2\Delta \dot{I}_{FA2}) + C_{M0}(1+3K)\Delta \dot{I}_{FA0}$$
$$= [(1+3K)C_{M0} - C_{M1}]\frac{1}{3}\Delta \dot{I}_{FA} \qquad (4-34c)$$

由于相电流进行了零序电流补偿，可认为线路正序、负序和等效零序阻抗相等，故式

(4-30) 中 M 侧 $\Delta \dot{U}_{\varphi}$ 可写为：

$$\Delta \dot{U}_A = -(\Delta \dot{I}_{MA} + K3\Delta \dot{I}_{M0})Z_{M1} \qquad (4-35a)$$

$$\Delta \dot{U}_B = -(\Delta \dot{I}_{MB} + K3\Delta \dot{I}_{M0})Z_{M1} \qquad (4-35b)$$

$$\Delta \dot{U}_C = -(\Delta \dot{I}_{MC} + K3\Delta \dot{I}_{M0})Z_{M1} \qquad (4-35c)$$

将式 (4-34) 及式 (4-35) 代入式 (4-30) 整理后得：

$$\Delta \dot{U}_{op \cdot A} = -[2C_{M1} + (1+3K)C_{M0}](Z_{M1} + Z_{set})\frac{\Delta \dot{I}_{FA}}{3} \qquad (4-36a)$$

$$\Delta \dot{U}_{op \cdot B} = -[(1+3K)C_{M0} - C_{M1}](Z_{M1} + Z_{set})\frac{\Delta \dot{I}_{FA}}{3} \qquad (4-36b)$$

$$\Delta \dot{U}_{op \cdot C} = -[(1+3K)C_{M0} - C_{M1}](Z_{M1} + Z_{set})\frac{\Delta \dot{I}_{FA}}{3} \qquad (4-36c)$$

可见当发生单相短路时，故障相工作电压变化量有最大的值，非故障相工作电压变化量要小得多，而且相等，为了估计它们在数值上的差别，令 $C_{M0} = C_{M1} = C_{M2}$，得：

$$\Delta \dot{U}_{op \cdot A} = -C_{M1}(1+K)(Z_{M1} + Z_{set})\Delta \dot{I}_{FA} \qquad (4-37a)$$

$$\Delta \dot{U}_{op \cdot B} = -C_{M1}K(Z_{M1} + Z_{set})\Delta \dot{I}_{FA} \qquad (4-37b)$$

$$\Delta \dot{U}_{op \cdot C} = -C_{M1}K(Z_{M1} + Z_{set})\Delta \dot{I}_{FA} \qquad (4-37c)$$

故障相与非故障相约差一倍。

为了进一步提高选相灵敏性亦可用完好相间工作电压变化量作为制动量，来实现判据。

当 A 相短路时，相间工作电压变化量为：

$$\Delta \dot{U}_{op \cdot AB} = \Delta \dot{U}_{op \cdot A} - \Delta \dot{U}_{op \cdot B} = -C_{M1}(Z_{M1} + Z_{set})\Delta \dot{I}_{FA}$$

$$\Delta \dot{U}_{op \cdot BC} = \Delta \dot{U}_{op \cdot B} - \Delta \dot{U}_{op \cdot C} = 0$$

$$\Delta \dot{U}_{op \cdot CA} = \Delta \dot{U}_{op \cdot C} - \Delta \dot{U}_{op \cdot A} = C_{M1}(Z_{M1} + Z_{set}) \cdot \Delta \dot{I}_{FA}$$

故如以非故障相间工作电压变化量为制动量，则选相灵敏度可大为提高，以上面分析为例，对故障相而言：

$$\left| \frac{\Delta \dot{U}_{op \cdot A}}{\Delta \dot{U}_{op \cdot BC}} \right| = \infty$$

对非故障相而言：

$$\left| \frac{\Delta \dot{U}_{op \cdot B}}{\Delta \dot{U}_{op \cdot CA}} \right| = \left| \frac{\Delta \dot{U}_{op \cdot C}}{\Delta \dot{U}_{op \cdot AB}} \right| = \frac{1}{3}\left[(1+3K)\frac{C_{M0}}{C_{M1}} - 1 \right]$$

当 $C_{M0} = C_{M1}$ 时，为 K。

可以看出，以工作电压变化量为选相判据比以电压值为判据具有大得多的选相灵敏度。

在工频变化量的阻抗继电器中，工作时必须算出工作电压的变化量，故以工频变化量阻抗继电器构成的距离保护中特别适合采用这种选相元件。

第五节 距离保护的启动元件

一、距离保护装置启动元件的作用及要求

距离保护是一个复杂的保护，任何一种复杂保护都设有启动元件，在系统正常运行情况下，保护装置没有必要投入工作，只当系统出现扰动，有出现故障的可能性时才有必要投入故障检测和判别程序，这样一来还可防止保护的误动作。

距离保护的启动元件虽然不太复杂，但却起着关键作用，下面首先了解距离保护启动元件的基本作用：

（1）首先分析模拟式距离保护装置启动元件的作用。

模拟式距离保护装置为了节省阻抗元件，距离保护各段阻抗继电器往往是合用的。通过定值切换实现各段距离测量，这是启动元件第一个任务。实际上一般模拟式距离保护的Ⅰ、Ⅱ段合用一个（组）阻抗继电器，而Ⅲ段阻抗继电器单独设置以确保它的可靠后备作用。在此情况下，很多模拟式距离保护装置就以Ⅲ段阻抗继电器作为启动元件。

模拟式距离保护中启动元件还担任逻辑电路的启动，例如实现距离Ⅰ、Ⅱ段动作时限电路的同步切换。

在后期发展的模拟式距离保护中，启动元件还具备开放保护出口的功能。

模拟式距离保护振荡闭锁开放元件和保护启动元件往往是分开的。

（2）再分析微机型保护装置启动元件的作用。微机式距离保护的功能相对要更完善一些，所以对启动元件的要求也要更高一些。

在系统正常运行情况下，距离保护装置不断进行常规的程序：包括进行开关位置状态检查、交流电压回路断线检查。

其他检查，例如轻负荷确认以配合重合闸的动作判别。系统发生扰动后，保护装置的启动元件动作，保护的故障判别投入工作。首先开放保护出口，然后其他故障判别程序按事先设计的方式进行，其中包括阻抗继电器定值切换等。如果要根据故障性质选择阻抗继电器的工作方式，则需同选相元件配合工作。

在微机距离保护装置中振荡闭锁回路工作方式较复杂。扰动后振荡闭锁回路第一次启动可由保护启动元件执行，而在振荡闭锁过程中，再启动是由特设的启动元件担任。

对启动元件的要求是根据其任务提出的。

复杂保护加装启动元件的主要任务可归结为两条：

（1）系统故障状态是很少发生的，所以电力系统在大部分时间内都处于正常工作状态，没有必要投入保护装置，要将保护闭锁，以免由于一些干扰而使保护误动作，但是如果系统一有发生故障的迹象，就必须将保护装置快速投入，以执行保护的故障判别功能，所以要求一旦系统出现故障的迹象，启动元件必须迅速启动，以免延误切除故障的机会。

（2）同系统正常运行时不开放保护而言，启动元件还有一个更积极的任务，当系统运行在特殊状态下会使保护误动时，必须要将保护闭锁，绝对不能将保护开放。

因此对启动元件提出以下基本要求：

（1）对系统的扰动应有足够的灵敏性，应保证在被保护线路区内及一定范围的区外发生各种短路时，包括三相短路时能可靠动作。启动元件不应有方向性，当被保护线路背后一定范围内短路时亦应启动。

（2）动作快速，由于它不需要进行精确的定量测量，有条件快速动作。

（3）电力系统发生自发振荡时或静态稳定性破坏出现失步时不应动作，系统大扰动后转入持续振荡过程中亦不应再启动。

（4）线路通过最大负荷的稳定状态下应可靠不动作。

二、距离保护启动元件的发展

距离保护启动元件虽然从结构上说是距离保护中的一个简单元件，但由于它对距离保护的工作可靠性起很大影响，所以一直被重视。

早期的距离保护（电磁式）是以电流元件作为整组起动元件，但由于电流元件固有缺点：整定困难，灵敏度得不到保证，且振荡时会误动，很快就被淘汰。

阻抗继电器在这方面比电流元件要好，作为启动元件时，在启动灵敏性方面要好得多。

随着对称分量概念在继电保护中的应用，很快就将对称分量电流元件用作距离保护启动元件，首先是负序电流 $\dot{I}_2$ 元件，因为任何不对称短路电流都有负序分量。为了提高在接地短路时启动灵敏度，启动量中加入了零序电流 $\dot{I}_0$ 分量。

采用对称分量电流（$\dot{I}_2 + K\dot{I}_0$）作为启动量有一个很大优点就是系统振荡时，因振荡电流是对称的，原则上启动元件不会动作，这就解决了一个大问题。另外，它对负荷电流也不敏感。但是也有一个理论上的缺点，即三相对称短路时能否可靠启动。

这一问题在继电保护界也争论了一个时期，最后还是得到基本认可。首先事实证明系统发生三相短路时，以负序电流构成的启动元件可以短时动作，这一动作状态被固定下来后，可以保证距离保护装置可靠的被启动。其次，理论上也有解释：三相短路都是由不对称短路发展的，在短路发展的不对称阶段，出现 $\dot{I}_2$ 或 $\dot{I}_0$；即使合闸于三相（经接地线）金属性短路的场合，会因断路器三相不同期动作，也能启动保护。实际上，后来分析表明，在三相短路时，以负序电流元件作为启动元件，可以动作的可靠原因是负序电流滤过器突加三相电流时出现暂态不平衡输出，这一暂态输出持续时间可以相当长，以电容移相的负序电流滤过器，即使施加单纯正序电流，在暂态过程中可以使以零指示器为执行元件的负序电流元件维持动作状态 $40 \sim 50$ms，而以电抗变压器移相的负序电流元件亦可维持动作状态 $20 \sim 30$ms。考虑到两相式负序电流滤过器受初始电流相位影响，动作持续时间离散值较大，多采用对称结构的三相式负序电流滤过器。

以上是模拟式距离保护启动元件发展的概况。

在模拟式距离保护中距离保护整组启动元件和振荡闭锁启动元件往往是分开的，虽然它们基本工作方式相同，但对它们的要求有不同的地方，对振荡闭锁回路的启动元件而言，当系统振荡时绝不能动作，所以电流元件和阻抗元件不能作为振荡闭锁启动元件。

随着电子技术和信号技术的发展，已容易将电力系统故障时的量分离出变化量与稳态量。早在 20 世纪 60 年代苏联就有将负序电流增量 $\Delta \dot{I}_2$ 用于启动元件。由于变化量基本不反映系统稳态量与缓慢变化的量。可以避开系统振荡和负荷的能力，能突出电力系统的扰动。特别适合判断系统故障的发生，所以以电流电压的变化量作为启动信号就首先得到应用。

由于在计算机算法中容易实现变化量的计算，所以，在计算机保护中启动元件大多用变化量构成，除了可用 $\dot{I}_2$、$\dot{I}_0$ 的变化量 $\Delta \dot{I}_2$、$\Delta \dot{I}_0$，而且可用全电流的变化量 $\Delta \dot{I}$，因为 $\Delta \dot{I}$ 也能突出系统的扰动，也不反应系统振荡和负荷电流。

三、常用的距离保护装置启动元件

1. 阻抗继电器启动元件

在模拟式继电保护中，为了节省继电器，在有需要设置启动元件的继电保护装置中，多用最灵敏段的测量继电器兼任启动元件。在三段式距离保护装置中，用Ⅲ段阻抗继电器作为距离保护的启动元件。

在距离保护中，距离保护Ⅲ段是很重要的保护段。它不但是距离保护的后备，而且由于它相对最灵敏，往往将它作为振荡消失与否的判别，并可用来固定Ⅱ段阻抗继电器的瞬时动作状态。

在模拟式距离保护中Ⅲ段阻抗继电器一般采用略带偏移的方向阻抗继电器，带偏移特性的目的是在不引入记忆情况下，出口三相金属性短路时也可保证可靠动作。

兼作启动元件的Ⅲ段阻抗继电器，基本要求就是灵敏，由于它整定的条件是避开最小负荷阻抗，所以相敏特性非常重要。图 4-22 表明，在避开最小负荷阻抗 $Z_{LO \cdot min}$ 的条件下，同采用全阻抗继电器相比，采用方向阻抗继电器对提高灵敏度的影响。

图 4-22 中圆 1 为方向阻抗特性，圆 2 为全阻抗特性，由于整定阻抗角 φ_{set} 与负荷阻抗角 φ_{LO} 不相等，以方向阻抗继电器构成的 $Z_{Ⅲ}$ 和以全阻抗继电器构成的 $Z_{Ⅲ}$ 其整定值之比为：

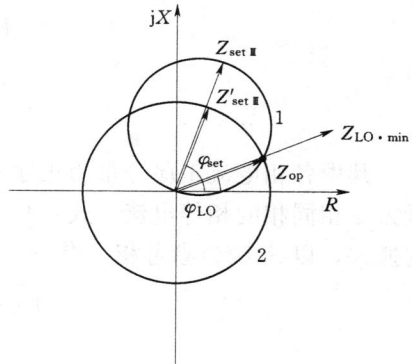

图 4-22 以方向阻抗继电器和以全阻抗继电器构成Ⅲ段阻抗元件灵敏性对比

$$\frac{Z_{set Ⅲ}}{Z'_{set Ⅲ}} = \frac{1}{\cos(\varphi_{set} - \varphi_{LO})} \tag{4-38}$$

所以对作为启动元件的Ⅲ段阻抗继电器来说应采用稍带偏移特性的方向阻抗继电器。以阻抗继电器作为启动元件要防止电压回路断线误动作，应加断线闭锁，是其缺点。

以阻抗继电器作为距离保护装置启动元件时，振荡闭锁元件必须另加启动元件，它的主要特点是系统单纯振荡时不应动作而开放振荡闭锁回路，在模拟式距离保护中振荡闭锁多用对称分量电流启动元件。

2. 序电流启动元件

所谓序电流启动元件是以负序电流 $|\dot{I}_2|$ 和零序电流 $|\dot{I}_0|$ 为启动量。

系统只有当发生不对称短路时才出现负序电流和零序电流，所以以负序电流或（和）零序电流作为启动量就是突出故障电流中故障量，从理论上避开了系统振荡和负荷电流的影响，可以防止系统振荡时和重负荷时误启动。

较早的距离保护装置振荡闭锁回路以 $|\dot{I}_2|$ 为启动量，因为任何一种不对称短路都出现负序电流，但实践表明在两相接地短路情况下，以 $|\dot{I}_2|$ 为启动量的启动元件不灵敏。这点从理论上也容易解释：在两相接地短路情况下，复合序网中 $\dot{I}_2$ 与 $\dot{I}_0$ 相互分流，如 $Z_{\Sigma0}$ 较小，则即使在故障点，$\dot{I}_0$ 也比 $\dot{I}_2$ 大，在极端情况下，如 $Z_{\Sigma0}$ 接近为零，则 $\dot{I}_2$ 接近为零，故启动量中加入了零序电流 $|\dot{I}_0|$。即：

$$\dot{I}_s = |\dot{I}_2| + |\dot{I}_0| \tag{4-39}$$

以对称分量电流作为启动量存在两个问题：①对称分量电流滤过器不平衡输出问题；②三相对称短路不启动问题。

这两个问题都同对称分量电流滤过器在稳态和暂态过程中工作状态有关，为此，有必要对对称分量电流滤过器的工作原理做一些归纳。以电流为例，三相正弦电流 $\dot{I}_A$、$\dot{I}_B$、$\dot{I}_C$ 的正序分量、负序分量和零序分量，均为分解所得的三相电流系统，为：

$$\dot{I}_A = \dot{I}_{A1} + \dot{I}_{A2} + \dot{I}_{A0} \tag{4-40a}$$

$$\dot{I}_B = \dot{I}_{B1} + \dot{I}_{B2} + \dot{I}_{B0} \tag{4-40b}$$

$$\dot{I}_C = \dot{I}_{C1} + \dot{I}_{C2} + \dot{I}_{C0} \tag{4-40c}$$

其中各相电流正序分量为正序三相对称电流，负序分量为负序三相对称电流而零序分量为三相同相的相等电流，式（4-40）为定义式，通过定义式及相序关系，容易得出反变换式，以 A 相为参考相，有：

$$\dot{I}_{A1} = \frac{1}{3}(\dot{I}_A + a\dot{I}_B + a^2\dot{I}_C) \tag{4-41a}$$

$$\dot{I}_{B1} = \frac{1}{3}(\dot{I}_A + a^2\dot{I}_B + a\dot{I}_C) \tag{4-41b}$$

$$\dot{I}_{C1} = \frac{1}{3}(\dot{I}_A + \dot{I}_B + \dot{I}_C) \tag{4-41c}$$

电流对称分量滤过器的任务就是消除两个分量，保留一个分量构成输出。对负序电流滤过器而言，就是消除参考相中正序电流 $\dot{I}_1$ 和零序电流 $\dot{I}_0$ 而使输出电压与 $\dot{I}_2$ 成比例，并反映其相位。

对称分量电流滤过器的工作原理无非是相量加减和移相问题，下面先以模拟式负序电流滤过器说明在原理上的基本方法，然后再分析数字电路中如何实现。

图 4-23 为在模拟式距离保护中常用的两相式负序电流滤过器。图 4-23 中给出两种结构的滤过器方案，它们共同点是通过参考相电流 $\dot{I}_A$ 和其他两相电流差 $\dot{I}_B - \dot{I}_C$ 进行加工。

图 4-24 为说明其工作原理的相量图，以图 4-23（a）为例，说明在正序电流和负序

电流作用下，电流互感器负载侧电压 $\dot{U}_R$ 和 $\dot{U}_C$ 的相量关系。

图 4-24 (a) 为一次电流只有正序分量的情况，$\dot{U}_{R1}$ 与 $\dot{I}_{A1}$ 成比例且同相，$\dot{U}_{C1}$ 与 $\dot{I}_{B1}-\dot{I}_{C1}$ 成比例，但有滞后 90° 的移相，故 $\dot{U}_{R1}$ 与 $\dot{U}_{C1}$ 反向相减，当 TA_A 的变比 n_A 与 TA_{BC} 的变比 n_{BC} 有 $1/\sqrt{3}$ 关系时，$\dot{U}_{R1}$ 与 $\dot{U}_{C1}$ 相互抵消输出电压为零。当一次电流只包含负序电流 $\dot{I}_{A2}$、$\dot{I}_{BC2}$ 时，电压 $\dot{U}_{R2}$ 与 $\dot{U}_{C2}$ 大小关系不变，

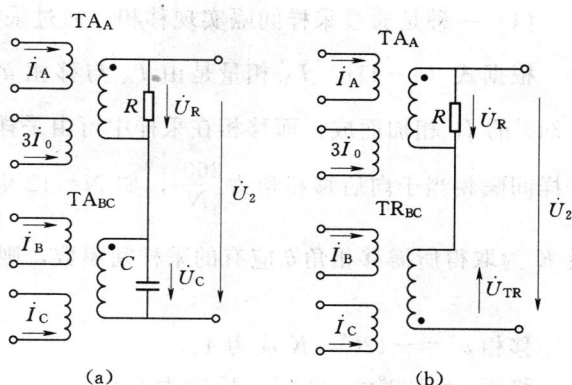

图 4-23　两相式负序电流滤过器原理图
(a) 电容移相；(b) 电抗移相

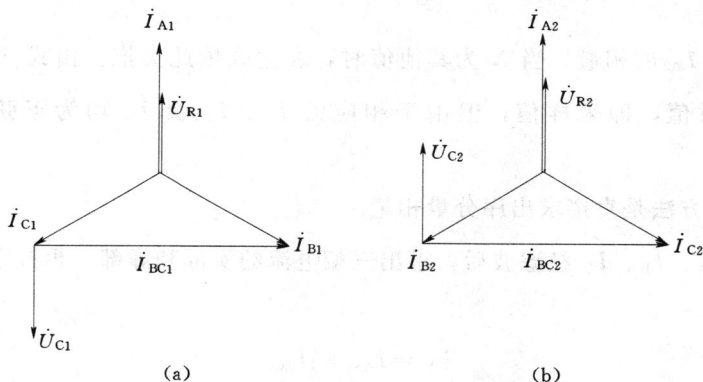

图 4-24　负序电流滤过器工作相量图
(a) 通入正序电流；(b) 通入负序电流

但 $\dot{U}_{C2}$ 超前 $\dot{I}_{BC2}$ 90°，$\dot{U}_{R2}$ 与 $\dot{U}_{C2}$ 同相，故滤过器输出 $\dot{U}_2$ 与一次电流负序分量成比例：

$$\dot{U}_2 = 2\dot{U}_R = 2\frac{R}{n_A}\dot{I}_{A2} = K\dot{I}_{A2} \qquad (4-42)$$

由于 $\dot{I}_B-\dot{I}_C$ 中无零序电流分量，而 TA_A 中又经 $3\dot{I}_0$ 补偿，二次电流中无 $\dot{I}_0$ 分量，故图 4-23 (a) 滤过器输出电压不受一次电流中零序分量影响。

图 4-23 (b) 所示滤过器工作原理与图 4-23 (a) 相似，不同的是电抗变压器 TR 二次电压与一次电流虽有 90° 移相作用，但移相作用是内 TR 励磁电抗产生的，需要将 $\dot{U}_R$ 与 $\dot{U}_{TR}$ 反极性相接，即构成负序电流滤过器。

相量的对称分量是定义出来的，所以对称分量滤过器也只有按照定义才能从相量中滤出对称分量。在模拟式滤过器中通过对电流的移相，相量加减以取得所需的对称分量电流。在数字式对称分量滤过器中也只有按定义式 (4-41) 才能取得所需的对称分量，但实现定义式的方法有所不同，常用的有两种方法。

（1）一种是通过采样间隔实现移相，通过采样求出 $\dot{I}_{A2}$。

根据式（4-41b）$\dot{I}_{A2}$ 相量是由 $\dot{I}_A$ 与移相 $a^2 = 240° = -120°$ 的 $\dot{I}_B$ 和移相 $a = 120° = -240°$ 的 $\dot{I}_C$ 相加而成。而移相在采样中可由采样间隔来实现。设每周采样 N 次，则每次采样间隔相当于向后移相角为 $\dfrac{360°}{N}$，如 $N = 12$ 则延后一个采样间隔相当于向后移相 30°，设 K 为取得所需移相角 θ 应有的采样间隔数，则 $K = \dfrac{\theta}{\dfrac{360°}{N}}$。当 $N = 12$ 时：

移相 $a^2 = -120°$，K 应为 4。

移相 $a = 120° = -240°$，K 应为 8。

故根据式（4-41b）可得以采样间隔 $N = 12$ 时，A 相负序电流 $\dot{I}_{A2}$ 瞬时值表达如下：

$$i_{A2}(n) = \frac{1}{3}[i_A(n) + i_B(n-4) + i_C(n-8)] \tag{4-43}$$

从而可得出 $\dot{I}_{A2}$ 的相量。当 N 为其他值时，表达式依此类推。由式（4-43）所得的负序电流为瞬时值，即采样值，但由于相应的 $\dot{I}_A$、$\dot{I}_B$ 及 $\dot{I}_C$ 均为正弦，容易由此算出 $\dot{I}_{A2}$。

（2）另一种方法是直接求出序分量相量。

一次电流 $\dot{I}_A$、$\dot{I}_B$、$\dot{I}_C$ 经滤波后，求出三相电流的实部和虚部，再按定义滤序。

令

$$\dot{I}_A = I_{AS} + jI_{AC}$$

$$\dot{I}_B = I_{BS} + jI_{BC}$$

$$\dot{I}_C = I_{CS} + jI_{CC}$$

$$a = -\frac{1}{2} + j\frac{\sqrt{3}}{2}$$

$$a^2 = -\frac{1}{2} - j\frac{\sqrt{3}}{2}$$

将上式代入 $\dot{I}_{A2}$ 式（4-41b），整理之即得：

$$\dot{I}_{A2} = \frac{1}{3}\left[\left(I_{AS} - \frac{1}{2}I_{BS} - \frac{1}{2}I_{CS}\right) + \frac{\sqrt{3}}{2}(I_{BC} - I_{CC})\right]$$

$$+ j\frac{1}{3}\left[\left(I_{AC} - \frac{1}{2}I_{BC} - \frac{1}{2}I_{CC}\right) - \frac{\sqrt{3}}{2}(I_{BS} - I_{CS})\right] \tag{4-44}$$

以上介绍的两种数字式滤序器的滤序基本原理仍同模拟式滤序器一样是从义式（4-44）出发，然后通过移相等手段，消去要滤去的分量，突出要滤出的分量。不同的是模拟式滤过器是用电容电感实现移相，而数字滤过器中是用采样和算法实现移相。

　　以负序电流元件构成启动元件时，为了保证启动灵敏性和正确性，要考虑以下两个问题：①滤过器不平衡电流，即一次电流中只有正序电流时，滤过器不应有的输出；②三相对称短路时，是否有暂态输出以保证负序电流元件亦能可靠启动。

　　下面对两种类型的负序电流滤过器进行分析。

　　（1）不平衡电流。模拟式负序电流滤过器产生不平衡电流有以下原因：

　　1）频率偏移。图 4-24 中可以看出模拟式负序电流滤过器中是通过 $\dot{U}_R$ 和 $\dot{U}_C$、$\dot{U}_{TR}$ 的数值以消除一次电流中正序分量的影响，当频率偏移时，$\dot{U}_C$、$\dot{U}_{TR}$ 要发生变化，产生不平衡电流。分析表明：

　　对电容移相图 4-24（a）负序电流滤过器而言，当出现 Δf 频率偏差不太大时，不平衡电压为：

$$U_{unb} = I_1 \frac{R}{n_A} \frac{\Delta f}{f_0} \tag{4-45a}$$

　　对电抗移相图 4-24（b）负序电流滤过器而言：

$$U_{unb} = - I_1 \frac{R}{n_A} \frac{\Delta f}{f_0} \tag{4-45b}$$

式中：I_1 为一次电流中正序分量电流。

　　2）谐波影响。

　　由于模拟式距离保护中测量电压 $\dot{U}_m$ 和测量电流 $\dot{I}_m$，在进入比较回路前不进行严格的滤波以除去谐波，所以对称分量滤过器应考虑电流中谐波影响。

　　一次电流中谐波对负序电流滤过器不平衡电压影响表现在以下几方面。

　　对移相角的影响。以图 4-25 所示阻容移相回路为例，设在基波情况下移相角度为 $\theta_{(1)}$。则在 n 次谐波情况移相角 $\theta_{(n)}$ 如表 4-1 所示。表 4-1 中 $\theta_{(1)}$ 为基波正序作用下移相角度，$\theta_{(n)}$ 为 n 次谐波正序作用下移相角度。表 4-1 中可以看出对 90° 移相来说不受谐波的影响，在其他移相角的情况下，均受谐波频率的影响。所以图 4-23 中两种负序电流滤过器，由于采用 90° 移相，故移相角不受谐波的影响，但图 4-26 所示三相式负序电流滤过器，采用 30° 移相所以在谐波电流作用因移相角发生变化，产生的不平衡电流要相当大。

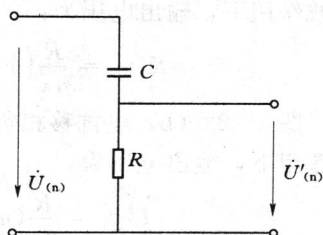

图 4-25　阻容移相原理电路图，移相角 $\theta_n = \arg(\dot{U}'_n / \dot{U}_n)$

表 4-1　　　　　　　　在谐波作用下，谐波对移相角的影响

$\theta_{(1)}$（°）		30	45	60	90
$\theta_{(n)}$（°）	$n=2$	16	26.5	40.9	90·
	$n=3$	10.9	18.4	30	90
	$n=4$	6.6	11.3	19.1	90
	$n=5$	4.9	8.1	13.9	90

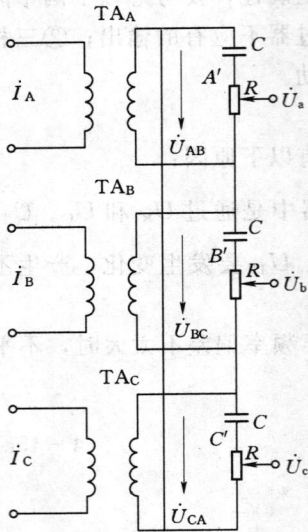

图 4-26 三相式负序电流
滤过器原理图

图 4-27 为图 4-26 负序电流滤过器通入 n 次谐波正序电流时电位分布图。在基波正序电流作用下，$\theta_{(1)} = 30°$，输出电压为零，在谐波正序电流作用下，移相角为 $\theta_{(n)}$，于是就出现以电压三角形 EFG 代表的不平衡电压，其中 $\overrightarrow{OE}$ 对应不平衡相电压。根据图 4-27 的电位图，有：

$$\overrightarrow{OE} = \overrightarrow{BE}^2 + \overrightarrow{BO}^2 - 2\,\overrightarrow{BE} \cdot \overrightarrow{BO}\cos(30° - \theta_{(n)})$$

$$= \left(\frac{2}{3}U_{AB(n)1}\right)^2 \left[\cos^2\theta_{(n)} + \cos^2 30° \right.$$

$$\left. - 2\cos\theta_{(n)}\cos 30°\cos(30° - \theta_{(n)})\right]$$

$$= \left(\frac{U_{AB(n)1}}{3}\right)^2 \left[3 - 2\cos^2\theta_{(n)} - 2\sqrt{3}\sin\theta_{(n)}\cos\theta_{(n)}\right]$$

即：

$$U_{unb \cdot \varphi} = \frac{U_{AB(n)1}}{3}\sqrt{3 - 2\cos^2\theta_{(n)} - 2\sqrt{3}\sin\theta_{(n)}\cos\theta_{(n)}}$$

$$(4-46)$$

式中：$U_{unb \cdot \varphi}$ 为滤过器通入正序 n 次谐波电流时，滤过器不平衡输出相电压；$\theta_{(n)}$ 由表 4-1 查出。

（2）阻抗失谐的影响。图 4-23 所示两种负序电流滤过器，当移相正确后，是依靠 U_R 和 U_C 或 U_{TR} 数值差来消除要滤去的电流分量，而在不同频率下 U_C 和 U_{TR} 有不同的值，因而出现不平衡输出。

图 4-23（a）电容移相的负序电流滤过器，在 n 次谐波作用下，输出电压为：

$$U_{unb} = \frac{R}{n_A}\left(1 \pm \frac{1}{n}\right)I_{(n)} \qquad (4-47)$$

图 4-23（b）电抗移相负序电流滤过器，在 n 次谐波作用下，输出电压为：

$$U_{unb} = \frac{R}{n_A}(n \pm 1)I_{(n)} \qquad (4-48)$$

式中："＋"号为对应 $I_{(n)}$ 为负序分量的谐波电流输入情况；"－"号为对应正序分量的谐波电流输入情况。

可见，以电抗变压器移相的负序电流滤过器对谐波要敏感得多。

式（4-46）、式（4-47）和式（4-48）中都指明谐波也有正序、负序和零序性质，在此应作一说明。

设三相谐波电流幅值相等，则 n 次谐波表达式为：

$$i_{A(n)} = I_{m(n)}\sin n(\omega t)$$

$$i_{B(n)} = I_{m(n)}\sin n(\omega t - 120°)$$

$$i_{C(n)} = I_{m(n)}\sin n(\omega t - 240°)$$

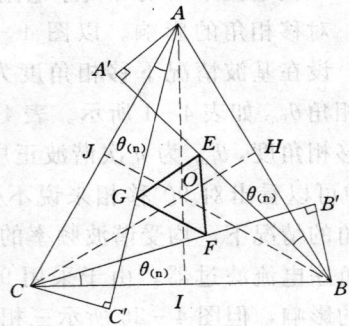

图 4-27 三相式负序电流滤过器
在 n 次谐波正序电流作用下
不平衡电压分析

即

$$i_{A(n)} = I_{m(n)} \sin n\omega t$$
$$i_{B(n)} = I_{m(n)} \sin(n\omega t - n120°)$$
$$i_{C(n)} = I_{m(n)} \sin(n\omega t - 2n \cdot 120°)$$

故对不同 n 次三相谐波而言，其谐波成分具有不同的对称分量特性，如表 4 - 2 所示。

表 4 - 2　　　　　　　　不同 n 时，三相谐波对称分量性质

n	2	3	4	5	6	7	8	9
谐波性质	负	零	正	负	零	正	负	零

故当三相非正弦量各相波形相同时，任何一次谐波只包含一种对称分量成分。如三相波形不同，则各次谐波包含不是单一的对称分量。

以上分析了模拟式负序电流滤过器不平衡电流的主要情况，除上述两种因素（频率及谐波）的影响外，接电阻负载的电流互感性励磁电流也有影响，本书就不多做分析了。

下面分析数字式负序电流滤过器不平衡输出。

在数字式继电保护中，输入电压，电流量需先滤波才能进行数据处理，所以数字式负序电流滤过器不需考虑谐波对不平衡输出的影响。产生不平衡输出的主要是频率的影响。

当系统发生频率偏差时产生不平衡的原因是由计算机设定的采样周期与输入电流变化周期不一致所致。

采用相量法实现负序电流滤过器时，先将输入三相电流分成实部和虚部，然后根据参考相负序电流的定义算出负序电流的实部和虚部，然后合成参考相的负序电流相量。

忽略推导过程，可得负序电流滤过器输入幅值为 I_{1m} 正序电流时，不平衡输出幅值 $I_{unb\cdot m}$ 与 I_{1m} 之比为：

$$\frac{I_{unb\cdot m}}{I_{1m}} = \frac{\left| \sin\left(\pi \dfrac{f - f_1}{f_1} \right) \right|}{\pi\left(2 + \dfrac{f - f_1}{f_1} \right)} \tag{4-49}$$

表 4 - 3 是 $\dfrac{I_{unb\cdot m}}{I_{1m}}$ 同 f 之间关系。

表 4 - 3　　　　　　　　　$\dfrac{I_{unb\cdot m}}{I_{1m}}$ 与 f 之间关系

f（Hz）	46	47	48	49	50	51	52	53	54
$I_{unb\cdot m}/I_{1m}$	0.0412	0.0307	0.0204	0.0101	0	0.0099	0.0196	0.0290	0.0381

采样法实现的数式化负序电流滤过器在频率偏差下不平衡输出为：

$$\frac{I_{unb\cdot m}}{I_{1m}} = \frac{2f_1^2}{\pi} \left| \frac{\sin\left(\pi \dfrac{f}{f_1} \right)}{f^2 - f_1^2} \right| \cdot \left\{ \left[\cos\left(\pi \dfrac{f}{f_1} + \alpha \right) - 2\cos\alpha\cos\left(\pi \dfrac{f + f_1}{3f_1} \right) \right]^2 \right.$$
$$\left. + \frac{f^2}{f_1^2}\left[\sin\left(\pi \dfrac{f}{f_1} + \alpha \right) - 2\sin\alpha\cos\left(\pi \dfrac{f + f_1}{3f_1} \right) \right]^2 \right\}^{\frac{1}{2}} \tag{4-50}$$

表 4 - 4 为 α 与 f 之间的关系。

表 4 - 3   **α 与 f 之 间 的 关 系**

f (Hz)		46	47	48	49	50	51	52	53	54
α	0°	0.0883	0.0680	0.0465	0.0237	0	0.0246	0.0498	0.0754	0.1013
	45°	0.0936	0.0710	0.0478	0.0241	0	0.0242	0.0485	0.0725	0.0963
	90°	0.0931	0.0706	0.0476	0.0240	0	0.0243	0.0490	0.0737	0.0986
	135°	0.0878	0.0676	0.0462	0.0237	0	0.0247	0.0502	0.0766	0.1035

从上面对负序电流滤过器不平衡输出的表达式和计算表明，数字式滤过器的不平衡输出要比模拟式的要小。

（3）暂态输出。

所谓暂态输出是滤过器在突然通入正序电流时，暂态过程中的不平衡输出。这一输出对有些负序电流元件来说是不好的，例如对 $\dot{I}_0$、$\dot{I}_2$ 比相选相，将影响相位测量，但对启动元件来说有时是很重要的。

首先分析模拟式负序电流滤过器的暂态不平衡输出。

模拟式负序电流滤过器为了要实现移相必须有储能元件，如电容、电感等。因而在输入施加扰动电流，包括正序电流，必然在二次回路中引发过渡过程，过渡过程中出现的自由分量电流（电压）就形成不平衡输出。

从图 4 - 22 和图 4 - 25 所示的原理图上可以看出它们都是二阶环节，所以过渡过程很简单，这里只从概念上分析影响暂态不平衡输出的因素。

从图 4 - 22 可以看出这瞬时不平衡输出电压由下两式决定：

$$U_{unb} = U_R(t) - U_C(t)$$
$$U_{unb} = U_R(t) - U_{TR}(t)$$

$U_R(t)$ 和 $U_C(t)$、$U_{TR}(t)$ 变化规律不同，其中 $U_R(t)$ 回路中无储能元件，扰动时基本上无自由分量，自由分量是由 $U_C(t)$ 和 $U_{TR}(t)$ 产生，它们出现后按指数规律衰减，根据电路基本理论可知，不平衡输出同 $\dot{I}_{BC1}$ 故障瞬间相位有关。如 i_{BC1} 最大值时发生扰动，则滤过器暂态不平衡输出幅值最大，所以图 4 - 22 所示两种负序电流滤过器暂态输出随机性较大。在实际工作中曾发生在系统发生三相金属性短路时，以这种负序滤过器构成的启动元件不启动的情况。

为了提高由这种滤过器构成的启动元件启动可靠性，可采用两种方法。

采用两元件负序电流滤过器，它们采用不同的三相电流接入方式，采用图 2 - 26 所示的三相式负序电流滤过器。

图 4 - 23 所示两种负序电流滤过器暂态不平衡输出持续时间有所不同，以电容移相的图 4 - 23（a）有较长的输出持续时间，所构成负序电流元件在三相短路暂态下，可动作 30～40ms，而图 4 - 23（b）只能持续动作 20ms 左右。

负序电流滤过器的暂态不平衡输出对作为启动元件有利，但对作为序分量比相元件不利。例如在本章第四节中在 $\dot{I}_0$、$\dot{I}_2$ 比相选相元件中要考虑这一影响。

数字式负序电流滤过器不包含贮能元件，但在突然施加正序电流短时间内仍有不平衡输出。

所谓不平衡输出实际就是测量误差。数字式负序电流滤过器暂态不平衡输出是在突然施加正序电流后第一个采样同期内出现的。由于负序电流滤过器采用傅氏全波算法。数据窗为 20ms，如扰动是在第一个采样周期中间发生，则这一采样同期内采样不全，造成错误计算而出现暂态不平衡输出。

3. 电流变化量启动元件

在本章第四节中较详细的分析电流变化量选相元件。这一技术同样可用来构成启动元件。由于在微机保护中易于实现变化量的计算和测定，所以电流变化量启动元件在微机距离保护中用得很普遍。

电流变化量启动元件可由相电流差变化量元件、相电流变化量元件或综合电流变化量元件构成，请参看第四节。

当频率有偏差时或系统振荡时，电流变化量元件亦有不平衡输出问题，解决的办法是适当提高动作值或采用浮动门槛技术。

第六节　断线闭锁元件

一、交流电压失压及 TV 断线闭锁问题

距离保护中以系统电压作为输入测量量，此量送入阻抗继电器中作为测量电压。如果电压互感器 TV 二次回路故障，则将使阻抗继电器工作不正常。继电保护所接入的二次电压回路断线同差动保护差动电流回路断线一样，是一个很麻烦的问题，而电压回路因装有熔断器，断线失压更是可能经常发生的故障，所以在距离保护运行中必须考虑交流电压回路断线（包括熔断器熔断或小开关跳开）的问题。

电压回路断线后，电压二次回路可能会出现两种情况：

（1）断线后失压；就是某一相断线后该相（相间）电压消失。当二次回路三相断线或不计二次负载反馈时，属于这种情况。

（2）断线后断线相（相间）电压畸变；当有二次负载反馈时，一相断线或二相断线后断线相通过二次负载自完好相取得一定电压，但相位和大小是畸变的。

不管是以上哪一种情况都会使阻抗继电器工作不正常。

二、阻抗继电器交流输入测量电压回路断线后果分析

由于本节的目的是从概念上分析 TV 断线后果，所以主要分析一相断线情况。

（一）断线失压后阻抗继电器行为分析

所谓断线失压就是 TV 回路断线后，断线相失去电压，对接地阻抗继电器而言是单相断线失压，对相间阻抗继电器而言是两相断线失压。

因阻抗继电器感受阻抗为：

$$Z_\mathrm{m} = \frac{\dot{U}_\mathrm{m}}{\dot{I}_\mathrm{m}}$$

当工作断线时，$\dot{U}_m = 0$，故感受阻抗为零。

因此，对动作特性包含复坐标原点的阻抗继电器均会误动作。属于这类特性的继电器是全阻抗继电器、偏移方向阻抗继电器等。

对方向阻抗继电器静特性而言，$Z_m = 0$ 是处于临界动作状态，即可动可不动。但方向阻抗继电器因有消除出口短路时动作死区的措施，所以工作相断线时会动作。

如只依靠本相电压记忆，则在记忆存在过程中，阻抗继电器也会保持动作能力。

如有交叉极化电压，则因交叉极化电压相未断线，保持一定的极化电压，故在工作相断线过程中阻抗继电器保持动作能力。

上述"动作能力"是动作的条件，除 $\dot{U}_m = 0$ 外，尚应有一定 $\dot{I}_m$，但实际上阻抗继电器"最小动作电流"很小，只要系统断路器合上，都具有这一动作条件。

（二）断线二次电压畸变后阻抗继电器行为分析

电压互感器一相断线后，断相并不完全失压的原因是由于 TV 二次负载对未断线相电压的传递。

1. 电压互感器一相断线后二次电压的分布

图 4-28 所示 TV 二次回路，其中 $Z_{2\triangle}$ 为按 △ 连接的二次负荷的阻抗，Z_{2y} 为按 Y 连接的二次负荷阻抗。分析时认为所接的三相负荷是平衡的。

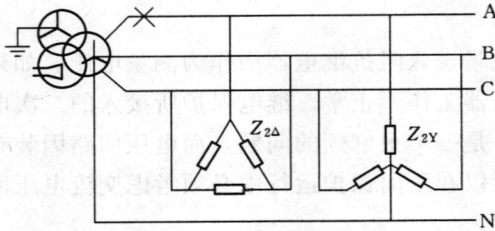

图 4-28 TV 二次回路 A 相断线原理图

图 4-29 为 A 相断线时，二次电压分布，为了便于同电位分布图对应，将二次负荷画成图 4-29（a）中情况。图 4-29（b）中，不加"·"的 U 表明各点电位，而加"·"的 U 表明相应的电压相量，其中加","的为断线前正常值，不加","的为 A 相断线后的值。

从图 4-29（b）可以看出，A 相断线后，除 U_B、U_C、U_N 的电位不受影响外，A 点电位发生很大变化，相应的电压相量 $\dot{U}_A$、$\dot{U}_{AB}$、$\dot{U}_{AC}$ 都发生变化，变化的程度同 Y 接阻抗即 Z_{2y} 有关。

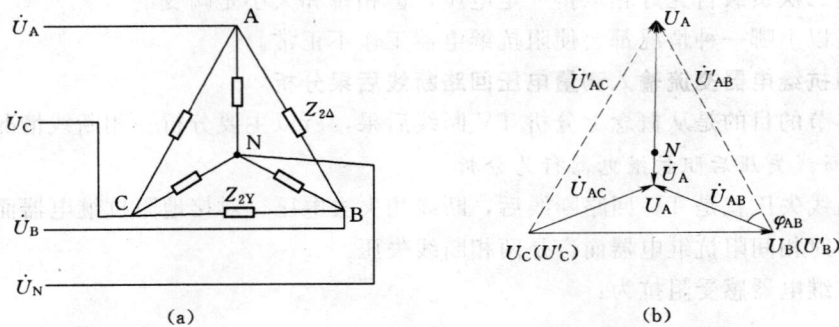

图 4-29 TV 二次 A 相断线，二次电压分布
(a) 电路图；(b) 电压相量及电位图（加"·"为电压相量，不加"·"为电位）

2. 电压互感器一相断线后二次电压分布特点及阻抗继电器工作的影响

（1）相电压及对接地阻抗继电器的影响。

由于二次回路中 B、C、N 点电位无变化，故完好相相电压不发生变化，完好相接地阻抗继电器工作状态不受影响，断线相 A 相，相电压变化很大，除 $Z_{2y}=0$ 外，A 相电压 $\dot{U}_A$ 均有一定值。当 Z_{2y} 很大时，$\dot{U}_A$ 的大小可达 $\frac{U'_A}{2}$ 即正常相电压的一半。主要的问题是 $\dot{U}_A$ 的相位同 $\dot{U}'_A$ 相反，表明断线相，感受阻抗将要失去方向性。特别由于 $\dot{U}_m$ 是一个较小数值，只要有一定的电流，包括负荷电流 A 相阻抗器就可能误动作。图 4-30 表明，在此情况下，断线相阻抗继电器可能会误动情况；图中 A 相阻抗继电器装在线路 M 侧，M 侧为受电侧，故阻抗继电器感受到的电流 $\dot{I}_m$ 为负，现因 A 相二次断线，因二次负荷对未断线电压的传递作用，出现与定义的 $\dot{U}_A$ 方向相反的电压，且其值较小，故阻抗继电器将这一状态感受为被保护线路正向出现某一短路阻抗而误动作。这一情况在实际运行中是可能发生的，须引起注意。

（2）线电压及对相间阻抗继电器工作的影响。

从图 4-29（b）可以看出 A 相断线后涉及到断线相的相间电压大小和相位都要发生变化。现分析 A 相二次断线后 AB 相和 CA 相阻抗继电器工作情况。

图 4-30　二次断线可能会引起阻抗继电器误动作的情况

从图 4-29（b）中可以看出，AB 相阻抗继电器应感受的电压为 $\dot{U}'_{AB}$，现感受为 $\dot{U}_{AB}$，但电流 $\dot{I}_A-\dot{I}_B$ 未变，由于 $\dot{U}_{AB}$ 超前 $\dot{U}'_{AB}$ 角 $\Delta\varphi_{AB}$，对阻抗继电器来说相当于电流滞后 φ_{AB}，且感受阻抗 Z_m 变小了，约为应有的 $1/\sqrt{3}$。从图 4-31 中可以看出，如阻抗继电器装在送电侧，则负荷阻抗 Z_{LO} 将被缩小为 Z'_{LO}，阻抗角 φ_{LO} 将被加大为 φ'_{LO}，可能会使 Z'_{AB} 阻抗继电器在负荷电流作用下误动作。图 4-31 表明了这种情况。

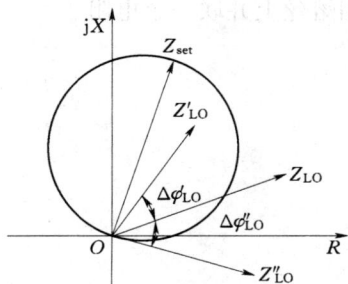

图 4-31　A 相断线，AB 相、CA 相
阻抗继电器感受到的负荷阻抗
Z_{LO}—实际负荷阻抗；Z'_{LO}—AB 相阻抗
继电器感受到的负荷阻抗；Z''_{LO}—CA 相
阻抗继电器感受到的负荷阻抗

对 CA 相阻抗继电器而言 $U'_m=\dot{U}_{CA}$ 滞后 $\dot{U}'_{CA}$ 角 $\Delta\varphi_{CA}$，电流 $\dot{I}_m=\dot{I}_C-\dot{I}_A$ 相当于超前 $\Delta\varphi_{CA}$ 因而负荷阻抗角减小 $\Delta\varphi''_{LO}$，故负荷阻抗感受为 Z''_{LO}，CA 相阻抗继电器不会误动。

所以，电压互感器二次侧一相断线时，除断线相接地阻抗继电器工作不正常外，相间阻抗继电器也有两只工作不正常，特别滞后相相间阻抗继电器（对 A 相断线来说是 AB 相阻抗继电器）在负荷电流作用下可能会误动。

（三）距离保护中 TV 断线闭锁方法

前面分析表明，距离保护中阻抗继电器，当 TV 二次回路断线时，都会工作不正常，其中有些阻抗继电器在流过负荷电流时就会误动,因此,距离保护必须设置 TV 断线闭锁功能,以使电力系统在正常运行情况下,阻抗继电器误动作。

断线闭锁有多种措施,下面将几种常用方法进行介绍。

(1) 利用振荡闭锁回路兼距离Ⅰ、Ⅱ段阻抗元件断线闭锁。当系统振荡时会引起误动作的阻抗继电器构成的距离保护,Ⅰ、Ⅱ段必须经振荡闭锁,如振荡闭锁回路启动元件在 TV 断线时不会误动,则距离保护Ⅰ、Ⅱ段阻抗继电器不必加 TV 断线。

现有的模拟式和数字式距离保护,振荡闭锁启动元件都由电流变化量元件构成,所以对距离Ⅰ、Ⅱ段阻抗继电器不必另加振荡闭锁措施。

在此情况下,对距离Ⅰ、Ⅱ段阻抗继电器不需加断线闭锁装置,但仍应有 TV 断线警告信号,以便运行人员采取相应措施。

(2) TV 二次回路装设自动小空气开关时,用自动空气开关辅助接点断开距离保护直流电源实现闭锁,并发断线警告信号。

(3) 利用 TV 二次回路断线时出现零序电压实行断线闭锁和发断线信号。

这是一种简单而有效的方法,当 TV 二次回路一相或两相断线时,都会出现零序电压,可利用此电压去闭锁会误动的阻抗继电器并发出警告信号。

但这一措施存在两大问题:

第一,系统一次侧发生对地短路时,有零序电压产生,此电压通过 Y_0/Y_0 接法的 TV 同样出现在 TV 二次回路中。

解决的办法是利用 TV 开口三角形二次侧出现的 $3\dot{U}_0$ 实行反闭锁,当系统一次侧发生接地短路时,虽然 TV 二次出现零序电压,但由于开口三角形输出 $3\dot{U}_0$,如整定得当,即可消除误闭锁。而单纯 TV 二次断线时,TV 开口三角形绕组不出现 $3\dot{U}_0$。故能实现闭锁。

但需指出,这一方法不能适用于 TV 一次侧装有熔丝的情况,因为一次侧熔丝一相或两相熔断,在开口三角形输出亦出现 $3\dot{U}_0$。

第二,此法不能反映三相断线时的情况,因三相断线,TV 二次不会出现任何电压包括零序电压。消除这一问题的传统办法是在 TV 二次侧一相熔丝上并联一个电阻。

第五章 距离保护在高压电网中的应用问题

第一节 距 离 纵 联 保 护

前面几章对线路距离保护已做了详细分析，可以说距离保护装置，严格的说是阻抗测量的距离保护装置是继电保护中最复杂的一种保护装置，不但结构复杂而且在实际运行时其动作行为也十分复杂，因此它也是继电保护工作者应重点进行理论分析的一种保护装置。

但是，不管结构如何复杂，分析如何详尽，距离保护只能构成超高压输电线的后备保护。超高压输电线路的主保护应能对线路上发生的短路故障实现全线快速保护。而距离保护Ⅰ段，虽然动作快速，但只能保护线路全长85％左右，也就是全线有30％区域内短路故障时至少有一侧保护要延时动作，这对系统暂态稳定性来说是很不利的。

距离保护这一缺点是固有的，因为它只对输电线一端的电量（电压及电流）进行定量测量。既然是定量测量，工程误差是不可避免的，距离保护装置必须计及的测量误差包括数值误差10％（包括相应的7°角度误差）及暂态误差5％，所以最多它只能以全线85％作为实际保护区。要解决这一缺点只有改变测量原理，使两侧的距离保护装置配合工作，判断被保护线路所发生的故障位置。这种保护一般统称为纵联保护。

但是由此构成的纵联距离保护同典型纵联保护有一些不同。下面首先分析一下典型纵联保护的特点。

一、典型线路纵联保护的构成

纵联保护的基本特点是结构和物理相同的两套装置分装在被保护线路两侧配合工作而实现全线的保护。纵联保护装置具有以下特点：

（1）依靠测量元件的定性测量判断故障位置，它只要判断故障是在区内或区外，不需要确定故障的具体位置，因而不存在测量误差。

（2）依靠两侧的定性测量就可准确的判断区内外故障，不需引入其他位置辅助判据，如动作时限，故动作是快速的。

（3）由于测量元件只需进行定性测量所以测量原理较为简单，测量时间也相对快速。

（4）线路两侧所装保护装置构成一个整体，任何一侧保护装置不能单独实现保护功能。

（5）不能对被保护线路以外的电网部分实现后备保护的作用。

纵联保护一般采用两种测量方式，他们都是简单的定性测量：方向测量和差电流测量。

1. 方向测量构成的纵联保护

这种保护称之为线路方向纵联保护，是最早采用的一种纵联保护，其原理很简单。

被保护线路两侧均装有判别故障方向的方向元件，他们的动作状态通过通道相互沟通，如两侧方向元件均判为正方向故障，则两侧故障均瞬时动作跳开线路，只要有一侧方向元件判为反方向故障，则表明是区外故障，两侧保护均不动作。

线路方向纵联保护工作原理很简单，也容易实现，关键问题是测量方向的方向继电器，对它的要求是：

(1) 有明确的方向性。

(2) 动作灵敏，即使在弱馈情况下，被保护线路全线故障均能灵敏判别方向。

(3) 功率反向时，动作状态能快速反转。

(4) 系统振荡时应不误动。

凡是能实现故障方向测量的继电器（元件）都可作为方向纵联保护的测量元件。

早期方向纵联保护称之为高频闭锁方向保护，为了防止系统振荡时误动作，并少受负荷电流的干扰，方向元件采用负序功率方向继电器。

目前微机保护中，方向纵联保护中的方向测量元件多用基于暂态分量测量和工频故障分量测量的能量积分方向元件和工频变化量方向元件，它们均不受电压、电流强迫分量的影响，所以方向判别可靠，不受系统振荡和负荷电流的影响。

由于阻抗元件可具有方向性，如方向阻抗继电器和多相补偿阻抗继电器，和工频变化量阻抗继电器等均可用作方向纵联保护的测量元件。但是，虽然用了阻抗继电器，却只是利用了它的方向测量性能，而不是距离测量性能，所以所构成的保护仍属方向纵联保护，严格来说不能称为是距离纵联保护。

2. 电流差动纵联保护

电流差动保护应该说是一种理论上最完善的保护，它是基于基尔荷夫定律而实现故障位置判断的保护。电流差动保护以被保护线路两侧电流为输入量，当 $\sum I = 0$ 时判为区外故障，区内故障时 $\sum I = \dot{I}_F$ 为故障电流。故障位置判断是根据差流是否出现而作出的，所进行的是定性测量，理论上具有完全的选择性。

对线路保护而言，实现电流差动保护最大的困难是两端测量如何实现，因为它需要沟通两侧定量测量的通道。

当通道利用引导线（Pilot Wire）时，只容许线路长度为几千米至 10 千米。

随着载波（Carrier）通道的发展，提供了远距离传送信息的可能，但用的载波通道是模拟量的通道，它只适合传送逻辑信息，不适合传送数量信息，用它来实现电流差动保护有困难，在此情况下发展了一种以相位测量代替电流相量测量，即高频相位差动保护。

高频相位差动保护虽然称之为差动保护，但它不是根据基尔霍夫电流定律来判别区内、区外故障的。在理想情况下，区内短路两侧电流相位接近相等，而区外短路和负荷流过时，两侧电流相位差 180°，以此来判别保护区内和区外故障。相位差动保护的最大优点是通道上不需传送数值信号。由于相位差动保护的工作原理是相位比较，可由极性重叠时间测量来实现，两侧发信机只要按相位电流正半周发信，负半周停信原则发信，则两侧比相元件即可通过高频信号重叠时间长短，判别区内外故障，由于发信机只要发出"有"或"无"信号，所以适合载波通道传输。这种纵联保护在一段时间内用得很多。

由于载波信号多为一相加工，不能反映三相电流情况，所以用来调制高频信号的电流为三相"综合"电流，用得更多的是正序电流和负序电流构成的操作电流。

高频相位差动保护最大缺点是在实际情况下，两侧电流相位关系同理想状态下的关系差别很大，特别在区内短路时，两侧电流相位分别由两侧电源电势确定，计及两侧电势间 δ 角，短路阻抗角的差别，以及规定的测量误差，信号传输形成的时间滞后（它对区外故障比相亦有影响）等，使得在区内短路时，两侧电流间相位小于 $180°$，甚至比 $50°$ 还小。同时区外短路时两侧电流间相位不是 $0°$，而是：

$$\frac{线路长度\ l(\mathrm{km})}{100} \times 6(°)$$

这就使得高频相位差动不适合于长距离超高压线路。如不计及相继动作，其极限应用范围为 $300\mathrm{km}$。

光纤通信的发展，使电流纵差保护在超高压长线路上有了使用的可能，由于光纤通信频带宽能实现快速数字通信，容易实现三相电流相量的传送，可以实现分相电流差动保护，加上光纤保护通道可靠性高，所以电流分相差动已逐渐成为超高压线路的首选纵联保护。

二、纵联保护的通道及工作方式

（一）纵联保护的通道类型

通道是构成输电线路纵联保护的必要条件，通道技术的发展也直接影响纵联保护的实现。

1. 引导线

元件（变压器，母线，发电机等）的差动保护都是依靠联线形成差动电流回路，但在线路保护上，依靠联线（称之为引导线 Pilot Wire）构成差动保护就有很大困难，首先，引导线投资同被保护线路长度成比例，对超高压输电线来说引导线的花费就很大，过去虽有租用通信部门通信专用线的，但可靠性得不到保证。更重要的是早期线路纵联保护是电流差动，引导线传送的是工频交流电流（或电压）信号，由于引导线存在功率损耗以及引导线本身并联、串联阻抗的影响，被保护线路一长，差动保护原理实际上就无法实现，所以除很短的联络线外，以引导线实现的线路纵差保护的应用已成为历史。

2. 电力线载波通道

电力线载波通道的实现才为输电线纵联保护的发展创造了条件。

以电力线载波传送保护信息是以电力线作为传输介质，除增加高频加工设备外，不增加投资，经济性好，建设方便。所以，一经发明，高频保护就为超高压长距离输电线解决了全线快速动作的主保护问题，但是电力线载波通道具有以下缺点：

（1）载波频率为 $40\sim400\mathrm{kHz}$ 中频，频道挤，频宽有限。用于继电保护的频道只能传送经过调幅或调频实现的状态信息，不能传送数值信息。

（2）通道本身就是被保护的电力线，正常情况下，虽有很高的可靠性，但电力线本身故障时，传输能力就要受到影响，而此时正是继电保护要发挥作用的时候，纵联保护必须计及这一不利情况。

采用高频两相加工（即以输电线两相导线传送高频信息）比一相加工（即以一相导线

传送高频信息）在单相短路时有较高的可靠性，但相间短路特别是三相短路时，传输信息的可靠性仍得不到保证。

载波通道虽有上述缺点，但由于其经济且容易建设，所以在线路纵联保护中，仍得到应用。是本节所讨论的输电线距离纵联保护所常用的信息传输方式。

3. 微波通道

微波通道上传送的信号频率为 3000～30000MHz，它有宽得多的频带传送大量信息，它不但能通过调制传送状态信息而且能通过脉冲码调制传送数字信息，所以利用微波通道可以构成本节所提的各种线路纵联保护，包括分相电流差动纵联保护。

微波通道独立于被保护的输电线，传输可靠性可以更高，但通过无线传输的微波通道一般要建立中继站（50km 要设一个），这些中继站一般地处旷野，运行维护都有困难，同时也降低了可靠性。

微波通道构成的线路纵联保护在 20 世纪 60 年代后曾一度成为电力系统超高压输电线的主保护，但是随着光纤通信的快速发展，很快就被光纤通道代替。

4. 光纤通道

由于光波比微波波长更短，所以光纤通道能传送更多的信息。由于近年来光通信已成为信息部门快速发展的标志。电力系统往往是领先采用新技术的行业之一，现代电力系统少不了计算机管理，计算机通信必须依靠光纤通道。目前复合架空地线光缆已逐步采用，在此情况下，以光纤通道构成的线路纵联保护快速发展已是意料中之事。事实上，现在光纤通道构成的纵联保护已很快取代微波通道构成的保护。

虽然光纤通信具有宽广的发展前景，但不能说其他通信通道就可以一概淘汰了，对本节所讨论的线路距离纵联保护而言，根据它的功能性质和对通道的要求，采用载波通道在目前来讲仍是最好的选择。

（二）纵联保护通道的工作方式

下面分析通过通道传送两侧保护动作状态时的工作方式，不讨论以脉冲码调制（PCM）实现的数字通道。

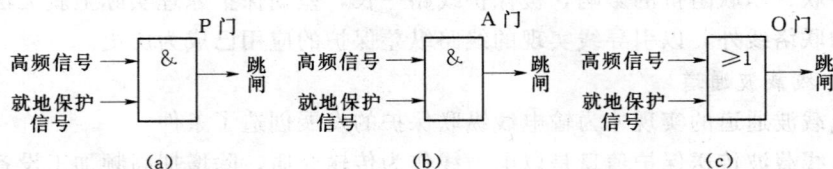

图 5-1　通道信号的工作方式
(a) 闭锁方式；(b) 允许方式；(c) 直接跳闸

传送两侧保护动作状态量的通道同继电保护配合工作时传送以下三种性质的信号：①闭锁信号；②允许信号；③跳闸信号。

（1）闭锁信号是指继电保护收到此信号后不容许动作。相反，如继电保护收不到这一信号，则在本侧保护处于动作状态下时，可以发出跳闸信号，图 5-1 (a) 表明闭锁信号的作用。

早期，在以载波通道实现的线路纵联保护中，发信机发出的都是闭锁信号，因为这种通道都是一相进行高频加工，高频信号是通过一相传送的，为了保证输电线单相接地，通道完全破坏时，保护也能跳闸，所以高频信号采用闭锁性质。

为了在线路正常运行时避免不必要的高频信号对环境的干扰，只有当系统扰动时才启动发信机。发信机启动元件可用保护装置本身的启动元件。在这种纵联保护中应体现发信机发信优先原则，有时保护发信和保护启动程序要用灵敏性不同的启动元件。

由于采用闭锁信号，所以只要通道上出现闭锁信号，不管是哪一侧发出的，两侧保护都不能跳闸，所以两侧发信机发出的高频信号，频率可以相同。

（2）允许信号是指线路一侧的保护收到对侧发来的高频信号后，如果本侧保护已处于动作状态，则允许跳闸。所以线路两侧中任一侧保护处于动作状态时，必须向对侧保护发出允许信号，显然，两侧发信机所发频率应是不相同的。

从图 5-1（b）原理图上可以看出，允许信号构成的线路纵联保护同闭锁式纵联保护一样，保护动作的条件是两侧均动作，只要有一侧保护不动作，则两侧纵联保护均不会跳闸。另外两侧保护均有以下共同特点：具有可靠的方向性，保护动作区为超范围（Over Reach），同闭锁式相比，允许信号对通道可靠性要求要高一些，当区内故障时，如通道故障或闭塞则两侧纵联保护均拒动，使事故扩大。而闭锁式纵联保护在此情况下，两侧均可跳闸。所以允许方式对通道可靠性要求更高。如采用载波通道应两相加工，在正常运行情况下应对通道不断进行检查，此时通道可工作于电平较低的导频，即监护频率 f_g，对通道实行检测，当保护启动后切换成工作频率 f_T，并增大信号电平（增大为 10 倍）。

光纤通道更适合传送允许信号。

（3）跳闸信号，是指线路两侧任一侧纵联保护收到跳闸信号后立即跳闸，两侧发出的跳闸信号可以同频率，图 5-1（c）表明，本侧保护动作后可以直接跳本侧开关，也可通过本侧保护发出的跳闸信号跳闸。

通过跳闸信号就可以直接跳闸，自然动作逻辑很简单；但对通道中干扰信号就有很高的要求，这在载波通道中是很难满足要求的，但是如果为了提高可靠性，跳闸条件中引入本地保护动作信号，那实际上跳闸信号也就成为允许信号了。

三、线路距离纵联保护

（一）线路距离纵联保护的特点

距离纵联保护同前面分析的典型纵联保护有所不同，后者线路两侧保护构成一个保护整体，不能单独工作。通道一旦受阻，线路就失去保护，对区外故障从原理上不能反应，即不能起远后备保护作用。

距离纵联保护由完整的距离装置整体外加通道组成，距离保护仍可独立工作，起着超高压输电线路后备保护的作用，配备了通道及相应的信号设备后，能扩充其功能，实现超高压输电线主保护的要求，对全线故障起快速保护的作用。

要指出的是，如果单独的用距离保护中方向阻抗继电器进行方向测量而实现线路纵联保护，那不是线路距离纵联保护而只能仍称为线路方向纵联保护。

（二）线路距离纵联保护的构成

距离纵联保护实质上就是通过被保护两侧距离保护动作信息交换，补充距离保护功能的不足。

距离保护在保护功能上有以下不足：

（1）快速动作的距离Ⅰ段不能保护线路全长，因此全线有30％部分发生故障时要延时至少有一侧跳闸。

（2）带动作时限的距离保护Ⅱ段和Ⅲ段，虽对全线故障能实现保护，但动作有较长的延时。

线路距离纵联保护就是要通过两侧距离保护动作状态的配合，解决以上问题。

1. 超范围距离纵联保护

距离保护Ⅱ（Ⅲ段）阻抗整定值能包含被保护线路全长，以Ⅱ段而论，它的保护区可延伸到下段线路 $1.5l$ 的部分，所以它的保护区是超范围的。

为了保证动作选择性，距离保护Ⅱ、Ⅲ段必须引入动作时延。但是，如果通过对侧距离Ⅱ段（或Ⅲ段）带有方向性的阻抗继电器判为区内故障，也就是根据两侧距离保护Ⅱ段（或Ⅲ段）阻抗测量元件都动作的条件，即可判断为区内故障，无通过动作时延取得选择性的必要，而两侧距离保护都瞬时跳闸。

所以，超范围纵联距离保护的基本工作原理是：线路一侧距离保护中Ⅱ段（或Ⅲ段）测量元件动作时，如对侧相应的距离测量元件也动作，则加速该侧距离保护相应段的动作。由于对侧相应的距离测量元件动作状态是通过远传而送到本侧的，所以，这种纵联距离保护方式有时称之为"超范围远传加速"距离保护（Over Reach Transfer Acceleration）。

按远传信号性质不同，这种纵联距离保护又分为：①闭锁式超范围纵联距离保护；②允许式超范围纵联距离保护。

（1）闭锁式超范围纵联距离保护。在这种纵联保护中通道信号是闭锁性质的。

当系统发生扰动时，两侧距离保护中灵敏启动元件首先动作，启动发信机发信。

如被保护线路区外故障，则两侧距离Ⅱ段测量元件动作，一方面经时间元件 t（5ms）准备开放本侧跳闸出口；一方面停止本侧发信机发信，当两侧发信机均停止发信时，两侧发信机均收不到闭锁信号，各侧纵联保护距离开放出口，发出跳闸信号。

如对侧区内故障，扰动后，虽然本侧因距离Ⅱ段测量元件动作，使本侧发信机停止发信，但因对侧距离Ⅱ段测量元件因区外（背后）故障不会动作，所以一直发信，两侧纵联保护均不会发出跳闸命令。但是在此情况下，距离Ⅱ段逻辑回路仍在继续动作，当Ⅱ段时限终了时，本侧保护仍能实现对下段线路的后备保护作用。

图 5-2 所示为以距离Ⅱ段阻抗继电器为本地测量元件的闭锁式超范围距离纵联保护，图 5-2 中只画出距离保护中有关部分，该距离保护的Ⅰ段和Ⅲ段仍能按常规距离保护方式工作。

在闭锁式纵联保护中，系统扰动后首要的任务是两侧发信机要发出闭锁信号，只有两侧纵联保护均收到对侧的闭锁信号后，才能正常工作。为此，采取了以下措施：

1）保护启动元件分高低定值，即分灵敏元件与不灵敏元件，灵敏元件启动发信，不灵敏元件启动保护。

2）由于对侧保护闭锁信号传到本侧需一定时间（100km 需时 1/3ms），故在纵联跳闸回路中引入 t（仍为 5ms）延时，以等待对侧闭锁信号的到来。

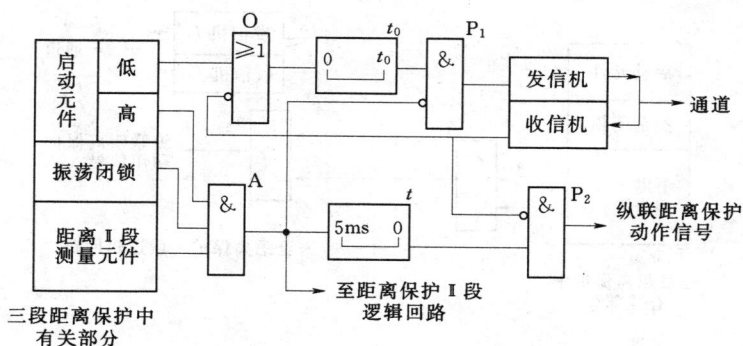

图 5-2　以距离Ⅱ段阻抗继电器为本地测量元件的
闭锁式超范围纵联距离保护原理图

3）为了防止弱电侧不能启动发信，引入远方启动发信功能，只要对侧已启动发信，弱电侧就跟着启动发信，使通道正常工作。

闭锁式超范围纵联距离保护对通道要求不太高，可以采用一相加工的载波通道，两侧发信频率可相等。

上面分析的是以距离Ⅱ段阻抗继电器作为纵差距离保护的本地保护继电器，也可同距离Ⅲ段配合，但在此情况下，距离Ⅲ段阻抗继电器一定要具有可靠的方向性，且应加入振荡闭锁（常规距离保护Ⅲ段不受振荡闭锁的控制）。

（2）允许式超范围纵联距离保护。在允许式纵联保护中，通道上传送的信号是允许信号。

允许式超范围纵联距离保护的工作原理同闭锁式是类似的。与之配合的距离保护是距离Ⅱ段（或Ⅲ段）。

如被保护线路区内故障，则两侧Ⅱ段阻抗继电器均动作，为距离Ⅱ段跳闸做准备，同时启动各侧发信机发出 f_1、f_2 不同频率的允许信号。当各侧收到对侧发来的允许信号后立即发出跳闸信号。如是区外故障，则有一侧距离保护Ⅱ段阻抗继电器动作，同时向对侧发出允许信号 f_1，但对侧距离保护Ⅱ段阻抗继电器不动作，未发出允许信号 f_2，故两侧纵联距离保护都不会跳闸。

图 5-3 为以距离Ⅱ段阻抗继电器为本地测量元件的允许式超范围纵联距离保护原理图，可以看出允许式比闭锁式动作逻辑关系要简单些。因为它没有先发信后停信配合的要求。但是由于通道上传送的是允许信号，区内故障时，如引起通道闭塞将导致纵联保护拒跳闸，所以最好用微波或光纤通道，如用载波通道，则应采用两相加工方式。

从动作原理上看，被保护线路两侧发信机所发频率应不相同，一为 f_1，另一为 f_2。

可以看出允许式超范围纵联距离保护也属于远传加速式保护，只不过用来加速本侧距离Ⅱ段（或Ⅲ段）的信号是对侧送来的允许信号。

2．欠范围距离纵联保护

超范围纵联距离保护都是加速式，即两侧带时限的按超范围整定的保护，用对侧的测量元件动作信号来加速，达到全线故障快速保护的目的。

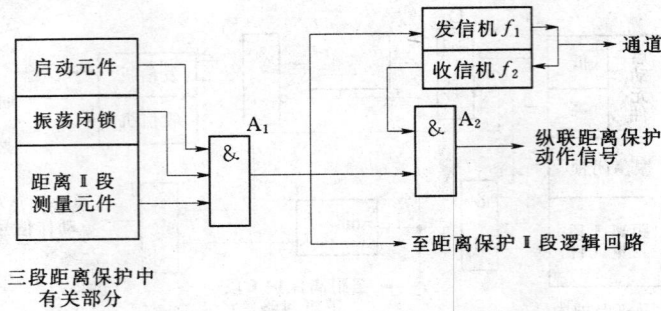

图 5-3 以距离Ⅱ段阻抗继电器为本地测量元件的
允许式超范围纵联距离保护原理图

欠范围距离纵联保护中所用的测量元件是按欠范围整定的，就是以距离保护Ⅰ段阻抗继电器为测量元件，配合两端测量而构成的全线快速保护。

（1）远方跳闸（Transfer Tripping）。从原理上讲，远方跳闸是能构成欠范围纵联距离保护的唯一方式。

距离保护Ⅰ段，本身就是快速保护，但它不能保护线路全长。图 5-4 表明线路 MN 两侧距离保护Ⅰ段保护区的配合。

线路上 MN'一段发生故障时可由 M 侧距离保护Ⅰ段测量元件反应，MN'一段由 N 侧距离保护Ⅰ段测量元件反应。任何一侧距离保护Ⅰ段不能反应全线故障。但如果两侧距离保护Ⅰ段交换信息，则全线故障都可由两侧距离保护共同切除。为此，只要任一侧距离保护Ⅰ段阻抗继电器动作后，可瞬时切除本侧区内故障，所余下的区域内（NM' 或 MN'）的故障则由对侧发来的跳闸信号切除，实现全线快速保护。

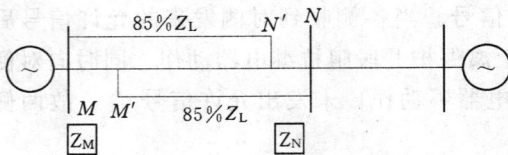

图 5-4 线路两侧距离保护Ⅰ段的配合

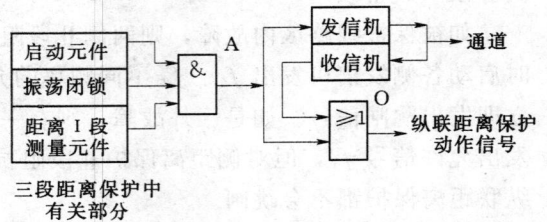

图 5-5 远方跳闸纵联距离保护原理图

远方跳闸纵联保护方式动作逻辑最简单，两侧发信机可采用同一频率，原理上动作很可靠，但对通道干扰要求很高。需要采用微波通道或光纤通道。

（2）欠范围允许式纵联距离保护。欠范围远方跳闸纵联距离保护虽然动作逻辑简单，原理上工作可靠，但对信号干扰特别敏感，使用时具有较大风险，所以图 5-5 所示远方跳闸纵联距离保护目前在我国尚无采用的实例。

为了提高远方跳闸距离纵联保护工作可靠性，可对对侧送来的跳闸信号进行本地保护的认可，由此构成的纵联距离保护称之为允许式欠范围纵联距离保护，图 5-6 表明其工作原理。

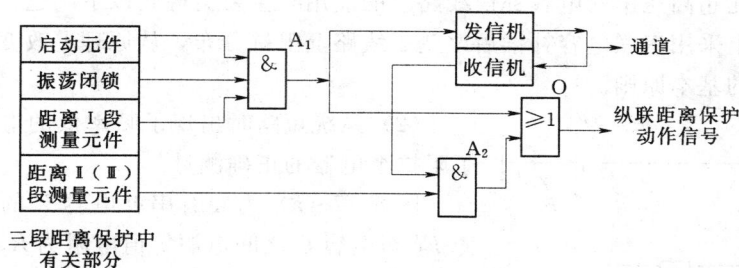

图 5-6　允许式欠范围纵联距离保护原理图

图 5-6 所示的纵联距离保护实际上是图 5-5 保护方案的修正，距离保护 Ⅰ 段阻抗继电器仍是本地保护测量元件，它能保护图 5-4 中线路上 MN' 部分故障快速跳闸，而距离 Ⅱ 段阻抗继电器只是用来认可对侧送来的跳闸信号，保证图 5-4 线路上 $N'N$ 一段故障快速跳闸。

本节分析距离保护装置在超高压电网上应用的一种方法，并不是全面分析超高压线路纵联保护，但其内容对分析其他超高压线路纵联保护也是有用的。

最后要指出的是本节中有关距离保护中有关元件是三段式距离保护中典型部件，在前几章都已做了详细分析讨论。

在微机保护中由于只牵涉到软件不增加硬件投资，有些距离纵联保护中有关距离保护中有用的部件可以是单独设置的，但原理是不变的。

读者应注意，线路纵联方向保护和线路纵联距离保护虽然从测量原理上是类似的，但从保护的应用上是不同的。纵联方向保护脱离两侧信息联系就不能构成保护，而纵联距离保护，无两侧信息联系，它仍构成一套完整的距离保护。不能把两者的区别认为只是方向测量方法不同。

第二节　距离保护在串联电容补偿线路上的应用

一、距离保护在串联补偿线路应用时出现的问题

在交流输电线上串联电容补偿电线上电感减小了系统电源之间、电源和负荷之间阻抗，对增加输电线功率传输能力，改善系统静态和暂态稳定性、电压稳定性是一个经济、有效措施。早在 20 世纪 40 年代建设的超高压输电线就首选采用串补电容的方法作为提高输电系统稳定性的措施。

但是，采用输电线串联电容补偿后也引起一系列系统运行控制问题，如过电压问题、同步发电机自激问题、低频次同步振荡及所引发的发电机组轴系扭振问题。对输电线路继电保护来说，也出现了困难，尤以对输电线上距离保护的应用产生了问题，迄今仍不能认为已得到很好的解决。

自从光纤通信的快速发展，以光纤为通信通道的超高压线路电流（分相）纵联差动保护已逐步得到普遍应用，从根本上解决了超高压串联电容补偿线路上主保护的问题，但是作为后备保护仍需配备距离保护，所以距离保护在串联电容补偿线路上的应用仍需被重视。

距离保护在超高压串联电容补偿线路上的应用时主要会遇到以下问题：

（1）线路上采用串联电容补偿后改变了线路上阻抗分布，从原理上改变了以阻抗测量实现距离测量的基本原则。

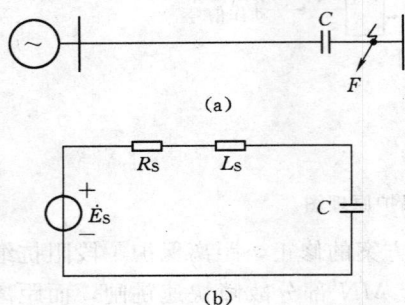

（a）

（b）

图 5-7 分析串补线路电容后
短路振荡过程的等值电路

（a）系统图；（b）等值电路

（2）系统短路时出现了频率低的电磁振荡，影响了阻抗继电器的正确测量。

图 5-7（a）为装有串补电容 C 的简化电路，电源 E_s 至电容 C 之间电源等值电阻为 R_s，等值电感为 L_s，电容后 F 点发生单相短路。图 5-7（b）为其等值电路，显然为一二阶回路。当 F 点突然短路时，回路的特征方程为：

$$L_s S^2 + R_s S + \frac{1}{C} = 0$$

其特征根为：

$$S_{1,2} = -\frac{R_s}{2L_s} \pm \sqrt{\left(\frac{R_s}{2L_s}\right)^2 - \frac{1}{L_s C}}$$

当 $\left(\dfrac{R_s}{2L_s}\right)^2 < \dfrac{1}{L_s C}$ 即 $R_s < 2\sqrt{\dfrac{L_s}{C}}$ 时，过渡过程中自由分量的解为一衰减的交流分量，其频率为：

$$\omega = \sqrt{\frac{1}{L_s C} - \left(\frac{R_s}{2L_s}\right)^2} \tag{5-1}$$

衰减时间常数为：

$$T = 2\frac{L_s}{R_s} \tag{5-2}$$

为线路未经补偿时，短路电流非周期分量衰减时间常数的两倍。

由于 R_s 相对较小，故式（5-1）中 $\left(\dfrac{R_s}{2L_s}\right)$ 项可以略去，式（5-1）可写成：

$$\omega_0 = \sqrt{\frac{1}{L_s C}} = \omega \sqrt{\frac{X_C}{X_s}} \tag{5-3}$$

式中：ω 为电网角频率。

由于补偿电容只补偿线路电抗的一部分，而式中 X_s 还包括电源电抗，故 X_C/X_s 小于 1，相应的 ω_0 小于 ω，且随系统运行方式而变，故称之为低频振荡。如串补度为 0.5，则 ω_0 最大不超过 0.7ω。故串补线路上发生短路时，引发的低频振荡频率最大也不过三十几赫兹，并应注意它不是基频分数倍的谐波，所以用数字滤波有一定困难。

（3）改变了具有交叉极化（包括正序电压极化）及记忆特性阻抗继电器的工作特性及过渡特性。

由于这种类型的阻抗继电器的工作特性和过渡特性是可变的，它随着等效电源阻抗 $Z_{s \cdot eq}$ 的变化而改变。串联补偿的接入要影响阻抗继电器装设处正向或反向电源阻抗，因而要改变相应特性的形状。

以下结合具体串补电容接入方式，分析这几个问题。

二、输电线上串补电容接入方式及工作方式

1. 接入方式

图 5-8 表明几种典型串联补偿电容接入方式的原理图。

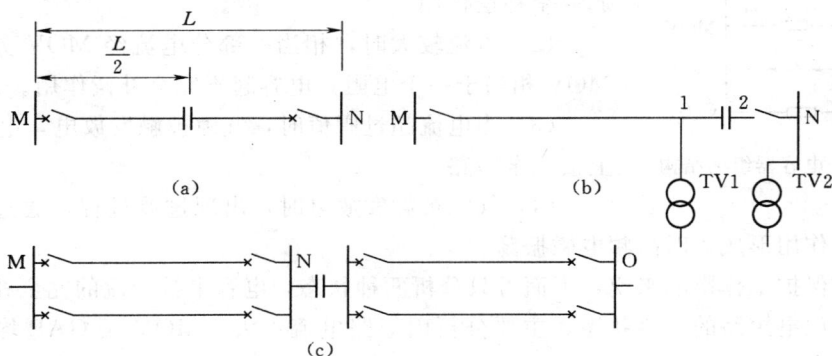

图 5-8　典型串联补偿电容接入方式原理图

图 5-8（a）为从距离保护要求出发的一种较好的接入方式。补偿图 5-8 电容容抗为 X_C，X_C 可取 $0.4X_L$ 左右，电容 C 装在线路中间。在线路上任何一点短路时，装在线路任一侧的阻抗继电器的感受阻抗均为感性而不会呈容性。

图 5-8（a）接入方法虽然在概念上是合理的，但在技术上有困难，因为，高压串补电容本身也是一种运行方式特殊的高压电器，需要进行维护，并要配备继电保护装置。输电线中间位置一般处于旷野，专设维护点不经济也不方便。这种接入方式，目前很少采用。

图 5-8（b）电容 C 装在线路一侧变电站中，这样安装投资和维护都方便，但在一侧范围内短路时，阻抗继电器感受阻抗会有很大变化，甚至变为容性，使距离保护功能的实现有很大困难。

图 5-8（b）是一种目前常用的接入方法。串补电容装在 N 侧变电所，运行和维护都比较方便。但如何实现距离保护的功能有一定困难。

对 M 侧距离保护来说困难不是很大，但对 N 侧就有较大困难。关键问题在于阻抗继电器装设位置。所谓阻抗继电器装设位置是指阻抗继电器测量电压 $\dot{U}_m$ 取自哪一点电压。图 5-8（b）中 N 侧变电所有两个电压互感器，TV1 接在线路侧，TV2 接在母线侧，如阻抗继电器电压 $\dot{U}_m$ 取自 TV1，则相当于接在线路侧，取自 TV2 相当于接在母线侧。

图 5-8（c）是一种远距离输电线所用的一种补偿电容接入方法。在远距离输电系统中为了提高运行的灵活性，并提高暂态稳定性，设有开关站，串补电容装在开关站中，前苏联第一条 400kV 输电线就采用这种接入方法。

2. 补偿电容工作方式

补偿电容串联于线路中，当大电流流过时，电容器两端要产生较高的电压，故需加过电压保护。为此首先电容器并联有由金属氧化物做成的非线性电阻，当电容器组流过电流变大时，旁路一部分电流，以维持电容器端压不上升过大。当电容器额定电流 2~3 倍时，

触发气隙 Gap 放电直接将电容短路。

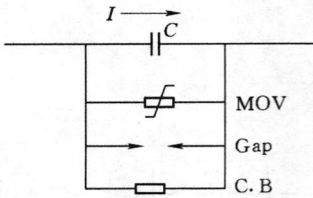

图 5-9　电容器组的结构

所以，串联电容（组）有几种工作状态：

（1）正常运行状态下，MOV 基本上不分流，电容器 C 起完全补偿作用。

（2）电流较大时，相当一部分电流经 MOV 旁路，由于 MOV 相当于一个电阻，电容起不完全补偿作用。

（3）当电流超过阀值时，气隙被触发放电，电容 C 基本上被完全短路。

（4）气隙被触发放电时，出现过渡过程，通过线路分布电容和电感作用形成短时高频电磁振荡。

对距离保护工作影响来说，下面可只分析两种状态，电容未被分流的完全补偿状态和电容被气隙放电短路的旁路状态，主要分析因短路电流不大，MOV 及 GAP 均未动作的完全补偿状态。

三、几种串补电容接入方式下距离保护阻抗继电器动作行为

分析图 5-10 所示输电系统，补偿电容装在线路 MN 上靠近 N 侧。

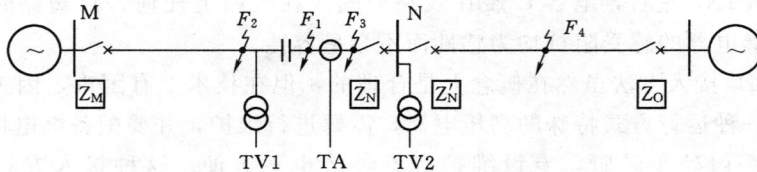

图 5-10　输电系统原理图

1. 送电侧阻抗继电器（Z_M）动作行为及整定原则

Z_M 为线路 MN 上 M 侧距离保护Ⅰ段测量继电器，它应按避开 N 点短路来整定，由于 N 点在串联补偿电容后面，整定时应计及电容 C 对阻抗分布的影响，故其整定阻抗应为：

$$Z_{\text{set}\cdot M} = 0.85(Z_{MN} - jX_C) \tag{5-4}$$

式（5-4）应为复数相减，但可近似忽略阻抗角的差别，则两者可以数值相减，如补偿度为 40%，则

$$Z_{\text{set}\cdot M} = 0.51 Z_{MN}$$

这样一来，装在 M 侧的距离保护Ⅰ段所能保护区域就缩小了很多，自然，这一考虑似有点保守，因为，电容器流过 2～3 倍额定电流时，气隙就快速击穿而将电容器短路，但不能寄希望于此，因此为了延长保护范围应采用闭锁措施，当电容器后面短路时，闭锁其动作。

图 5-11 表明了几种闭锁措施。

图 5-11（a）为线路阻抗角较小的情况。阻抗继电器仍按 $0.85Z_{MN}$ 整定，如在电容器后短路，则阻抗继电器感受阻抗为 $Z_M = Z_{MN} - jX_C$，图 5-11 中表明 Z_M 已落在动作区内，违反了整定原则。为了防止阻抗继电器在这一临界点误动作，在 M 侧距离保护中增加了

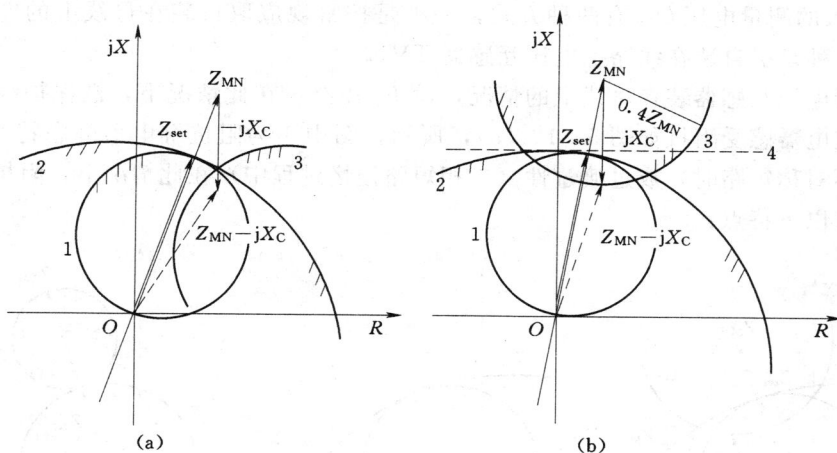

图 5-11　送电侧距离保护防止串补电容后短路误动的闭锁措施
(a) 闭锁方案；(b) 设置一个电抗型继电器的闭锁措施
1—阻抗继电器静特性；2—工作特性；3—闭锁圆特性；4—电抗特性

一闭锁圆，防止在此点误动作。

这一方法实际上是利用 Z_{MN} 与 $Z_{MN}-jX_C$ 阻抗角的差别来实现区分，只适用于线路阻抗角较小的情况。采用这一方法带来的缺点是影响反应弧光电阻的能力，优点是不缩短 I 段保护区。

当线路阻抗角较大时可用图 5-11 (b) 所示的闭锁方案。起闭锁作用的圆 3 圆心在阻抗平面上线路阻抗 Z_{MN} 的端头，相当于图 5-10 中 N 点，半径为 $0.4Z_{MN}$。采用这一闭锁措施时，距离保护 I 段实际保护区为 $0.6Z_{MN}$，同闭锁方案 5-11 (a) 相比，保护区有所缩短。

图 5-11 中闭锁圆 3 如何实现请参看第三章有关内容。

除采用闭锁圆从动作特性上防止电容器后面短路时发生误动外，还可根据电容器后短路出现的过渡过程特点来防止误动。

首先要明确的是在过渡过程期间，流过线路和电容器上的电压、电流都不是正弦波，所以线路电抗和电容器容抗均无法定义，更谈不上正确测量了，除非送入阻抗继电器的电流电压进行滤波，滤出工频强迫分量，才能进行阻抗计算和判断，但这里要滤去的是低频，技术上有较大困难。由于在电容器后短路的暂态过程中阻抗继电器往往不会立即动作，有一种闭锁方案是设置一个图 5-11 (b) 中电抗型继电器，利用该继电器在临界点附近动作较快的特性，将暂态过程起始时电抗继电器先于阻抗继电器动作的状态固定下来实行闭锁，但这种方案是基于暂态过程中继电器的行为，不一定可靠。

还有一种方案是将过渡过程中出现的低频分量作为闭锁量闭锁阻抗继电器的动作状态，这在理论上是可信的，但同样出现低频分量滤出的困难，同时低频分量的发生也有其随机性，不能认为是可靠的方案。

2. 受电侧阻抗继电器 (Z_N) 动作行为及整定原则

分析图 5-10 中阻抗继电器 Z_N。

Z_N 引入的测量电压 U_M 有两种方式，一种是按常规应取自装在母线上的电压互感器 TV2，另一种是引自装在线路上电压互感器 TV1。

先分析电压互感器装在母线上的情况，设 F_2 短路，在此情况下，被保护线路发生短路，阻抗继电器感受阻抗如图 5-12（a），所示，图中 1 为阻抗继电器静态特性，2 为工作特性（不对称短路时）或过渡过性（二相短路记忆过程中）在此情况下，阻抗继电器感受阻抗具有以下特点：

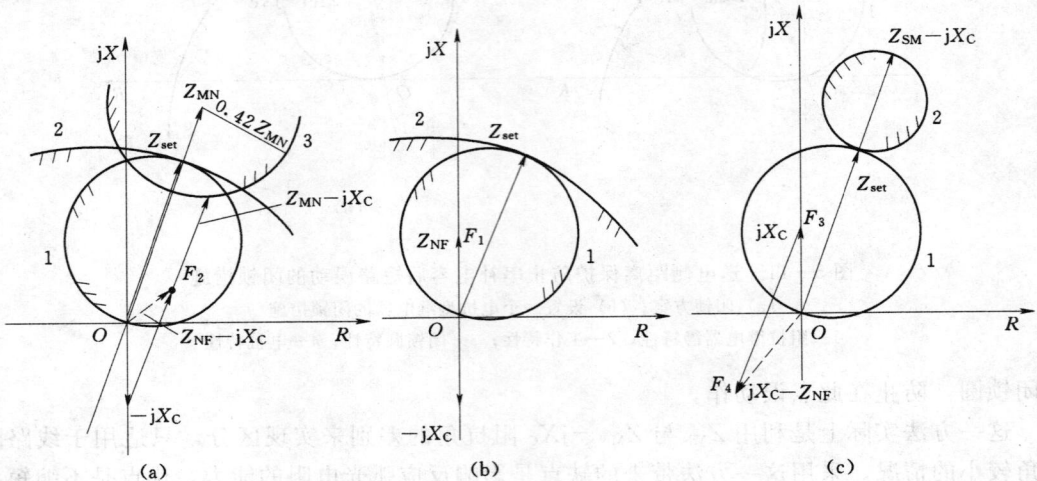

图 5-12　受电侧距离保护 Z_N 的动作行为

（a）$\dot{U}_m$ 取自 TV2 F_2 点短路；（b）$\dot{U}_m$ 取自 TV1 F_1 点短路；（c）$\dot{U}_m$ 取自 TV1 F_3 或 F_4 点短路
1—阻抗继电器静态特性；2—工作特性；3—闭锁特性

（1）当短路点 F_2 接近 M 侧时，阻抗继电器 Z_N 工作情况与送电侧阻抗继电器 Z_M 相似，对侧故障时有误动作可能。

（2）当 F_2 点接近电容器时，Z_N 感受阻抗可能落入第四象限，故当 Z_N 电压取向母线电压互感器时，N 侧阻抗器应同 M 侧阻抗继电器一样，要采用类似的闭锁措施，同时，为了保证靠近电容器后短路时能可靠动作，应采用交叉极化（包括正序电压极化）和具有记忆特性的阻抗继电器。

再分析 U_M 取自线路电压互感器 T_{V1} 的情况。

在此情况下相当于阻抗继电器 Z_N 装在电容器 C 外侧并在电容器 C 外线路上短路，例如 F_2 点，由 M 侧提供的短路电流均未流过 C，所以 Z_N 感受阻抗均不受补偿电容的影响，能实现对故障位置的测距。

图 5-10 中 F_1 点是一个特殊点，它位于 C 与线路电流互感器 TA 之间，按正方向定义，它仍属正向短路，X_C 为正向容抗，但由 TV1 送入的 $\dot{U}_M$ 为 $-\dot{U}_C$，故 Z_N 感受到的阻抗为 jX_C，图 5-12（b）表明它在复平面上位置，图中表明 Z_N 的静态特性，故对 F_1 点来说阻抗继电器 Z_N 可以正确动作。

再看 F_3 点短路情况，F_3 点虽在线路 MN 的保护范围内，但在电流互感器 TA 之前，所以从阻抗继电器 Z_N 来看，同线路 NO 上短路点 F_4 一样，感受到的是反方向短路，因而动作特性有完全不同的形状。

图 5-12（c）为 F_3 点短路情况，由于它位于电流互感器外，故相当于反向短路，阻抗继电器的工作特性为圆 2，由于阻抗继电器感受的阻抗为反向容抗为 jX_C，位于 jX 轴上，其大小为 $0.4Z_{MN}$，故 Z_N 不会动作，按道理来说，F_3 点仍在线路 MN 应保护的区域内，应判为拒动，但这是一个特殊点，它位在断路器和电流互感器之间，同其他保护装置一样，保护不反应也是正常的。

图 5-12（c）将短路点推广到线路 NO 上 F_4 点的情况，显然 F_4 短路时 Z_N 不会动作，应该要注意的是图 5-12（c）中阻抗继电器动作特性以圆 2 表示，当发生不对称短路时，短路过程中这一特性基本不变，但如为三相短路，只是在记忆过程中才能维持圆 2 的形状，记忆消失后动作特性变为圆 1 的静特性，显然不但 F_3 点短路时 Z_N 要动作（这是正确的），而且母线 N 三相短路和线路 NO 起始段一部分三相短路也都会动作，虽然，它们的动作要等记忆消失后才发生，但理论上也属于误动了，应采取闭锁措施加以防止，这一问题可参考下节中所讨论阻抗继电器 Z'_N 背后短路时的情况相应解决。

3. 与串补线路相邻的阻抗继电器动作行为

在相互串联的高压输电线路上，未进行串补的线路上所装的距离保护也受相邻线路上接入的补偿电容的影响。

现分析图 5-10 中线路上 NO 上所装距离保护的行为，先分析装在 N 侧阻抗继电器 Z'_N。

线路 NO 上未装串补电容，对 Z'_N 来说保护区可按 $0.85Z'_{NO}$ 整定，问题出现背后线路 MN 电容后（F_2 点）短路时的动作行为。在此情况下，阻抗继电器 Z_N 的动作行为类似当电压 U_M 取自 TV1，F_3 或 F_4 点短路时，阻抗继电器 Z_N 的行为。

当被保护线路 NO 上短路时，Z'_N 动作特性和工作于一般线路时相同，但其工作特性由电源阻抗为 $Z_{SM}-jX_C$ 决定。

图 5-13 为背后短路情况，它与图 5-12（c）相似，由于是背后短路故阻抗继电器工作特性为抛球状（圆 2），故不管是在补偿电容前后短路，均不会误动作，能保持方向性，问题是圆 2 工作特性能维持多久。

如背后为不对称电路，则交叉极化包括正序电压极化的阻抗继电器，则动作特性能维持圆 2 的形状，阻抗继电器能一直保持方向性。

如背后为三相短路，则只有依靠记忆阻抗继电器才能维持图中所示圆 2 形状，当记忆消失后，动作特性经过渡状态变为圆 1 所示的静特性，在此情况下，不但 F_2 短路时要失去方向性而动作，而且，在 MN 线上靠近 N 侧一段区域内，短路时也会误动。

但是如果相邻线路 NO 相对 MN 较短，或者母线 N 上接有电源，当电容器外侧短路时，流过电容器的电流得到助增，则即使是不对称短路，感受阻抗大于 $jX_C \approx jK_{if}X_C$ 仍会进入圆 2 而误动作，如图 5-13 所示。

为了防止在这一情况下失去方向性，可在 N 侧距离

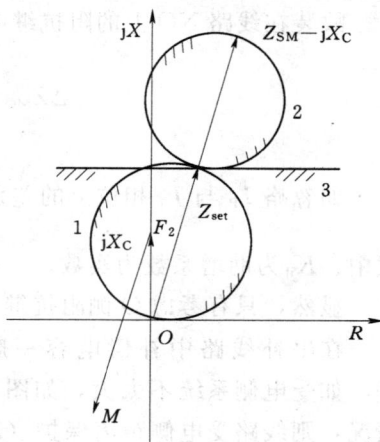

图 5-13　Z'_N 阻抗继电器动作行为
（线路 MF_2 段上短路）

1—静特性；2—工作特性；3—闭锁特性

保护中增加一个电抗继电器，其动作边界为直线 3，实行闭锁。

增加电抗继电器实行闭锁，可防止在无助增情况下，背后发生三相短路，阻抗继电记忆消失后的误动，在此情况下短路后阻抗继电器感受阻抗为 jX_C，在有记忆存在的情况下，动作特性为圆 2，不会误动作，当记忆逐渐消失后动作特性逐渐变为圆 1，阻抗继电器及电抗继电器都会动作，此时，可以利用电抗继电器先已动作、然后阻抗继电器才动作的特点，利用动作时间上的差别在逻辑上实现闭锁。

下面再分析装在 NO 输电线 O 侧阻抗继电器 Z_0 的行为。

从图 5-10 上可以看出 Z_0 与 Z_M 要考虑的问题是类似的，对 Z_M 来说正向动作定值要避开电容器 C 后面 F_1 点短路时的感受阻抗，而 Z_0 要避开在 F_2 点短路时的感受阻抗。

图 5-14 为阻抗继电器 Z_0，在正方向短路时的工作情况。要计及的是区外 F_2 发生短路时感受阻抗。由于 N 点到 F_2 点之间除电容外无其他阻抗，故感受阻抗为 $Z_{N0} - (1 + K_{if})jX_C$，其中 K_{if} 为 F_2 点短路时接在母线上的其他电源对流过电容器电流的助增系数，由于有了助增，电容器呈现出的阻抗要比 X_C 大。

由此可见，输电线路 NO 上虽未装串补电容，但 Z_0 同 Z_M 一样在动作特性上要考虑串补电容的影响，所用的方法是一样的。

在这里要补充说明流过电容器上电流的助增问题，图 5-15 表明补偿电容器 C 挂在 N 侧母线上，当 F_2 点短路时，流经电容器的电流由两部分组成，$\dot{I}_0$ 及 $\dot{I}_P$，它们分别由电源 $\dot{E}_0$ 及 $\dot{E}_P$ 提供：

$$\dot{I}_C = \dot{I}_0 + \dot{I}_P$$

故装在线路 NO 上的阻抗继电器对串补电容感受阻抗为：

$$\Delta Z_{MO} = \frac{\dot{I}_0 + \dot{I}_P}{\dot{I}_0} X_C = \left(1 + \frac{\dot{I}_P}{\dot{I}_0}\right) X_C$$

如忽略 $\dot{I}_P$ 与 $\dot{I}_0$ 相位上的差别，则 $\frac{\dot{I}_P}{\dot{I}_0} = K_{if}$

式中：K_{if} 为助增系数为实数。

显然，只有考虑 O 侧阻抗继电器感受阻抗时，才有必要计及助增现象。

在串补线路中补偿电容一般装于受电侧，如受电侧系统不太大，如图 5-19 所示情况，则线路受电侧距离保护（Z_N）不会出现大问题，但如受电侧为一大系统，则又会出现一个新的问题。

图 5-16 为输电线路串补电容接在线路

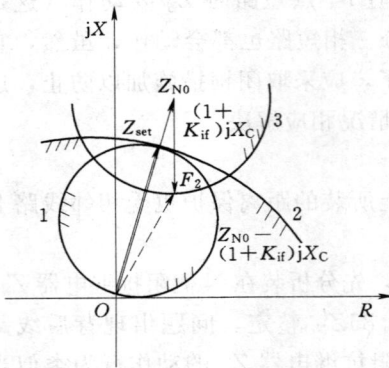

图 5-14　Z_0 阻抗继电器动作行为
（线路 MN 上 F_2 点短路）
1—静特性；2—工作特性；3—闭锁特性

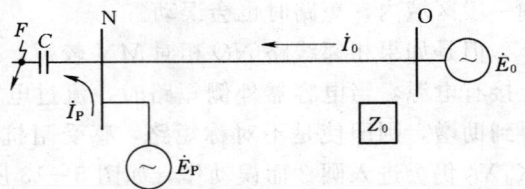

图 5-15　助增对电容器 C 感受阻抗 ΔZ_{MO} 的影响

受端 N 侧，而 N 接入一个大系统，其等值电源阻抗 Z_{SN} 很小，设 Z_N 电压 U_M 仍取自线路电压互感器，则出口电容器前面 F 点短路时，对阻抗继电器 Z_N 来说，电源阻抗为 $Z_{SN}-jX_C$，如 $X_C>Z_{SN}$ 则对 Z_N 来说，正向短路时工作特性圆 2 将抛出复平面坐标原点而形成动作死区，如 F 点落在这一区域内，则 Z_N 将拒动，应注意：图 5-16 中圆 2 是阻抗继电器工作特性或过渡特性，当 F 点为三相短路，记忆消失后，阻抗继电器仍能动作，因为此时，动作特性为静态特性（圆 1）。

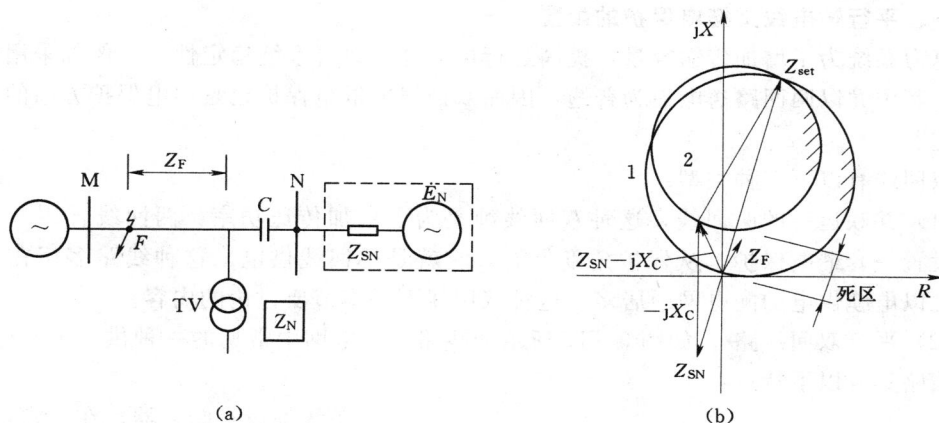

图 5-16　受端系统很大时（Z_{SN} 较小）受端阻抗器 Z_N 动作特性
（a）等效电路图；（b）动作特性
1—静特性；2—工作特性

上面分析的是从继电保护角度上提出的，但从电力系统运行来说，这种一次系统情况是不太会出现的。

（1）N 侧作为受端，一般即使有电源，容量也不会太大，如果 M 及 N 侧电源容量相近，则也不能用图 5-8（b）中的接线而可能用图 5-8（c）的接线。

（2）如果 X_C 与 Z_{SN} 大小相近，那首先出的问题是 F 点短路电流过大，断路器不能切断和产生过电压问题，此一问题必须由系统结构设计人员加以解决，否则系统不能运行。

（3）当短路电流相当大时，电容器保护间隙在短路后很快击穿，将电容器短路，也就不会出现上述问题。

四、小结

（1）高压输电线上进行串联电容补偿是改善高压交流输电线运行特性，提高输电系统稳定的经济有效方法，但对继电保护特别是后备距离保护来说出现较大困难。

（2）在具有串补的输电系统中不但要考虑装有串补电容线路上的保护问题，而且对不装串补电容的相邻线路也要全面考虑串补的影响。

（3）对具有串补电容的输电系统中距离保护不但要考虑接入串补电容后阻抗继电器拒动问题，尤其要考虑区外故障（包括反方向故障）阻抗继电器误动问题，为此，必须在距离保护中引入闭锁措施。

（4）在具有补偿电容的输电系统中距离保护的阻抗元件应采用交义极化（包括正序电

压极化）和记忆特性的阻抗继电器。

（5）串补电容器具有放电间隙，该间隙放电后补偿电容实际上就退出运行，但在考虑距离保护行为时，不应考虑间隙击穿的情况。

第三节   距离保护在平行线路上的应用

一、平行输电线上继电保护的配置

电力系统为了增加传输容量，提高运行可靠性，改善系统稳定性，一般都采用多回路送电，其中尤以两回路送电最为普遍，因而双回线的继电保护也是继电保护方面的一个重要问题。

双回线有以下三种类型：

（1）并联运行的两回线，这种双回线纯是为了增加传送功率，两回线合用一组断路器，设置一套继电保护，从保护角度上看，它就是单回线供电，这种线路多用在配电网中，尤以电缆供电的配电网中居多，这种双回线不是本节要讨论的内容。

（2）平行双回线路 。如图 5 - 17 所示的线路，是电网中常见的一种供（输）电方式，这种线路具有以下特点：

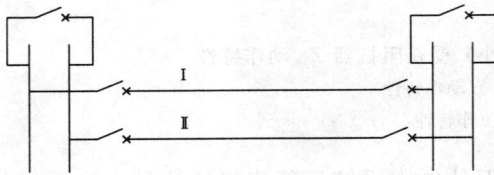

图 5 - 17   平行输电线原理图

1）两条线都设有断路器，在正常情况下，是并联运行的，有时为了提高供电可靠性，两条线分接在变电站双母线的不同母线上，但母联断路器是合上的。

2）两回线不但在原理图中是平行的，在架设上也基本是平行，它们共用一线路走廊，为的是便于架设和维护，但是为了保持两条线的独立性和双回线供电的可靠性，两条线不但分杆架设而且按电压等级保持一定距离。

3）由于两回线无论从结构上和空间位置上都是对称的所以两回线参数都相同。

4）由于两回线之间存在相当大的距离，而同一回线三相导线之间距离很短所以两回线正序、负序电流之间无耦合，因而无互感，但零序电流之间有较强耦合，存在互感。

（3）同杆架设双回线路。同平行双回线路基本相同，但架设在同一杆塔上，距离相近，因而不但两回线之间存在零序互感，而且不同回路各导线之间也存在互感，不可忽略。

同杆架设双回线出现在架空线密架的地区，它的保护方式是目前技术难点之一。

本节讨论图 5 - 17 所示平行双回线继电保护问题。

对传送功率很大的平行双回线，为了快速切除任一条线上的短路故障可以同单回线一样采用纵联保护，包括数字式电流差动保护，但是对一般 220kV 及以下的平行双回线可以采用专用于这种电路的电流横差动保护或电流平衡保护。

电流横差保护原理概念清楚，结构简单，增加差流极性测量（方向测量）后，可以有选择性的确定故障回线，实现有选择性的跳闸，但是在对侧的末端附近短路时差流很小，有电流动作死区，引入方向测量后，起始点短路还存在电压动作死区，所以电流横差保护虽无动作延时，但不能保护线路全长。

横差保护电流死区可通过两侧横差保护相继动作来消除，当受端附近短路送端横差保护因差流过小而不动时，受端（对侧）横差电流保护却最灵敏，快速切除故障线路，该侧故障线路切除后，改变了送端电流分配，差流增大，相继跳闸，这样只要两侧横差保护电流死区加起来不超过全线 50％，则故障线路全线任一点故障两侧均可快速切除故障，而电压死区可通过其他方法，例如 90°接线加以消除。

电流平衡保护是比较平行线路电流绝对值的按差动原理实现的保护，本身有判断故障线路的能力，故无因接入方向继电器而出现的电压动作死区，如被保护线路两侧均有电源，则电流动作死区由相应的相继动作区代替。

平行线路电流横差动保护和电流平衡保护是发明较早专用于平行线的保护，但从原理上这两种保护具有以下缺点：①当一回线停用后，保护要退出运行；②区外故障无后备保护功能。

所以，装有电流横差保护和电流平衡保护的平行线路必须配备后备保护。

过去，这种后备保护往往采用电流保护，但电流保护性能较差，而且目前在微机保护中，电流保护装置和距离保护装置在价格上差别也不大，在此情况下，采用距离保护作为平行双回线后备保护的选择越来越多。

二、距离保护用于平行双回线时的问题

（一）平行线路短路故障时，距离保护阻抗继电器的感受阻抗

平行线路上发生短路故障，阻抗继电器遇到的问题是邻线上零序电流对故障线路上的阻抗继电器测距的影响。

图 5-18 为平行双回线，线路长度为 l，在距 M 侧 αl 处 F 点 I 号线发生接地短路，Z_M 为装在 M 侧的阻抗继电器，根据感受阻抗的定义：

$$Z_m = \frac{\dot{U}_m}{\dot{I}_m}$$

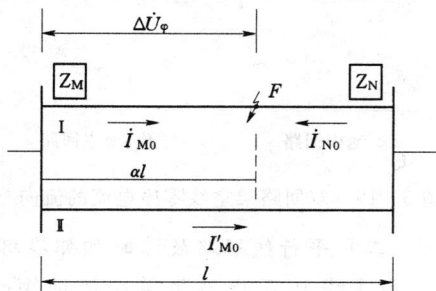

式中：$\dot{I}_m$ 为经 I 号线上零序电流补偿的相电流。

$$\dot{I}_m = \dot{I}_M + 3K\dot{I}_{M0}$$

而 $\dot{U}_m$ 为故障点 F 一段线路上的压降 $\Delta\dot{U}_\varphi$，同单回

图 5-18 邻线零序电流对阻抗测距的影响

线上不同的是，$\Delta\dot{U}_\varphi$ 不但包含 $\dot{I}_m$ 在这一段线路上

正序阻抗 αZ_1 上的压降，而且包含邻线 II 上 $\dot{I}'_{M0}$ 通过双回线之间零序互感抗 Z_{III0} 而产生的电压降落，即：

$$\Delta\dot{U}_\varphi = \alpha Z_1[\dot{I}_\varphi + 3K\dot{I}_{M0}] + \dot{I}'_{M0}Z_{III0}$$

故 $\dot{Z}_M$ 感受到的阻抗为：

$$Z_{mM} = \alpha Z_1 + \alpha \frac{\dot{I}_{M0}}{\dot{I}_\varphi + 3K\dot{I}_{M0}}Z_{III0} = \alpha Z_1 + \Delta Z \tag{5-5}$$

式中：

$$\Delta Z = \alpha \frac{\dot{I}'_{M0}}{\dot{I}'_{\varphi} + 3K\dot{I}'_{M0}} Z_{I\,II\,0} \qquad (5-6)$$

由于存在相邻线零序电流的影响，故障线路上阻抗继电器感受阻抗增加了（按图5-18中 I'_{M0} 定义的方向），Ⅰ、Ⅱ两回线之间零序互阻抗由它们的零序互感 $M_{I\,II\,0}$ 确定，由于是三相系统，计算起来相当麻烦，在平行双回线情况下，同回路三相导线之间距离，相比两回线之间距离 D 相比很小，可将其等值为两根导线之间互感，同时并认为每回路零序电流地中回路在地下 D_g 处（D_g 约为1000m），则 $M_{I\,II\,0}$ 为：

$$M_{I\,II\,0} = \frac{\mu_0}{2\pi} \ln \frac{D_g}{D_m} \times 3$$

其中 D_m 为两回路之间导线几何均距，可取为 D，忽略电阻分量时，$I_{I\,II}$ 为：

$$Z_{I\,II\,0} = 3\omega \times \frac{\mu_0}{2\pi} \ln \frac{D_g}{D_m}$$

上式为近似计算式，在实际系统中均有实测值可供使用，故当平行双回线一回线上发生按地故障时，阻抗继电器电流感受阻抗 Z_m 将出现 $\pm\Delta Z$，它的符号视 I_{M0}、I'_{M0} 之间关系而定，如两者同方向则取"$+$"值，反方向取"$-$"值。

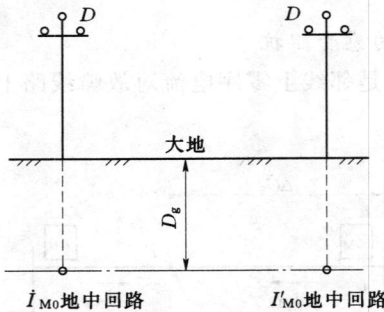

图5-19　双回路架空线零序电流的流向　　图5-20　平行线路短路故障时双回线上零序电流分布

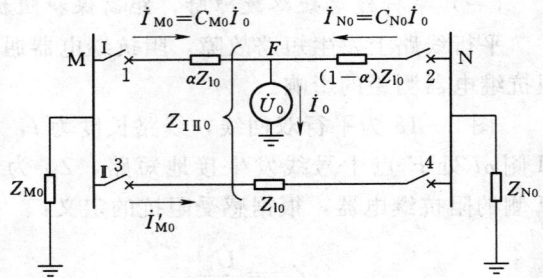

（二）平行线短路故障时相邻线路零序电流 I'_0 的计算

设Ⅰ线上 F 点发生单相接地短路，图5-20为相应的零序网络图，F 点位置以 α 表示。

由于 MN 之间两回路零序电压相等，为 $\dot{U}_{MN}$，故得：

$$\dot{I}_0[\alpha C_{M0} - (1-\alpha)C_{N0}]Z_{l0} + \dot{I}'_{M0}Z_{I\,II\,0}$$

$$= \dot{I}'_{M0}Z_{l0} + \dot{I}_0[\alpha C_{M0} - (1-\alpha)C_{N0}]Z_{I\,II\,0} \qquad (5-7)$$

式中：C_{M0}、C_{N0} 为故障线路中零序电流分配系数。

整理得

$$\dot{I}'_{M0} = \frac{\dot{I}_0[\alpha C_{M0} - (1-\alpha)C_{N0}]}{Z_{l0} - Z_{I\,II\,0}}$$

令 $\dot{I}_0 C_{M0} = \dot{I}_{M0}$ 得：

$$\dot{I}'_{M0} = \frac{\left[\alpha - (1-\alpha)\dfrac{C_{N0}}{C_{M0}}\right]}{Z_{1o} - Z_{I\,II\,0}} \cdot \dot{I}_{M0} \qquad (5-8)$$

式中分配系数 C_{M0}、C_{N0} 容易从图 5-20 求出，先通过 Δ—Y 变换然后再引入两侧电源零序阻抗 Z_{M0}、Z_{N0}，即可求出 C_{M0}、C_{N0}。

将由式（5-8）求出的 $\dot{I}'_{M0}$ 带入式（5-6）即可求出 M 侧阻抗继电器感受到的 ΔZ。

（三）阻抗继电器感受到的附加阻抗 ΔZ 的分析

从式（5-6）可以看出，双回线一条线接地短路时，故障线路上阻抗继电器将出现 ΔZ，影响到正确测量距离，ΔZ 由相邻线路上零序电流 $\dot{I}'_{M0}$ 决定。

式（5-8）可以看出当 $\dot{I}_{M0}$ 一定时，$\dot{I}'_{M0}$ 同故障点位置 α 及零序电流分配系数 C_{N0}/C_{M0} 之比有关，而后者也由 α 决定，故 $\dot{I}'_{M0}$ 取决于 α，当

$$\alpha - (1-\alpha)\frac{C_{N0}}{C_{M0}} = 0$$

时，$\dot{I}'_{M0} = 0$，解之得：

$$\alpha_C = \frac{C_{N0}}{C_{M0} + C_{N0}} = C_{N0} \qquad (5-9)$$

双回线邻线的存在，对故障线路上阻抗继电器测距无影响，式（5-6）或式（5-9）确定了 ΔZ，但这两个式子都是定义式，由这两个式子所确定的 ΔZ 有个符号问题，也就是式（5-5）中 ΔZ 应与 αZ_1 相加还是相减，关键是（5-8）中 $\dot{I}_{M0}$ 与 $\dot{I}'_{M0}$ 之间相位关系。

从式（5-8）可以看出 $\dot{I}_M$ 是定义量，但因子 $\left[\alpha - (1-\alpha)\dfrac{C_{N0}}{C_{M0}}\right]$ 却决定了它的实际方向。

当 $\alpha > \alpha_C$ 时 $\left[\alpha - (1-\alpha)\dfrac{C_{N0}}{C_{M0}}\right] < 0$，为负，故 $\dot{I}'_{M0}$ 与 $\dot{I}_{M0}$ 有 $180°$ 相位差，即两者为反相。

当 $\alpha < \alpha_C$ 时，为正，两者为同相。

这样一来，可以将式（5-5）写成：

$$Z_{mM} = \alpha Z_1 \pm \Delta Z \qquad (5-10)$$

当 $\alpha < \alpha_C$ 时，ΔZ 前取 "—" 号。

当 $\alpha > \alpha_C$ 时，ΔZ 前取 "+" 号。

故双回线同时运行时，阻抗继电器感受阻抗是增大还是减小视短路位置而定，如短路点靠近继电器装设侧，则取负号，感受阻抗减小，反之短路点靠近对侧，则感受阻抗增加，有意义的是后者，短路点在保护区终端附近影响到阻抗继电器的动作状态，根据上面分析，在一般情况下，邻线零序电流 $\dot{I}'_{M0}$ 的存在，使阻抗继电器 I 段保护区缩短。

分析表明，故障位置（α）影响到零序网络中电流分配，它的物理概念也可从图 5-20 中看出，当 F 点靠近 M 侧时，线络 II 中零序电流经 M 流向故障点，故实际 $\dot{I}'_{M0}$ 与图示方向相反，而 F 点靠近 N 侧时，零序电流经 N 流向故障点，实际 $\dot{I}'_{M0}$ 与图上方向相同，其

临界点由 α_C 决定。

下面讨论平行双回线的一种特殊运行状态，图 5-21 中 II 号线退出检修，两侧断路器断开，II 号线两端接地，I 号线 F 点发生接地故障，在此情况下 I 号线 M 侧阻抗继电器感受阻抗 Z_M 仍由式（5-5）确定。所不同是 II 回路零序电流为 $\dot{I}_{II0}$，它不是系统中零序电流而是 II 号线路中经大地回路流动的感应零序电流，即式（5-5）中 ΔZ 为：

$$\Delta Z = \alpha \frac{\dot{I}_{II0}}{\dot{I}_\varphi + 3K\dot{I}_{M0}} Z_{III0} \tag{5-11}$$

II 号线感应的零序电流由下式决定：

$$\dot{I}_{II0} = \frac{-[\alpha C_{M0}\dot{I}_0 - (1-\alpha)C_{N0}\dot{I}_0]Z_{III0}}{Z_{II0}} \tag{5-12}$$

Z_{II0} 为 II 号线以地为回路的短路零序阻抗，代入式（5-12）Z_M 感受的附加阻抗为：

$$\Delta Z = -\frac{\left[\alpha - (1-\alpha)\dfrac{C_{N0}}{C_{M0}}\right] \cdot \dot{I}_{M0}}{\dot{I}_\varphi + 3K\dot{I}_{M0}} \cdot \frac{Z_{III0}^2}{Z_{II0}} \tag{5-13}$$

从式（5-4）可以看出，在邻线断开检修接地情况，ΔZ 存在以下特点：

（1）当 $\alpha > \alpha_C$，即 I 号线接近末端短路时，ΔZ 为负号，即阻抗继电器感受阻抗要减小，保护区要延长，根据资料给出的计算数据，在被保护线路近末端短路时，如距离 I 段阻抗整定值为 $0.8Z_L$，则在邻线断开检修接地情况下，保护区会延长到 $0.9Z_L$ 左右。

（2）由于 Z_{II0} 阻抗角可能较小，故 ΔZ 与线路阻抗角不等。

（四）距离保护在双回平行线上的应用措施

这里指的是接地距离保护，相间距离保护用在双回平行线上无特殊问题。

1. 采用邻线零序电流补偿

从上面的分析在有些情况下影响线路阻抗继电器距离测量的主要因素是邻线上存在的零序电流，在接地阻抗继电器中本来就有本线路的零序电流补偿，如扩大到包含邻线零序电流补偿，在此情况下，阻抗继电器的测量电流为：

$$\dot{I}_m = \dot{I}_\varphi + 3K\dot{I}_0 + 3K'\dot{I}_0' \tag{5-14}$$
$$K' = Z_{III0}/3Z_1$$

式中：$\dot{I}_0'$ 为邻线零序电流；$K'\dot{I}_0'$ 为 $\dot{I}_0'$ 在线路阻抗测量中的等效。

从理论上说，被保护线路阻抗继电器引入邻线零序电流补偿后，可以进行正确距离测量，但这种方法也存在以下缺点：

（1）需要引入邻线零序电流，增加了复杂性。另外，当图 5-20 中两条线全部投入，4 个断路器均合闸时，对双回线内任一点接地故障均能进行补偿，如任一断路器跳闸，则有一侧零序电流消失，可能会引起相邻线路上，对应阻抗继电器不能进行正确的距离测量，例如图 5-20 中 F 点短路，断路器 1 跳闸后，II 号线 M 侧阻抗继电器无法取得邻线零序电流补偿，但 N 侧阻抗继电器却能获得补偿，可能造成两侧阻抗继电器动作上不配合。

（2）出口短路故障可能会使阻抗继电器失去方向性，如图 5-20 中 I 号线 M 侧出口

接地短路，则 $\dot{I}_{M0}$ 与 $\dot{I}'_{M0}$ 反向，如

$$3K'\dot{I}'_{M0} > \dot{I}_\varphi 3K\dot{I}_{M0}$$

则由式（5-15）所决定的阻抗继电器 Z_M 的测量电流 $\dot{I}_M$ 要反相，使阻抗继电器 Z_M 判为背后故障而拒动。

故有一种意见：双回平行线距离保护阻抗继电器不进行邻线零序电流补偿。

2. 双回线距离保护 I 段采用相继动作方式

平行双回线的保护配置一般采用下列原则：两回线正常并联运行是主要运行方式，在此情况下，必须配置全线快速保护，包括相继速动的快速保护，电流横差保护和电流平衡保护都可以满足这一要求。

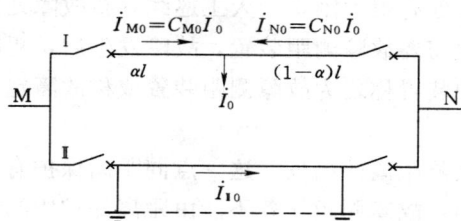

图 5-21　双回平行线一条线检修接地情况

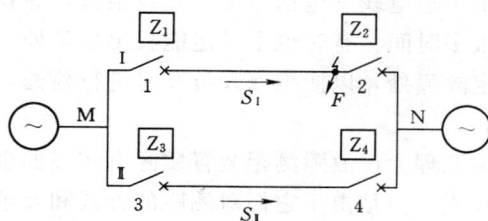

图 5-22　双回平行线路上距离保护相继动作

两回线一条退出，一条线单独运行时，电流横差动和平衡保护都要退出运行，此时，就要依靠后备保护发挥作用。

目前，同通道配合工作的距离保护用的很多，基本上能实现平行双回线正常运行时的全线快速相继动作的保护方式，下面介绍这一种距离保护的工作方式。

图 5-22 中双回平行线路并联运行，每回线两侧均装有三段式距离保护。

设 I 号线靠近 N 侧发生短路（包括相间短路和接地短路）。由于故障点靠近 N 侧，故距离保护 Z_2 一段能瞬时动作，快速跳闸，但 I 号线 M 侧距离保护 Z_1，只能由 II 段动作延时跳闸。

相继动作的主要思路是利用 Z_2 快速跳闸后，双回线上潮流发生改变，由 M 侧 II 号线所装的保护 Z_3 检测出这一改变向 Z_1 发出加速动作信号，使 Z_1 相继快速动作，由于 Z_1 及 Z_3 均在 M 侧变电所内，所以这一加速信号不必通过远传通道而可直接传送。

加速动作信号有两种方式：

第一种方案是 F 点发生故障，断路器 I 跳闸前，短路功率 S_{II} 自 M 侧经 II 号线流向 F 点，当断路器 2 跳开后，经 II 号线向 F 点流动的短路功率将由 N 侧电源提供，反向流经 Z_3，Z_3 检测出这一功率方向后，即向 Z_1 发出加速距离 II 段快速跳闸。

这一方法要求 Z_3 能检测出功率方向，而且 N 侧电源要足够强大，而 M 侧电源不能太强大。

第二种方案是利用 Z_3 的 III 段阻抗继电器的返回信号加速 Z_1 距离保护 II 段。F 点故障时，Z_3 的 III 段阻抗继电器一般要动作，Z_2 动作断路器 2 跳闸后再返回，利用 Z_3 的 III 段阻抗继电器先动作后返回的动作状态来加速距离保护 Z_1 的 II 段加速跳闸。

第六章　输电线故障测距

本书前五章对输电线距离保护进行了较全面的分析，继电保护的任务是发现保护区内的故障并且通过断路器切除故障部分。继电保护动作切除故障后留下的任务是维护人员找出故障部分，进行维修。

由于输电线（包括电缆）布线很长，寻找故障处有很大困难，人工巡线寻找故障处要花费很多时间。有时也不一定能找出故障处，因此需要故障测距装置，故障发生后，粗略地确定故障处，以便维修人员及时进行检修，这种装置称之为故障测距装置或称故障定位装置。

从原理上说故障测距装置实际上实现的也是故障距离的测量。这一点同距离保护有同样的性质，但是由于它们对测距的方式和要求不同，故障测距任务不能由距离保护中测量元件完成，即使在数字式距离保护中虽然在测量模块中进行的是数据处理，由于测量原理的不同，也不能实现故障定位测量。

从功能上区分，距离保护是一套电力系统针对故障的自动控制装置，而故障测距装置是对故障点的测量装置。所以它们不能相互代替。实际上近 50 年以来，故障测距装置已得到迅速的发展，特别在 20 世纪 70 年代中期以后，计算机技术在电力系统中的广泛应用。故障测距技术已成为一个专门领域，成为热门研究课题并取得了实用性的成果。

虽然故障测距同距离保护中故障距离测量测量目的不同，但从性质上看，都是故障位置测量，所以它们有共同的地方。所以本书另立一章介绍故障测距的基本原理和特点，一方面使读者对故障距离测量的知识有所扩展，另一方面也使读者了解故障测距的基本原理。但本书的主要内容仍是输电线路距离保护，所以本章只对目前使用较多的阻抗测距作较详细的介绍，对其他一些新的测距方法只作一般原理上的介绍。

第一节　概　　述

一、故障测距与距离保护中距离测量的不同点

故障测距与距离保护中距离测量虽然都同系统发生故障后故障点与观测点之间距离有关，但距离保护中只要判断故障点处于保护区内或区外，而故障测距则要确定实际距离，所以两者在实现方法和要求上有很大的不同。

1. 测量方法上的不同点

故障测距只要求装置能算出故障点距离而距离保护要按规定的动作范围（动作特性）判断故障点在动作区内或是区外。由于距离保护要实时快速进行故障判断，以阻抗测量实现距离测量的距离保护受电力系统结构和运行方式的影响很大。所以它的动作特性要有合

理的形状，不能只从（阻抗）测量数值来判断故障状态，这就使得在测量方法上两者有很大的不同点。

故障测距采用的测量方法是数值计算，以阻抗测量原理工作的测距装置就是算出短路阻抗。而距离保护中测量元件（阻抗继电器）实行的是比较，用比较器对比较量 $\dot{E}_x$、$\dot{E}_y$（$\dot{E}_1$、$\dot{E}_2$）实行故障判断，不需要计算出短路阻抗的数值。所以即便是数字式距离保护阻抗测量元件动作后也不能提供故障距离的数值。

2. 测量精确度要求不同

继电保护中测量元件测量精确度是限定的。对距离保护中阻抗继电器而言，阻抗测量数值静态测量误差不大于 10％，暂态误差不大于 5％，也就是认为保护综合误差不大于 15％，误差相当一部分是由互感器（电流互感器和电压互感器）产生的。这一误差由阻抗继电器整定值（实际上是距离保护装置Ⅰ段）整定时加以考虑。

对故障测距来说 15％数值误差是太大了。从这一点上看距离保护中阻抗继电器的测量精确度不能满足故障测距的要求，故障测距必须有更高的测量精确度，将在下一节中讨论。

3. 测量实时性要求不同

距离保护中测量元件必须进行实时测量而且要求动作快速，而故障测距根据它的功能并不要求进行快速的测量，这就使得故障测距可以躲过故障发生起始时的过渡过程，提高测量的准确性，还可在永久故障情况下，断路器跳开线路后进行测量。

二、对故障测距的技术要求

1. 精确度

作为一种测量装置，对其主要要求是要有高的精确度。同继电保护测量元件相比，故障测距的精确度要求要高得多。

对故障测距装置测量精确度以误差表示。分为相对误差和绝对误差两种。以阻抗继电器阻抗测量为例，其精确度以相对误差表示，如前所述其相对误差（实际上是综合相对误差）规定静态误差不大于 10％，而故障测距元件的测量相对误差要小得多，按现行制造厂要求在 5％以内。继电保护测量元件一般不提绝对误差，而故障测距对绝对误差却是一个重要要求，因为它就决定了维修线路时的查巡范围。按目前一般规定高压架空线故障测距绝对误差在 1～2km 之间，这对较长的输电线来说是一个相当高的指标。

同继电保护装置一样，二次设备测量精确度的定义常会被模糊，即是否计及传感器（电流互感器、电压互感器）的误差。对继电保护来说较为明确，指的是综合误差，即计及传感器的误差。对上述故障测距精确度的要求来说，由于要求精确度较高，就必须考虑配套使用的传感器。由于故障测距装置是一种测量装置，按理应接在同测量设备配套的互感器上，如电流互感器接在 1 级电流互感器上则保证 5％精度不太有问题，但对要反应故障电流的测距装置来说，工作时，电流倍数大，显然要超出工作范围，不能保证测量精度，但如接在保护用电流互感器上，显然不能保证 5％的测距精度。因此，故障测距装置应配合哪一种传感器工作，是实际中应考虑的问题。

上面只讨论了对故障测距测量精确度的要求，如何达到测量精确度的要求的是故障测距装置硬件和软件设计的事情,软件设计包括测量原理,这一点将在后面加以讨论。

2. 可靠性

虽然对测距装置可靠性的要求不及对继电保护装置那样高,但在保证测量精确度的条件下,工作应尽量可靠。故障测距装置的可靠性由两方面来保证:硬件可靠性和原理可靠性。

从原理上讲,测量可靠性与测量准确性有不同的概念。准确性是测的准不准而可靠性是能不能测出。如行波测距就有行波能不能被捕捉的问题,同阻抗测距相比,可靠性就可能差一些。

3. 方便性

作为测量装置使用方便,包括调试方便是一个主要要求。为了使用方便,测距应自动能够完成,测量应依靠随故障产生的信号源,最好不需要另加的信号源。

三、故障测距方法的分类

首先从测距原理区分,故障测距可分为以下几类。

1. 阻抗法

从原理上看,测线路故障阻抗与测线路故障距离有密切关系。这也是本书主要分析的内容,实际上故障测距中利用阻抗测量线路故障距离也是较早就被采用,且目前仍是故障测距常用的一种方法,这也是本书专设一章分析故障测距的原因。

采用阻抗法测距遇到的问题和困难,基本上同以阻抗测量原理构成距离保护测量元件相同,在以阻抗法测距时,所用的实现方法和改善测量正确性的方法,也能取自距离保护中阻抗继电器为了进行正确距离测量的措施,下节将进行具体的讨论。

2. 行波法

随着雷达测距理论的发展早在 20 世纪 40 年代就开始了这方面的研究。

同阻抗测距不同,阻抗测距依据的是电力系统电气量,所以受电力系统特性有很大的影响,而行波测距是根据行波在架空线上至故障点间的传输时间判断,它同电力系统运行方式无关,同架空线结构影响也很小,所以理论上测量精确度很高。

行波法测距的困难是行波的捕捉和处理。随着计算技术和信息处理技术的发展,行波测距具有较大的发展和应用前景。

3. 电压法

线路上发生断路故障,沿线电压值对短路位置很敏感,所以分析发生故障后沿线电压分布是判断故障位置可用的方法,线路上发生故障时,电压最低点就是故障点。但是线路上各点电压实际上不可测的,所以只有通过计算才能确定沿线电压分布。由于目前计算技术的发展,线路故障后算出沿线电压分布已是不难的事。本章后面将对电压法测距具体方法作简单介绍。

除从测距原理上作出上述区分外,从测量方法上进行区分。

首先是测距是否与故障发生同步实时的进行。

实时进行就是测距在故障存在时间内进行。从故障测距的需要出发不需要必须实时进行,可用配合故障录波信息,事后进行,还可在故障切除后,通过另加测量信号源实现测距。雷达式行波测距就属于这一种。但是这种测量方式不能适用于瞬时性故障。

　　测距方法还可分成单端测距和两端测距，也就是测距时是用线路一侧测量信息，还是用线路两侧信息，这方面的特点已在本书前几章中保护测量方法中作过分析。

第二节　阻抗法故障测距

一、阻抗法故障测距主要问题及其解决方法

　　在距离保护中绝大多数情况下距离测量都是以阻抗测量实现的。用阻抗测量实现距离测量虽然存在不少困难，但也是一门成熟的技术。故障测距长期以来都是采用阻抗测量原理。

　　本书第二章详细地讨论了距离保护中用阻抗测量实现距离测量出现的主要问题及其克服的方法，这些成果都可在阻抗故障测距中加以应用。下面分析第二章中介绍的四个影响距离测量的问题在阻抗故障测距中是如何考虑的。

　　（一）故障点弧光电阻对阻抗测距的影响

　　在阻抗故障测距中对测量精确性影响最大的就是故障点弧光电阻的影响，可以说是要克服的主要问题。根据式（2-23）和图2-8、图2-9可用看出对测距而言这一影响表现在以下方面：

　　（1）在很大程度上影响故障距离的测量精确度。在单相弧光短路情况下，弧光电阻值相当大，甚至大到几百欧，而线路故障阻抗也不过是几十欧。

　　（2）弧光电阻值是随时间而快速变化的，由于阻抗测距不要求快速，同距离保护Ⅰ段快速动作相比，对故障测距影响要大很多。

　　（3）在两侧电源情况下，对侧电源对故障回路电流的助增，使测距装置感受到的阻抗不但大小有变化而且阻抗角也有变化，使利用一侧电量实行阻抗测距有很大困难。

　　参考距离保护中阻抗继电器避免弧光电阻对测距影响的方法，在故障测距中采用以下办法减小弧光电阻对测距的影响。

　　1. 根据测量阻抗感受到的电抗分量测距

　　此法仅适用于单侧电源，无对侧助增的情况，参看第二章第三节。其原理在此不再多作说明。

　　2. 过零测量法

　　过零测量法原理很简单。

　　对单侧电源线路来说，容易列出下列微分方程式：

$$u_{\mathrm{m}} = (R_{\mathrm{F}} + R_{\mathrm{arc}})i_{\mathrm{m}} + L_{\mathrm{F}}\frac{\mathrm{d}i_{\mathrm{m}}}{\mathrm{d}t} \tag{6-1}$$

式中：R_{F}、L_{F} 为自测量点到故障点 F 线路电阻和电感分量；u_{m}、i_{m} 为测量电压，测量电流瞬时值。

　　当 $i_{\mathrm{m}}=0$ 时，式（6-1）为：

$$u_{\mathrm{m}}(i_{\mathrm{m}}=0) = L_{\mathrm{F}}\frac{\mathrm{d}i_{\mathrm{m}}}{\mathrm{d}t}\bigg|_{i_{\mathrm{m}}=0} \tag{6-2}$$

故得：

$$L_F = \frac{u_m(i_m = 0)}{\frac{di_m}{dt}\Big|_{i_m=0}} \tag{6-3}$$

从而可实现测距。

这一方法物理概念明确，而且对电流、电压波形无要求，采用计算机数字算法，微分可以很容易的用差分法实现，但要注意由此法测出的是电感 L_F 而非短路阻抗 Z_F。

前面两种减小弧光电阻对测距影响的测距方法都是适用于单侧电源的输电线。双侧电源供电线减小弧光电阻对测距影响的测距方法要困难得多。下面介绍两种适用于双侧电源供电的线路测距方法。

3. 故障分量测距法

第三章中介绍了反应故障回路故障分量电压 $\Delta \dot{U}_F$ 和电流 $\Delta \dot{I}_F$ 的阻抗继电器，由于以故障分量为阻抗测量的电压量和电流量，所以阻抗测量不受故障后两侧电源电势的影响，对故障测距来说也可用这一原理来消除对侧电源对弧光电阻测量的影响，但是在方法上有所不同。

从式（3-116）可知，如用感受阻抗的概念，以母线上测量电压变化量 $\Delta \dot{U}_m$ 和线路测量电流变化量 $\Delta \dot{I}_m$ 来计算感受阻抗 Z_m，则只能测出电源阻抗 Z_s，因为对故障分量网络来说，电源在线路上的故障点。所以在故障分量测距时，不能直接采用式（3-115）和式（3-116）所定义的感受阻抗概念。

在故障分量测距中，只利用故障回路故障电流 $\dot{I}_F$ 的概念，求出 $\dot{I}_F$（实际上是故障回路电流的工频变化量）在线路观测点（图6-1中 M 点）分布情况，从而消除对阻抗测量的影响。

同阻抗继电器一样，用计算机进行故障分量的处理和计算是很容易的。所以这种基于阻抗测量的测距方法很有应用前景。

4. 故障分析法

前面几种阻抗测距方法有共同点，都是以实时电压、电流加工，实现距离测量。故障分析法主要特点是利用故障时录下的电压、电流，事后进行网络分析计算，算出故障位置。由于它不需要对侧电流、电压进行实时传输，所以测距计算时可以充分利用两侧数据。

由于故障线路为一四端（两端口）网络，所以，在有两侧电流、电压数据的条件下，是可求解的，在确定故障点位置时，可能计算量较大，但利用计算机进行计算，不难解决，过去利用分析法进行故障定位最大困难是两侧电流、电压信号采量要严格同步。目前，全球定位系统（GPS）已在电力系统中广泛采用，可以通过 GPS 对两侧电流、电压采量进行定时，已基本上解决了同步采量的问题。

采用故障分析法可直接算出故障距离 D_F，但仍采用阻抗的概念，所以仍属阻抗法测距，所用的电流、电压量应为正弦波。

（二）三相线路互感的影响

本书第二章第一节中分析了三相线路相间，相一地互感对距离（阻抗）测量的影响。

由于三相线路相间，相地间存在互感，所以相阻抗不是独立的，它受邻相电流的影响。

所以在不对称短路情况下，线路阻抗不好定义。对线路基本参数来说只能定义一相线路自感抗 X_L 和相间、相地间互感抗 X_M、X_{MO}。设 X_L、X_M、X_{MO} 为三相线路单位长度感抗值，则自观测点 M 至故障点 F 间三相线路感抗值为：

$$X_{LMF} = X_L D_{MF} \tag{6-4a}$$
$$X_{MMF} = X_M D_{MF} \tag{6-4b}$$
$$X_{MOMF} = X_{MO} D_{MF} \tag{6-4c}$$

以式（6-4）所定义的基本参数代入故障相电路方程，则从原理上来讲根据线路两侧三相电压、电流实测值，可以算出故障距离 D_{MF}，从而实现故障测距。但是，用这种严格的方式计及三相互感的影响太麻烦了，不符合工程计算的需要，所以实际上阻抗故障测距时仍采用阻抗继电器中的方法，采用补偿方式，近似的消除互感的影响。

对线路来说正序阻抗等于负序阻抗，故只需引入零序电流补偿，即可认为各相自阻抗等于正序阻抗 Z_1，不需计及邻相电流对本相阻抗测量的影响。

故在阻抗测距时，测距装置的测量电流、电压 $\dot{I}_m$、$\dot{U}_m$ 按表2-2和表2-3所列出的计算即可。

为了能进行正确测距，测距装置需设有选相元件。根据线路故障类型引入相应的测量电压和测量电流。

（三）不对称短路时，故障点完好相残余电压的影响

不对称短路时，不能把故障点完好相（相间）残余电压引入到测量电压 $\dot{U}_m$ 中，否则会产生错误的短路阻抗测量，这一问题亦应在阻抗测距中考虑。实际上，按表（2-2）和表（2-3）通过选相元件选择 $\dot{U}_m$ 即可达到这一要求。

选相元件的要求和选用在第四章第四节中进行了详细介绍，在阻抗故障测距装置中完全可以套用。

（四）其他影响

除上述影响阻抗测距的因素外，还有其他一些影响。

系统振荡是影响阻抗继电器直接测量的最主要因素，也是距离保护中难点之一。系统振荡时阻抗测距装置如果工作的话也将感受到一个阻抗，但不是短路阻抗而是观测点到振荡中心的线路阻抗。对阻抗测距来讲自然是错误测量，但由于故障测距装置是测量装置，不会把这一测量认为是故障距离。

超高压线路由于换位困难，三相线路各相阻抗会有不平衡，在此情况下，只有分相进行测量。

二、阻抗测距的算法

根据前节分析，用阻抗法实现测距主要遇到的问题是故障点弧光电阻问题。在距离保护中对解决弧光电阻影响测距的问题实际上已做了大量的工作，并取得了很多有用的方法，其中能用于故障测距的主要有以下两点：

（1）通过线路电抗测量实现测距。

（2）利用故障工频分量实现测距的计算

目前在阻抗故障测距中基本上采用这两种方法，它们是通过算法实现的。

（一）单端测量测距算法

1. 电抗测距算法

图 6-1 为线路短路故障原理图。F 点发生经弧光电阻 R_{arc} 短路。从图中看，这是单相短路，但如果线面分析中以第二章表 2-2、表 2-3 中测量电压 $\dot{U}_m$、测量电流 $\dot{I}_m$ 表示电压和电流，则图 6-1 也能适用于其他各种短路。

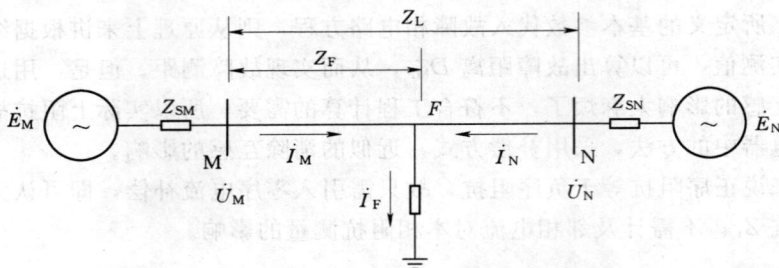

图 6-1　线路短路故障原理图

图 6-1 中 Z_F 为观测端 M 到故障点 F 短路阻抗，在 Z_L 为线路 MN 阻抗，由于下面分析中电压、电流为对应不同类型短路的 $\dot{U}_m$ 和 $\dot{I}_m$，故：

$$Z_F = D_F Z_1$$
$$Z_L = D_L Z_1$$

式中：Z_1 为架空线正序阻抗；D_F、D_L 分别为短路距离和线路长度。

以 M 端为观测点，则阻抗测距装置测得的阻抗为：

$$Z_m = \frac{\dot{U}_m}{\dot{I}_m} = D_F Z_1 + \frac{\dot{I}_F}{\dot{I}_m} R_{arc} \qquad (6-5)$$

式（6-5）中右边第二项为因弧光电阻 R_{arc} 的出现引起的测距误差，令其为 ΔZ 为：

$$\Delta Z = \frac{\dot{I}_F}{\dot{I}_m} \cdot R_{arc} = Z_{arc \cdot eq} \qquad (6-6)$$

参看第二章第三节有关内容。R_{arc} 被阻抗测距装置感受的为一阻抗，其阻抗角如式（2-24）所示。

（1）单侧电源阻抗测距算法。在单侧电源情况下，对侧无助增，如忽略对侧负载，则式（6-5）为：

$$Z_m = D_F Z_1 + R_{arc}$$

如通过数字计算，算出复数 Z_m，取其虚数部分：

$$\text{Im}[Z_m] = \text{Im}[D_F Z_1 + R_{arc}]$$

即

$$X_m = X_1 D_F \qquad (6-7)$$

式中：X_m 为测得的线路故障电抗；X_1 为线路单位长度正序电抗；D_F 为所测故障线路故

障距离

从而得出：

$$D_F = \frac{X_m}{X_1} \tag{6-8}$$

（2）有对侧电源助增时阻抗测距算法。

这一方法仍以式（6-5）为基础，以电抗算法为依据，用故障线路单侧的量，计算故障线路短路电抗，进行测距。其步骤如下：

1）按感受阻抗定义，根据测距装置装设侧测出的 $\dot{U}_m$、$\dot{I}_m$，算出 Z_m，取其虚部得感受短路电抗：

$$X_m = \text{Im}[Z_m] \tag{6-9}$$

式中：X_m 中包含 ΔZ 中虚部。

2）由于短路点故障电流 $\dot{I}_F$ 按比例（包括复数比）分流在故障线路两侧，故可用装设侧故障电流分量 $\dot{I}_{MF}$ 算出故障点故障电流 $\dot{I}_F$：

$$\dot{I}_{MF} = C_M \dot{I}_F \tag{6-10}$$

其中 $C_M = C_M e^{j\gamma_m}$ 为故障电流 $\dot{I}_F$ 在测距装置装设侧（M）故障电流分配系数，可能为复数，γ_M 为 $\dot{I}_{MF}$ 超前 $\dot{I}_F$ 的角度。

3）算出在对侧助增情况下，弧光电阻的等效阻抗：

$$\Delta Z = Z_{arc \cdot eq} = \frac{\dot{I}_F}{\dot{I}_m} R_{arc} = \frac{\dot{I}_{MF}}{C_M e^{j\gamma_M} \dot{I}_m} R_{arc} \tag{6-11}$$

4）取 $Z_{arc \cdot eq}$ 的虚部，对式（6-9）求得的 X_m 进行校正，即可求出故障电抗 X_F，最后按式（6-8）确定故障距离 D_F：

$$X_F = X_m - \frac{R_{arc}}{C_M} \text{Im}\left[\frac{\dot{I}_{MF}}{\dot{I}_m e^{j\gamma_M}}\right] \tag{6-12}$$

注意上列各式中下标的含义：大写字母 M 表示线路 M 侧的量；小写字母 m 表示感受量或测量量。

上述计算步骤中关键一点是式（6-10）中分配系数的意义及其求法。由于上列各式中分配系数直接影响计算结果，应对它进行进一步分析。

图 6-2（b）表明线路 MN 上 F 点短路时的故障电流分量单相网络图，由于只分析故障分量电流，两侧电源电势在网络中不出现。短路形成的故障支路电流 $\dot{I}_F$ 将分成两路流向线路 M 侧和 N 侧。如果网络上阻抗可用图上所示的符号代表，则以 M 侧分配系数分配系数 C_M 为例，则：

$$C_M = \frac{\dot{I}_{MF}}{\dot{I}_F} = \frac{Z_{SN} + ZD_L - ZD_{MF}}{Z_{SM} + Z_{SN} + ZD_L} \tag{6-13}$$

式中：Z 为线路单位长度相阻抗。

但是对三相线路而言，由于存在互感，故如不指明短路类型，一相阻抗就不好定义。

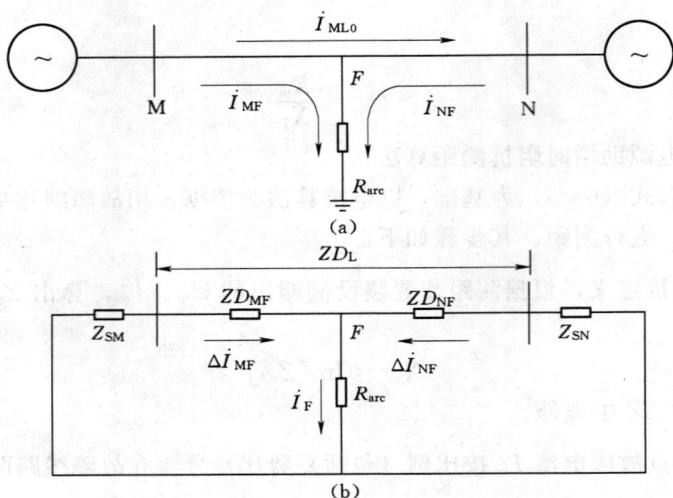

图 6-2 一次系统电流分布图

(a) 一次系统电流分布；(b) 故障分量电流分布

应分别计及正序、负序和零序电流分配系数。

仍以 M 侧分配系数为例：

正序电流分配系数：

$$C_{M1} = \frac{Z_{SN1} + Z_1 D_L - Z_1 D_{MF}}{Z_{SN1} + Z_{SM1} + Z_1 D_L} \qquad (6-14a)$$

负序电流分配系数：

$$C_{M2} = \frac{Z_{SN2} + Z_2 D_L - Z_2 D_{MF}}{Z_{SN2} + Z_{SM2} + Z_2 D_L} \qquad (6-14b)$$

零序电流分配系数：

$$C_{M0} = \frac{Z_{SN0} + Z_0 D_L - Z_0 D_{MF}}{Z_{SN0} + Z_{SM0} + Z_0 D_L} \qquad (6-14c)$$

式中：Z_1、Z_2、Z_0 为线路单位长度正序、负序、零序阻抗。

对三相短路而言，由于：

$$C_M = C_{M1}$$

单相接地短路，因 $\dot{I}_{F1} = \dot{I}_{F2} = \dot{I}_{F0} = \frac{1}{3}\dot{I}_F$，故：

$$C_M = \frac{1}{3}(C_{M1} + C_{M2} + C_{M0})$$

因 $Z_1 = Z_2$，故 $C_{M1} = C_{M2}$，C_M 为：

$$C_M = \frac{2C_{M1} + C_{M0}}{3} \qquad (6-15)$$

其他类型短路依次类推。

当各序阻抗角相等时，式（6-11）和式（6-12）中 $\gamma_M = 0$，C_M 为实数，否则 $\gamma_M \neq 0$，C_M 为复数。

根据以上分析，实行正确测距的关键问题是要求得测量端对故障点 F 故障电流的分布系数，但式（6-13）和式（6-14）表明，分配系数 C_M 同故障位置 C_{MF}［即式（6-12）中的 D_F］有关。在故障未确定前，C_M 无法计算。故以上方法原理上虽然很简单，但需要用迭代法，进行大量数值计算方能解出故障距离。

图 6-2 为分析用的电流分布图，参考图 6-1，读者对几个电流定义应清楚的区分。

①图 6-1 中 $\dot{I}_M$、$\dot{I}_N$ 为线路 M 侧、N 侧实际电流，其中 $\dot{I}_M$ 在 M 端可测，对照图 6-2，有：

$$\dot{I}_M = \dot{I}_{MF} + \dot{I}_{MLO} \tag{6-16a}$$

$$\dot{I}_N = \dot{I}_{NF} - \dot{I}_{MLO} \tag{6-16b}$$

②图 6-2 中 $\dot{I}_F$、$\dot{I}_{MF}$、$\dot{I}_{NF}$ 故障电流分量，其中 $\dot{I}_{MF}$ 为流过 M 侧故障电流分量，可测或可计算；$\dot{I}_{NF}$ 为流过 N 侧故障电流分量，在 M 侧不可测；$\dot{I}_F$ 为流过故障回路的故障电流，不可测；如在故障前、后两侧电源电势不变，则 $\dot{I}_F$、$\dot{I}_{MF}$、$\dot{I}_{NF}$ 不受两侧电源电势的影响。

③各式中的 $\dot{I}_m$ 为送入测距元件中的测量电流（包括测量电压 $\dot{U}_m$），它是由一次系统中电流按测量需要组合而成（表 2-1 和表 2-2），目的是为了能正确测距，例如测量接地故障时 $\dot{I}_m = \dot{I}_\varphi + 3K\dot{I}_0$。

以 $\dot{I}_m$ 为测量电流进行测距对线路阻抗是有效的。但对电源阻抗和故障电阻却可能会测量误差，读者可参看第二章第三节的分析和式 2-25。

2. 故障分析算法

故障分析法与电抗法实际上并无原理上差别，它们都是以故障线路阻抗作为测距的依据。故障分析法顾名思义，通过分析进行测距，它可以自动进行，但基本上是离线的，从故障记录上采取数据，所以不是实时的。上节分析的电抗测距法实际上也可通过录波数据取得，也可算出（例如 $\dot{I}_{MF}$）。

故障分析法基本内容仍是消去弧光电阻对测距的影响。

根据图 6-1 可列出故障线路 M 侧有关部分的电压方程：

$$\dot{U}_m = \dot{I}_m Z_1 D_{MF} + \dot{I}_F R_{arc} \tag{6-17}$$

式（6-17）中用 $\dot{U}_m$、$\dot{I}_m$ 而不用 $\dot{U}_M$、$\dot{I}_M$，可使式（6-17）能适用于各种短路情况，而且线路单位长度阻抗可用正序阻抗 Z_1 表示。

为了能从一侧电流数据计及对侧对 $\dot{I}_F$ 的助增，仍以 M 侧故障电流分量 $\dot{I}_{MF}$ 及故障电流分配系数 C_M 来表示 $\dot{I}_F$。将式（6-3）代入式（6-17），得：

$$\dot{U}_m = \dot{I}_m Z_1 D_{MF} + \frac{\dot{I}_{MF}}{C_M} R_{arc} \tag{6-18}$$

由于 $\dfrac{\dot{I}_{MF}}{C_M}$ 为复数，故不能用电抗法消除 R_{arc} 对测距的影响。为了使包含 R_{arc} 一项实数化，将该项复数量乘以共轭复数。如 C_M 可认为是实数，可将式（6 - 18）乘以 $\dot{I}_{MF}$ 的共轭复数 $\overset{*}{\dot{I}}_{MF}$ ：

$$\dot{U}_m \overset{*}{\dot{I}}_{MF} = \dot{I}_m \overset{*}{\dot{I}}_{MF} Z_1 D_{MF} + \frac{R_{arc}}{C_M} I_{MF}^2 \qquad (6-19)$$

对式（6 - 19）两端取虚部，即消去了包含 R_{arc} 的一项。

$$\text{Im}[\dot{U}_m \overset{*}{\dot{I}}_{MF}] = \text{Im}[\dot{I}_m \overset{*}{\dot{I}}_{MF} Z_1 D_{MF}]$$

故得：

$$D_{MF} = \frac{\text{Im}[\dot{U}_m \overset{*}{\dot{I}}_{MF}]}{\text{Im}[Z_1 \dot{I}_m \overset{*}{\dot{I}}_{MF}]} \qquad (6-20)$$

式（6 - 20）中右边各量均为已知或可以算出，所以可直接求出故障距离 D_{MF}。

但如果 C_M 不为实数，则问题要麻烦得多，在此情况下：

$$D_{MF} = \frac{\text{Im}[C_M \dot{U}_m \overset{*}{\dot{I}}_{MF}]}{\text{Im}[C_M Z_1 \dot{I}_m \overset{*}{\dot{I}}_{MF}]} \qquad (6-21)$$

由于式（6 - 21）中 C_M 同 D_{MF} 有关，须用迭代法才能算出 D_{MF}。

（二）两端测量测距算法

前面分析了以阻抗测距为基础的测距算法，它们虽然不需要对侧电源的情况，但是需要对侧系统的结构参数，才能算出故障电流分布系数。此外，还有一个很大缺点就是分布系数 C_M 同故障点有关，即同待测的故障距离 D_{MF} 有关，而 D_{MF} 正是所要确定的。所以除 C_M 为实数外，只有通过迭代计算，计算量很大。

单侧测量法最大的缺点是要通过分布系数的确定找出观测端电流（故障分量）同故障回路故障电流的关系。所以如能知道对侧电流、电压就可很容易较准确的算出实际助增情况，消除 R_{arc} 的影响，确定故障位置。

过去两端测量法实施起来有困难：一是同时采量的问题，二是信息传输问题。这两个问题目前可以说已解决了，通过 GPS 定时可以准确同步采量，而电力系统数字信号传输系统的建立，也为故障测距所需对侧电流、电压信号的传输提供了条件。

1. 两端电流一端电压法

上面分析的单端测量法中，引起测量误差主要是对侧电流未知，所以故障回路电流 $\dot{I}_F$ 不能确切求出。如果能引入对方电流，问题就可得到解决。

参看图 6 - 1，可列出故障点 M 侧回路电压方程：

$$\dot{U}_m = \dot{I}_m Z_1 D_{MF} + (\dot{I}_M + \dot{I}_N) R_{arc} \qquad (6-22)$$

式中：$\dot{I}_M$、$\dot{I}_N$ 为 M 侧、N 侧实际电流；$\dot{I}_m$ 为按表 2 - 1 和表 2 - 2 所确定的测量电流与 $\dot{I}_M$、$\dot{I}_N$ 折算到同一侧；$\dot{U}_m$ 为按表 2 - 1 和表 2 - 2 所确定的测量电压。

整理之得：

$$\frac{\dot{U}_m}{\dot{I}_M + \dot{I}_N} = \frac{\dot{I}_m Z_1 D_{MF}}{\dot{I}_M + \dot{I}_N} + R_{arc}$$

对上式两侧取虚部，即可消去 R_{arc}，从而决定故障距离：

$$D_{MF} = \frac{\text{Im}\left[\dfrac{\dot{U}_m}{\dot{I}_M + \dot{I}_N}\right]}{\text{Im}\left[\dfrac{Z_1 \dot{I}_m}{\dot{I}_M + \dot{I}_N}\right]} \qquad (6-23)$$

需要指出的是式中线路单位长度阻抗以正序阻抗 Z_1 表示，由于 $\dot{I}_m$、$\dot{U}_m$ 均按第二章第二节所规定的选用，所以式（6-23）测距公式可适用于各种类型的短路故障。

2. 两端电流两端电压法

同两端电流、一端电压法相比，利用对侧电压列出故障点两侧电压方程，利用两个方程消去 R_{arc} 的影响。

结合图 6-1 可列出两个电压方程：

$$\dot{U}_{mM} = \dot{I}_{mM} Z_1 D_{MF} + (\dot{I}_M + \dot{I}_N) R_{arc}' \qquad (6-24a)$$

$$\dot{U}_{mN} = \dot{I}_{mN} Z_1 (D_L - D_{MF}) + (\dot{I}_M + \dot{I}_N) R_{arc} \qquad (6-24b)$$

消去 $(\dot{I}_M + \dot{I}_N) R_{arc}$ 项，即可求得短路距离：

$$D_{MF} = \frac{\dot{U}_{mM} - \dot{U}_{mN} + \dot{I}_{mN} Z_1 D_L}{(\dot{I}_{mM} - \dot{I}_{mN}) Z_1} \qquad (6-25)$$

可见两端测量两电流、两电压算法概念清楚，计算简单容易取得准确的测距结果。

三、线路分布电容对测距的影响

随着输电线电压的升高，线路电容主要是对地电容，对系统运行的影响愈来愈大。线路电压升高后，对地电容上流过的电流成正比的增大，已成为线路电流中不可忽略的分量。对阻抗法测距来说影响就更大。因为阻抗测距基本原理是用故障电抗（短路电抗）来确定距离。线路对地容抗的出现在很大程度上影响阻抗法测距的准确性，必须加以考虑。

（一）计及分布电容架空输电线模型

1. 集中参数表示的模型

图 6-3（a）为以集中参数表示的具有分布电容线路模型，线路电抗、故障点弧光电阻未变，线路分布电容集中以导纳 Y 表示，线路 MF 段导纳为 Y_{MF}，NF 段导纳为 Y_{NF}：

$$Y_{MF} = Y_1 D_{MF}$$
$$Y_{NF} = Y_1 D_{NF}$$

其中 Y_1 为单位长度线路的导纳。线路 MF、NF 段以 π 形等值电路表示，Y_{MF}、Y_{NF} 分在两侧。要注意的是，在故障点未决定前，D_{MF}、D_{NF} 未知，Y_{MF}、Y_{NF} 也是待定的。从图 6-3 中可以看出，线路电容的接入，只改变了线路参数结构和线路上电流分布。

2. 分布参数表示的模型

图 6-4 为以分布参数表示的线路模型。图 6-4 中画出线路长度为 dx 一段的分布参数，x 为线路坐标，M 侧母线处 $x=0$。

当线路以分布参数表示时，线路参数同集中参数线路模型的参数不相同。

分布参数线路基本参数是：两根传输线单位长度电阻 r_0，两根传输线单位长度电导

$Z_1 D_{MP}$ $Z_1 D_{NF}$

$\dot{I}_M$ $\dot{I}'_M$

$\dot{U}_M$ $\dfrac{\dot{I}_{CM}}{2}$ $\dfrac{\dot{I}_{CM}}{2}$ $\dot{I}_F$ $\dfrac{\dot{I}_{CN}}{2}$ $\dfrac{\dot{I}_{CN}}{2}$ $\dot{U}_N$

$\dfrac{Y_{MF}}{2}$ $\dfrac{Y_{MF}}{2}$ R_{arc} $\dfrac{Y_{NF}}{2}$ $\dfrac{Y_{NF}}{2}$

(a)

$Z_1 D_{MF}$

$\dot{I}_M$ $\dot{I}'_M$

$\dot{U}_M$ $\dfrac{\dot{I}_{CM}}{2}$ $\dot{I}_F$ $\dfrac{\dot{I}_{CM}}{2}+\dfrac{\dot{I}_{CN}}{2}$ $\dot{U}_N$

R_{arc} $\dfrac{\dot{I}_{CN}}{2}$

(b)

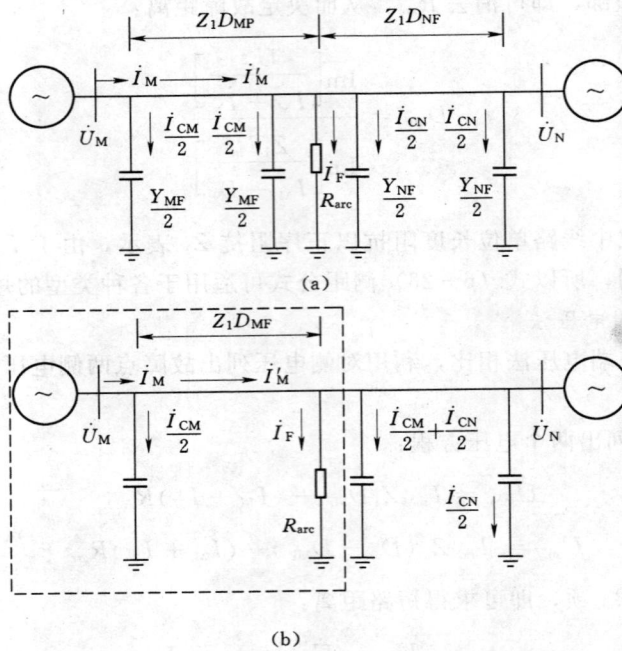

图 6-3　以 π 等值电路表示的计及线路电容的模型

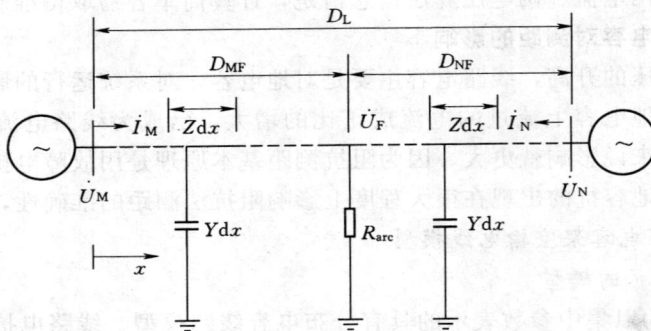

D_L

D_{MF} D_{NF}

$\dot{I}_M$ Zdx $\dot{U}_F$ Zdx $\dot{I}_N$

$\dot{U}_M$ $\dot{U}_N$

Ydx R_{arc} Ydx

x

图 6-4　以分布参数表示的线路模型

g_0，两根传输线单位长度电感 L_0，两根传输线单位长度电容 C_0。

由于测距时可认为线路工作于正弦稳态情况，即工作于频率 ω，在此情况下，线路基本参数为：两根传输线单位长度阻抗 $Z_0 = r_0 + j\omega L_0$，两根传输线单位长度导纳 $Y_0 = g_0 + j\omega C_0$。

线路在正弦情况下，工作特性由以下参数确定。

波阻抗为：

$$Z_C = \sqrt{\dfrac{r_0 + j\omega L_0}{g_0 + j\omega C_0}}$$

传播系数为：

$$\gamma = \sqrt{(r_0 + j\omega L_0)(g_0 + j\omega C_0)}$$

对架空线而言 r_0、g_0 可以忽略，则：

$$Z_C = \sqrt{\frac{L_0}{C_0}}$$

$$\gamma = \sqrt{L_0 C_0}$$

Z_C、γ 中对测距关系最大的是波阻抗 Z_C。上面对 Z_C 是定义两根传输线的值，而输电线路都是多相的，所以在分析故障测距问题时，必须计及三相系统，由于线路是线性系统，可以用对称分量法对线路参数分别定义为 Z_{C1}、Z_{C2}、Z_{C0}，它们是线性正序、负序、零序波阻抗。

（二）以集中参数表示的计及分布电容线路测距方法

在此情况下，只要对本章第二节中所述方法进行修正，即可实现测距。

下面以本章第二节中介绍的方法分析如何计及电容的影响。

参照图 6-3（b）和式（6-17）应写成：

$$\dot{U}_m = \dot{I}'_m Z_1 D_{MF} + \dot{I}_F R_{arc} \tag{6-26}$$

式中的 $\dot{U}_m$、$\dot{I}_m$、$\dot{I}'_m$ 对应图 6-3（b）中 $\dot{U}_M$、$\dot{I}_M$、$\dot{I}'_M$，并参看第二节中的说明。

可得：

$$\dot{I}'_m = \dot{I}_m - \frac{\dot{I}_{CM}}{2}$$

$$\dot{I}_F = \frac{\dot{I}_{MF}}{C_M}$$

$$C_M = \frac{\dot{I}_{MF}}{\dot{I}_F}$$

要重复说明的是对单相短路测距来说：

$$\dot{I}'_m = \dot{I}_M - \frac{\dot{I}_{CM}}{2} + 3K\left[\dot{I}_{M0} - \frac{\dot{I}_{CM}}{2}\right]$$

式中：$\dot{I}_{M0}$ 为 $\dot{I}_M$ 中零序分量。

式（6-26）回路电压方程为：

$$\dot{U}_m = \dot{I}'_m Z_1 D_{MF} + \frac{\dot{I}_{MF}}{C_M} R_{arc} \tag{6-27}$$

为了将 R_{arc} 影响实数化，式（6-27）两端乘以 $\overset{*}{I}_{MF}$，移项后取虚部，得：

$$D_{MF} = \frac{\text{Im}[C_M \dot{U}_m \overset{*}{I}_{MF}]}{\text{Im}[C_M Z_1 \dot{I}'_m \overset{*}{I}_{MF}]} \tag{6-28}$$

与式（6-21）基本相同，不同之处是以 $\dot{I}'_m$ 代替 $\dot{I}_m$，式中分布系数同短路类型有关。

由于 C_M 同短路点距离有关，故只有用迭代法才能求出 D_{MF}。

（三）以分布参数表示的计及分布电容线路测距方法

由于线路故障测距可认为线路工作于稳态正弦情况下，可以应用长线正弦稳态传输方式。

下面介绍利用两端测量法的分布参数线路测距方法。

图 6-4 所示两侧电源分布参数线路在两侧正弦电压 $\dot{U}_M$ 和 $\dot{U}_N$ 作用下，两侧始端电流为 $\dot{I}_M$ 和 $\dot{I}_N$。以 M 侧母线为起始点，线路上 x 处的电压为：

$$\dot{U}_x = \dot{U}_M \mathrm{ch}(\gamma x) - Z_C \dot{I}_M \mathrm{sh}(\gamma x) \tag{6-29a}$$

$$\dot{U}_x = \dot{U}_N \mathrm{ch}(\gamma L - x) - Z_C \dot{I}_N \mathrm{sh}(\gamma L - x) \tag{6-29b}$$

设 F 为线路上故障点，与 M 侧距离为 D_{MF}，与 N 侧距离为 $D_{NF} = (D_L - D_{MF})$。代入得：

$$\dot{U}_F = \dot{U}_M \mathrm{ch}(\gamma D_{MF}) - Z_C \dot{I}_M \mathrm{sh}(\gamma D_{MF}) \tag{6-30a}$$

$$\dot{U}_F = \dot{U}_N \mathrm{ch}(\gamma D_L - D_{MF}) - Z_C \dot{I}_N \mathrm{sh}(\gamma D_L - D_{MF}) \tag{6-30b}$$

消去 $\dot{U}_F$，得：

$$D_{MF} = \mathrm{th}^{-1} \left[\frac{\left[\frac{B}{A}\right]}{\gamma} \right] \tag{6-31}$$

其中

$$A = Z_C \mathrm{ch}(\gamma D_L) \dot{I}_N - \dot{U}_N \mathrm{sh}(\gamma D_L) + Z_C \dot{I}_M \tag{6-32a}$$

$$B = \dot{U}_M - \dot{U}_N \mathrm{ch}(\gamma D_L) + Z_C \dot{I}_N \mathrm{sh}(\gamma D_L) \tag{6-32b}$$

可见，利用式（6-31）和式（6-32）可以算出故障距离 D_{MF}。这一计算是相当准确的，但计算量相当大，同时存在以下两个问题。

1. 三相系统相间互感的影响

这一问题在三相距离测量时随时遇到，在利用式（6-30）和式（6-31）实行测距时，也同样有这样的问题，解决的办法是实行坐标变换消除这一影响。最常用的方法是对称分量法。用电压 $\dot{U}_M$、$\dot{U}_N$ 和电流 $\dot{I}_M$、$\dot{I}_N$ 中某一分量实现测距，即可对线路各参数进行定义。例如用正序分量进行测距计算，γ、Z_C 均采用对应正序的值 γ_1、Z_{C1}。由于各种短路都有正序分量，故多用正序量进行测距。除对称分量变换法外，还可采用 α、β、0 分量变换法。

2. 伪根问题

用上述方法进行测距实际上是求解式（6-30）两个联立方程。由于是两个方程，所以求解结果一般是二次根，其中只有一个是正确测距解，另一个是伪解。为消除伪根，采用式（6-29）实部相等的方法求解。

四、阻抗法故障测距小结

阻抗法故障测距物理概念明确而且有距离保护中阻抗继电器实现距离测量的理论基础，所以长期以来是故障测距的一种主要方法。从基本概念上讲，前面分析的故障分析法，虽然是直接给出故障距离 D_F，但它仍以单位长度线路阻抗为距离测量的尺度，所以仍属阻抗法故障测距。本章前几节分析的阻抗法测距的基本要点可归结如下：

（1）阻抗法故障测距的主要问题是故障回路的弧光电阻影响到测距的准确度，所以如何避开弧光电阻对测距的影响是阻抗法故障测距要解决的主要问题。

（2）如对侧电源对弧光电阻上电流无助增作用，则在观测侧感受到的弧光电阻为纯电阻，容易通过电抗测量实行测距，因为线路本身单位长度电抗（实际上用正序电抗 X_1）是已知的，在此特定情况下，避开弧光电阻的影响是不存在问题的。

（3）在有对侧电源助增的情况下，弧光电阻将会被感受为阻抗，所以直接用电抗测量不能消除弧光电阻对测距的影响。为此，可将故障回路电压方程各项乘以故障支路电流 $\dot{I}_F$ 的共轭 $\overset{*}{I}_F$，这样一来电压方程中包含弧光电阻的一项就成为实数，再按电抗测距法就可以实现正确地测距。

问题在于 $\dot{I}_F$ 是不可测的，所以 $\overset{*}{I}_F$ 也是不可测的，需要用可测电流来代替 $\overset{*}{I}_F$ 实行数字加工。

在实用中有两种方法：

1）利用故障电流分量的概念。故障支路电流 $\dot{I}_F$ 为故障分量电流，正常运行时是不存在的。$\dot{I}_F$ 虽不能直接测出，但它流过线路两侧的分路电流可以测出，设 $\dot{I}_{MF}$ 为 $\dot{I}_F$ 分配流过观测 M 侧的故障分量电流（对 M 侧来说是电流变化量），则 $\dot{I}_F=\dot{I}_{MF}/C_M$。其中 C_M 为故障电流对 M 侧的分配系数。

C_M 可认为与两侧电源电势无关，只取决于系统两侧阻抗和短路形式。如 C_M 为实数则不影响 $Z_{arc.eq}$（即 $\dfrac{\dot{I}_{MF}}{C_M}\cdot R_{arc}$）的实数化，如 C_M 为复数，则需再将故障回路电压方程各项乘以 C_M，再进行故障电抗 X_{MF} 的计算，从理论上说是可解的。

问题在于 C_M 同故障位置有关，在故障位置未算出前，它是不能确定的。但是用计算机后，容易通过迭代计算同时求出 C_M 及 X_{MF}。

2）引入对侧电流量：两侧电流，一侧电压算法。用分布系数 C_M 可根据观测侧一侧电流（$\dot{I}_{MF}$）算出 $\dot{I}_F$，优点是只要对一侧量进行测量，缺点是计算麻烦，不易准确。如直接对对侧电流（$\dot{I}_{NF}$）进行测量，则可直接得到：

$$\dot{I}_F=\dot{I}_{MF}+\dot{I}_{NF}$$

然后将 $Z_{arc.eq}$ 实数化，测出故障电抗。

这一方法，概念清楚，但要求 $\dot{I}_{MF}$、$\dot{I}_{NF}$ 同时测量，并能将 $\dot{I}_{NF}$ 进行数字远传。

（4）线路两侧电压，两侧电流算法。

消除弧光电阻对测距影响的主要困难在于故障支路电流如何确定。前面提出了两种办法，但如果从电路分析上消去故障支路，则能更好地消除弧光电阻影响。

两侧电压、两侧电流算法可列出故障两侧回路方程，联立求解，消去故障支路可以更简单更准确地进行测距。在同时采量和具有数字信息方便传输的条件下，应是一个更好的测距方案。

（5）高压长距离输电线故障测距应计及分布电容的影响。

在精度要求不太高的情况下，可以通过单侧测量进行测距。在此情况下线路电容（电感）按集中参数处理，对线路电流进行校正，用一般单侧测距法测距。

要取得更精确测距结果，必须将线路以分布参数模型描述，通过已知两侧电压、两侧电流量进行测距计算。由于，长输电线在正弦作用下稳态理论已很成熟，在计算手段和信息传输手段完善的情况下，是一种高压长输电线路有发展前途的故障测距方法。

第三节   电压分布法故障测距

对远距离高压输电线而言，故障定位时所用的线路模型中应计及分布电容，即应应用分布参数线路模型。

在本章第二节中介绍了分布参数线路的故障测距方法，在该方法中，认为线路工作于正弦电压和电流下的情况，所以在测距时，阻抗仍有一定物理意义，故仍将它放在阻抗故障测距一节内，但实际上分布参数电路中工频阻抗的概念已不很明确，故障定位已不必依据阻抗的测量，式（6-30）就是以线路电压为定位依据，而且测距根据的送端、受端电压及电流也不一定是正弦量，故障时记录下的时间函数电压 $u_M(t)$ 和 $u_N(t)$、电流 $i_M(t)$ 和 $i_N(t)$ 均可作为故障测距的输入量。

所谓电压分布故障测距法就是以分布参数为线路模型，以长线电压、电流分布波动方程为依据，以计算机计算的手段算出在给定 u_M、u_N、i_M、i_N 条件下，沿线电压分布，找出线路上电压水平最低点，从而确定故障位置。从理论讲，只要能准确地确定输电线基本参数，这方法是简单可行的。问题是必须进行大量的数值计算，而用计算机快速计算手段是可以解决的。

根据电工基础分析，以分布参数模型表示的长线路，在线路两侧施加电压 $u_1(t)$ 和 $u_2(t)$ 时，线路上任一点 x 电压和电流为：

$$u(xt) = u_1\left(t - \frac{x}{\gamma}\right) + u_2\left(t + \frac{x}{\gamma}\right) \qquad (6-33a)$$

$$i(xt) = \frac{1}{Z_C}\left[u_1\left(t + \frac{x}{\gamma}\right) - u_2\left(t + \frac{x}{\gamma}\right)\right] \qquad (6-33b)$$

式中：x 为观测点距始端1的距离；Z_C 为线路的波阻抗；γ 为行波在输电线上移动的速度。

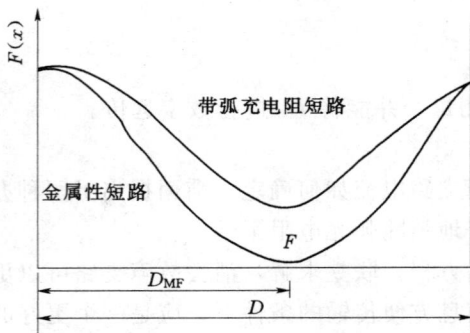

图 6-5 $F(x)$ 分布曲线

以由故障录波实例得到的线路起始端 M 电压和电流 u_M、i_M [相当式（6-33）中 $x=0$ 的值] 及末端 N 电压和电流 u_N、i_N（相当式中 $x=D$ 的值）为初始条件，可解出线路上 x 点电压 u_x，它是时间函数 $u_x(t)$。

由于并未规定 u_M、i_M、u_N、i_N 的波形，所以只能进行瞬时值计算，并规定式（6-34）为评定该点电压水平的指标：

$$F(x) = \frac{2}{\Delta T}\int_{t_1}^{t_2} |u_x(t)| \, \mathrm{d}t \qquad (6-34)$$

式中：ΔT 为采样间隔。

通过改变 x 值，进行逐点计算，可以得出以 $F(x)$ 代表的沿线电压水平分布曲线如图 6-5 所示，$F(x)$ 最低处即代表故障点 D_{MF}。

为了数值计算方便，一般采用贝瑞隆的等值电路及算法，本书不进行详述。

对三相线路为了消除线间互感对一相计算的影响可用相应的模量代替三相量。

第四节 行波法故障测距

在电力系统中由于运行状态的突然变化会产生暂态的电压和电流行波。行波在架空线路中传输速度基本不受线路情况的影响，因此可以利用行波到达的时间来进行故障测距，这类方法适合于长距离输电线路测距。但由于电压互感器的磁滞效应和避雷器对测量端电压的影响，在目前的技术条件下电压行波无法获取，所以一般采用电流行波测距。暂态行波测距按其原理可分为 A、B、C、D、E 和 F 六种类型。

行波测距需要相应的信号检测算法，最常用的是小波分析法，这在实际中已取得了很好的应用效果。

一、A 型测距原理

这种测距方法属于单端测距，如图 6-6（a）所示。

测距装置在 M 端，当在 F 点发生故障时，F 点的行波向两端传播，向 M 端传播的行波到达 M 端的装置被检测出来，时刻为 t_1，向 N 端传播的行波在到达 N 端后发生反射，反射波回到故障点处有发生反射和投射，其中投射波到达 M 端并被装置检测到，时刻为 t_2。然后根据行波在线路中的传播速度 v 可以计算出故障点位置。设故障点距离 M 端的距离是 D_{MF}，则可得：

$$v(t_2 - t_1) = 2(D - D_{MF})$$

即

$$D_{MF} = D - \frac{v(t_2 - t_1)}{2} \quad (6-35)$$

本方法需要对接受的反射波进行判断。因为最先到达 M 端的行波，在 M 端与故障点处发生两次反射后可能比 N 端反射的行波还要更早到达 M 端，这个时候就要判断是不是从 N 端反射过来的行波。这个判断可以根据如下原理进行：因为母线的波阻抗一般比线路波阻抗要小，行波在母线处的反射波将与入射波相位相反；同样，在故障点处的行波发生反射时也将反相，而投射不反相，这样，从 N 端反射过来的行波将与最先到达 M 端的行波的相位相反，而在 M 端与故障点处发生两次反射

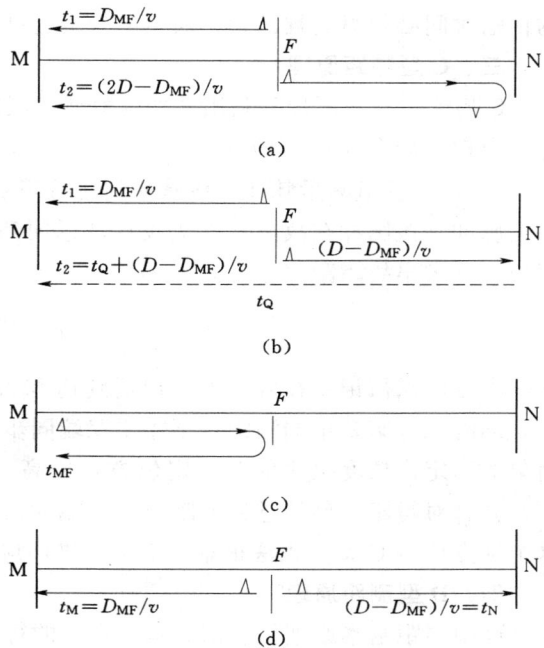

图 6-6 行波测距原理图
(a) A 型测距；(b) B 型测距；(c) C 型测距；(d) D 型测距

的行波相位与最先到达 M 端的行波相位相同。依据这一原则可以排除两次反射波可能带来的干扰。

该方法的精度比较高，所需的设备投资也比较小，缺点在于反射行波的检测较为困难，同时存在其他相邻线路的反射行波的影响。

二、B 型测距原理

这种测距方法类似于 A 型测距，但利用双端设备，属于双端测距，如图 6-6（b）所示。

在 F 点发生故障后，故障产生的行波会向 M 端和 N 端分别传输，当行波到达 M 端时，被 M 端的设备检测到，M 端开始计时，设该时刻为 t_1。N 端也同样装有检测设备，当 N 端检测到故障点发出的行波后，就向 M 端发出一个信号，这个信号到达 M 端并被 M 端接收机接受后，M 端停止计时，设该时刻为 t_2，现在已知从 N 端设备发送信号到 M 端接受信号的时间为 t_Q，显然行波到达 M 端比到达 N 端的时刻要早，设这两个时刻的时间差为 Δt，可得：

$$\Delta t = t_2 - t_1 - t_Q$$

如果 Δt 为负，那说明行波先到达 N 端。根据行波在线路上的传播速度 v，就可以算出故障位置到 M 端的距离为：

$$D_{\mathrm{MF}} = \frac{D - v\Delta t}{2} \tag{6-36}$$

B 型测距相比于 A 型测距只需要检测到第一个到达设备的行波波头即可，这样可以避免反射波的区分，实现起来更加容易，但是设备对两端通道可靠性要求较高，要求通道的传输时间必须恒定且已知，通道的投资过高，因此该方法在实际应用中并不广泛。

三、C 型测距原理

C 型测距基本原理是利用脉冲发射波与反射波的时间差来确定故障距离，类似于雷达定位原理，如图 6-6（c）所示。

从 M 端发出测量脉冲，该脉冲到达故障点 F 后发生反射，返回到 M 端。设从 M 端发出脉冲到该脉冲在故障点 F 处反射波返回到 M 端的时间为 t_{MF}，那么根据行波的波速可以很容易求出故障距离：

$$x = \frac{v t_{\mathrm{MF}}}{2} \tag{6-37}$$

本方法只需记录在脉冲波发出后到达 M 端的第一个反射波即可，波头提取比 A 型容易，同时该方案是单端测距，不需要双端同步时钟。从实现设备到判断来看，该方法是最简单的，定位精度也比前两种定位方式要高。但很明显，本方法只适用于永久性故障测距，并且对短路时刻的过渡电阻要求不能太大，不适用于输电系统中最多的瞬时性故障，这个缺点使得 C 型测距法很难在实际中推广应用。

四、D 型测距原理

D 型测距基本原理是利用故障点产生的行波到达线路两端的时间差来计算故障点的位置的，如图 6-6（d）所示。

设故障点产生的行波到达 M 端的时刻为 t_{M}，到达 N 端的时刻为 t_{N}。那么根据行波的速度可以很容易求出故障点距离 M 端的距离为：

$$x = \frac{D + v(t_M - t_N)}{2} \qquad (6-38)$$

该方法只需要提取最先到达两端的暂态行波的波头时刻即可完成故障测距。因为，最先到达两端的行波波头幅值最大，不易受到噪声信号的干扰，所以该方法相对于 A 型测距不需要进行复杂的判断，避免了因噪声及相邻线路干扰而造成的误判的情况。但该法所需测量设备较复杂，线路两端都需要安装测量装置，设备投入大，而且该方案还需要两端数据的准确同步。在现在的技术条件下，GPS 的时钟误差在 $1\mu s$ 之内，故由该误差造成的测距误差约在 300m，这在实际应用中已经足够了。但在实践中，由于 GPS 的接收机输出的同步时钟失稳、卫星失锁以及时钟跳变等问题，造成测距误差增大，需要采取一些守时措施来消除失准的同步信号。

五、E 型测距原理

E 型测距基本原理是利用重合闸于线路故障时产生的行波在测量点和故障点之间往返一次的传播时间来进行故障测距的。

这种方法和 C 型测距法类似，只适用于永久性故障，且受到合闸时刻测量准确度的限制，因此这种方案尚在研究中。

六、F 型测距原理

F 型测距基本原理是利用故障线路的断路器在分闸瞬间会产生一个行波进入线路，这个行波到达故障点反射后再返回断路器处，通过记录从断路器分闸到接收到反射回来的行波时间，就可以根据行波的速度计算出故障点的位置，该方案可以有效地避开断路器其他侧母线出现的干扰，但是也同样存在反射波极性判断问题。

第七章　距离保护在微机保护装置中的实现

第一节　微机保护装置硬件构成

一、继电保护装置的发展历程

现代微机继电保护装置的最初雏形——用于控制断路器的继电器的出现是在 19 世纪。在 20 世纪初，随着电力系统规模的不断扩大，继电保护技术开始逐步发展。早期的继电保护装置都是由电磁型、感应型或电动型继电器组成，上述继电器都具有机械传动部件，统称为机电式继电器。由机电式继电器构成的继电保护装置被称为机电式继电保护装置，这类保护装置体积大、功耗大、动作慢、机械部分可靠性不高、调试维护较复杂。其后出现了晶体管式继电保护装置，其体积小、功耗小、动作快、无机械传动部分，称为电子式静态保护装置。在随后的数十年中，静态继电保护逐渐从晶体管式向集成电路式过渡。在 20 世纪 80 年代后，随着微处理器技术的发展，出现了第三代的静态继电保护装置——微机继电保护。微机保护具有强大的计算能力，可以实现完善复杂的保护原理；同时，微机保护可以实现实时自检，确保工作可靠性；基于相同的硬件能实现不同的保护功能，易于实现装置的标准化；此外，微机保护还可以实现事件记录、故障录波等功能。目前，微机保护已经在我国得到了广泛应用。本章将针对微机继电保护装置的硬件原理展开分析和阐述。

二、微机继电保护装置的总体结构

微机继电保护装置通常由以下硬件模块组成：

电源模块——将外部输入电源隔离转换为装置内部各模块所需的电源。

交流输入模块——将一次电压、电流互感器输出的电压、电流信号隔离转换为满足信号调理模块输入要求的信号。

信号调理模块——将交流输入模块输出的信号调理为满足模拟数字转换器输入要求、滤除高频分量的信号。

中央处理模块——一般含有模拟数字转换部分和数字信号处理部分，将信号调理模块输出的模拟信号转换为数字信号，并根据数字信号处理的结果判断一次系统的状态，结合外部的数字量输入，确定用于驱动继电器的数字量输出。

开关量输入模块——将外部的开关量信号隔离转换为满足中央处理模块输入要求的信号。

开关量输出模块——将中央处理模块输出的数字量放大驱动继电器。

人机接口模块——提供显示、键盘等接口。

通信模块——提供与后台通信的接口、串口调试接口、串口打印接口等。

在微机继电保护装置硬件设计中的重点是可靠性设计，冗余是提高可靠性的重要手段。图 7-1 是某微机继电保护装置硬件原理框图，图 7-1 中信号调理模块和中央处理模块都是冗余的，而开关量输出模块的正电源和输出量分别由两个中央处理模块控制。冗余设计能确保上述模块中任意一个元器件损坏都不会导致装置误动，下面以实例介绍各部分的组成。

三、微机保护装置各硬件模块功能

（一）交流输入及信号调理模块

互感器是模块的核心器件，主要测量参数为变比、额定电流（电压）、线性范围、比差和角差等。电流互感器设计的重点是兼顾抗饱和性能和整体的精度，设计合适的铁心。信号调理的作用有以下方面。

1. 信号幅度调整和电平偏置

依据 ADC（Analog Digital Converter）的输入信号范围将前端的模拟信号比例放大或缩小，并对前端模拟信号施加直流偏置电平。信号调理功能示意图见图 7-2。

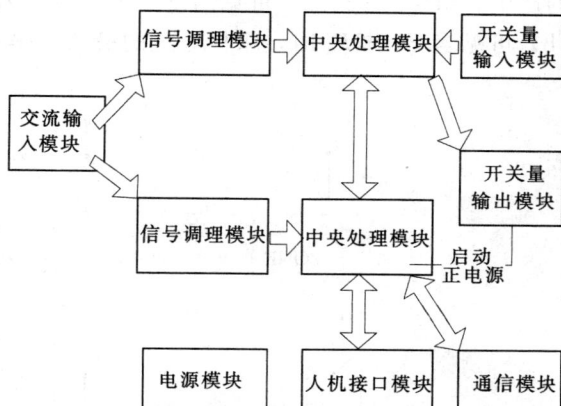

图 7-1　微机继电保护装置硬件原理框图

对于交流输入模块的输出信号为双极性信号而 ADC 的输入范围为单极性，且一次电流为额定电流时输入信号峰峰值为 ADC 满量程的 1/10 的装置；若要实现 20 倍电流采样，需要在信号调理环节将前级输入信号缩小 1/2，并在信号上叠加大小为 ADC 输入电压范围 1/2 的直流偏置。

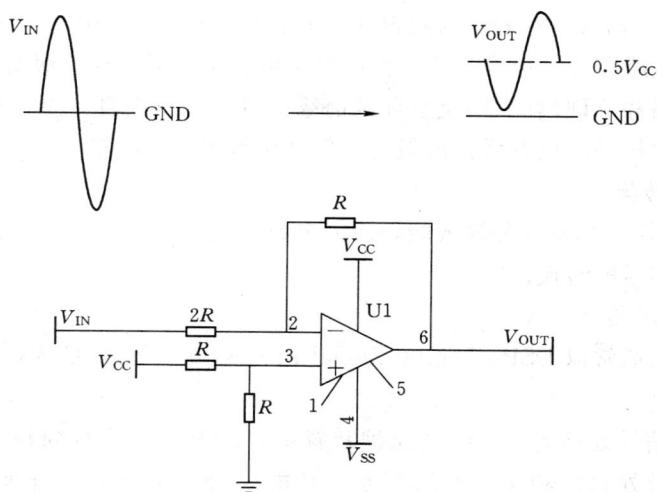

图 7-2　信号调理功能示意图

2. 低通滤波

依据系统采样频率滤除前端模拟信号中的高频成分，避免信号混叠的发生。

根据采样定律，低于 1/2 采样频率的所有输入信号能可靠地数字化，而高于 1/2 采样频率的信号会折返到 1/2 采样频率以内的带宽，这种折返现象就是混叠。若 F_s 为采样频率，F_a 为信号频率，采样过程产生的映象频率为 $|\pm kF_s \pm F_a|$ $(k=1,2,3,4,\cdots)$。

由于折返的高频信号无法从实际的转换结果中分辨出来，混叠的发生将直接导致误差的产生。由图 7-3（a）可见当 $F_s > 2F_a$ 时，采样导致的映象频率都大于 F_a；而由图 7-3（b）可见当 $F_s > 2F_a$ 时，采样导致的最低频率映象小于 F_a，产生混叠现象。

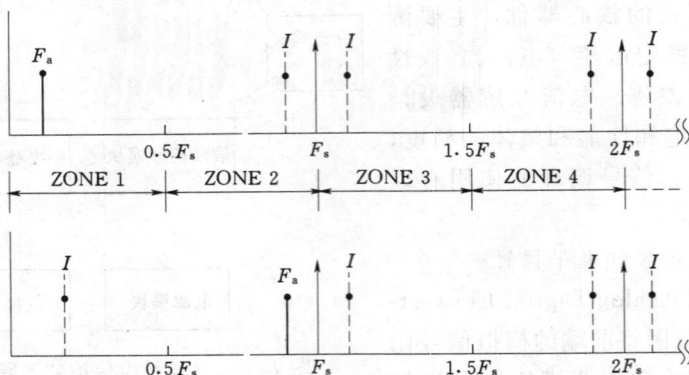

图 7-3　采样混叠示意图

F_s—采样频率；F_a—信号频率；I—折返的信号

因此，在设计中要确保低通滤波的截止频率小于采样频率的 1/2。

3. 输出缓冲

输出缓冲提供阻抗匹配，减少电容负载对电路的影响，将单端信号转换为差分信号。

大多数 ADC 的输入特性表现为阻容性，需要外加由电阻和电容构成的补偿电路。虽然补偿电路中的电阻隔离了电容负载，但此电阻值通常较低，而前级信号源都有一定的内阻，因此补偿电路和 ADC 输入阻抗会导致前级信号源输出失真。用运算放大器构成的缓冲器具有高输入阻抗同时也有低输出阻抗，能可靠地驱动此电路。

4. 差分信号转换

一些新型的 ADC 具有差分输入端，而大多数输入源是单端的，可以运用放大器实现单端信号到差分信号的转换。

（二）中央处理模块

中央处理模块通常以 DSP（Digital Signal Processor）和 ADC 为核心构成，并配置存储器等必要的外设。

DSP 即数字信号处理器。在继电保护装置中，DSP 主要完成对模拟输入量的保护算法（包括数字信号处理）和保护逻辑判断等功能。DSP 主要可以分为浮点和定点两种。相对于定点 DSP 而言，浮点 DSP 具有专用浮点运算单元，处理浮点数据有较高的效率。

系统设计中选择浮点 DSP 还是定点 DSP 通常需要考虑 ADC 精度、算法、价格等因素。ADC 精度小于 12～14 位，一般选择定点 DSP；大于 12～14 位可以选择浮点 DSP。需要实现的算法较简单的，如 FIR 滤波和一些时域算法，可以选用定点 DSP；算法比较复杂的，如谱分析、FFT 等频域算法，可以考虑选用浮点 DSP。价格是需要考虑的一个重要因素，通常浮点 DSP 比定点 DSP 昂贵不少。DSP 具体型号的选择有较多因素需要考虑：主频、内部总线宽度、内部存储器、集成外设、外部接口种类和带宽等。目前定点 DSP 和浮点 DSP 在继电保护装置中均有应用。

ADC 的功能是完成模拟信号到数字信号的转换。目前，ADC 也有多种架构：SAR（逐次逼近型）、$\Sigma-\Delta$ 型、流水线型、FLASH 型、RIPPLE 型等，前三种 ADC 有较为常用。SAR 型架构常应用于需要多路输入复用的系统中，它应用方便、没有流水线延时、具有最高 18 位的精度和数兆采样率。在很多工业测量系统应用中，$\Sigma-\Delta$ 型架构都十分适合，如传感器调理、能量监测、电机控制等，其具有最高 24 位精度，它的过采样机制使得前端的抗混叠电路的截止频率要求较宽松，有些具有内部可编程放大器可以取消传感器和 ADC 间的信号调理电路。采样率高于 5M 的应用中基本采用流水线架构，其精度在 14 位左右，采样率可达到数百兆，常用于需要高速采样的设计中。由于继电保护应用中采样率基本不会超过 10K，精度不超过 16 位，且需要多路采样，实际设计中大多选用 SAR（逐次逼近型）型 ADC。

为了在有限的预算内实现可能的最高精度，就必须选择性能匹配的运算放大器和 ADC。

1. 带宽

在继电保护相关应用中，ADC 采样率一般在 1000～5000Hz，目前大量应用的 SAR 型 ADC 大都可以满足此要求。

（1）运算放大器的带宽。

定义运算放大器带宽的一种常用方式是给出运算放大器开环增益的波特图。波特图是对数坐标系内运算放大器增益的频率响应曲线。从图 7-4 中的一些关键点，可以大致了解电压反馈运算放大器的性能。在波特图中曲线的左下方是运算放大器的工作区域。

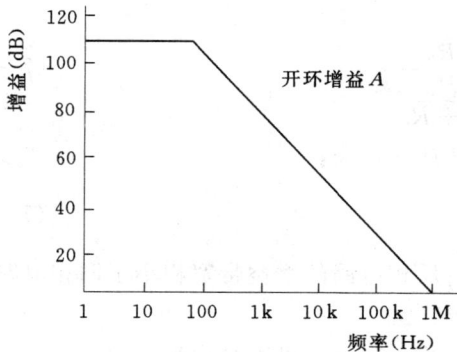

图 7-4　运算放大器的开环增益波特图　　　图 7-5　运算放大器的闭环增益波特图

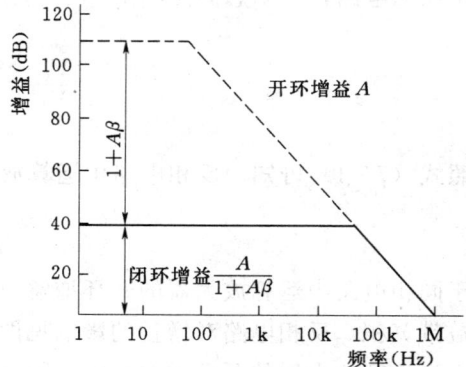

运算放大器的带宽即运算放大器开环增益达到 0dB 时的频率。

（2）运算放大器的增益带宽积。

在闭环电路中，闭环增益的绝对值和该增益下运算放大器最高工作频率的乘积称为增益带宽积 Gain - Bandwidth Product（GBP）。实际信号调理电路中常用的电压反馈型运算放大器具有恒定的 GBP，因而降低闭环电路的闭环增益能增加闭环电路的带宽。运算放大器的闭环增益波特图见图 7-5。

在信号调理电路中，运算放大器工作于闭环负反馈状态。负反馈电路的闭环增益如下：

$$\frac{V_O}{V_I} = \frac{A}{1 + A\beta} \tag{7-1}$$

式中：A 是开环增益；β 是反馈系数。

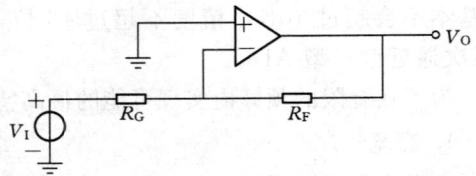

图 7-6 为同相电路示意图。对于同相电路，其闭环增益为：

$$\frac{V_O}{V_I} = \frac{A}{1 + \dfrac{AR_G}{R_G + R_F}} \tag{7-2}$$

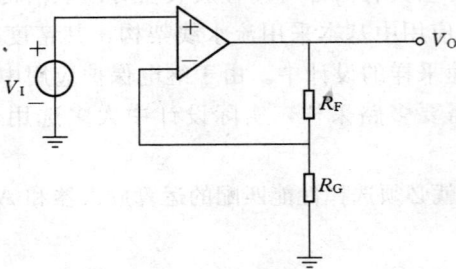

图 7-6　同相电路示意图　　　　　图 7-7　反相电路示意图

当运算放大器的开环增益远大于闭环增益时，式（7-2）可以简化为：

$$\frac{V_O}{V_I} = 1 + \frac{R_F}{R_G} \tag{7-3}$$

在继电保护应用中，共模干扰抑制、噪声、谐波失真是较为关注的因素，设计中通常采用反相电路，其示意图见图 7-7。对于反相电路，其闭环增益为：

$$\frac{V_O}{V_I} = \frac{\dfrac{-AR_F}{R_G + R_F}}{1 + \dfrac{AR_G}{R_G + R_F}} \tag{7-4}$$

对照式（7-1）可知，反相电路中运算放大器的开环增益为：

$$\frac{-AR_F}{R_G + R_F} \tag{7-5}$$

小于同相电路中运算放大器的开环增益 A。因此，反相电路的增益带宽积小于同相电路的增益带宽积。反相电路对增益的影响见图 7-8。

当运算放大器的开环增益远大于闭环增益时，式（7-4）可以简化为：

$$\frac{V_O}{V_I} = -\frac{R_F}{R_G} \tag{7-6}$$

（3）增益带宽积的安全裕度。

在实际设计中为了控制由运算放大器开环特性（开环增益不是无穷大）导致的电路增

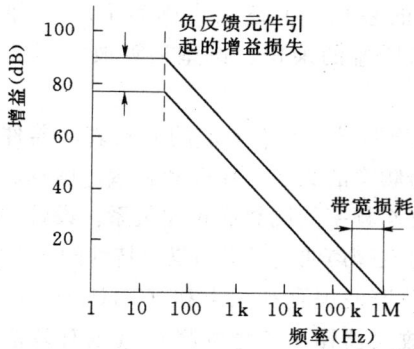

图 7-8　反相电路对增益的影响

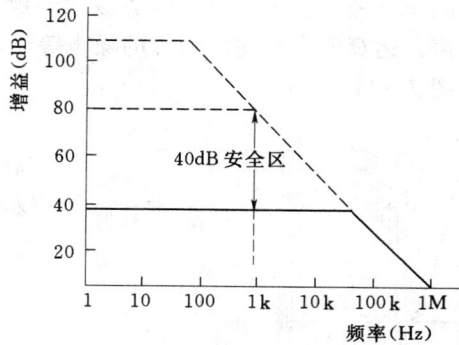

图 7-9　增益带宽积的安全裕度

益误差，需要确保电路有一定的增益带宽裕度，通常为 40dB（或是信号带宽的 100 倍）。在开环增益和闭环增益相差 40dB 的条件下，对应的增益误差小于 0.01%；而上述增益差为 20dB 时，对应的增益误差大约为 2%。增益带宽积的安全裕度见图 7-9。

假设有源低通电路的增益为 -2，则在此电路中运算放大器的 GBP 为器件 GBP 的 2/3；若输入信号的最高有用频率为 500Hz，选择的运算放大器要满足：

$$GBP > \frac{100 \times 500 \times 2}{2/3} = 150 \text{ (kHz)}$$

2. 运算放大器的摆率

摆率（Slew Rate，SR）是指输入为阶跃信号时，输出信号的变化率。不同种类运算放大器的摆率见图 7-10。摆率常以 V/us 或 V/ns 为单位。运算放大器的摆率是指构成单位增益的电路后，运算放大器输出信号的最大变化率。

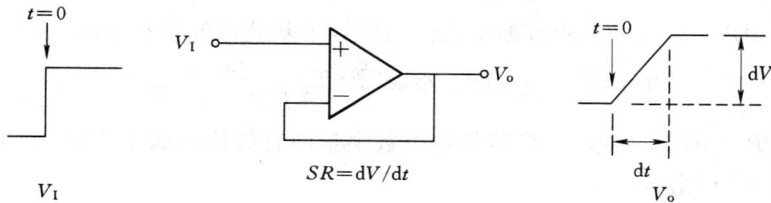

图 7-10　摆率

为了确保输出信号的质量，运算放大器的摆率要大于输入信号最大变化率与闭环增益的积。正弦波信号的最大变化率发生于过零点。选择运算放大器需要满足：

$$SR > 2\pi fV \tag{7-7}$$

式中：f 取为低通环节的截止频率；V 取为最大输出电压峰值。

3. 噪声

（1）运算放大器的噪声。

在运算放大器的技术手册中对噪声指标通常有以下几种描述方法：

1）噪声特性，即对噪声频率曲线中具有白噪声特征的部分给出的一个单位为 $nV/\sqrt{Hz}$ 的描述。根据噪声特性能计算出总的噪声，即系统带宽（通过运算放大器的信号最高频率和最低频率之差）的平方根和运算放大器噪声特性的乘积。上述噪声称为 EIN，即等效输入噪声。运算放大器输出信号的噪声等于 EIN 与增益的乘积。典型运算放大器的噪声特性见图 7-11。

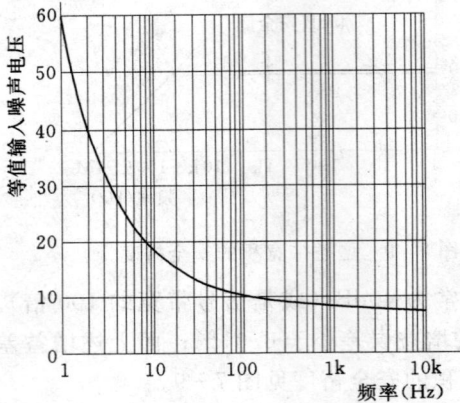

图 7-11　典型运算放大器的噪声特性

2）噪声曲线，即用图形的方式表示器件噪声与输入信号频率的关系。在低频区域，运算放大器噪声的强度与频率的倒数成正比关系。设计中要确保有用信号在噪声曲线具有白噪声特性的频带中。

（2）总谐波失真和噪声和（THD＋N）。

运算放大器输出信号中噪声电压有效值与谐波电压有效值的和基波有效值的比率。理想运算放大器的输入信号为单一频率的正弦波时，其输出信号也是同一频率的正弦波；由于实际运算放大器自身的非线性和内部噪声的存在，其输出信号不会是单一频率的信号。

显然，运算放大器并非电路中唯一的噪声源，噪声可能由滤波、电平偏置等环节的元件引入。

互不相关的噪声以均方根的形式叠加：

$$E_{rms} = \sqrt{e_{1rms}^2 + e_{2rms}^2 + \cdots + e_{nrms}^2}$$

（3）ADC 的噪声。

在 ADC 的技术手册中对噪声指标通常有以下几种描述方法：

信噪比 SNR（dB），即信噪比即信号与噪声的比值。理想 ADC 的 SNR 可由其位数确定：

$$SNR = 6.02n - 1.76$$

$SINAD$（dB），即信号中所有频率元件与信号中基波以外所有频率元件的比值。

$$SINAD = SNR + D = \frac{Signal + THD + N}{THD + N}$$

有效位数 $ENOB$（dB），实际 ADC 器件输出数字量的有效位数低于 ADC 的位数。$ENOB$ 可以根据 $SINAD$ 得出：

$$ENOB = \frac{SINAD - 1.76}{6.02}$$

在 ADC 的技术手册中通常会给出 $SNR＋D$ 或 $THD＋N$ 的分贝值，因此容易由上式得出 $ENOB$；但是，在运算放大器的技术手册中常会以百分比的形式给出上述参数，下面给出转换的方法：

$$20\lg(\frac{THD + N}{100}) = THD + N$$

$$SINAD = SND + D = (THD + N)^{-1} = -(THD + N)$$

对 ADC 和运算放大器的选型原则之一是选择运算放大器的 $SINAD$ 参数要大于 ADC 的 $SINAD$ 参数。谐波失真图示见图 7-12。

（三）电源模块设计

继电保护装置通常采用隔离开关电源。开关电源电路主要由输入滤波电路、功率变换电路、控制电路、反馈补偿电路及输出保护电路组成。开关电源组成框图见图 7 - 13。

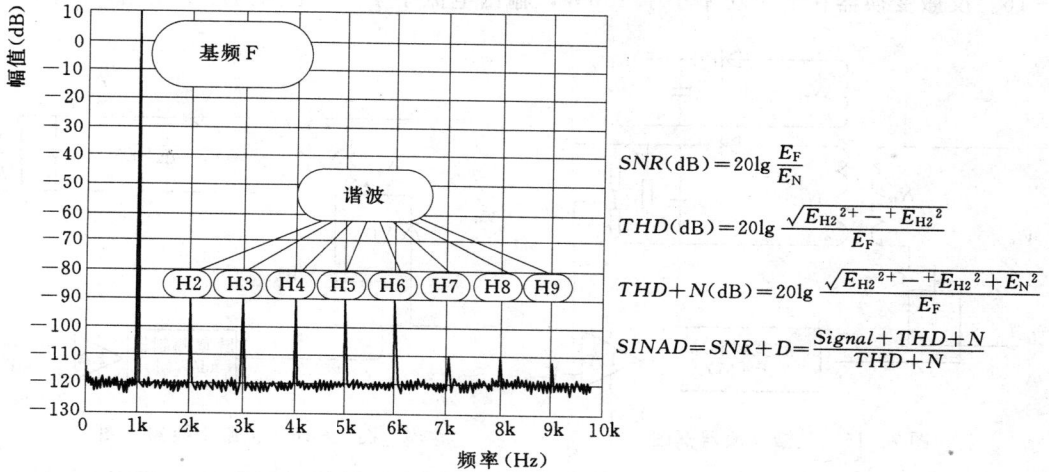

$$SNR(\mathrm{dB}) = 20\lg\frac{E_\mathrm{F}}{E_\mathrm{N}}$$

$$THD(\mathrm{dB}) = 20\lg\frac{\sqrt{E_{\mathrm{H2}}{}^2 + \cdots + E_{\mathrm{H2}}{}^2}}{E_\mathrm{F}}$$

$$THD+N(\mathrm{dB}) = 20\lg\frac{\sqrt{E_{\mathrm{H2}}{}^2 + \cdots + E_{\mathrm{H2}}{}^2 + E_\mathrm{N}{}^2}}{E_\mathrm{F}}$$

$$SINAD = SNR + D = \frac{Signal + THD + N}{THD + N}$$

图 7 - 12 谐波失真图示

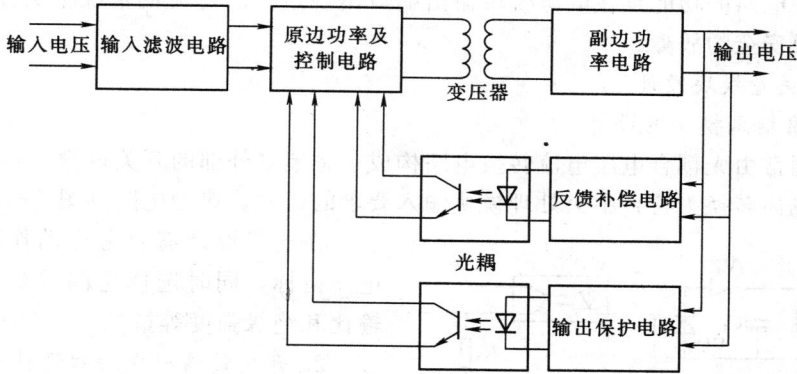

图 7 - 13 开关电源组成示意图

输入滤波电路的主要功能是抑制来自电源输入端口的共模干扰和差模干扰，保护电源控制回路，限制耦合到电源模块输出端口的噪声。输入滤波电路通常由滤波电容和共模扼流圈组成的 π 型电路构成。图 7 - 14 是典型的交直流输入滤波电路。

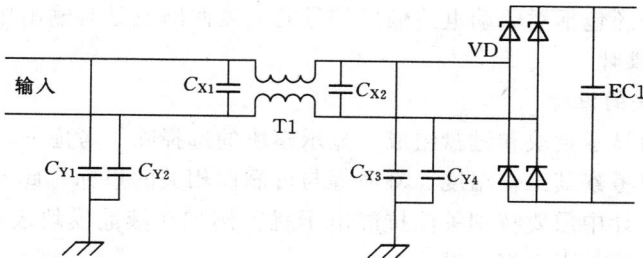

图 7 - 14 输入滤波电路示意图

功率变换电路较常见的拓扑结构为反激变换器和正激变换器，其框图见图 7-15 和图 7-16。反激变换器在输出功率小于 150W，输出电流小于 6A 范围内广泛使用。

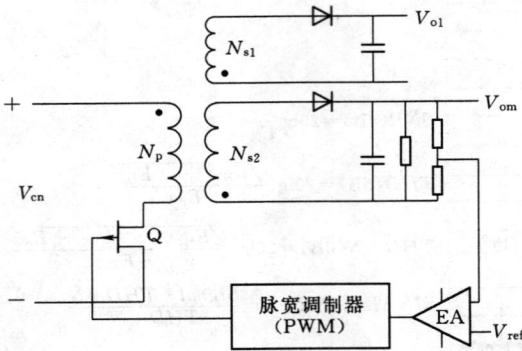

图 7-15　反激变换器框图　　　　　图 7-16　正激变换器框图

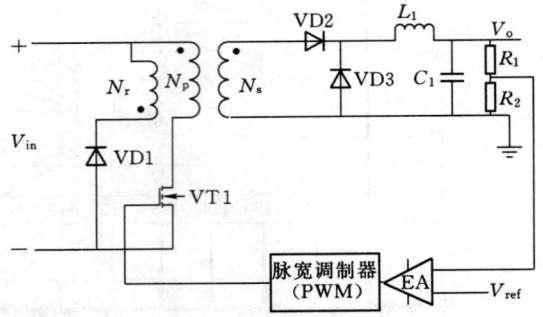

控制电路是电源模块的核心，根据反馈补偿电路的反馈信号调整输出 PWM 信号的占空比，控制开关管的导通和关断，从而控制电源模块的输出电压。

输出保护电路的功能是在电源模块输出端口出现过压、过流的情况下关闭电源输出，避免出现危及安全的故障。

（四）开关量模块设计

1. 开关量输入模块的设计

此模块通常由光耦合电压电流转换电路构成，将装置外部的开关量输入转换为电流信号，由光耦隔离转换为符合中央处理模块输入要求的信号。典型电路见图 7-17。

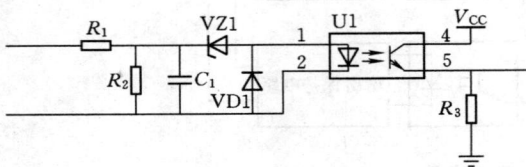

图 7-17　典型的开关量输入电路

在电路设计需要考虑动作电压、返回电压指标，同时选择光耦需要考察电流传输比和绝缘强度等指标。

2. 开关量输出模块的设计

此模块通常由继电器和驱动电路组成。模块将中央处理模块输出的信号经驱动电路放大，激励继电器线圈，驱动继电器接点动作。驱动电路设计主要考虑被驱动继电器组的动作电流。继电器的选择主要考察接点容量、动作返回时间、动作返回电压、线圈和接点间绝缘强度、各对接点间绝缘强度等指标。通常，此模块中还包括对驱动电路输出信号的监测回路或是对输出接点的监测。

（五）通信模块设计

1. 人机接口模块的设计

人机接口一般由显示模块和键盘组成。显示模块的选择除了考虑分辨率、可视角度等显示特性外，还需要考察其工作温度、寿命等与可靠性相关的指标。此外，由模块的功能决定了人机接口的设计中需要特别关注抗静电干扰。例如在液晶模块表面覆盖导电薄膜，并确保导电薄膜与装置外壳良好接触。

2. 外部通信模块的设计

现代的继电保护装置一般具备多种外部通信接口：RS-232、RS-485、以太网等。

外部通信模块将外部通信信号转换为 TTL 或 CMOS 兼容信号，由光耦或其他隔离器件隔离输出至中央处理模块；同时，也将中央处理模块的通信发信号隔离输出并转换为外部通信信号。

外部通信模块的设计中需要着重考虑抗扰度设计，通常需要加 TVS 等保护器件，保护器件的选择需要根据通信的电平规范确定保护器件动作电压，根据通信的速率确定保护器件的结电容。隔离电源的选择主要考虑功率、绝缘强度、输出电压特性。光耦或其他隔离器件的选择除了绝缘强度外，需要根据通信的速率确定器件的带宽；对于某些特殊情况（如对时信号），还需要考虑器件的传输时延。

四、微机继电保护装置的发展趋势

随着电子式互感器在电力系统中逐步推广应用，变电站中测控、保护、稳控、故障录波等系统各有一套数据采集和 I/O 系统的现状将会向形成独立、公用的变电站数据采集和 I/O 系统发展。分布式的数据采集和 I/O 系统可以大量减少电缆，使二次设备更易安装和维护；控制保护层的设备也可以进一步集成，从而减少设备和屏柜。

与上述变化趋势相适应的新一代微机继电保护装置已开始投入运行。相对于前一代微机继电保护装置，新一代的装置具有支持电子式互感器、可分布式布置的特点。装置能同时支持传统互感器和多种电子式互感器接口，为了适应分布式的应用还具有多路高速通信通道，采用冗余的以太网和 IEC61850 协议连接分布式 I/O 系统。为了满足多功能集成对装置性能的高要求，装置一般不再采用集中式数据处理方式，而采用分布式数据处理方式，通过装置内部的高速共享内存同步数据，以提高数据处理能力。为了提高插件通用性，装置内部较少采用传统的 I/O 连接方式，大量采用串行通信方式，减少了插件种类，提高了装置配置的灵活性。

总之，随着大量电力系统新技术的推广应用，微机继电保护装置也将不断推陈出新。

第二节　微机保护装置软件基本流程

保护程序结构框图如图 7-18 所示。

主程序按固定的采样周期接受采样中断进入采样程序，在采样程序中进行模拟量采集与滤波、开关量的采集、装置硬件自检、交流电流断线和启动判据的计算，根据是否满足启动条件而进入正常运行程序或故障计算程序。硬件自检内容包括 RAM、E²PROM、跳闸出口三极管等。

正常运行程序中进行采样值自动零漂调整、及运行状态检查，运行状态检查包括交流电压断线、检查开关位置状态、变化量制动电压形成、重合闸充电、通道检查、准备手合判别等。不正常时发告警信号，

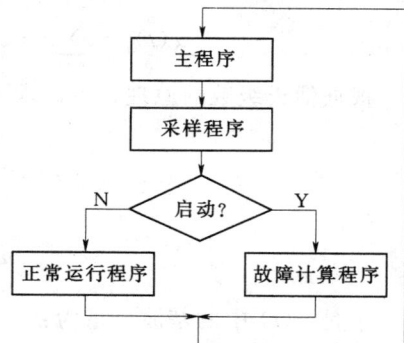

图 7-18　保护程序结构框图

信号分两种：一种是运行异常告警，这时不闭锁装置，提醒运行人员进行相应处理；另一种为闭锁告警信号，告警同时将装置闭锁，保护退出。

故障计算程序中进行各种保护的算法计算，跳闸逻辑判断以及事件报告、故障报告及波形的整理。

第三节 微机保护滤波算法

微机保护的算法有很多种，分析和评价各种不同算法的标准是精度和速度。速度又包括两个方面：一是算法所要求的采样点数（或称数据窗长度）；二是算法的运算工作量。在计算机水平高速发展的今天，在设计微机保护算法时，算法的运算工作量已经放到一个很次要的地位，通常提到的滤波算法的速度主要是指算法本身的运算数据窗长度。算法的精度和速度两个方面往往是矛盾的。若要计算精确则往往要利用更多的采样点和进行更多的计算工作量。所以研究算法的实质是如何在速度和精度两方面进行权衡。

在微机线路保护中，用到的典型算法是半周积分算法和全周傅氏算法。

一、半周积分算法

半周积分算法的依据是一个正弦量在任意半个周期内绝对值的积分为一常数。

$$\int_0^{\frac{T}{2}} \sqrt{2}I \mid \sin(\omega t + \alpha) \mid \mathrm{d}t = \int_0^{\frac{T}{2}} \sqrt{2}I \sin\omega t \, \mathrm{d}t = \frac{2\sqrt{2}}{\omega} I$$

易知，微机保护装置可通过半周积分算法，得到正弦量输入的模值。

半周积分算法需要的数据窗长度为 10ms，相对于全周傅氏算法而言，数据窗长度较短，而且本身有一定的滤除或削弱高频分量的能力。因此在相对更注重快速性的保护元件中，如工频变化量距离元件，半周积分算法是一个重要的算法组成部分。

半周积分算法速度快且安全性高，但对电力系统中故障情况下出现的非周期分量及较低频次的谐波分量，滤除效果并不理想，因此，在允许更长数据窗长的应用场合，可考虑全周傅氏算法。

二、全周傅氏算法

傅里叶算法的基本思路来自傅里叶级数，它假定被采样的模拟信号是一个周期性时间函数，除基波外还含有直流分量和各次谐波，可表示为：

$$x(t) = \sum_{n=0}^{\infty} \left[b_n \cos n\omega_1 t + a_n \sin n\omega_1 t \right] \quad n = 0,1,2,\cdots$$

根据傅氏级数的原理，可以求出 a_1，b_1 分别为：

$$a_1 = \frac{2}{T} \int_0^T x(t) \sin\omega_1 t \, \mathrm{d}t$$

$$b_1 = \frac{2}{T} \int_0^T x(t) \cos\omega_1 t \, \mathrm{d}t$$

于是 $x(t)$ 中的基波分量为：

$$x_1(t) = a_1 \sin\omega_1 t + b_1 \cos\omega_1 t = \sqrt{2}X\sin(\omega_1 t + \alpha_1)$$

$$a_1 = \sqrt{2}X\cos\alpha_1$$

$$b_1 = \sqrt{2}X\sin\alpha_1$$

式中：X 为基波分量的有效值；α_1 为 $t=0$ 时基波分量的相角。

从上面的推导可以看出，交流量输入经全周傅氏算法，可得到输入交流量的幅值和初相角。

全周傅氏算法的数据窗长为 1 个周波，相对较长，但可有效滤除交流输入中的直流分量和高次谐波，仅保留保护元件需要的基波，滤波效果极佳。

在后备距离保护元件中，因为距离元件对精度要求相对较高，而动作速度方面较工频量元件要求较低，因此，后备距离保护采用全周傅氏算法为其基本算法。

第四节　微机保护装置启动元件

启动元件的主体以反应相间工频变化量的过流继电器实现，同时又配以反应全电流的零序过流继电器互相补充。反应工频变化量的启动元件采用浮动门坎，正常运行及系统振荡时变化量的不平衡输出均自动构成自适应式的门坎，浮动门坎始终略高于不平衡输出，在正常运行时由于不平衡分量很小，而装置有很高的灵敏度。当系统振荡时，自动降低灵敏度，不需要设置专门的振荡闭锁回路。因此，装置有很高的安全性，启动元件有很高的灵敏度而又不会频繁启动，测量元件则不会误测量。

一、电流变化量启动

$$\Delta I_{\Phi\Phi max} > 1.25\Delta I_T + \Delta I_{set}$$

式中：$\Delta I_{\Phi\Phi max}$ 是相间电流的半波积分的最大值；ΔI_{set} 为可整定的固定门坎；ΔI_T 为浮动门坎，随着变化量的变化而自动调整，取 1.25 倍可保证门坎始终略高于不平衡输出。

该元件动作并展宽 7s，去开放出口继电器正电源。

二、零序过流元件启动

零序电流辅助启动元件是为了防止远距离故障或经大电阻故障时相电流突变量启动元件灵敏度不够而设置的辅助启动元件。

当外接和自产零序电流均大于整定值时，零序启动元件动作并展宽 7s，去开放出口继电器正电源。

三、位置不对应启动

这一部分的启动由用户选择投入，条件满足总启动元件动作并展宽 15s，去开放出口继电器正电源。

第五节　工频变化量阻抗继电器

电力系统发生短路故障时，其短路电流、电压可分解为故障前负荷状态的电流电压分量和故障分量，如图 7-19（a）的短路状态可分解为图 7-19（b）和图 7-19（c）两种状态下电流电压的迭加，反应工频变化量的继电器不受负荷状态的影响，因此只要考虑图 7-19（c）的故障分量。

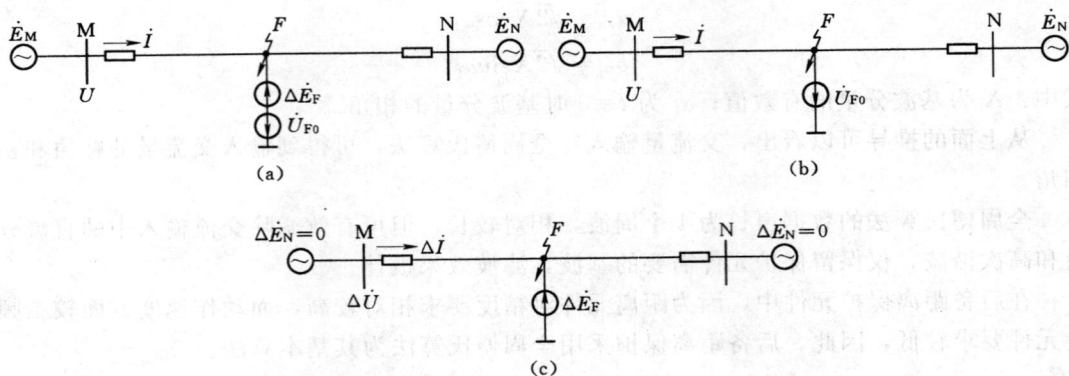

图 7 - 19　短路系统图

(a) 短路状态；(b) 故障零序图；(c) 故障量图

工频变化量距离继电器测量工作电压的工频变化量的幅值，其动作方程为：

$$|\Delta \dot{U}_{\mathrm{OP}}| > U_{\mathrm{Z}}$$

对相间故障：

$$\dot{U}_{\mathrm{OP\Phi\Phi}} = \dot{U}_{\Phi\Phi} - I_{\Phi\Phi}Z_{\mathrm{set}}$$

对接地故障：

$$\dot{U}_{\mathrm{OP\Phi}} = \dot{U}_{\Phi} - (\dot{I}_{\Phi} + K \times 3\dot{I}_0)Z_{\mathrm{set}}$$

式中：Z_{set} 为整定阻抗，一般取 $0.8 \sim 0.85$ 倍线路阻抗；U_{Z} 为动作门坎，取故障前工作电压的记忆量。

图 7 - 19 为保护区内外各点金属性短路时的电压分布，设故障前系统各点电压一致，即各故障点故障前电压为 U_{Z}，则 $|\Delta \dot{E}_{\mathrm{F1}}| = |\Delta \dot{E}_{\mathrm{F2}}| = |\Delta \dot{E}_{\mathrm{F3}}| = U_{\mathrm{Z}}$；对反应工频变化量的继电器，系统电势为零，因而仅需考虑故障点附加电势 ΔE_{F}。

区内故障时，见图 7 - 20 (b)，$\Delta \dot{U}_{\mathrm{OP}}$ 在本侧系统至 $\Delta \dot{E}_{\mathrm{F1}}$ 的连线的延长线上，可见，$\Delta \dot{U}_{\mathrm{OP}} > \Delta \dot{E}_{\mathrm{F1}}$，继电器动作。

反方向故障时，见图 7 - 20 (c)，$\Delta \dot{U}_{\mathrm{OP}}$ 在 $\Delta \dot{E}_{\mathrm{F2}}$ 与对侧系统的连线上，显然，$\Delta \dot{U}_{\mathrm{OP}} < \Delta \dot{E}_{\mathrm{F2}}$，继电器不动作。

区外故障时，见图 7 - 20 (d)，$\Delta \dot{U}_{\mathrm{OP}}$ 在 $\Delta \dot{E}_{\mathrm{F3}}$ 与本侧系统的连线上，$\Delta \dot{U}_{\mathrm{OP}} < \Delta \dot{E}_{\mathrm{F3}}$，继电器不动作。

正方向经过渡电阻故障时的动作特性可用解析法分析，见图 7 - 21。

以三相短路为例，设 $U_{\mathrm{Z}} = |\Delta \dot{E}_{\mathrm{F}}|$，可得：

$$\dot{E}_{\mathrm{F}} = -\Delta \dot{I} \times (Z_{\mathrm{S}} + Z_{\mathrm{m}})$$

$$\Delta \dot{U}_{\mathrm{OP}} = \Delta \dot{U} - \Delta \dot{I} Z_{\mathrm{set}} = -\Delta \dot{I} \times (Z_{\mathrm{S}} + Z_{\mathrm{set}})$$

$$|\Delta \dot{I} \times (Z_{\mathrm{S}} + Z_{\mathrm{set}})| > |\Delta \dot{I} \times (Z_{\mathrm{S}} + Z_{\mathrm{m}})|$$

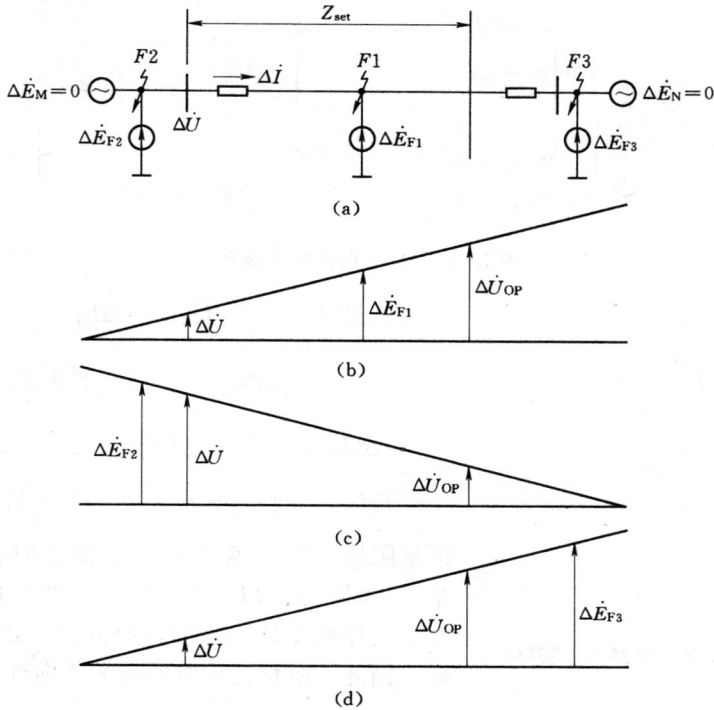

图 7-20　保护区内外各点金属性短路时的电压分布图

（a）电压分布图；（b）区内故障；（c）反方向故障；（d）区外故障

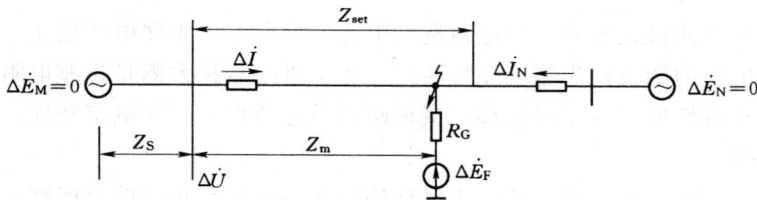

图 7-21　正方向经过渡电阻故障计算用图

$$|Z_\mathrm{S}+Z_\mathrm{set}|>|Z_\mathrm{S}+Z_\mathrm{m}|$$

　　式中 Z_m 为测量阻抗，它在阻抗复数平面上的动作特性是以矢量 $-Z_\mathrm{S}$ 为圆心，以 $|Z_\mathrm{S}+Z_\mathrm{set}|$ 为半径的圆，如图 7-22 所示。当 Z_m 矢量末端落于圆内时动作，可见这种阻抗继电器有大的允许过渡电阻能力。当过渡电阻受对侧电源助增时，由于 $\Delta\dot{I}_\mathrm{N}$ 一般与 $\Delta\dot{I}$ 是同相位，过渡电阻上的压降始终与 $\Delta\dot{I}$ 同相位，过渡电阻始终呈电阻性，与 R 轴平行，因此，不存在由于对侧电流助增所引起的超越问题。

　　对反方向短路如图 7-23 所示。

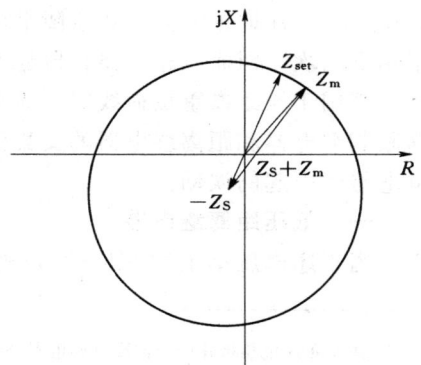

图 7-22　正方向短路动作特性

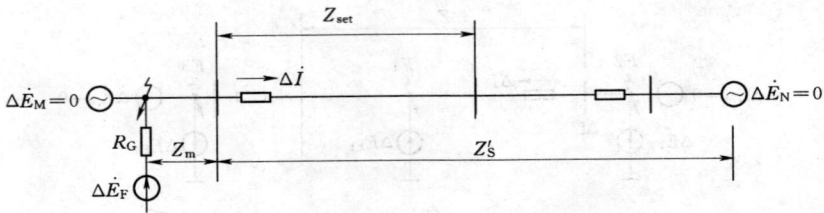

图 7-23 反方向故障计算用图

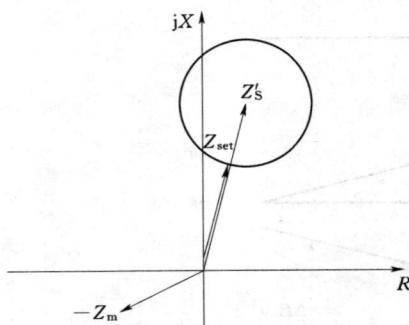

图 7-24 反方向短路动作特性

仍假设　　　　　　　$U_Z = |\Delta \dot{E}_F|$

由　　　　$\Delta \dot{E}_F = \Delta \dot{I} \times (Z'_S + Z_m)$

$$\Delta \dot{U}_{OP} = \Delta \dot{U} - \Delta \dot{I} Z_{set} = \Delta \dot{I} \times (Z'_S - Z_{set})$$

则　　　　$|Z'_S - Z_{set}| > |Z'_S + Z_m|$

测量阻抗—Z_m 在阻抗复数平面上的动作特性是以矢量 Z'_S 为圆心，以 $|Z'_S - Z_{set}|$ 为半径的圆，见图 7-24，动作圆在第一象限，而因为—Z_m 总是在第三象限，因此，阻抗元件有明确的方向性。

第六节 三段式距离继电器[*]

本装置设有三阶段式相间和接地距离继电器，继电器由正序电压极化，因而有较大的测量故障过渡电阻的能力；当用于短线路时，为了进一步扩大测量过渡电阻的能力，还可将Ⅰ、Ⅱ段阻抗特性向第一象限偏移；接地距离继电器设有零序电抗特性，可防止接地故障时继电器超越。

正序极化电压较高时，由正序电压极化的距离继电器有很好的方向性；当正序电压下降至 10％ 以下时，进入三相低压程序，由正序电压记忆量极化，Ⅰ、Ⅱ段距离继电器在动作前设置正的门坎，保证母线三相故障时继电器不可能失去方向性；继电器动作后则改为反门坎，保证正方向三相故障继电器动作后一直保持到故障切除。Ⅲ段距离继电器始终采用反门坎，因而三相短路Ⅲ段稳态特性包含原点，不存在电压死区。

当用于长距离重负荷线路，常规距离继电器整定困难时，可引入负荷限制继电器，负荷限制继电器和距离继电器的交集为动作区，这有效地防止了重负荷时测量阻抗进入距离继电器而引起的误动。

一、低压距离继电器

当正序电压小于 $10\% U_n$ 时，进入低压距离程序，此时只可能有三相短路和系统振荡

---

[*] 关于正序电压极化的方向阻抗继电器特性在本书第三章第五节中进行了严格的分析。为了配合读者阅读有关产品说明书时参考，本节引入了对其特性的近似分析，读者可将这两部分进行对比，显然，当 $Z_{S1} = Z_{S2} = Z_{S0}$、$Z'_{S1} = Z'_{S2} = Z'_{S0}$ 时，两者相同。

两种情况；系统振荡由振荡闭锁回路区分，这里只需考虑三相短路。三相短路时，因三个相阻抗和三个相间阻抗性能一样，所以仅测量相阻抗。

一般情况下各相阻抗一样，但为了保证母线故障转换至线路构成三相故障时仍能快速切除故障，所以对三相阻抗均进行计算，任一相动作跳闸时选为三相故障。

低压距离继电器比较工作电压和极化电压的相位。

工作电压：

$$\dot{U}_{\text{OP}\Phi} = \dot{U}_{\Phi} - \dot{I}_{\Phi} Z_{\text{set}}$$

极化电压：

$$\dot{U}_{\text{P}\Phi} = -\dot{U}_{1\Phi M}$$

式中：$\dot{U}_{\text{OP}\Phi}$为工作电压；$\dot{U}_{\text{P}\Phi}$为极化电压；Z_{set}为整定阻抗；$\dot{U}_{1\Phi M}$为记忆故障前正序电压。

正方向故障时，故障系统图见图 7 - 25。

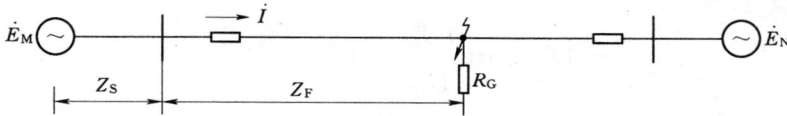

图 7 - 25 正方向故障系统图

$$\dot{U}_{\Phi} = \dot{I}_{\Phi} Z_{\text{m}}$$

在记忆作用消失前：
$$\dot{U}_{1\Phi M} = \dot{E}_{\text{M}\Phi} e^{j\delta}$$

$$\dot{E}_{\text{M}\Phi} = (Z_{\text{S}} + Z_{\text{m}}) \dot{I}_{\Phi}$$

因此，
$$\dot{U}_{\text{OP}\Phi} = (Z_{\text{m}} - Z_{\text{set}}) \dot{I}_{\Phi}$$

$$\dot{U}_{\text{P}\Phi} = -(Z_{\text{S}} + Z_{\text{F}}) \dot{I}_{\Phi} e^{j\delta}$$

继电器的比相方程为：

$$-90° < \arg \frac{\dot{U}_{\text{OP}\Phi}}{\dot{U}_{\text{P}\Phi}} < 90°$$

则
$$-90° < \arg \frac{Z_{\text{m}} - Z_{\text{set}}}{-(Z_{\text{S}} + Z_{\text{m}}) e^{j\delta}} < 90°$$

设故障线母线电压与系统电势同相位 $\delta = 0$，其暂态动作特性见图 7 - 26。

测量阻抗 Z_{m} 在阻抗复数平面上的动作特性是以 Z_{set} 至 $-Z_{\text{S}}$ 连线为直径的圆，动作特性包含原点表明正向出口经或不经过渡电阻故障时都能正确动作，并不表示反方向故障时会误动作；反方向故障时的动作特性必须以反方向故障为前提导出。当 δ 不为零时，将是以 Z_{set} 到 $-Z_{\text{S}}$ 连线为弦的圆，动作特性向第一或第二象限偏移。

反方向故障时，故障系统图见图 7 - 27 。

$$\dot{U}_{\Phi} = -\dot{I}_{\Phi} Z_{\text{m}}$$

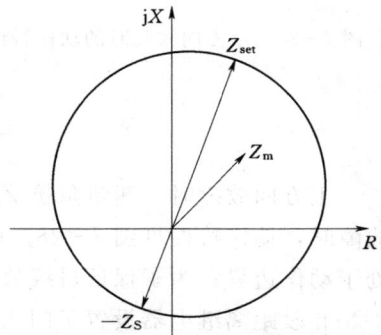

图 7 - 26 正方向故障时动作特性

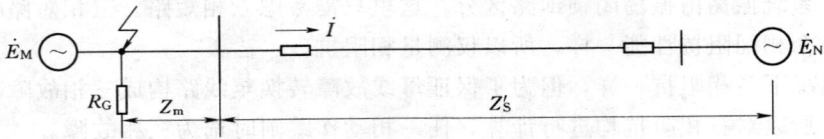

图 7 - 27　反方向故障的计算用图

在记忆作用消失前：
$$\dot{U}_{1\Phi M} = \dot{E}_{N\Phi}\, e^{j\delta}$$

$$\dot{E}_{N\Phi} = -\,(Z'_s + Z_m)\,\dot{I}_\Phi$$

因此
$$\dot{U}_{OP\Phi} = -\,(Z_m + Z_{set})\,\dot{I}_\Phi$$

$$\dot{U}_{P\Phi} = (Z'_s + Z_m)\,\dot{I}_\Phi\, e^{j\delta}$$

继电器的比相方程为：
$$-90° < \arg\frac{\dot{U}_{OP\Phi}}{\dot{U}_{P\Phi}} < 90°$$

则
$$-90° < \arg\frac{-\,(Z_m + Z_{set})}{(Z'_s + Z_m)\times e^{j\delta}} < 90°$$

测量阻抗 $-Z_m$ 在阻抗复数平面上的动作特性是以 Z_{set} 与 Z'_s 连线为直径的圆，见图 7 - 28。当 $-Z_m$ 在圆内时动作，可见，继电器有明确的方向性，不可能误判方向。以上的结论是在记忆电压消失以前，即继电器的暂态特性，当记忆电压消失后。

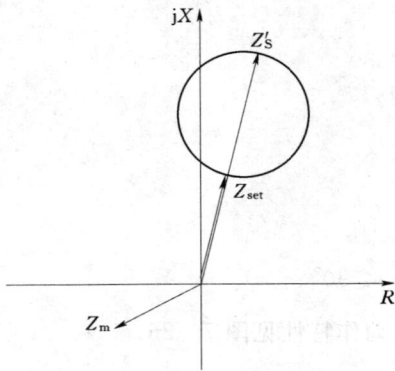

图 7 - 28　反方向故障时的动作特性

正方向故障时：
$$\dot{U}_{1\Phi M} = \dot{I}_\Phi Z_m$$

$$\dot{U}_{OP} = (Z_m - Z_{set})\,\dot{I}_\Phi$$

$$\dot{U}_{P\Phi} = -\,\dot{I}_\Phi Z_m$$

$$-90° < \arg\frac{Z_m - Z_{set}}{-Z_F} < 90°$$

反方向故障时：
$$\dot{U}_{1\Phi M} = -\,\dot{I}_\Phi Z_m$$

$$\dot{U}_{OP} = (-Z_m - Z_{set})\,\dot{I}_\Phi$$

$$\dot{U}_{P\Phi} = -\,\dot{I}_\Phi \cdot (-Z_m)$$

$$-90° < \arg\frac{Z_m + Z_{set}}{-Z_m} < 90°$$

正方向故障时，测量阻抗 Z_m 在阻抗复数平面上的动作特性如图 7 - 26 所示，反方向故障时，动作特性见图 7 - 28。由于动作特性经过原点，因此母线和出口故障时，继电器处于动作边界；为了保证母线故障，特别是经弧光电阻三相故障时不会误动作，因此，对Ⅰ、Ⅱ段距离继电器设置了门坎电压，其幅值取最大弧光压降。同时，当Ⅰ、Ⅱ距离继电器暂态动作后，将继电器的门坎倒置，相当于将特性圆包含原点，以保证继电器动作后能保持到故障切除。为了保证Ⅲ段距离继电器的后备性能，Ⅲ段距离元件的门坎电压总是倒置的，其特性包含原点。

二、接地距离继电器

（一）Ⅲ段接地距离继电器

工作电压：

$$\dot{U}_{\text{OP}\Phi} = \dot{U}_{\Phi} - (\dot{I}_{\Phi} + K \times 3\dot{I}_0)Z_{\text{set}}$$

极化电压：

$$\dot{U}_{\text{P}\Phi} = -\dot{U}_{1\Phi}$$

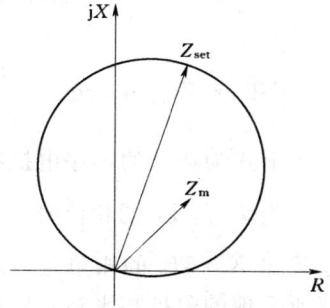

图 7-29　三相短路稳态特性

$\dot{U}_{\text{P}\Phi}$采用当前正序电压，非记忆量，这是因为接地故障时，正序电压基本保留了故障前的正序电压相位，因此，Ⅲ段接地距离继电器的特性与低压时的暂态特性完全一致，见图 7-26 和图 7-28，继电器有很好的方向性。

（二）Ⅰ、Ⅱ段接地距离继电器

1. 正序电压极化的方向阻抗继电器

工作电压：

$$\dot{U}_{\text{OP}\Phi} = \dot{U}_{\Phi} - (\dot{I}_{\Phi} + K \times 3\dot{I}_0)Z_{\text{set}}$$

极化电压：

$$\dot{U}_{\text{P}\Phi} = -\dot{U}_{1\Phi}e^{j\theta_1}$$

Ⅰ、Ⅱ段极化电压引入移相角θ_1，其作用是在短线路应用时，将方向阻抗特性向第一象限偏移，以扩大允许故障过渡电阻的能力。其正方向故障时的特性如图 7-30 所示。θ_1取值为 0°、15°、30°。

由图 7-30 可见，该继电器可测量很大的故障过渡电阻，但在对侧电源助增下可能超越，因而引入了第二部分零序电抗继电器以防止超越。

2. 零序电抗继电器

工作电压：

$$\dot{U}_{\text{OP}\Phi} = \dot{U}_{\Phi} - (\dot{I}_{\Phi} + K \times 3\dot{I}_0)Z_{\text{set}}$$

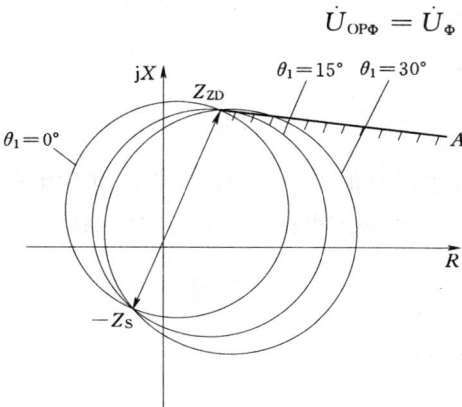

图 7-30　正方向故障时继电器特性

极化电压：

$$\dot{U}_{\text{P}\Phi} = -\dot{I}_0 Z_{\text{comp}}$$

式中：Z_{comp}为模拟阻抗。

比相方程为：

$$-90° < \arg \frac{\dot{U}_{\Phi} - (\dot{I}_{\Phi} + K \times 3\dot{I}_0)Z_{\text{set}}}{-\dot{I}_0 Z_{\text{comp}}} < 90°$$

正方向故障时：

$$U_{\Phi} = (\dot{I}_{\Phi} + K \times 3\dot{I}_0)Z_{\text{m}}$$

则

$$-90° < \arg \frac{(\dot{I}_\Phi + K \times 3\dot{I}_0) \times (Z_m - Z_{set})}{-\dot{I}_0 \times Z_{comp}} < 90°$$

$$90° + \arg Z_{comp} + \arg \frac{\dot{I}_0}{\dot{I}_\Phi + K3\dot{I}_0} < \arg(Z_m - Z_{set}) < 270° + \arg Z_{comp} + \arg \frac{\dot{I}_0}{\dot{I}_\Phi + K3\dot{I}_0}$$

上式为典型的零序电抗特性，见图 7-30 中直线 A。

当 $\dot{I}_0$ 与 $\dot{I}_\Phi$ 同相位时，直线 A 平行于 R 轴，不同相时，直线的倾角恰好等于 I_0 相对于 $\dot{I}_\Phi + K \times 3\dot{I}_0$ 的相角差。假定 I_0 与过渡电阻上压降同相位，则直线 A 与过渡电阻上压降所呈现的阻抗相平行，因此，零序电抗特性对过渡电阻有自适应的特征。

实际的零序电抗特性由于 Z_{comp} 为 78°而要下倾 12°，所以当实际系统中由于两侧零序阻抗角不一致而使 $\dot{I}_0$ 与过渡电阻上压降有相位差时，继电器仍不会超越。由带偏移角 θ_1 的方向阻抗继电器和零序电抗继电器两部分结合，同时动作时，Ⅰ、Ⅱ 段距离继电器动作，该距离继电器有很好的方向性，能测量很大的故障过渡电阻且不会超越。

三、相间距离继电器

(一) Ⅲ 段相间距离继电器

工作电压：

$$\dot{U}_{OP\Phi\Phi} = \dot{U}_{\Phi\Phi} - \dot{I}_{\Phi\Phi} Z_{set}$$

极化电压：

$$\dot{U}_{P\Phi\Phi} = -\dot{U}_{1\Phi\Phi}$$

继电器的极化电压采用正序电压，不带记忆。因相间故障其正序电压基本保留了故障前电压的相位；故障相的动作特性见图 7-26 和图 7-28，继电器有很好的方向性。

三相短路时，由于极化电压无记忆作用，其动作特性为一过原点的圆，见图 7-29。由于正序电压较低时，由低压距离继电器测量，因此，这里既不存在死区也不存在母线故障失去方向性问题。

(二) Ⅰ、Ⅱ 段距离继电器

1. 由正序电压极化的方向阻抗继电器

工作电压：

$$\dot{U}_{OP\Phi\Phi} = \dot{U}_{\Phi\Phi} - \dot{I}_{\Phi\Phi} Z_{set}$$

极化电压：

$$\dot{U}_{P\Phi\Phi} = -\dot{U}_{1\Phi\Phi} e^{j\theta2}$$

这里，极化电压与接地距离Ⅰ、Ⅱ 段一样，较Ⅲ 段增加了一个偏移角 θ_2，其作用也同样是为了在短线路使用时增加允许过渡电阻的能力。θ_2 的整定可按 0°、15°、30°三挡选择。

2. 电抗继电器

工作电压：

$$\dot{U}_{OP\Phi\Phi} = \dot{U}_{\Phi\Phi} - \dot{I}_{\Phi\Phi} Z_{set}$$

极化电压：

$$\dot{U}_{P\Phi\Phi} = -\dot{I}_{\Phi\Phi} Z_{comp}$$

式中：Z_{comp} 为模拟阻抗。

正方向故障时：

$$\dot{U}_{op\Phi\Phi} = \dot{I}_{\Phi\Phi}Z_m - \dot{I}_{\Phi\Phi}Z_{set}$$

比相方程为：

$$-90° < \arg\frac{Z_m - Z_{set}}{-Z_{comp}} < 90°$$

$$90° + \arg Z_{comp} < \arg(Z_m - Z_{set}) < 270° + \arg Z_{comp}$$

当 Z_{comp} 阻抗角为 90° 时，该继电器为与 R 轴平行的电抗继电器特性，实际的 Z_{comp} 阻抗角为 78°，因此，该电抗特性下倾 12°，使送电端的保护受对侧助增而过渡电阻呈容性时不致超越。

以上方向阻抗与电抗继电器两部分结合，增强了在短线上使用时允许过渡电阻的能力。

第七节 负荷限制继电器

为保证距离继电器躲开负荷测量阻抗，可设置接地、相间负荷限制继电器，其特性如图 7-31 所示，继电器两边的斜率与正序灵敏角 Φ 一致，R_{set} 为负荷限制电阻定值，直线 A 和直线 B 之间为动作区。

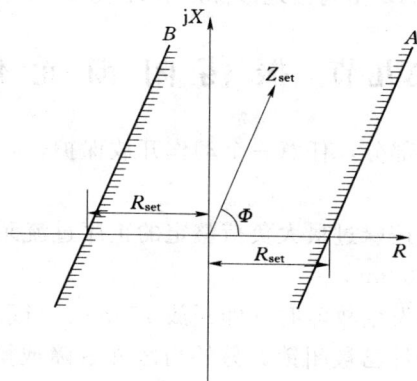

图 7-31 负荷限制继电器特性

第八节 选 相 元 件

选相元件分变化量选相元件和稳态量选相元件，所有反映变化量的保护（如工频变化量阻抗）用变化量选相元件，所有反映稳态量的保护（如纵联距离、阶段式距离保护）用稳态量选相元件。

本装置采用工作电压变化量选相元件和 I_0 与 I_{2A} 比相的选相元件进行选相。

一、工作电压变化量选相元件

保护有 6 个测量选相元件，即：$\Delta\dot{U}_{OPA}$、$\Delta\dot{U}_{OPB}$、$\Delta\dot{U}_{OPC}$、$\Delta\dot{U}_{OPAB}$、$\Delta\dot{U}_{OPBC}$、$\Delta\dot{U}_{OPCA}$。

先比较 3 个相工作电压变化量，取最大相 $\Delta U_{OP\Phi max}$，与另两相的相间工作电压变化量

$\Delta U_{OP\Phi\Phi}$比较，大于一定的倍数即判为最大相单相故障；若不满足则判为多相故障，取$\Delta U_{OP\Phi\Phi}$中最大的为多相故障的测量相。

二、I_0 与 I_{2A} 比相的选相元件

选相程序首先根据 I_0 与 I_{2A} 之间的相位关系，确定 3 个选相区之一，见图 7-32。

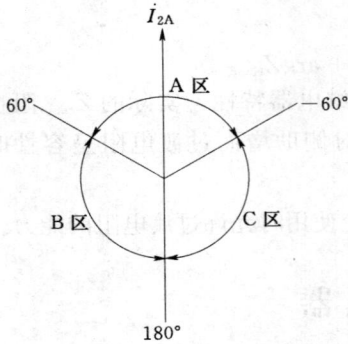

图 7-32 选相区域

当 $-60° < \arg \dfrac{\dot{I}_0}{\dot{I}_{2A}} < 60°$ 时选 A 区

$60° < \arg \dfrac{\dot{I}_0}{\dot{I}_{2A}} < 180°$ 时选 B 区

$180° < \arg \dfrac{\dot{I}_0}{\dot{I}_{2A}} < 300°$ 时选 C 区

单相接地时，故障相的 $\dot{I}_0$ 与 $\dot{I}_2$ 同相位；A 相接地时，$\dot{I}_0$ 与 $\dot{I}_{2A}$ 同相；B 相接地时，$\dot{I}_0$ 与 $\dot{I}_{2A}$ 相差在 120°；C 相接地时，$\dot{I}_0$ 与 $\dot{I}_{2A}$ 相差 240°。

两相接地时，$\dot{I}_0$ 与 $\dot{I}_2$ 同相位，BC 相间接地故障时；$\dot{I}_0$ 与 $\dot{I}_{2A}$ 同相，CA 相间接地故障时；$\dot{I}_0$ 与 $\dot{I}_{2A}$ 相差 120°；AB 相间接地故障时，$\dot{I}_0$ 与 $\dot{I}_{2A}$ 相差 240°。

第九节 振荡闭锁元件

装置的振荡闭锁分四个部分，任意一个动作开放保护。

一、启动开放元件

启动元件开放瞬间，若按躲过最大负荷整定的正序过流元件不动作或动作时间尚不到 10ms，则将振荡闭锁开放 160ms。

该元件在正常运行突然发生故障时立即开放 160ms，当系统振荡时，正序过流元件动作，其后再有故障时，该元件已被闭锁，另外当区外故障或操作后 160 ms 再有故障时也被闭锁。

二、不对称故障开放元件

不对称故障时，振荡闭锁回路还可由对称分量元件开放，该元件的动作判据为：

$$|\dot{I}_0| + |\dot{I}_2| > m|\dot{I}_1| \tag{7-8}$$

以上判据成立的依据如下。

1. 系统振荡或振荡又区外故障时不开放

系统振荡时，$\dot{I}_0$、$\dot{I}_2$ 接近于零，式（7-8）不开放是容易实现的。

振荡同时区外故障时，相间和接地阻抗继电器都会动作，这时式（7-8）也不应开放，这种情况考虑的前提是系统振荡中心位于装置的保护范围内。

对短线路，必须在系统角 180° 时继电器才可能动作，这时线路附近电压很低，短路时的故障分量很小，因此容易取 m 值以满足式（7-8）不开放。

对长线路，区外故障时，故障点故障前电压较高，有较大的故障分量，因此，式（7-8）的不利条件是长线路在电源附近故障时，不过这时线路上零序电流分配系数较低，短路电流小于振荡电流，因此仍很容易以最不利的系统方式验算 m 的取值。

本装置中 m 的取值是根据最不利的系统条件下，振荡又区外故障时振荡闭锁不开放为条件验算，并留有相当裕度的。

2. 区内不对称故障时振闭开放

当系统正常发生区内不对称相间或接地故障时，将有较大的零序或负序分量，这时式（7-8）成立，振荡闭锁开放。

当系统振荡伴随区内故障时，如果短路时刻发生在系统电势角未摆开时，振荡闭锁将立即开放。如果短路时刻发生在系统电势角摆开状态，则振荡闭锁将在系统角逐步减小时开放，也可能由一侧瞬时开放跳闸后另一侧相继速跳。

因此，采用对称分量元件开放振荡闭锁保证了在任何情况下，甚至系统已经发生振荡的情况下，发生区内故障时瞬时开放振荡闭锁以切除故障，振荡或振荡区外故障时则可靠闭锁保护。

三、对称故障开放元件

在启动元件开放 160ms 以后或系统振荡过程中，如发生三相故障，则上述两项开放措施均不能开放振荡闭锁，本装置中另设置了专门的振荡判别元件，即测量振荡中心电压：

$$\dot{U}_{OS} = \dot{U}\cos\Phi$$

式中：$\dot{U}$ 为正序电压；Φ 是正序电压和电流之间的夹角。

由图 7-33，假定系统联系阻抗的阻抗角为 90°，则电流向量垂直于 E_M、E_N 连线，与振荡中心电压同相。在系统正常运行或系统振荡时，$\dot{U}\cos\Phi$ 恰好反应振荡中心的正序电压；在三相短路时，$\dot{U}\cos\Phi$ 为弧光电阻上的压降，三相短路时过渡电阻是弧光电阻，弧光电阻上压降小于 $5\%U_N$。

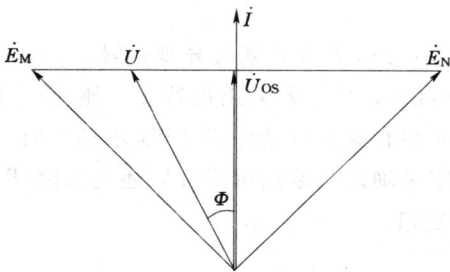

图 7-33 系统电压向量图

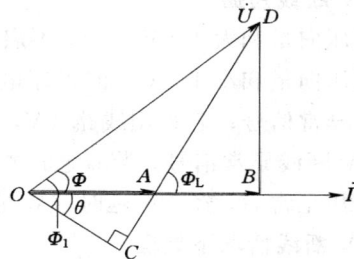

图 7-34 短路电流电压向量图

而实际系统线路阻抗角不为 90°，因而需进行角度补偿，如图 7-34 所示。$\overline{OD}$ 为测量电压，$\dot{U}\cos\Phi = \overline{OB}$，因而 $\overline{OB}$ 反应当线路阻抗角为 90° 时弧光电阻压降，实际的弧光压降为 $\overline{OA}$，与线路压降 $\overline{AD}$ 相加得到测量电压 U。

本装置引入补偿角 $\theta = 90° - \Phi_L$，由 $\Phi_1 = \Phi + \theta$，式（7-8）变为 $\dot{U}_{OS} = \dot{U}\cos\Phi_1$，三相

短路时，$\dot{U}_{OS}=\overrightarrow{OC}\leqslant\overrightarrow{OA}$，可见 $\dot{U}\cos\Phi_1$ 可反应弧光压降。

本装置采用的动作判据分两部分：

(1) $-0.03U_N<U_{OS}<0.08U_N$ 延时 150ms 开放。

实际系统中，三相短路时故障电阻仅为弧光电阻，弧光电阻上压降的幅值不大于 5% U_N，因此，三相短路时，该幅值判据满足，为了保证振荡时不误开放，其延时应保证躲过振荡中心电压在该范围内的最长时间；振荡中心电压为 $0.08U_N$ 时，系统角为 171°，振荡中心电压为 $-0.03U_N$ 时，系统角为 183.5°，按最大振荡周期 3s 计，振荡中心在该区间停留时间为 104ms，装置中取延时 150ms 已有足够的裕度。

(2) $-0.1U_N<U_{OS}<0.25U_N$ 延时 500ms 开放。

该判据作为第一部分的后备，以保证任何三相故障情况下保护不可能拒动。振荡中心电压为 $0.25U_N$ 时，系统角为 151°，$-0.1U_N$ 时，系统角为 191.5°，按最大振荡周期 3s 计，振荡中心在该区间停留时间为 337ms，装置中取 500ms 已有足够的裕度。

四、非全相运行时的振荡闭锁判据

非全相振荡时，距离继电器可能动作，但选相区为跳开相。非全相再单相故障时，距离继电器动作的同时选相区进入故障相，因此，可以以选相区不在跳开相作为开放条件。

另外，非全相运行时，测量非故障两相电流之差的工频变化量，当该电流突然增大达一定幅值时开放非全相运行振荡闭锁。因而非全相运行发生相间故障时能快速开放。

以上两种情况均不能开放时，由本章第九节中"对称故障开放元件"作为后备。

第十节　TV 断线过流继电器

对距离保护而言，电压量输入至关重要，因此距离保护中，必须事实监视电气量采集回路中的 TV 情况，一旦判断 TV 有断线，须闭锁相关距离元件，以防止 TV 断线情况下的距离保护误动作。

一、TV 断线判据

三相电压向量和大于 8V，保护不启动，延时 1.25s 发 TV 断线异常信号。

三相电压向量和小于 8V，但正序电压小于 33.3V 时，若采用母线 TV 则延时 1.25s 发 TV 断线异常信号；若采用线路 TV，则当任一相有流元件动作或 TWJ 不动作时，延时 1.25s 发 TV 断线异常信号。装置通过整定控制字来确定是采用母线 TV 还是线路 TV。

三相电压正常后，经 10s 延时 TV 断线信号复归。

二、TV 断线情况下处理

TV 断线信号动作的同时，退出距离保护，保留工频变化量阻抗元件，将其门坎增加至 $1.5U_N$，自动投入 TV 断线相过流和 TV 断线零序过流保护。

TV 断线相过流为简单的过流继电器，主要功用是在 TV 断线情况下，反映实际系统中的不接地故障，以作为相间阻抗元件在断线情况下的梯队保护。

TV 断线零序过流同样为简单的过流继电器，主要功用是在 TV 断线情况下，反映实际系统中的接地故障，以作为接地阻抗元件在断线情况下的梯队保护。

参 考 文 献

[1]   朱声石. 高压电网继电保护与技术（第三版）. 北京：中国电力出版社，2005.
[2]   王梅义. 电网继电保护应用. 北京：中国电力出版社，1999.
[3]   洪佩孙，许振亚. 输电线距离保护. 北京：水利电力出版社，1986.
[4]   葛耀中. 新型继电保护与故障测距原理与技术. 西安：西安交通大学出版社，1996.
[5]   许振亚. 输电线路新型距离保护. 北京：中国水利水电出版社，2002.
[6]   洪佩孙. 电力系统继电保护（第二版）. 北京：水利电力出版社，1987.
[7]   A. R. Warrington, Protecitive Relays, There Theory and Practice. V01 - 2, 2nd edition, Condon. Chapman and Hall，1974.
[8]   王梅义，吴竟昌，蒙定中. 大电网系统技术（第二版）. 北京：中国电力出版社，2000.
[9]   沈国荣. 工频变化量距离继电器的研究. 中国电机工程学会. 第四次继电保护及安全自动装置学术会议讨论汇编，1986.
[10] 洪佩孙. 方向阻抗继电器过渡特性及对方向阻抗继电器极化回路构成的意见. 中国电机工程学会，继电保护及安全自动装置学术讨论会论文集，1979.
[11] L. M. Wedepohl Polarised Mho Distance Relays Proc. I. E. E. 112. 1965.
[12] 张之哲，陈德树. 微机计算机距离保护的自适应对策. 中国电机工程学报，1988（3）.
[13] 洪佩孙. 同步机的电势与电抗. 江苏电机工程，2000（4）47 - 48.
[14] 洪佩孙. 距离保护与阻抗保护. 江苏电机工程，2001（1）50 - 52.
[15] 洪佩孙. 从电力技术发展看工程技术发展的连续性和谐段性. 江苏电机工程，2003（1）. 46 - 48.
[16] 洪佩孙. 方向阻抗元件在背后经小阻抗发生短路时工作状态分析. 电力系统自动化，1978.3.